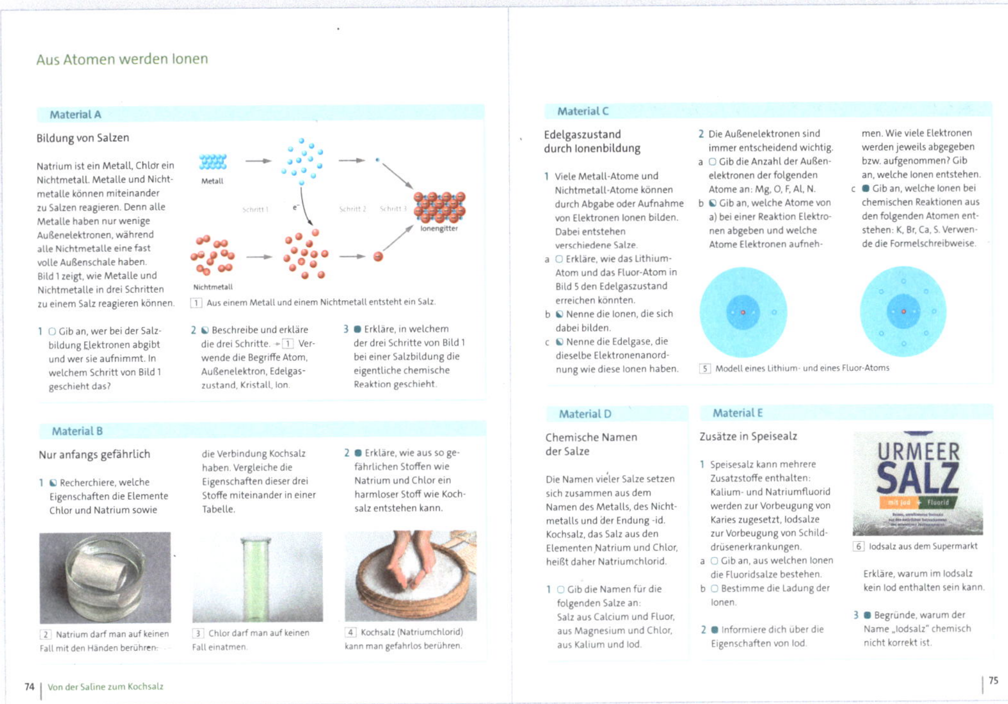

Aus Atomen werden Ionen

Material A

Bildung von Salzen

Natrium ist ein Metall, Chlor ein Nichtmetall. Metalle und Nichtmetalle können miteinander zu Salzen reagieren. Denn alle Metalle haben nur wenige Außenelektronen, während alle Nichtmetalle eine fast volle Außenschale haben. Bild 1 zeigt, wie Metalle und Nichtmetalle in drei Schritten zu einem Salz reagieren können.

1 Aus einem Metall und einem Nichtmetall entsteht ein Salz.

1 ○ Gib an, wer bei der Salzbildung Elektronen abgibt und wer sie aufnimmt. In welchem Schritt von Bild 1 geschieht das?

2 ◐ Beschreibe und erkläre die drei Schritte. → 1 Verwende die Begriffe Atom, Außenelektron, Edelgaszustand, Kristall, Ion.

3 ● Erkläre, in welchem der drei Schritte von Bild 1 bei einer Salzbildung die eigentliche chemische Reaktion geschieht.

Material B

Nur anfangs gefährlich

1 ◐ Recherchiere, welche Eigenschaften die Elemente Chlor und Natrium sowie die Verbindung Kochsalz haben. Vergleiche die Eigenschaften dieser drei Stoffe miteinander in einer Tabelle.

2 ● Erkläre, wie aus so gefährlichen Stoffen wie Natrium und Chlor ein harmloser Stoff wie Kochsalz entstehen kann.

2 Natrium darf man auf keinen Fall mit den Händen berühren.

3 Chlor darf man auf keinen Fall einatmen.

4 Kochsalz (Natriumchlorid) kann man gefahrlos berühren.

Material C

Edelgaszustand durch Ionenbildung

1 Viele Metall-Atome und Nichtmetall-Atome können durch Abgabe oder Aufnahme von Elektronen Ionen bilden. Dabei entstehen verschiedene Salze.

a ○ Erkläre, wie das Lithium-Atom und das Fluor-Atom in Bild 5 den Edelgaszustand erreichen könnten.

b ◐ Nenne die Ionen, die sich dabei bilden.

c ◐ Nenne die Edelgase, die dieselbe Elektronenanordnung wie diese Ionen haben.

2 Die Außenelektronen sind immer entscheidend wichtig.

a ○ Gib die Anzahl der Außenelektronen der folgenden Atome an: Mg, O, F, Al, N.

b ◐ Gib an, welche Atome von a) bei einer Reaktion Elektronen abgeben und welche Atome Elektronen aufnehmen. Wie viele Elektronen werden jeweils abgegeben bzw. aufgenommen? Gib an, welche Ionen entstehen.

c ● Gib an, welche Ionen bei chemischen Reaktionen aus den folgenden Atomen entstehen: K, Br, Ca, S. Verwende die Formelschreibweise.

5 Modell eines Lithium- und eines Fluor-Atoms

Material D

Chemische Namen der Salze

Die Namen vieler Salze setzen sich zusammen aus dem Namen des Metalls, des Nichtmetalls und der Endung -id. Kochsalz, das Salz aus den Elementen Natrium und Chlor, heißt daher Natriumchlorid.

1 ○ Gib die Namen für die folgenden Salze an: Salz aus Calcium und Fluor, aus Magnesium und Chlor, aus Kalium und Iod.

Material E

Zusätze in Speisesalz

1 Speisesalz kann mehrere Zusatzstoffe enthalten: Kalium- und Natriumfluorid werden zur Vorbeugung von Karies zugesetzt, Iodsalze zur Vorbeugung von Schilddrüsenerkrankungen.

a ○ Gib an, aus welchen Ionen die Fluoridsalze bestehen.

b ○ Bestimme die Ladung der Ionen.

2 ● Informiere dich über die Eigenschaften von Iod.

6 Iodsalz aus dem Supermarkt

Erkläre, warum im Iodsalz kein Iod enthalten sein kann.

3 ● Begründe, warum der Name „Iodsalz" chemisch nicht korrekt ist.

74 | Von der Saline zum Kochsalz

| 75

Materialseiten

... vor allem zum Forschen und Bearbeiten

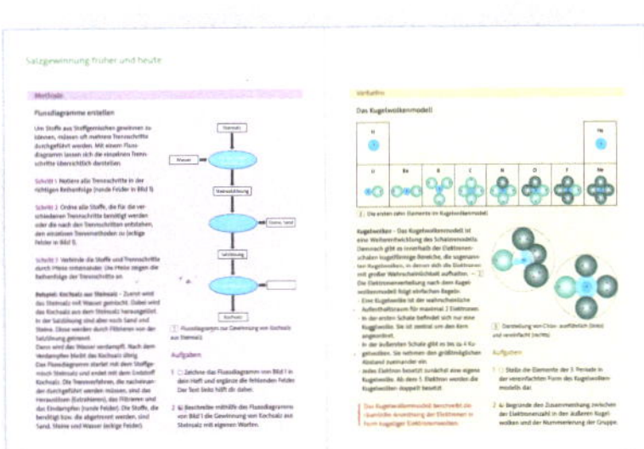

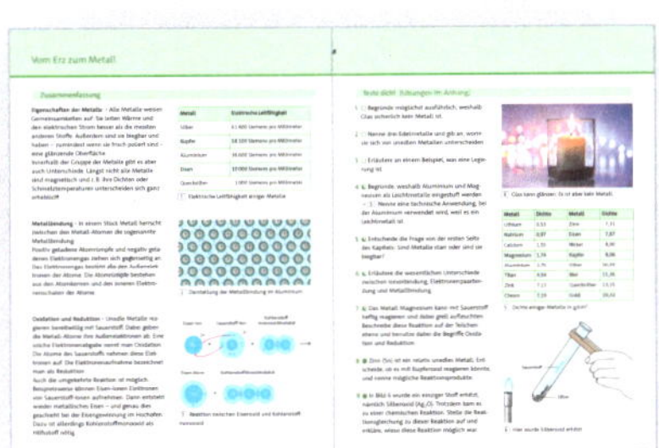

Methodenseiten zeigen Schritt für Schritt, wie man eine Sache sinnvoll angeht.

Erweitern und Vertiefen bietet Informationen an, die über das Grundlegende hinausgehen.

Die **Zusammenfassung** gibt einen Überblick über den Lernstoff des Kapitels.

Die Aufgaben auf den **Teste-dich-Seiten** beenden das Kapitel. Sie helfen dir, dein Wissen selbst einzuschätzen. Die Lösungen der Aufgaben findest du im Anhang.

RHEINLAND-PFALZ

NATUR UND TECHNIK

Chemie

Cornelsen

NATUR UND TECHNIK
Chemie

Autorinnen und Autoren:
Barbara Barheine (Bruchsal), Kurt Becker (Eisenberg), Markus Gaus (Empfingen),
Anita Gutmann (Zell im Wiesental), Carsten Kuck (Rheinfelden), Christian Lauer (Rheinzabern),
Martin Löffelhardt (Tübingen), Petra Wlotzka (Dortmund), Alexander Zolobczuk (Eisenberg)

Unter beratender Mitarbeit von:
Hans-Fritz Veith (Kaiserslautern)

Redaktion:
Dr. Angelika Fallert-Müller, Dr. Ulrich Strunk

Grafik und Illustration:
Matthias Pflügner, Detlef Seidensticker

Umschlaggestaltung:
SOFAROBOTNIK GbR, Augsburg & München

Layout und technische Umsetzung:
Jesse Konzept & Text GmbH, Hannover

www.cornelsen.de

Dieses Werk enthält Vorschläge und Anleitungen für Untersuchungen und Experimente.
Vor jedem Experiment sind mögliche Gefahrenquellen zu besprechen.
Beim Experimentieren sind die Richtlinien zur Sicherheit im Unterricht einzuhalten.

1. Auflage, 2. Druck 2016

Alle Drucke dieser Auflage sind inhaltlich unverändert und können
im Unterricht nebeneinander verwendet werden.

Druck: Mohn Media Mohndruck, Gütersloh

ISBN 978-3-06-015531-6

PEFC™
PEFC/04-31-1033

PEFC zertifiziert
Dieses Produkt stammt aus nachhaltig bewirtschafteten Wäldern und kontrollierten Quellen.

www.pefc.de

Inhaltsverzeichnis

Rundgang durch den Fachraum 8

Chemikers Vorstellung von den Stoffen 24

Von der Saline zum Kochsalz 54

Heizen und antreiben 86

Stoffe im Fokus von Umwelt und Klima 240

Mobile Energieträger 252

Anhang 270

Rundgang durch den Fachraum

Experimentieren ist spannend. Damit es nicht gefährlich wird, gelten bestimmte Regeln. Kennst du sie?

Ein Gasbrenner ist praktisch.
Aber wie wird er bedient?
Und ist er auch sicher?

Was schreibt man in ein
Versuchsprotokoll und wie
zeichnet man Laborgeräte?

Sicherheit im Fachraum

1 Wichtige Experimentierregeln

Im neuen Unterrichtsfach Chemie kommen viele neue Dinge auf dich zu. Viele spannende Experimente erwarten dich. Um dich und deine Mitschüler dabei zu schützen, gibt es aber einige Regeln zu beachten.

Verhaltensregeln • Da im Fachraum mit allerlei Chemikalien und Geräten gearbeitet wird, ist es wichtig, bestimmte Regeln einzuhalten, um sich keinen unnötigen Gefahren auszusetzen.
Folgende Regeln gelten im Fachraum:
- Nicht essen und trinken!
- Der Fachraum darf nur mit Erlaubnis der Lehrerin oder des Lehrers betreten werden.
- Den Anweisungen der Lehrerin oder des Lehrers folgen.
- Den Raum sauber verlassen.

Experimentierregeln • Neben den Verhaltensregeln gibt es zahlreiche Vorschriften, die ein sicheres Experimentieren gewährleisten sollen. → 1

Zehn grundlegende Regeln
1. Die Versuchsanleitung vor dem Experiment genau durchlesen.
2. Die Schutzbrille immer tragen!
3. Lange Haare zusammenbinden.
4. Nicht im Sitzen, sondern im Stehen arbeiten.
5. Reagenzgläser sollten immer schräg und nicht auf Personen gerichtet erhitzt werden.
6. Geruchsproben werden nur durch Zufächeln genommen, keine Geschmacksproben!
7. Immer mit kleinen Mengen arbeiten.
8. Stolperfallen, z. B. Schultaschen, dürfen Fluchtwege nicht blockieren.
9. Chemikalien werden gesondert entsorgt. Beachte die Anweisungen deines Lehrers oder deiner Lehrerin.
10. Alle verwendeten Geräte werden nach dem Versuch geputzt und wieder an ihren Aufbewahrungsort gebracht.

Zur eigenen und der Sicherheit anderer gibt es in Chemie besondere Regeln zu beachten.

der Not-Aus-Schalter
der Gefahrstoff
das Gefahrensymbol

Sicherheitseinrichtungen • Im Fachraum befinden sich für den Notfall zahlreiche Sicherheitseinrichtungen. → 2
Bei Unfällen wird als Erstes die Lehrerin oder der Lehrer informiert, der dann mit dem Erste-Hilfe-Kasten die Verletzungen versorgt. Sollten Chemikalien ins Auge gelangen, findet man am Waschbecken eine Augenbrause. Diese Einrichtungen sind grün markiert.
Zur Brandbekämpfung werden eine Löschdecke, Feuerlöscher und evtl. Löschsand bereitgestellt. Diese Löschmittel erkennst du an der roten Farbe der Aufbewahrungsorte.
Um den Strom und die Gasversorgung zu unterbrechen, befinden sich an mehreren Stellen rote Not-Aus-Schalter. Diese dürfen auch Schüler betätigen.

Zu den Sicherheitseinrichtungen des Fachraums zählen: Erste-Hilfe-Kasten, Augenbrause, verschiedene Löschmittel und Not-Aus-Schalter.

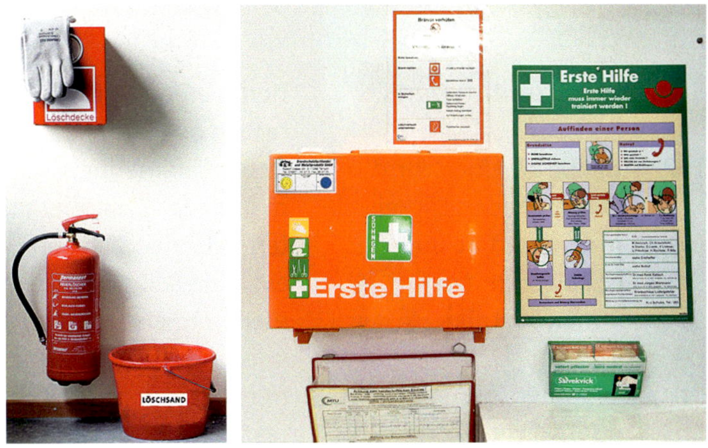

2 Sicherheitseinrichtungen im Fachraum

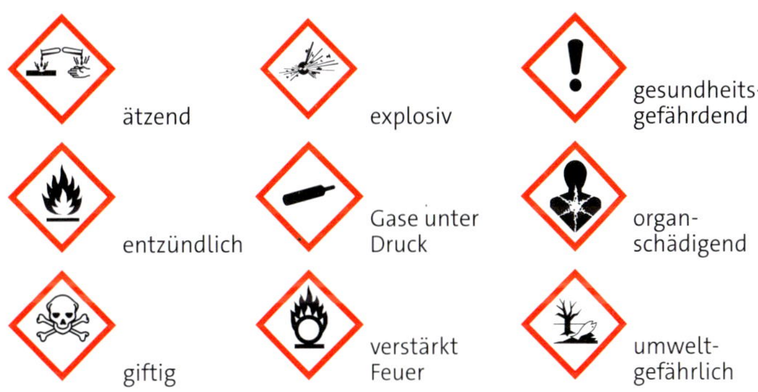

3 Gefahrensymbole

Gefahrstoffe • Chemikalien werden entsprechend ihren Eigenschaften in Gefäßen aus Kunststoff oder Glas aufbewahrt. Die Gefäße müssen eindeutig beschriftet sein, sodass es nicht zu Verwechslungen kommen kann. Zusätzlich werden bei einigen Stoffen Gefahrensymbole verwendet. → 3
Diese helfen, die Gefahren einzuschätzen und Sicherheitsvorkehrungen, z. B. das Tragen von Handschuhen, zu treffen.

Gefahrstoffe sind mit Gefahrensymbolen gekennzeichnet.

Aufgaben

1 ○ Nenne Verhaltensregeln im Fachraum.

2 ◐ Finde Gründe für die Experimentierregeln.

3 ◐ Zeichne einen Grundriss deines Chemieraums. Trage alle Sicherheitseinrichtungen darin ein.

4 ◐ Beschreibe den Nutzen von Gefahrensymbolen.

Sicherheit im Fachraum

Material A

Sicher experimentieren

1 ▢ Schreibe die Überschrift und den folgenden Lückentext in dein Heft ab und ergänze die ? mit den gegebenen Begriffen.

Im Chemieunterricht darf man im Fachraum nicht ? und ? und auch keinen Kaugummi kauen. Vor jedem Experiment muss die ? gründlich gelesen werden, um Fehler zu vermeiden. Lange Haare werden zur eigenen Sicherheit immer ? . Bei jedem Experiment muss man eine ? tragen. Mit ? Material darf nicht experimentiert werden. Frage deinen Lehrer, wo du es entsorgen kannst. Den Experimentiertisch muss man stets ? halten. Am besten teilt man sich den Tisch ein: eine Seite für das Experiment und eine Seite für das ? . Auch die Fluchtwege müssen frei gehalten werden. Schultaschen dürfen keine ? sein. Deshalb verstaut man sie am besten unter dem ? . Experimentiert wird im ? , nicht im ? . Am Ende des Experiments werden alle verwendeten Geräte ? und wieder an ihren Aufbewahrungsort ? . Danach wird das ? angefertigt.

sauber – kaputtem – gebracht – Versuchsanleitung – trinken – Protokoll (2 x) – Stehen – Schutzbrille – essen – Sitzen – Stolperfallen – zusammengebunden – Tisch – gereinigt

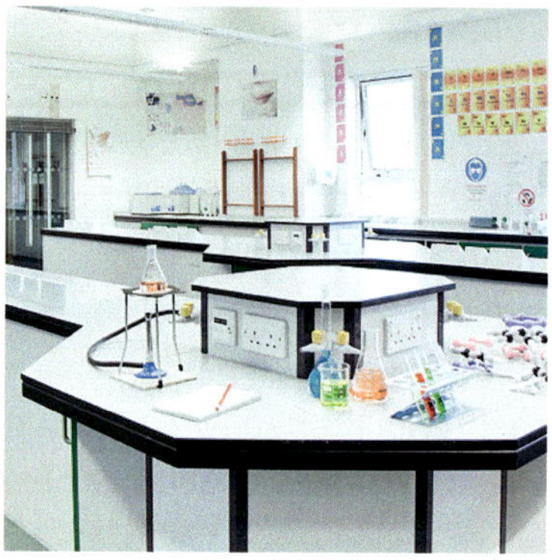

1 Ein eingeteilter Tisch

Material B

Gefahrensymbole

Im nebenstehenden Bild siehst du einige Gefahrensymbole.

1 ▢ Zeichne die Symbole in dein Heft ab.

2 ▢ Ordne diesen Gefahrensymbolen die richtige Gefahrenbezeichnung zu.

3 ◔ Finde für jedes Gefahrensymbol ein Beispiel aus der Chemie und aus dem Alltag.

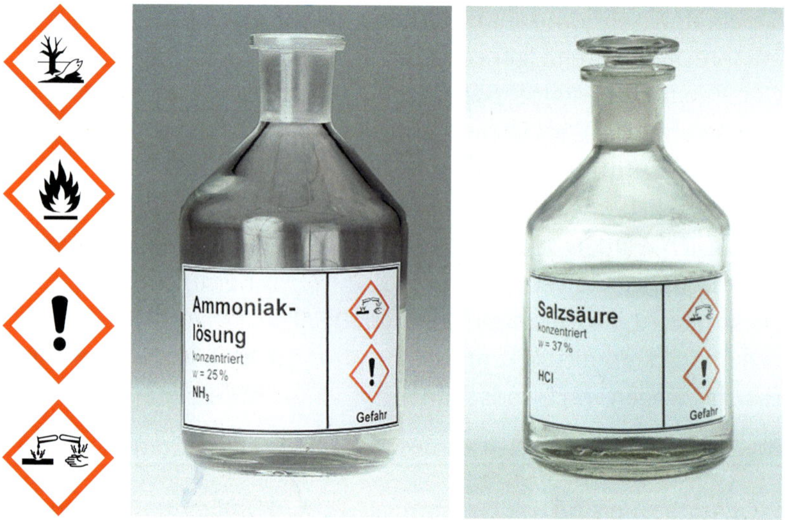

2 Gefahrensymbole

Material C

Hier läuft einiges schief

Micky freut sich wahnsinnig auf den Chemieunterricht, weil er nun endlich selbst experimentieren darf. Eifrig stellt er seinen Rucksack im Gang zwischen den Tischen ab und krempelt die Ärmel seines Kapuzenpullis hoch. Die langen Bändel lässt er hängen. Auf seinen Tisch stellt Micky seine Safttüte ab, damit er sie griffbereit hat, falls er während des anstrengenden Experiments Durst bekommt.

Endlich geht es an den ersten Versuch. Er liest die Anleitung flüchtig durch, schnappt sich alle benötigten Materialien und Chemikalien und stellt sie auf seinen Tisch. Die Schutzbrille findet er uncool und setzt sie gar nicht erst auf. Um Zeit zu sparen, öffnet Micky alle Chemikalienflaschen gleichzeitig. Dann entnimmt er der

ersten Flasche mit einem Spatel eine große Menge graues Pulver und gibt es in ein Reagenzglas. Die Hälfte geht daneben und landet auf dem Tisch neben der Safttüte. Da hat er doch ein bisschen zu viel genommen. Doch Mickys Chemielehrer scheint ein Angsthase zu sein, die doppelte Menge wird schon gehen. Deshalb kratzt er das Pulver vom Tisch und füllt es in das Reagenzglas.

Die zweite Chemikalie ist ein gelbes Pulver und riecht ziemlich übel. Micky hält seine Nase an die Flasche, um herauszufinden, um was es sich handelt. Mit demselben Spatellöffel von eben entnimmt er dann das gelbe Pulver. Leider wieder zu viel, sodass er diesmal den Überschuss zurück in die Flasche gibt. Schließlich hat die Schule das Geld auch nicht so locker sitzen, um dauernd neue Chemikalien zu kaufen.

Nun wird es spannend. Micky dreht das Gasventil des Brenners voll auf und hält sein Reagenzglas mit der Hand senkrecht über die Flamme. Da passiert ja gar nichts. Das Warten nervt Micky, deshalb holt er sein Pausenbrot aus der Tasche und beißt genüsslich davon ab. Oh, nun tut sich doch was im Reagenzglas! Vor Schreck lässt er sein Brot auf den Tisch fallen.

Als es zur Pause läutet, entsorgt Micky schnell seine Versuchsmaterialien in den Mülleimer und schnappt sich sein Pausenbrot vom Tisch. Er will schließlich nicht die Pause verpassen.

1 Lies den Text.
Erstelle eine Tabelle, in der du alle Fehler auflistest, die dir aufgefallen sind.
Notiere in einer weiteren Spalte in der Tabelle die richtigen Verhaltensweisen.

Das Protokoll

1 Protokoll schreiben

2 Tagebuch schreiben

„Liebes Tagebuch, heute stand Wandern auf dem Programm im Schullandheim. Bei bestem Wetter machten wir uns zum 10 Kilometer entfernten Grillplatz auf und sahen auf unserem Weg viele andere Wanderer, außergewöhnliche Pflanzen und sogar eine Schlange …"

Wie ein Tagebuch • In einem Tagebuch notiert man die Beobachtungen und Erlebnisse eines Tages. So kann man sich später daran erinnern. Auch in den Naturwissenschaften braucht man eine Methode, um Beobachtungen und Ergebnisse aus Versuchen festzuhalten. Dieses „naturwissenschaftliche Tagebuch" nennt man Protokoll. Das Protokollieren ist in der Wissenschaft besonders wichtig. Mit einem Versuchsprotokoll können andere Menschen den Versuch noch einmal durchführen. Oder sie können die gewonnenen Erkenntnisse anhand dieses Aufschriebs später nachvollziehen und eventuell erweitern.

Die Form • Ein Protokoll hat eine bestimmte Form. Am Anfang steht das Thema oder die Frage, die man mit dem Versuch beantworten möchte. Als Nächstes beinhaltet es die für den Versuch nötigen Materialien und Stoffe sowie Sicherheitshinweise. Auch eine Skizze vom Versuchsaufbau kann enthalten sein, damit man sich den Versuch besser vorstellen kann. Als genaue Anleitung wird in der Durchführung Schritt für Schritt beschrieben, was genau gemacht wird. Anschließend werden die Beobachtungen während des Versuchs und eventuell Messwerte festgehalten. Dabei ist wichtig, dass man nur das beschreibt, was man sieht, hört oder riecht. Zum Schluss wird ein Ergebnis formuliert, das die Anfangsfrage beantwortet.

Ein Protokoll beinhaltet Thema/Frage, Angaben zu Material und Sicherheit, eine Versuchsskizze, die Durchführung, Beobachtungen und das Ergebnis.

Methode Wir erstellen ein Versuchsprotokoll

Ein Protokoll in 7 Schritten

Es ist nicht immer leicht, ein richtiges Protokoll zu einem Versuch zu schreiben. Eine Hilfe bietet die Vorlage in Bild 3.
Beachte, dass man ein Protokoll Schritt für Schritt schreibt, sodass man bei jedem Schritt genug Platz zum Schreiben hat.
Zur Übung führen wir folgenden Versuch zur Frage „Wann siedet Wasser?" durch.

Anleitung • Für den Versuch brauchst du einen Gasbrenner, ein Stativ mit Klemme, einen Dreifuß mit Drahtnetz, einen kleinen Erlenmeyerkolben, ein Thermometer und Wasser. Gib in den Erlenmeyerkolben ca. 100 mL Wasser und stelle ihn auf das Drahtnetz des Dreifußes. Entzünde nun den Gasbrenner und schiebe ihn unter das Drahtnetz. Stelle anschließend das Thermometer in den Erlenmeyerkolben und rühre während des Versuchs dauernd um.
Wann beginnt das Wasser zu sieden? Lies die genaue Temperatur am Thermometer ab und notiere den Wert.
Lass den Versuchsaufbau abkühlen, bevor du das Material wieder aufräumst.

3 Diese Form soll ein Protokoll haben.

Aufgaben

1 Überlege dir, welche Sicherheitsregeln bei diesem Versuch beachtet werden müssen. Notiere sie im Protokoll unter „Sicherheit".

2 Fertige mithilfe von Bild 3 ein Protokoll zum Versuch „Wann siedet Wasser?" an.

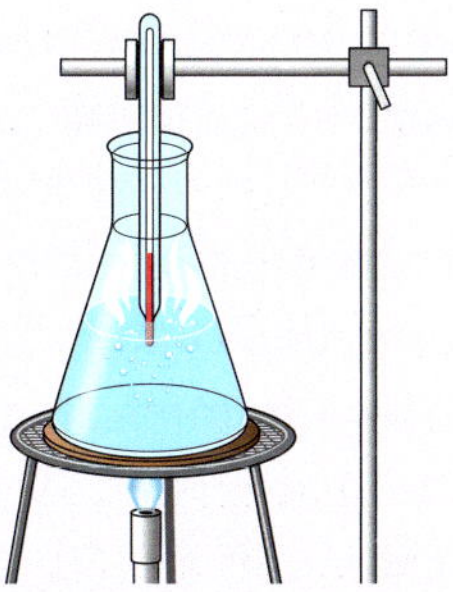

4 Aufbau des Versuchs

5 Siedendes Wasser

Der Gasbrenner

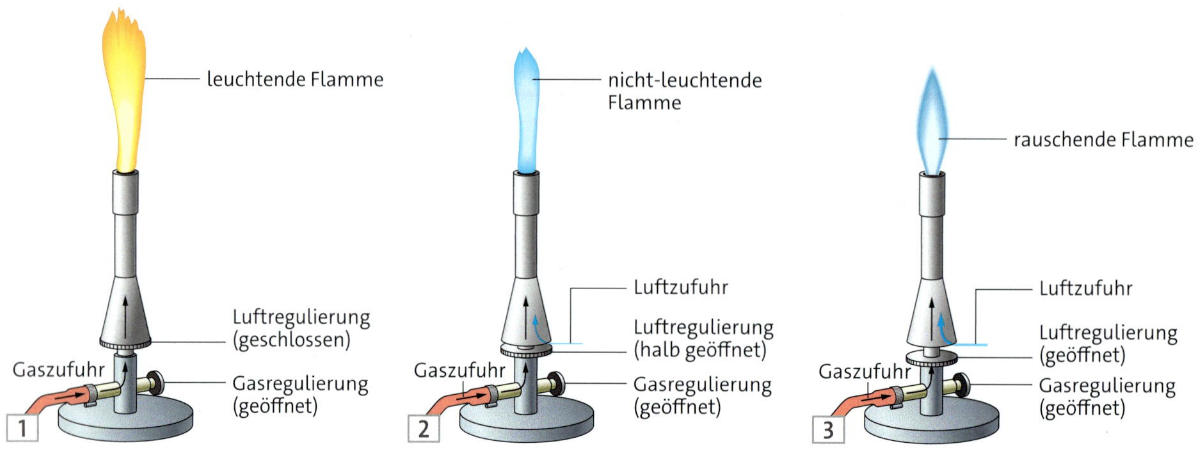

Für viele Experimente braucht man hohe Temperaturen. Im Labor erreicht man dies mit einem Gasbrenner.

Aufbau • Ein Gasschlauch verbindet den Brenner mit dem Gashahn. Mit zwei Stellschrauben kann man die Gas- und die Luftzufuhr regeln. → 1

Sicherheitsregeln • Immer Schutzbrille tragen, lange Haare zusammenbinden und Kordeln von Pullovern nach innen stecken. Schals ablegen!

Bedienung • Folgende Punkte sind der Reihe nach durchzuführen:

1. Stellschrauben für Gas- und Luftzufuhr kontrollieren und schließen.
2. Gaszufuhr über einen Schlauch mit dem Gashahn verbinden.
3. Gashahn durch gleichzeitiges Drücken und Drehen öffnen.
4. Feuerzeugflamme an den Flammenaustritt halten und Stellschraube für Gaszufuhr öffnen. Das ausströmende Gas entzündet sich sofort.
5. Stellschraube für Luftzufuhr öffnen.

Abstellen • Der Brenner soll in folgender Reihenfolge abgestellt werden: Luftzufuhr schließen, Gaszufuhr schließen, Gashahn schließen, abbauen.

Der Gasbrenner wird unter Beachtung von Sicherheitsregeln in festgelegter Reihenfolge von Arbeitsschritten in Betrieb genommen.

Aufgaben

1 ○ Begründe, warum man bei der Arbeit mit dem Brenner seinen Schal ablegen muss.

2 ◐ Erkläre, warum man das austretende Gas immer sofort entzünden soll.

3 ◐ Man spricht von leuchtender, nicht-leuchtender und rauschender Flamme. Erkläre, wie man die rauschende Flamme einstellen kann.

der Gasbrenner
die Stellschrauben für Luft- und Gaszufuhr

Material A

Betriebsanleitung für Gasbrenner

Nebenstehender Text ist die Betriebsanleitung für Gasbrenner.

1 ▢ Schreibe den nebenstehenden Text in dein Heft. Ersetze die ? durch folgende Begriffe:

Gas – Gashahn – Gashahn – Gaszufuhr – Gaszufuhr – geschlossen – Luftzufuhr – Luftzufuhr – Feuerzeugflamme

Zuerst kontrolliert man, ob die Stellschrauben für die ? und die ? ? sind. Als Nächstes wird der Brenner mithilfe eines Gasschlauchs an den ? angeschlossen. Jetzt wird zunächst der ? geöffnet. Danach wird die ? an den Flammenaustritt gehalten und die ? geöffnet. Sofort entzündet sich das nun ausströmende ? . Zum Abschluss noch die ? öffnen.

4 Anleitung für die Inbetriebnahme eines Gasbrenners

Material B

Vergleich der Brennerflammen

Materialliste: Gasbrenner, 2 Reagenzgläser, Reagenzglashalter, Stoppuhr, Porzellanschale, Tiegelzange

1 Nimm den Brenner wie auf der Seite zuvor beschrieben unter Beachtung der Sicherheitsregeln in Betrieb.

a ▢ Halte den Boden einer Porzellanschale mithilfe der Tiegelzange für etwa 10 Sekunden in die rauschende Brennerflamme. Sieh dir den Boden der Schale an.

b ▢ Schließe die Luftzufuhr und wiederhole den Versuch. Betrachte den Boden der Schale.

c ▢ Erstelle ein Versuchsprotokoll.

5 Von der leuchtenden zur rauschenden Brennerflamme

Achtung • Öffnung des Reagenzglases nie auf Mitschüler richten!

2 Befülle 2 Reagenzgläser jeweils 2 cm hoch mit Wasser.

a ▢ Stoppe, wie lange es bis zum Sieden des Wassers dauert, wenn du das Reagenzglas in die rauschende Flamme hältst.

b ▢ Wiederhole den Versuch mit dem zweiten Reagenzglas unter Verwendung der leuchtenden Flamme.

c ▢ Erstelle ein Versuchsprotokoll.

d ◪ Begründe, welche der beiden Brennerflammen heißer ist.

e ■ Versuche mithilfe des oben beschriebenen Versuchsprinzips herauszufinden, ob es in der rauschenden Flamme unterschiedliche Temperaturzonen gibt.

Arbeitsgeräte der Chemie

1 Becherglas, Reagenzgläser, Messzylinder, Rundkolben, Erlenmeyerkolben, Pipette

2 Reagenzglas im Ständer mit Halter

Für Versuche braucht man die passenden Werkzeuge. Du sollst lernen, wie sie heißen, wie man sie verwendet und wie man sie einfach zeichnen kann.

Arbeiten mit dem Reagenzglas • Sehr häufig verwendet man ein Reagenzglas. Zum Abstellen und Halten des Reagenzglases gibt es Hilfswerkzeuge: den Reagenzglasständer und den Reagenzglashalter. → 2 3

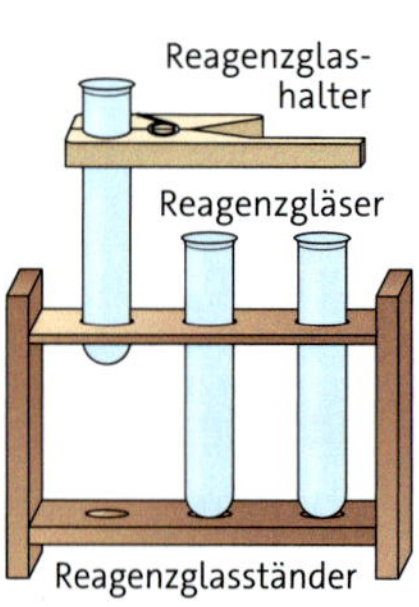

3 Zeichnung eines Reagenzglases im Ständer mit Halter

Glasgefäße und Messen • Neben dem Reagenzglas gibt es eine Reihe weiterer Gefäße für Stoffe: Erlenmeyerkolben, Becherglas, Messzylinder und Pipette. → 1

Erlenmeyerkolben und Becherglas eignen sich, wenn Stoffe gemischt werden sollen. Eine grobe Messskala für Flüssigkeitsmengen ist aufgedruckt. Will man genauere Abmessungen vornehmen, so sollte man einen Messzylinder verwenden.

Will man Flüssigkeiten ganz genau abmessen, so nimmt man eine Pipette. Mit diesem Gerät kann man auf 0,1 mL genau abmessen.

Alle diese Geräte gibt es in verschiedenen Größen.

Erhitzen und Temperaturen messen • Es gibt Versuche, bei denen man Stoffe erhitzen will. Dabei soll dann die Temperatur bestimmt werden.

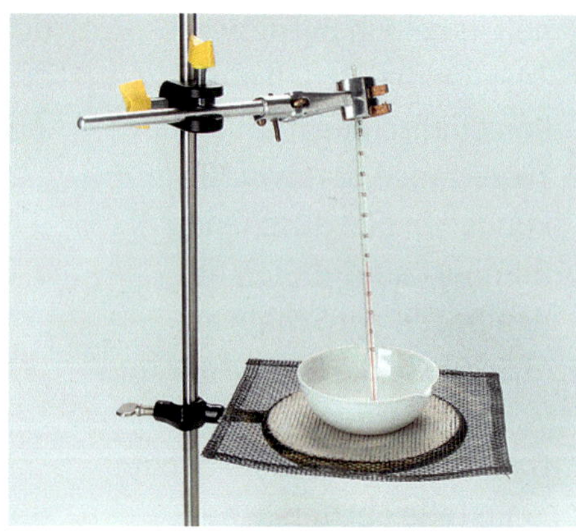

4 Apparatur zum Erhitzen von Stoffen

der **Erlenmeyerkolben**
der **Messzylinder**
die **Pipette**
die **Abdampfschale**
der **Kolbenprober**

Dazu eignet sich eine Versuchsapparatur wie in Bild 4. Sie besteht aus einem eingespannten Ring (oder Dreifuß) mit Netz, Abdampfschale, Stativ (bestehend aus Fuß, Stativstange, Doppelmuffe und Kolbenhalter) und Thermometer.
Tiegel sind sehr hitzebeständig. Allerdings darf man sie nach dem Erhitzen nicht sofort unter Wasser abspülen, da sie sonst zerbrechen. Einen heißen Tiegel hält man mit der Tiegelzange.

Gase auffangen • Komplizierter wird der Versuchsaufbau, wenn man entstehende Gase auffangen will. Für einige Gase eignet sich dazu eine mit Wasser gefüllte pneumatische Wanne. Das Gas wird über einen Schlauch in einem mit Wasser gefüllten Messzylinder aufgefangen. → 6 7

Es gibt für verschiedene Versuche geeignete Werkzeuge.
Bei Versuchszeichnungen werden diese vereinfacht dargestellt.

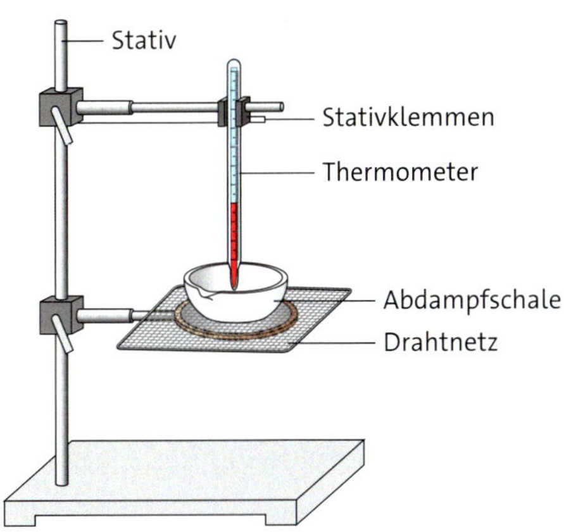

5 Zeichnung von Bild 4

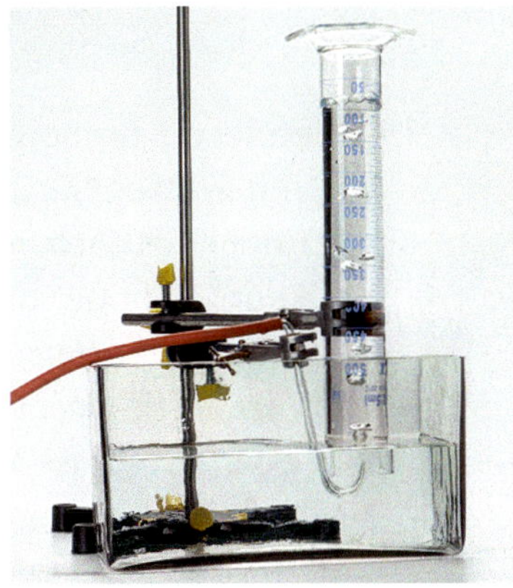

6 Möglicher Versuchsaufbau zum Auffangen von Gasen

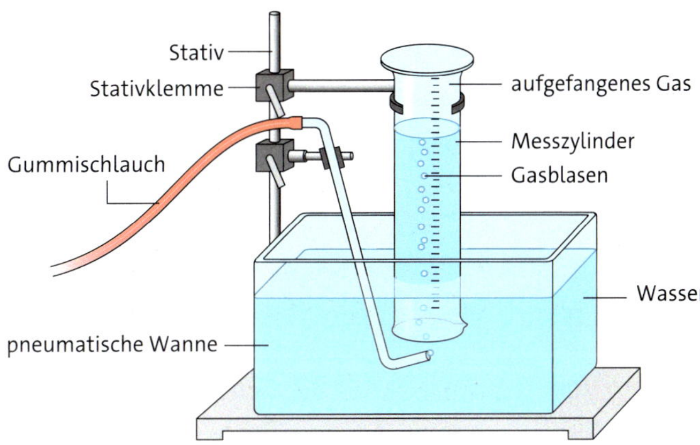

7 Beschriftete Zeichnung von Bild 6

Aufgaben

1 ○ Erkläre, welche Werkzeuge sich zum Abmessen von Flüssigkeiten eignen.

2 ○ Nenne die Bauteile, aus denen ein Stativ besteht. Erkläre, wofür das Stativ verwendet wird.

3 ◐ Exakt 10 mL Wasser sollen erhitzt werden, bis das Wasser siedet. Zähle auf, welche Geräte du für diesen Versuch benötigst.

Arbeitsgeräte der Chemie

Material A

Schwenken von Flüssigkeiten

Bei einigen Versuchen ist es notwendig, Flüssigkeiten zu schwenken. Um nichts zu verschütten, muss man geeignete Gefäße nehmen und die richtige Technik anwenden.

Material: Becherglas, Erlenmeyerkolben, Reagenzglas

1 ▢ Befülle ein Becherglas zu $\frac{3}{4}$ mit Wasser. Gib 2 Tropfen Tinte hinzu. Schwenke es nach der Methode von Bild 1. Wiederhole den Versuch nach der Methode, die in Bild 2 dargestellt ist. Welche Methode ist geeigneter?

2 ▢ Schwenke nacheinander jeweils ein zu $\frac{3}{4}$ gefülltes Becherglas, einen Erlenmeyerkolben und ein Reagenzglas. Welche Gefäße sind zum Schwenken geeignet?

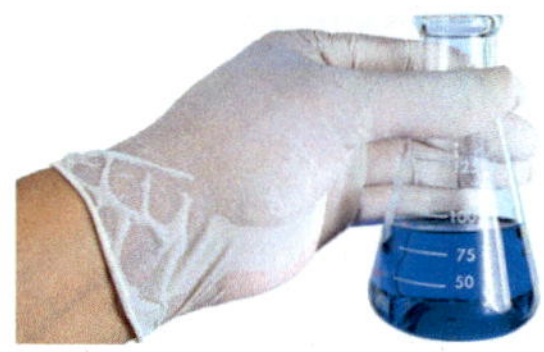

1 Möglichkeit, Flüssigkeiten zu schwenken

2 Eine weitere Möglichkeit, Flüssigkeiten zu schwenken

Material B

Abmessen von Flüssigkeiten

Verschiedene Werkzeuge eignen sich unterschiedlich gut zum Abmessen von Flüssigkeiten. Weiß man, dass 100 mL Wasser 100 g wiegen, kann man dies nutzen, um abgemessene Wassermengen zu überprüfen.

Material: 2 Bechergläser, Erlenmeyerkolben, Messzylinder, Pipette mit Pipettierhilfe, Waage

1 ▢ Stelle ein leeres Becherglas auf die Waage und bestimme das Gewicht des Glases. Notiere es.

2 ▢ Miss mit einem zweiten Becherglas so genau wie möglich 100 mL Wasser ab und gib es in das Becherglas auf der Waage. Bestimme die Masse des Wassers. Wie viel mL waren es tatsächlich?

3 ▢ Wiederhole den Versuch aus Aufgabe 2 nacheinander mit einem Erlenmeyerkolben, einem Messzylinder und einer Pipette.

4 ▢ Welches Werkzeug eignet sich am besten zum Abmessen von Flüssigkeiten? Welche sind für präzises Abmessen nicht geeignet?

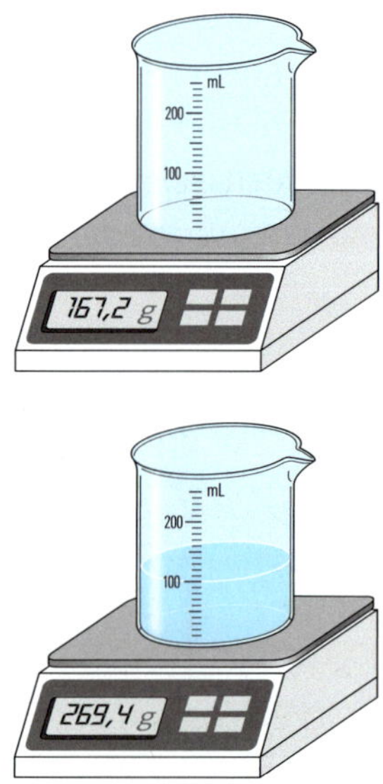

Masse (Wasser): 269,4 g – 167,2 g = 102,2 g
Volumen (Wasser): 102,2 g ≙ 102,2 mL

3 Bestimmung der Menge von Wasser mithilfe einer Waage

Material C

Versuchsaufbauten zeichnen

Zu jedem Versuchsprotokoll gehört eine Zeichnung des Versuchsaufbaus.

1 ▢ Zeichne den Versuchsaufbau aus Bild 4. Nutze die vereinfachten Zeichnungen, die du auf den Seiten 16 bis 19 kennengelernt hast. Beschrifte anschließend deine Zeichnung.

2 ◐ Zeichne den Versuchsaufbau von Bild 5 und beschrifte ihn.

4 Erhitzen einer Flüssigkeit im Reagenzglas

5 Erhitzen eines Stoffs im Wasserbad

Material D

Versuche planen und skizzieren

Plant man einen Versuch und will diese Planung jemandem vorstellen, so hilft eine Versuchszeichnung. Für folgenden Versuch sollst du die Planung mithilfe einer Zeichnung machen: Mineralwasser enthält Kohlensäure. Erhitzt man das Mineralwasser, so entweicht die Kohlensäure in Form eines Gases. Dieses Gas soll aufgefangen und die Menge des Gases gemessen werden.

1 Skizze und Beschreibung

a ● Erstelle eine Versuchsskizze zum geplanten Versuch. Beschrifte deine Skizze.

b ● Schreibe eine Versuchsbeschreibung zur Durchführung des Versuchs.
Tipp: Nummeriere die einzelnen Schritte.

2 ● Nachdem die Lehrkraft deine Planung gesehen hat, kannst du den Versuch durchführen.
Was zeigt der Messzylinder an, nachdem kein Gas mehr entweicht?
Kannst du die Ergebnisse erklären?

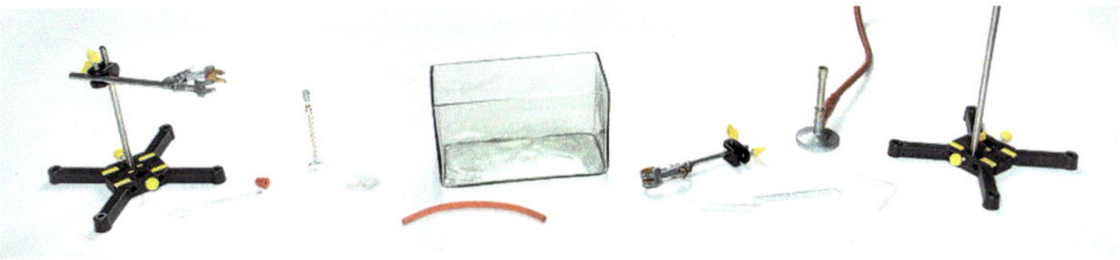

6 Werkzeuge zur Umsetzung des Versuchs

Rundgang durch den Fachraum

Zusammenfassung

Verhaltensregeln • Im Fachraum ist es wichtig, einige Regeln zu beachten. Man darf den Fachraum nicht ohne Lehrkraft betreten. Das Essen und Trinken ist in diesen Räumen nicht erlaubt. Speziell beim Experimentieren ist den Anweisungen der Lehrkraft Folge zu leisten.
Verschiedene Sicherheitseinrichtungen wie Not-Aus-Knopf oder Feuerlöscher dürfen nur im Notfall bedient werden.
Um Gefahrstoffe schnell einschätzen zu können, gibt es verschiedene Gefahrensymbole.

1 Gefahrensymbole für giftige und ätzende Stoffe

Das Versuchsprotokoll • Beim Experimentieren ist es wichtig, dass man im Nachhinein überprüfen kann, was beim jeweiligen Versuch abgelaufen ist. Daher wird das Vorgehen in Form eines Versuchsprotokolls festgehalten. Das Versuchsprotokoll umfasst folgende Punkte:
- Frage/Thema
- Material
- Sicherheit
- Versuchsskizze
- Durchführung
- Beobachtungen
- Ergebnis

Versuchsprotokoll *Datum:*

Frage/Thema:

Material:

Sicherheit:

Versuchskizze:

Durchführung:

Beobachtungen:

Ergebnis:

3 Die sieben Punkte des Versuchsprotokolls

Der Gasbrenner • Der Gasbrenner ist ein wichtiges Arbeitsmittel. Für den sicheren Umgang ist einiges zu beachten. So müssen lange Haare zusammengebunden werden und es ist eine Schutzbrille zu tragen. Der Brenner wird in einer feststehenden Reihenfolge von Arbeitsschritten in Betrieb genommen. Man arbeitet oft mit der rauschenden Flamme, die dann entsteht, wenn die Luftzufuhr geöffnet ist. Die rauschende Flamme ist heißer und rußt nicht.

2 Die rauschende Brennerflamme ist bläulich.

Teste dich! (Lösungen im Anhang)

1 ▢ Nenne mindestens fünf grundlegende Regeln für das Verhalten im Fachraum.

2 ▢ Schreibe die in Bild 4 notierte Betriebsanleitung für Gasbrenner in der richtigen Reihenfolge ab.

3 ▢ Mit einigen Glasgeräten kann man Flüssigkeiten abmessen. Sortiere folgende Geräte danach, wie präzise man mit diesen messen kann. Beginne mit dem genauesten Gerät: *Becherglas – Messzylinder – Pipette.*

4 ◐ Gib die Bedeutung der Gefahrensymbole in Bild 5 an.

5 ◐ Beim Arbeiten mit dem Gasbrenner muss man vorher Schals ablegen oder Kordeln von Pullovern nach innen stecken. Begründe, warum diese Regel sinnvoll ist.

6 ◐ Peter behauptet: „In hoch gelegenen Dörfern im Himalaja kocht Wasser bei niedrigeren Temperaturen als auf Meereshöhe." Erstelle eine beschriftete Versuchsskizze eines Aufbaus, mit dem man die Temperatur bestimmen kann, bei der Wasser kocht.

7 Zum Auffangen von Gasen kann man einen Versuch wie in Bild 6 aufbauen.

a ◐ Erstelle eine beschriftete Skizze des Versuchsaufbaus von Bild 6.

b ● Skizziere einen Versuchsaufbau, mit dem du die Menge an Kohlensäure in verschiedenen Mineralwasserproben vergleichen kannst.

- Gashahn durch gleichzeitiges Drücken und Drehen öffnen.
- Stellschraube für Luftzufuhr öffnen.
- Stellschrauben für Luft- und Gaszufuhr kontrollieren und gegebenenfalls schließen.
- Gaszufuhr über einen Schlauch mit dem Gashahn verbinden.
- Feuerzeugflamme an den Flammenaustritt halten und Stellschraube für Gaszufuhr öffnen.

4 Durcheinandergeratene Betriebsanleitung für Gasbrenner

5 Gefahrensymbole

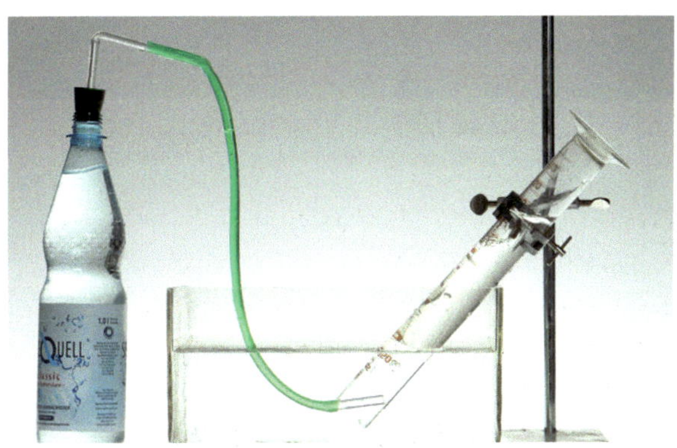

6 Auffangen von Sprudelgas

Chemikers Vorstellung von den Stoffen

Schon im frühen Mittelalter waren Goldsucher im Rhein fündig. Aber wie konnten sie die Goldkörnchen aus Sand und Schlamm herausholen?

Auch junge Chemiker können neue Stoffe herstellen. Nicht immer ist es so spektakulär wie hier, wo Rauch und Gas hergestellt wurden.

Auch in Flüssigkeiten können Reaktionen ablaufen. Damit du sicher bist, sollen die Umstände bekannt und kontrollierbar sein.

Erfahrungen mit Stoffen

1 Chemikerinnen und Chemiker untersuchen Stoffe.

Für trockene, feuchte oder empfindliche Haut kannst du aus Milch, Honig und Pflanzenöl Hautcreme herstellen. Mit Stoffen wie Holz, Stein, Lehm usw. bauen wir trockene und beheizbare Räume in Häusern.
Wieso können so unterschiedliche Stoffe gleiche Zwecke erfüllen?

Stoffe in der Berufswelt • Die Maurer an der Baustelle sind Spezialisten für Baustoffe. Sie kennen besonders harte oder weiche Steine. Je nach Wunsch der Bauherren verwenden sie verschiedene Sorten von Zement, Kalk und Sand. Sogar mit Eisen sind sie sehr vertraut und verbessern damit die Stabilität von Beton im Brückenbau.

Chemiker stellen Stoffe her • Sehr genaue Kenntnisse über Werkstoffe oder Naturstoffe haben auch die Chemiker. Sie untersuchen z. B., wie man aus Kalkstein den besten Zement gewinnt oder informieren die Kosmetikindustrie, wie Creme in die Haut einzieht.

Chemiker optimieren Stoffe • Wenn man sich Kosmetik kauft, dann soll sie hautschonend, farbecht und nicht allergieauslösend sein.
Durch Mischen der Komponenten wird der Chemiker die Creme so herstellen oder verändern, dass sie die gewünschten Eigenschaften hat.

Bauhandwerker und auch Kosmetikerinnen kennen und nutzen Eigenschaften von Stoffen.
Chemiker untersuchen die Eigenschaften von Stoffen sehr genau.
Sie können sogar Stoffe mit ganz bestimmten Eigenschaften herstellen.

Aufgaben

1 ◯ Begründe: „Maurer und Kosmetikerinnen sind Spezialisten für Stoffe."

2 ◐ Notiere einige Tätigkeiten von Chemikerinnen und Chemikern.

Material A

Einfache Aufgaben für Chemiker

Versuch 1:
Verwende 20 mL Vollmilch, 40 mL Mandelöl und einen halben Teelöffel Honig für eine Handcreme.

a Rühre die zimmerwarme Milch vorsichtig in einem hohen Becherglas (Rührstab) etwa 3 Minuten lang.
b Rühre einen ersten Tropfen Mandelöl gründlich ein, sehr langsam das restliche Öl.
c Gib dann den Honig hinzu.
d Schreibe ein Protokoll.
e 10 Tropfen Minzöl geben deiner Creme einen frischen Duft.
f Berichte über die Wirkung auf der Haut.

Versuch 2:
Deine Lehrkraft gibt dir jeweils 10 cm lange Stücke weichen Eisendraht (Bindedraht), Schnur und Kupferdraht mit jeweils 1 mm Durchmesser.
Du hast keine Werkzeuge und sollst die Drahtstücke trotzdem halbieren.
Plane einen Versuch und achte auf Sicherheitsmaßnahmen.
Führe den Versuch durch.

2 Stoffe für Versuch 1

Versuch 3:
Du hast 10 g trockenen Sand und 10 mL Leitungswasser. Der Sand wird mit einem Spatel in der Mitte einer Petrischale zu einem Kegel aufgehäuft. Wasser wird tröpfchenweise aus dem Becherglas zugegeben.
Notiere deine Beobachtungen sofort und nach einem Tag.

Versuch 4:
Experimentiere mit 10 g Zement und 10 mL Leitungswasser und genau so wie in Versuch 3. → 3

3 Stoffe für Versuche 3 und 4

Material B

Vielfältige Stoffnutzung in den Berufen

In vielen Berufen gehört die Beschäftigung mit Stoffen zur täglichen Arbeit.

1 Schreibe zu den Berufen möglichst viele Stoffe auf, mit denen gearbeitet wird: Bäcker/-in, Reiniger/-in, Elektriker/-in, Konditor/-in.

2 In einem Raum sind Klebstoff, Gummischläuche, Bleiklötze und Druckluft vorhanden. Zu welchem Betrieb gehört der Raum und welchen Beruf übt man dort aus?

3 In einem Regal einer Werkshalle sind Holzbalken, Eisennägel und Schrauben, Styropor-Platten und Latten zu finden. Welche Berufe üben die Arbeiter dort aus?

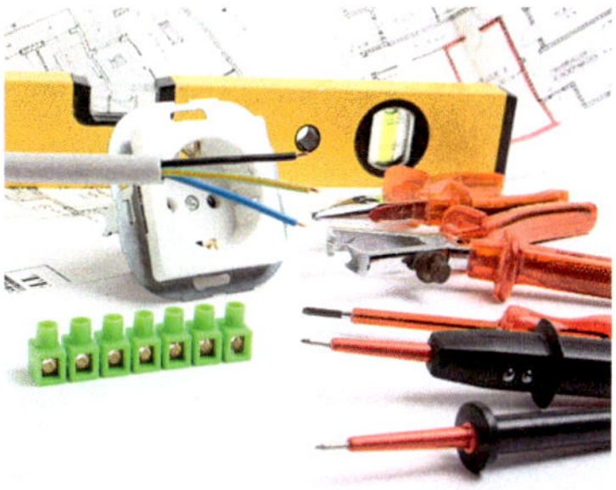

4 Werkzeuge für Elektriker

Ordnung in der Welt der Stoffe

1 Wie lassen sich Stoffe unterscheiden?

Es gibt eine riesige Zahl von verschiedenen Stoffen. Chemiker finden Wege, sie voneinander zu unterscheiden.

Stoffe beschreiben • Du kannst vor allem das Aussehen der Stoffe mit Worten beschreiben. Dabei geht es um die Farbe, um den Aggregatzustand und um die Oberfläche der Stoffe. Das Schema rechts soll dabei helfen. Es gibt aber auch Stoffe mit ganz ähnlichem Aussehen, z. B. Eisen und Aluminium. → 2 Chemiker ergänzen die Beschreibung des Aussehens in diesem Fall durch weitere Eigenschaften der Stoffe. Sie finden durch Experimentieren die Antworten, z. B.: Ist der Stoff magnetisch? Leitet er den elektrischen Strom? Schwimmt er auf Wasser?

2 Besteht dieses Handygehäuse aus Eisen oder aus Aluminium?

> Chemiker unterscheiden Stoffe, indem sie das Aussehen beschreiben. Bei Experimenten finden sie weitere Eigenschaften wie Magnetisierbarkeit, elektrische Leitfähigkeit.

Aufgaben

1 ▢ Nenne drei Punkte, um das Aussehens eines Stoffs zu beschreiben.

2 ◐ Die Schülerin in Bild 1 findet, dass die Beschreibung des Stoffs nicht eindeutig sei. Begründe.

3 ◐ Erläutere, wie du untersuchen könntest, ob es sich in Bild 1 bei den Proben 4 und 5 um denselben Stoff handelt.

der Kristall

Methode

Das Aussehen der Stoffe beschreiben

Farbe

einfarbig | mehrfarbig | farblos

Du kannst auch Vergleiche anwenden, z. B. „rot wie Blut“ oder „himmelblau“.

Aggregatzustand

fest | flüssig | gasförmig

Nutze Vergleiche, z. B. „dickflüssig wie Honig“. Ergänze bei Bedarf: „fest und biegsam“ usw.

Oberfläche

- nicht metallisch
  - massiv
  - pulvrig
    - körnig
    - mehlig
    - kristallin
  - porös
- metallisch
  - matt
  - glänzend
  - hochglänzend

Kristalle sind harte Stoffe mit glatten und scharfen Spitzen und Kanten.

3 Ein poröser Stoff (Beispiel: Schaumstoff)

4 Ein körniger Stoff (Beispiel: Linsen)

5 Ein mehliger Stoff (Beispiel: Backpulver)

6 Ein kristalliner Stoff (Beispiel: Zucker)

Ordnung in der Welt der Stoffe

Material A

1

Stoffproben beschreiben

1 ○ Beschreibe das Aussehen der abgebildeten Stoffproben. Verwende dazu das Schema auf der vorherigen Seite.

2 ◐ Erinnere dich an einen Stoff, den du gut kennst, und beschreibe sein Aussehen genau. Dein Mitschüler soll erraten, welchen Stoff du meinst. Danach tauscht ihr die Rollen.

Material B

Stoffeigenschaften, im Experiment ermitteln

Manche Stoffeigenschaften kannst du nicht sehen – aber durch Experimente ermitteln.

1 ○ Untersuche die elektrische Leitfähigkeit mit den Hilfsmitteln von Bild 3.

2 ○ Untersuche dann die Stoffproben, ob sie magnetisch sind, ob sie auf Wasser schwimmen und ob sie den elektrischen Strom leiten.

3 ◐ Schreibe deine Ergebnisse in Tabellenform auf.

2 Aluminium, Eisen, Holz, Kupfer, Kunststoff , Styropor® – welcher der Stoffe ist magnetisch, welcher schwimmt?

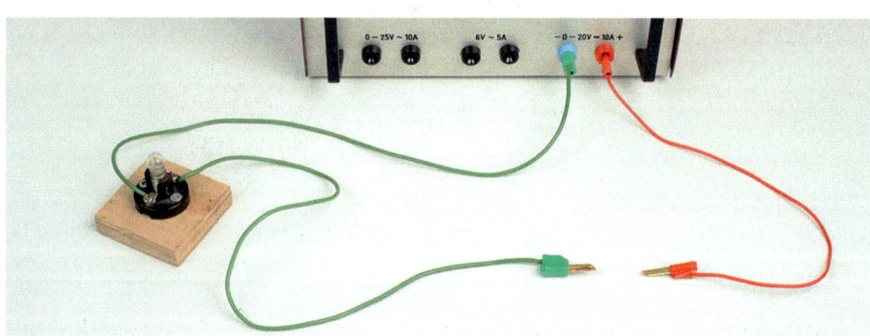

3 Hilfsmittel zur Untersuchung der elektrischen Leitfähigkeit

Material C

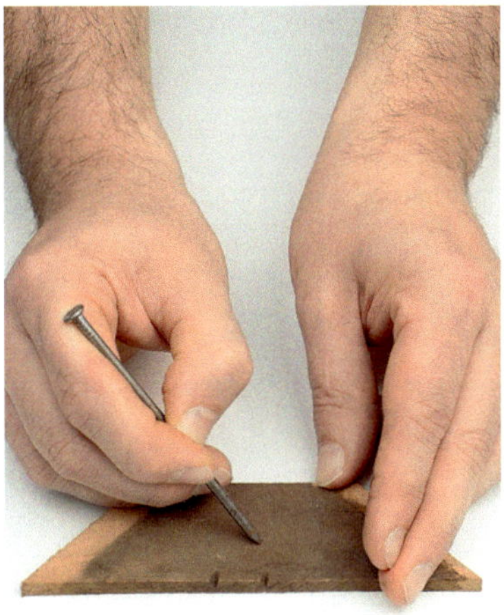

4 Hier wird die Härte eines Stoffs überprüft.

Die Härte der Stoffe

Friedrich Mohs (1773–1839) war der Erste, der die Härte von Stoffen wissenschaftlich untersuchte. Er verglich viele Stoffe und versuchte dabei, einen Stoff mit dem anderen zu ritzen – und umgekehrt. So stellte er eine Härteskala auf, die auch heute noch genutzt wird. Sie geht von Härte 1 (Talk) bis Härte 10 (Diamant).

1 ▢ Untersuche ein Stück Sperrholz. Fahre mit einer Nagelspitze mehrmals an verschiedenen Stellen darüber. Drücke dabei unterschiedlich stark auf das Holzstück. Was stellst du fest?

2 ◕ Untersuche mit einem Stahlnagel die Härte verschiedener Stoffe. Was musst du bei dieser Ritzprobe beachten, um exakte Ergebnisse zu erhalten?

Material D

5 Mit diesen Materialien lässt sich herausfinden, welcher Stoff Wärme am besten leitet.

Eigene Versuchsplanung

Alle Metalle sind gute Wärmeleiter. Durch ein geschickt geplantes Experiment findest du die Unterschiede zwischen den Metallen heraus. → 5

1 ● Erkläre zuerst selbst: Wärmeleitfähigkeit meint …

2 ● Plane dann einen Versuch, mit dem du Aluminium, Eisen und Kupfer nach ihrer Wärmeleitfähigkeit sortieren kannst.

3 ● Experimentiere und erstelle ein Versuchsprotokoll.

Ordnung in der Welt der Stoffe

Vertiefen

1 Da hat sich die Köchin wohl geirrt.

2 Ob der Handwerker die Baustoffe verwechselt?

Täuschend ähnliche Eigenschaften

Oft unterscheiden sich Stoffe in ihren Eigenschaften sehr deutlich. Es gibt aber auch Stoffe, die ganz ähnliche Eigenschaften haben. Beispielsweise sind eine Reihe von Stoffen weiß und pulvrig. In solchen Fällen ist genaues Beschreiben sehr wichtig.

Eigenschaften konkret

1 Brennbarkeit

Feuchte und trockene Holzstücke brennen unterschiedlich schnell an. Die Brennbarkeit kann dann als leicht, schwer, gut, schlecht oder nicht brennbar bezeichnet werden. Glut ohne Flamme kannst du als hell, gelb, rot oder schwach und stark bezeichnen.

2 Geruch

Es gibt extrem viele Gerüche. Wenige haben Namen. Also vergleichen Chemiker und sagen z. B. „riecht nach Erde, Holz, Benzin oder verbrannt". Typisch ist die Wirkung „stechend" von z. B. Essigduft. Um Gefahren zu vermeiden, fächelt man sich Gerüche mit der Hand immer nur vorsichtig zu.

3 Verhalten gegenüber Wasser

Ein Stoff kann in Wasser gut, wenig, schwach oder nicht löslich sein.

4 Verhalten gegenüber Indikatoren

Indikatorpapiere oder Flüssigindikatoren wechseln bei Kontakt mit manchen Stoffen ihre Ursprungsfarbe. Die Färbung ist für bestimmte Stoffe immer gleich. → 3

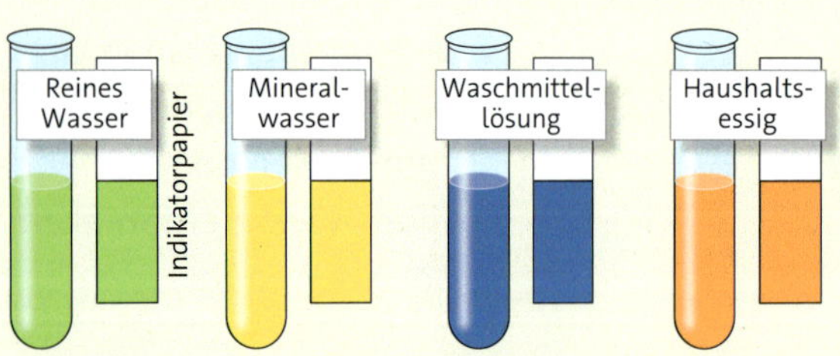

3 Färbungen einer Indikatorlösung

Aufgaben

1 ▢ Begründe: „Untersuche die Brennbarkeit unbekannter Stoffe nur unter großer Vorsicht."

2 ▢ In manchen Fällen kannst du mit einer einzigen Eigenschaft Stoffe nicht genau identifizieren. Schreibe drei Beispiele auf.

Material E

Welche Flüssigkeit könnte es sein?

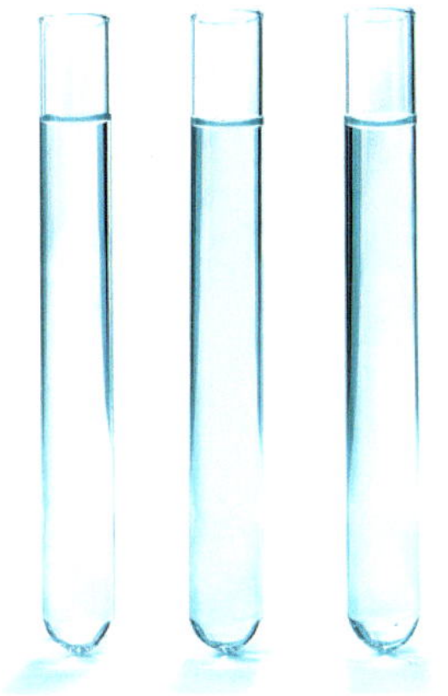

4 Welche Flüssigkeit ist in den Reagenzgläsern?

Beachte zu den Versuchen die Sicherheitsmaßnahmen: feuerfeste Unterlage, Schutzbrille, Löschsand und Löschdecke, Haare zusammenbinden. Benenne anschließend die Flüssigkeiten.

Versuch 1: Indikatortest
Untersuche in einem Reagenzglas eine kleine Probe jeder Flüssigkeit mit pH-Papier.

Versuch 2: Geruch
Gib mit der Pipette einen Tropfen der jeweiligen Flüssigkeit in ein Uhrgläschen und fächle mit der Hand zur Nase.

Versuch 3: Brennbarkeit
Gib mit einer Pipette ca. 0,5 mL der zu untersuchenden Flüssigkeit in eine Abdampfschale und decke mit einer feuerfesten Platte ab.
Versuche dann die Flüssigkeit mit einem brennenden Streichholz vorsichtig zu entzünden. Halte das Netz zum schnellen Abdecken bereit.
Ein Streichholz sollte jeweils genügen.

Welcher Baustoff ist es?

Versuch 4: Grau aber unbekannt
In einer Petrischale findest du 3 aufgehäufte graue Substanzen aus Bild 2. Als Jungchemiker kannst du mit Tests wie in der Tabelle (→ 5) feststellen, welche Substanz es jeweils ist. Beachte die Sicherheit.

Aufgaben

Welcher von den Stoffen in der Tabelle unten hat folgende Eigenschaften?

1 Ein Stoff ist mit blauer Flamme brennbar.

2 Eine farblose Flüssigkeit ist wasserlöslich.

Untersuchte Eigenschaften	Mineralwasser	Benzin (Hexan)	Speiseöl	Schwefel	Zement	Eisenblech	Zucker
Brennbarkeit	nicht	sehr gut (gelb)*	gut (rußend)*	gut (blau)*	nicht gut (glüht)*	nicht	schlecht (rußend)*
Aggregatzustand bei 20 °C	flüssig	dünnflüssig	dickflüssig	fest**, p + k	fest**, p	fest	fest**, k
Magnetisierbarkeit	nicht	nicht	nicht	nicht	nicht	sehr gut	nicht
elektr. Leitfähigkeit	schwach	nicht	schwach	nicht	nicht	gut	nicht
Test mit Universalindikator	gelbgrün	nicht möglich	gelb bis orange	nicht möglich	mit Wasser blau	nicht möglich	in Lösung gelbgrün

* Färbung bzw. Eigenschaft der Flamme ** p = pulvrig; k = kristallin

5 Eigenschaften verschiedener Stoffe

Zu jedem Stoff ein Stoffsteckbrief

1 Steckbriefe geben übersichtlich wichtige Eigenschaften an.

Manchmal werden Personen mit Steckbriefen gesucht. Durch die klare Darstellung können dabei alle wichtigen Eigenschaften übersichtlich aufgelistet werden.

Stoffsteckbriefe • Durch die Steckbriefe erhält der Chemiker zu jedem Stoff einen genauen Überblick. Er schreibt dazu möglichst viele wichtige Eigenschaften eines Stoffs auf. Neben dem Aussehen des Stoffs können weitere Eigenschaften aufgeführt werden, z. B. magnetische Eigenschaften, elektrische Leitfähigkeit oder Informationen zu der Frage, ob der Stoff auf Wasser schwimmt.

In Stoffsteckbriefen schreiben Chemiker die wichtigsten Eigenschaften von Stoffen übersichtlich auf.

Aufgaben

1 Nenne mithilfe des Texts auf dieser Seite sechs Punkte, die in einem Stoffsteckbrief aufgeführt werden können.

2 Nenne weitere Punkte, die in einem Stoffsteckbrief genannt werden könnten. Schaue dir dazu auch die vorherigen Seiten durch.

3 Es ist nicht festgelegt, wie viele Punkte ein Stoffsteckbrief aufweisen muss. Nenne Vor- und Nachteile eines besonders umfangreichen Steckbriefs.

4 Nenne mindestens einen Stoff, zu dem die Eigenschaften aus dem rechten Steckbrief in Bild 1 passen.

Material A

Erstellen von Stoffsteckbriefen

Für Mehl und Kochsalz sollen Stoffsteckbriefe erstellt werden.

1 ▢ Beschreibe das Aussehen von Mehl und Kochsalz. Untersuche 3 weitere Eigenschaften experimentell und schreibe deine Ergebnisse auf.

2 ◐ Erstelle Stoffsteckbriefe für Mehl und Kochsalz. Eventuell kannst du deine Steckbriefe z. B. mit selbst gemachten Fotos besonders schön gestalten.

Material B

Um welchen Stoff handelt es sich?

	Schwimmt?	Elektrisch leitfähig?	Wird vom Magneten angezogen?
Probe 1	ja	nein	nein
Probe 2	nein	ja	nein
Probe 3	nein	ja	ja
Probe 4	nein	nein	nein

2 Ergebnisse einer Stoffuntersuchung

1 Es wurden vier Stoffproben untersucht. Dabei ergaben sich die Ergebnisse, die in der Tabelle gezeigt sind.

a ◐ Bei den vier untersuchten Stoffproben handelte es sich um Aluminium, Eisen, Holz und Kieselstein. Ordne die Stoffe den Proben 1–4 zu.

b ◐ Erstelle zu allen vier Stoffen Steckbriefe.

Material C

Stoffe haben eine typische Masse

Die Masse einer festgelegten Menge eines Stoffs ist in der Chemie eine wichtige Stoffeigenschaft. Bei Flüssigkeiten kann man sowohl die Menge als auch die Masse recht einfach messen.

1 ◐ Wie wiegst du 10 mL Wasser? Du kannst es ja nicht einfach auf die Waage schütten.
Tipp: Wiege zuerst das leere Gefäß!

2 ● Sortiere Apfelsaft, Cola, und Wasser nach ihrer Masse.
Tipp: Achte darauf, immer dieselbe Menge der Flüssigkeiten zu verwenden.

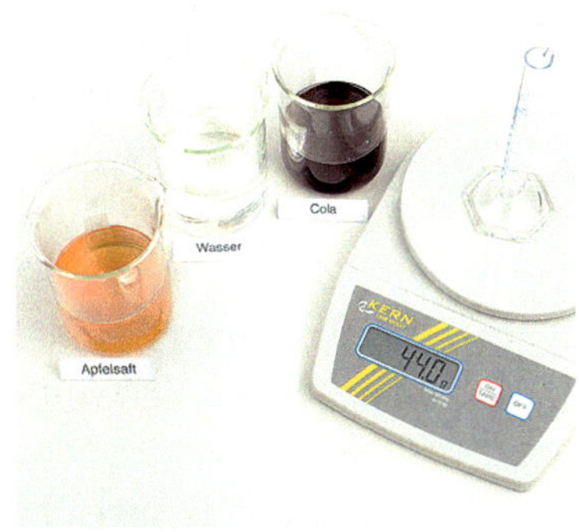

3 Flüssigkeiten unterscheiden sich bei gleicher Menge in ihrer Masse.

Zu jedem Stoff ein Stoffsteckbrief

Vertiefen

Die Dichte – typisch für jeden Stoff

Leichte und schwere Stoffe • Im Alltag sagen wir oft, dass Stoffe leicht oder schwer sind. Beispielsweise ist Eisen schwerer als Holz. Fairerweise vergleichen Chemiker und Chemikerinnen dabei aber Stoffproben gleicher Größe.

Beispiel Eisen • Ein kleiner Würfel mit einer Kantenlänge von 1 cm hat den Rauminhalt 1 cm³. Bei Eisen wiegt ein solcher Würfel 7,9 g. Eisen wiegt folglich 7,9 g je cm³.
Ein Eisenwürfel mit der Kantenlänge 2 cm hätte ein Volumen von 8 cm³ und eine Masse von 63,2 g. Wenn man nun die Masse durch das Volumen teilt, passiert Folgendes:
$63{,}2\,g : 8\,cm^3 = 7{,}9\,g/cm^3$.
Der Wert zeigt, dass Eisen 7,9 g je cm³ wiegt.

Die Dichte berechnen • Bestimme Masse und Volumen und dividiere (teile) dann wie im Beispiel. Du erhältst den für den Stoff typischen Wert. Wir nennen ihn Dichte (g pro cm³).
Die Masse einer Stoffprobe kannst du oft ganz einfach bestimmen: Man legt die Stoffprobe auf eine Waage.
Das Volumen zu bestimmen ist nicht immer so einfach. Eine Möglichkeit ist in Bild 2 gezeigt: Dort waren 30 mL Wasser in einem Messzylinder. Man hält einen Stein hinein – und der Wasserpegel steht bei 37 mL. Also hat der Stein ein Volumen von 7 mL.

Unter der Dichte versteht man die Masse einer Stoffprobe von 1 cm³. Jeder Stoff hat eine für ihn typische Dichte.

Metall	Dichte in g/cm³ (25 °C)	Metall	Dichte in g/cm³ (25 °C)
Aluminium	2,70	Gold	19,32
Blei	11,35	Kupfer	8,96
Eisen	7,86	Magnesium	1,74

1 Dichte verschiedener Metalle

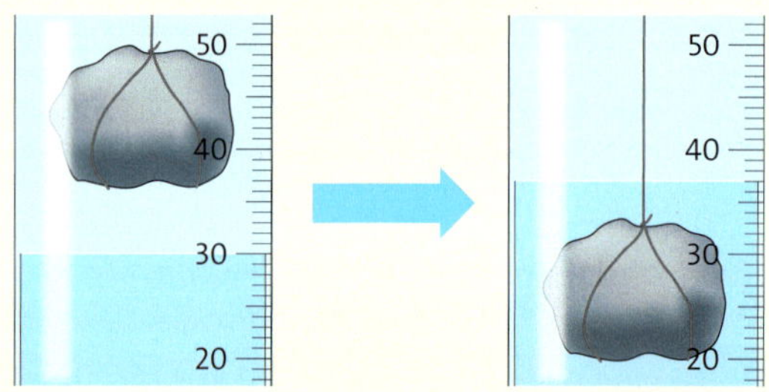

2 Messung des Volumens eines Steins

Aufgaben

1 Sortiere die Metalle von Bild 1 nach ihrer Dichte. Beginne mit der geringsten.

2 Gib die Dichte von Wasser an.

3 Bei einem Goldnugget wurden Masse und Volumen ermittelt: Der 4,6 cm³ große Nugget wog 88,78 g. Berechne dazu die Dichte.

4 Ermittle die Dichte von Stoffproben aus Holz, einem Kunststoff, Stein und Eisen. Führe anschließend einen Schwimmtest in Wasser durch. Formuliere eine Regel über die Schwimmfähigkeit von Stoffen.

Vertiefen

Rekorde bei Stoffen

3

Du weißt nun einiges über verschiedene Stoffeigenschaften. Im Unterricht hast du es aber nicht immer mit den Rekordträgern unter den Stoffen zu tun. Daher betrachte jetzt die Sieger in verschiedenen Kategorien.

Schmelztemperatur • Feste Stoffe werden bei Erwärmung irgendwann flüssig. Rekordhalter dabei ist Tantalhafniumcarbid. Es wird erst bei 4215 °C flüssig. Das ist ungefähr so heiß wie an der Oberfläche der Sonne.
Das andere Extrem in dieser Kategorie ist Helium. Festes Helium schmilzt schon bei –272 °C. Dies ist nahe an der tiefstmöglichen Temperatur überhaupt.

Dichte • Der Stoff mit der größten Dichte ist Osmium mit einem Wert von 22,6 g/cm^3. Wenn du eine Stoffprobe Osmium in der größe eines Tetrapaks Milch hättest, würde dieser 22,6 kg wiegen.
Wissenschaftler haben kürzlich den Feststoff mit der bislang geringsten Dichte hergestellt: ein Schwamm aus Siliciumdioxid mit einer Dichte von 0,003 g/cm^3.

Elektrische Leitfähigkeit • Der Stoff, der den elektrischen Strom am besten leitet, ist Silber. Knapp dahinter folgt Kupfer. Warum werden dann Elektrokabel aus Kupfer hergestellt und nicht aus Silber? Ganz einfach – Silber ist viel teurer als Kupfer.
Eine äußerst geringe elektrische Leitfähigkeit weist reinstes Wasser auf. Sie ist noch 10000-mal geringer als die von Leitungswasser, da im Leitungswasser Stoffe gelöst sind.

Härte • Der härteste bekannte Stoff ist Diamant. Wegen der extremen Härte nutzt man Diamanten in Bohrköpfen. Vom Bohrer in der Zahnarztpraxis bis zu Bohrern bei der Erdölförderung werden sie verwendet.
Geschliffene Diamanten sind wertvoll und dienen als Schmucksteine. Der größte jemals gefundene Diamant wog 621,3 g. Er wurde in mehrere Diamanten aufgetrennt, die nun Teil der britischen Kronjuwelen sind.

4 Diamant – Schmuckstein und Werkzeug

Heißeste Flamme • Die heißeste Flamme erreicht man beim Verbrennen des giftigen Dicyans: bis zu 4800 °C.
Die Flamme aus dem Laborbrenner erreicht dagegen nur etwa 1400 °C, eine Kerzenflamme an der heißesten Stelle bis zu 1000 °C.

Auch Elemente lassen sich ordnen

1 Einige chemische Elemente

Die antiken Philosophen suchten vor mehr als 2500 Jahren nach einem Urstoff für den Aufbau der Welt. Feuer, Wasser, Luft und Erde galten bis ins Mittelalter als solche Grundstoffe. Heute kennen wir als Grundbestandteile der gesamten Welt mehr als 110 Elemente.

Grundbaustoffe • Die Alchemisten des Mittelalters glaubten, dass alle Stoffe durch eine bestimmte „Mischung" von Feuer, Wasser, Luft und Erde entstehen. Doch fanden ihre Nachfolger, die Chemiker, immer mehr Stoffe, die sie nicht weiter zerlegen konnten. Dazu gehören Kohlenstoff, Schwefel, Eisen, Kupfer, Zink, Silber, Gold, Quecksilber und Blei. Sie gelten heute als Grundbaustoffe der Welt, wir nennen sie „Elemente".

Man weiß mittlerweile, dass es ca. 118 Elemente gibt. Sie sind die Grundbaustoffe der Welt.

Wettlauf zum Gold • Die Alchemisten wollten bis vor 250 Jahren aus Erzen oder anderen Elementen Gold herstellen. Im Schloss zu Meißen hatte der Chemiker Böttger (um 1700) sogar ein eigenes Labor. Doch statt Gold zu gewinnen, fanden die Chemiker immer mehr neue Elemente.

Symbole der Elemente • Zur Abkürzung verwenden Chemiker seit Berzelius (ca. 1825) meist die Anfangsbuchstaben der lateinischen, deutschen oder englischen Elementnamen.
Ein zweiter Buchstabe kommt oft dazu.

Kohlenstoff	Carboneum	C
Stickstoff	Nitrogenium	N
Sauerstoff	Oxygenium	O
Magnesium	Magnesium	Mg
Aluminium	Aluminium	Al
Schwefel	Sulfur	S
Eisen	Ferrum	Fe

2 Elemente, ihre Namen, Symbole

das Periodensystem
das Element
das Symbol
die Gruppe
die Periode

Chemiker und Chemikerinnen verwenden in ihrer Zeichensprache für die Elemente Abkürzungen, auch Symbole genannt. Der Anfangsbuchstabe genügt nur in wenigen Fällen. Zur besseren Unterscheidung ist oft ein weiterer Buchstabe notwendig. → 2

Elemente ordnen • Viele Chemiker erforschten die Schmelz- und Siedetemperaturen der neuen und alten Grundstoffe und konnten auch ihre Masse immer genauer messen. Sie fanden immer mehr Ähnlichkeiten z. B. in Farbe, Härte und Verwendung. → 1 Doch gleichzeitig ging der Überblick über die Stoffwelt durch die vielen neuen Daten verloren.

Das Periodensystem • Die Chemiker Lothar Meyer (1830–1895) und Dmitri Mendelejew (1834–1907) verwendeten die Masse und zusätzlich die Ähnlichkeit der Eigenschaften zum Ordnen der Elemente.
Die Masse führte zu einer aufsteigenden Anordnung in Reihen, beginnend bei Wasserstoff.
In den Spalten wurden Elemente mit ähnlichen Eigenschaften untereinander angeordnet, das sind die Gruppen. So entstanden 8 Hauptgruppen und 10 Nebengruppen. → S. 294/295

Das Periodensystem der Elemente umfasst als Tabelle die Elemente in 18 Gruppen. Ähnliche Eigenschaften der Elemente und die Atommasse sorgen für Ordnung.

	I	II	III	IV	V	VI	VII	VIII
1	H							He
2	Li	Be	B	C	N	O	F	Ne
3	Na	Mg	Al	Si	P	S	Cl	Ar
4	K	Ca	Ga	Ge	As	Se	Br	Kr
5	Rb	Sr	In	Sn	Sb	Te	I	Xe
6	Cs	Ba	Tl	Pb	Bi	Po	At	Rn

3 Auszug aus dem Periodensystem (PSE, vereinfachte Form)

Schon damals war klar, dass sich nach einer bestimmten Anzahl von Elementen ähnliche Eigenschaften wiederholen. Beispielsweise haben die Elemente Fluor, Chlor, Brom, Iod und Astat alle die Eigenschaft, leicht Salze zu bilden. Sie werden zur Elementfamilie der Salzbildner, Halogene, gruppiert. → 3 Insgesamt konnten so 8 Hauptgruppen (I bis VIII) gebildet werden. Die Zeilen 1 bis 6 heißen Perioden.

Aufgaben

1 ◐ Begründe, warum die Symbole der Elemente oft aus zwei Buchstaben bestehen.

2 ● Erkläre, warum es unmöglich ist, Gold aus Eisen herzustellen.

3 ◐ Was hat den Aufbau des PSE von Anfang an mitbestimmt?

4 ○ Nenne die Anzahl der Elemente.

Auch Elemente lassen sich ordnen

Material A

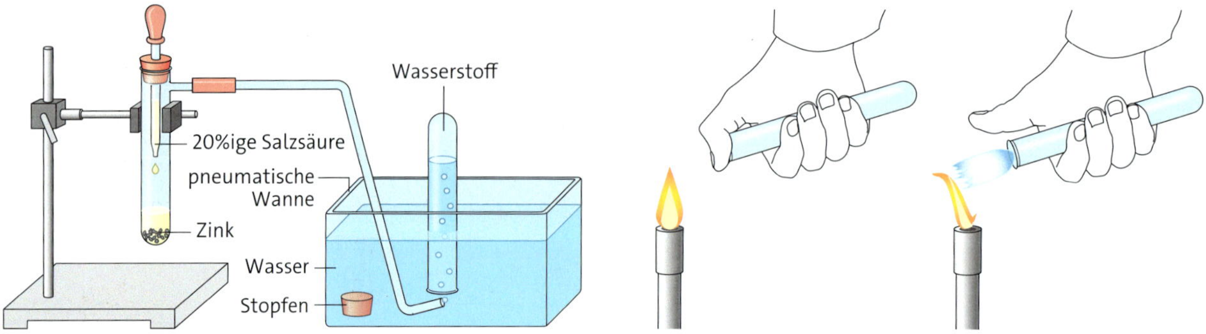

1 Versuchsaufbau mit Gasentwickler und pneumatischer Wanne zum Auffangen von Wasserstoff, anschließend Knallgasprobe

Gasförmige Elemente

Einige Elemente im Periodensystem sind Gase, z. B. Sauerstoff (O) und Wasserstoff (H). Obwohl beide gasförmig vorliegen, sind ihre Eigenschaften doch verschieden.

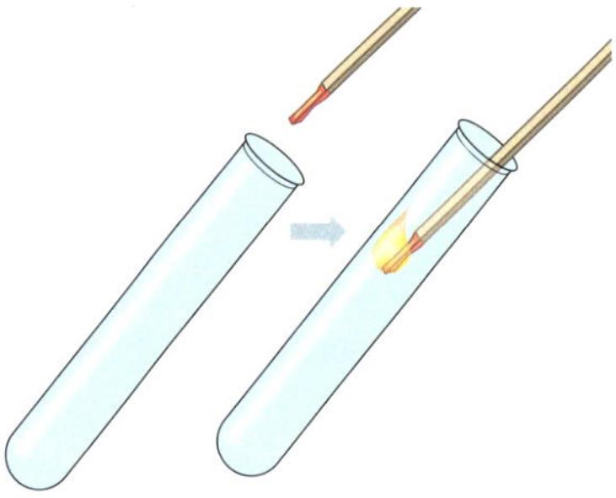

2 Glimmspanprobe

Element/Stoff	Dichte
Sauerstoff	1,429
Wasserstoff	0,090
Chlor	3,214
Luft	1,293

3 Dichte von Gasen

1 Gib 1 g Kaliumpermanganat (GHS03|07|09) in ein Reagenzglas. Beachte die Vorsichtsmaßnahmen und erhitze mit der Sparflamme.

a ○ Schreibe deine Beobachtungen genau auf.

b ◐ Führe einen glimmenden Holzstab von der Öffnung des Reagenzglases bis zum Boden des Gefäßes. → 2

Merke: Wird ein glimmender Holzstab durch ein Gas entflammt, hast du es als Sauerstoff nachgewiesen.

2 Fülle aus einer Sauerstoffflasche mithilfe deiner Lehrkraft in ein Reagenzglas Sauerstoffgas (GHS03) ein. Die Öffnung des Glases zeigt nach unten. Drehe das Gefäß langsam so, dass die Öffnung nach oben zeigt.

a ◐ Kannst du noch Sauerstoff nachweisen?

b ◐ Erkläre dein Ergebnis mithilfe der Dichte dieses Gases.

c ◐ Erstelle mit allen bekannten Eigenschaften einen Steckbrief für Sauerstoff.

3 Stelle Wasserstoff (GHS02) her. Beachte die Sicherheitsmaßnahmen. → 1

a ○ Schreibe deine Beobachtungen auf.

b ● Führe die Knallgasprobe durch. → 1

c ◐ Erstelle einen Steckbrief.

Merke: Bei der Entleerung von Wasserstoffgas in die Brennerflamme weist ein Knall oder ein zischendes Geräusch Wasserstoff nach.

Material B

4 Verschiedene Metalle und ihre Verwendungsmöglichkeiten

Metalle untersuchen

Links im Periodensystem sind viele Metalle. Sie haben sowohl ähnliche als auch unterschiedliche Eigenschaften. Untersuche folgende Metalle: Eisen (Fe), Kupfer (Cu), Zink (Zn), Aluminium (Al) und Magnesium (Mg).

1 Finde Gesichtspunkte zum Sortieren der Elemente und wende sie an. → 4

2 Die Informationen aus Bild 5 sollen durch weitere Beispiele zur Verwendung der Metalle ergänzt werden. Übertrage die Tabelle ins Heft und trage die Ergebnisse deiner Recherche ein.

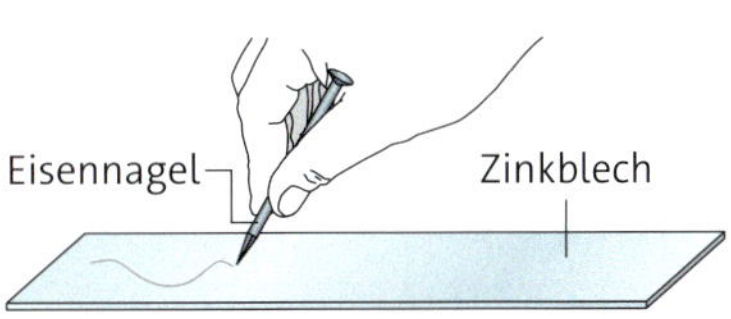

6 Härte untersuchen

Element	Verwendung
Fe	Blech, Nägel
Al	Fensterrahmen
Mg	Feuerwerk
Zn	Dachrinne
Cu	Stromkabel

5 Metalle im Alltag

3 Untersuche folgende Eigenschaften an Stoffproben der Metalle, die dir deine Lehrkraft zur Verfügung stellt:

a Geruch
b Farbe
c Aggregatzustand
d Elektrische Leitfähigkeit
e Wärmeleitfähigkeit → 7
f Magnetisierbarkeit
g Härte → 6
h Oberflächenbeschaffenheit

4 Untersuche die Brennbarkeit der Metalle. Du kannst Bunsenbrenner und Tiegelzange verwenden. Beachte Sicherheitsmaßnahmen.

7 Wärmeleitfähigkeit untersuchen

5 Ordne die Metalle aus Bild 4 so, dass Gruppen mit ähnlichen Eigenschaften entstehen.
Verwende auch die Informationen aus Bild 5.

6 Vergleiche deine Gruppenbildung mit dem Periodensystem. Hast du andere Ergebnisse?

7 Die Verwendungsmöglichkeiten der Metalle sind von den Eigenschaften abhängig. Ordne den Beispielen aus Bild 5 geeignete Eigenschaften zu.

Die „chemische Lupe“ im Einsatz

1 Mit der „chemischen Lupe“ lassen sich Stoffportionen genauer betrachten.

Chemische Elemente sind im Periodensystem nach ihrer Masse geordnet. Grundstoffe mit ähnlichen Eigenschaften stehen in den Spalten als Haupt- und Nebengruppen. Nun wirst du mit der „chemischen Lupe“ die kleinsten Teilchen in Elementen erforschen. Mit einer modellhaften Vorstellung dieser Welt kannst du später vieles erklären.

Atome im Modell • Der Blick mit der „chemischen Lupe“ in die Teilchenwelt einiger Elemente zeigt, nach welchem Modell man sich den Aufbau der Elemente vorstellt. → 1
In allen sechs Beispielen findest du kugelige Gebilde, die man Atome nennt. Sie sind von Element zu Element unterschiedlich groß und schließen sich zu größeren Verbänden zusammen. Du findest sie paarweise in den Gasen Wasserstoff (H_2) und Sauerstoff (O_2), als Achterringe im Schwefel (S_8).
In Metallen wie Eisen und Magnesium und im Kohlenstoff sind sie im sogenannten Atomverband regelmäßig und sehr eng beieinander angeordnet.

Chemikerinnen und Chemiker stellen sich vor, dass Stoffportionen der Elemente aus kugelförmigen Atomen aufgebaut sind. Sie bilden z. B. „Paare“, „Tripel“ oder große Atomverbände.

Atome, Masse und Modelle • Atome eines Elements sind alle gleich groß und haben die gleiche Masse. Zum Beispiel haben alle Wasserstoff-Atome die Masse von ca. $1{,}673 \cdot 10^{-24}$ g = 0,000000000000000000000001673 g.
Einzelne Wasserstoff-Atome sind für uns Menschen unvorstellbar klein. Erst bei einer Vergrößerung um das 100-Millionenfache wäre ihr Kugeldurchmesser 6 mm groß.
In Form von Zellstoffkugeln kannst du sie als Modell in die Hand nehmen und damit hantieren. Jedoch sind Atome in Wirklichkeit nicht farbig und besitzen auch keine feste Oberfläche.

Wasserstoff-Atome sind die leichtesten und kleinsten Atome. Beispielsweise ist die Masse eines Kohlenstoff-Atoms 12-mal so groß.

das **Atom**
die **Atommasse**
der **Atomverband**

Material A

2 Modell-Atome aus Zellstoff unterscheiden sich in Farbe und Größe.

Element	Ø (pm)
H	60
O	132
C	154
N	140
Cl	198
S	208
Mg	320
Fe	248
Cu	256
Na	372

3 Atomdurchmesser in Picometern (1 pm= 10^{-12} m)

Modell-Atome aus Zellstoff

1 Bild 1 zeigt Modell-Atome in 100-millionenfacher Vergrößerung. Bestimme durch Ausmessen der Atomdurchmesser im Modellbild und Tabellenvergleich, welche Zellstoffkugel zu welchem Element gehört.

2 Welche Aussagen über Modell-Atome treffen zu/nicht zu? Begründe.

a Kohlenstoff-Atome sind grün.
b Kohlenstoff-Atome sind schwarz.
c Modell-Atome sind gleich groß.
d Modell-Atome sind runde Scheiben.

3 Selina meint, dass Elemente mit kleinem Atomdurchmesser auch leichter sind. Überprüfe diese Aussage. → S. 294/295

Material B

Atome anordnen

1 Ordne gleich große Zellstoffkugeln auf dem Tisch in einer Ebene, sodass die Modell-Atome 8er- oder 6er-Verbände bilden. Zeichne!

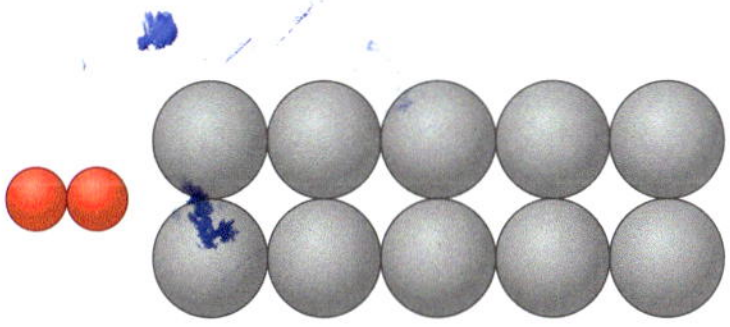

4 Sauerstoff und Eisen als Modell-Darstellung

2 Ordne 20 Zellstoffkugeln einer Sorte Modell-Atome so an, dass ein räumlich eng zusammenpassendes Gebilde entsteht.

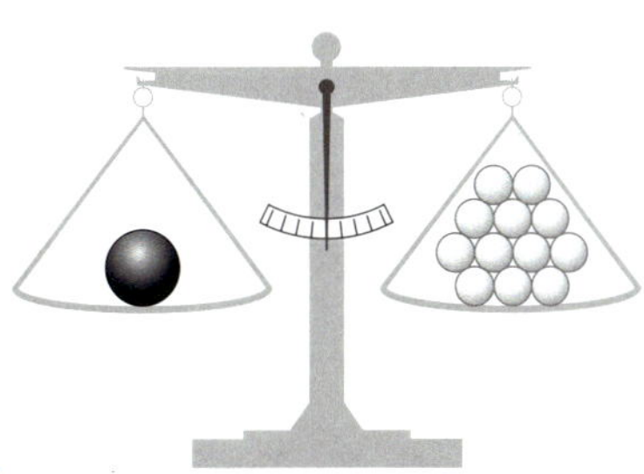

5 Modell-Atome im Gleichgewicht?

3 Vergleiche den Raumbedarf deiner Lösungen aus Aufgabe 1 und 2 miteinander.

4 Stelle einen Zusammenhang zwischen Raumbedarf und Aggregatzustand her. → 4

5 Die Modell-Atome in Bild 5 sind so gewählt, dass die Waage im Gleichgewicht bleibt. Welche Elemente wurden gewählt?

Chemische Reaktionen im Alltag

1 Das Brennen einer Wunderkerze – eine chemische Reaktion

Chemie ist überall – du begegnest ihr ständig, sie unterstützt deinen Tag.

Im Alltag • Täglich hast du mit chemischen Reaktionen zu tun:
Beim Frühstück werden Brötchen gebacken. Die Heizung im Haus geht an und verbrennt Öl, Gas oder Holz. Bei der Fahrt in die Schule verbrennen das Auto, der Roller und der Bus Treibstoff. Nach dem Unterricht gibt es zu Mittag gebratenes Fleisch mit gebackenen oder gekochten Beilagen. Zu Hause angekommen legst du eine Brausetablette in Wasser, um ein Erfrischungsgetränk herzustellen. Zum Abschluss gibt es beim Abendessen Pfannkuchen.
Bei diesem Tagesablauf werden chemische Reaktionen erwähnt. Aber was genau ist eine chemische Reaktion?

Neue Stoffe • Chemische Reaktionen sind Vorgänge, bei denen eine Stoffumwandlung stattfindet. Das sieht man auch in Bild 1: Wunderkerzen bestehen unter anderem aus Eisenpulver und Aluminiumpulver. Diese Ausgangsstoffe werden gezündet und beginnen sich zu verändern. Es findet eine chemische Reaktion statt. Die Metallpulver verbrennen und erzeugen hell leuchtende Funken. Zurück bleibt ein poröser schwarzer Stoff. Die neu entstandenen Stoffe sind Reaktionsprodukte. In unserem Beispiel sind dies die abgebrannte Wunderkerze, Aschekrümel und Verbrennungsgase.

Andere Stoffeigenschaften • Die Reaktionsprodukte haben andere Stoffeigenschaften als die Ausgangsstoffe. Dazu ein weiteres Beispiel: Ein Kuchenteig ist eine Mischung aus den Ausgangsstoffen Mehl, Eier, Zucker, Backpulver und Butter. In einer Backform kommt der Teig anschließend in den Backofen.
Die Veränderungen der Eigenschaften sind dann leicht zu erkennen:

die **chemische Reaktion**
der **Ausgangsstoff**
das **Reaktionsprodukt**
die **Wortgleichung**

Farbe, Geschmack und Beschaffenheit sind beim Teig deutlich anders als beim Reaktionsprodukt Kuchen. → 2

Energieumsatz • Bei chemischen Reaktionen wird immer auch Energie umgesetzt. So nimmt der Kuchenteig im Ofen Wärme auf, damit die chemischen Reaktionen des Backens stattfinden können. Wunderkerzen leuchten hell beim Abbrennen, weil Energie in Form von Licht frei wird.

Kennzeichen chemischer Reaktionen • Chemische Reaktionen lassen sich anhand bestimmter Kennzeichen erkennen. Diese sind z. B. ein Farbumschlag oder eine Gasentwicklung. → 3 Ein Aufglühen zeigt an, dass bei der chemischen Reaktion Energie frei wird.

Wortgleichungen • In der Chemie benutzt man eine Wortgleichung, um eine chemische Reaktion zu veranschaulichen.
Beispiel: Die Ausgangsstoffe Brausetablette und Wasser reagieren miteinander zu den Reaktionsprodukten Getränk und Gas.

Brausetabl. + Wasser → Getränk + Gas

Der Pfeil (→) steht für „reagieren zu“.

Chemische Reaktionen sind Stoffumwandlungen. Es entstehen dabei neue Stoffe mit anderen Eigenschaften. Außerdem findet ein Energieumsatz statt. Chemiker schreiben dazu eine Wortgleichung.

2 Vom Teig zum fertigen Gebäck: Die Eigenschaften ändern sich.

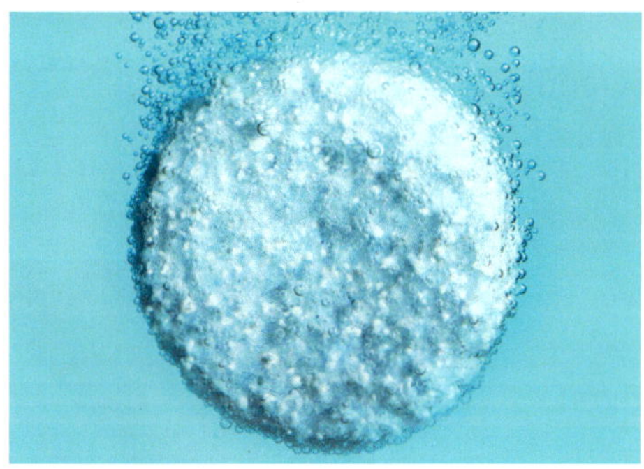

3 Gasentwicklung an einer Brausetablette

Aufgaben

1 ○ Nenne verschiedene chemische Reaktionen aus deinem Alltag.

2 ○ Was ist eine chemische Reaktion? Erläutere.

3 ◐ Beschreibe die Stoffumwandlung am Beispiel des Backens eines Pfannkuchens.

4 ● Das Entkalken im Bad ist eine chemische Reaktion. Erkläre.

Chemische Reaktionen im Alltag

Material A

Brennende Streichhölzer

Reibe ein Streichholz an der Reibefläche der Schachtel. Lass das Streichholz abbrennen. → 1 Wenn es zu heiß wird, lege es schnell auf eine feuerfeste Unterlage.

1 ▢ Notiere deine Beobachtungen.

2 ◔ Schau dir das verbrannte Streichholz genau an und bestimme seine Farbe. Zerreibe es danach zwischen den Fingern. Was passiert? Vergleiche mit einem unbenutzten Streichholz.

3 ◔ Entscheide, ob eine Stoffumwandlung eingetreten ist. Benenne gegebenenfalls das passende Merkmal für chemische Reaktionen.

4 ● Falls eine chemische Reaktion stattgefunden hat, schreibe eine Wortgleichung dazu auf.

1 Nach dem Brennen

Material B

Glühende Leuchtstäbe

Leuchtstäbe enthalten innen ein Glasröhrchen mit einer Flüssigkeit. Um das Glasröhrchen herum ist aber noch eine zweite Flüssigkeit vorhanden.
Beim Knicken des Leuchtstabs bricht das Glasröhrchen, sodass die Stoffe in den beiden Flüssigkeiten miteinander in Kontakt kommen. Dabei wird Energie als Licht frei.

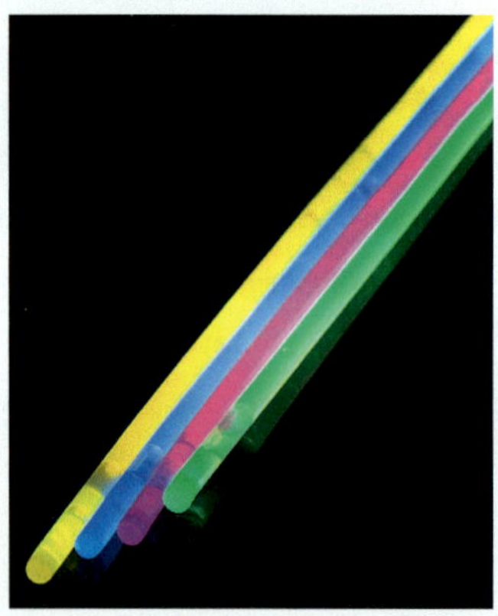

2 Leuchtstäbe

Knicke einen Leuchtstab in der Mitte des Stabs. Bewege oder drehe den Leuchtstab langsam hin und her. Was beobachtest du?

1 ◔ Entscheide, ob in Leuchtstäben chemische Reaktionen stattfinden.

Material C

Langsame Reaktionen?

Gibt es auch ganz langsame chemische Reaktionen?

3 Eierschale in Essig

1 Fülle ein Reagenzglas einen Zentimeter mit Essig. Gib ein Stück Eierschale hinzu.

a ▢ Schau dir die Eierschale genau an. Notiere die Eigenschaften.

b ◔ Nenne Beobachtungen, die für chemische Reaktionen typisch sind.

c ◔ Lass deinen Versuch 1–2 Tage stehen. Überprüfe dann, ob eine Stoffumwandlung stattgefunden hat.

d ● Schreibe dein Ergebnis als Wortgleichung auf.

2 ◔ In einem Becherglas liegt ein mit Wasser angefeuchteter Watteknäuel ∅ 2 cm). Ein metallisch glänzender neuer Eisennagel wird über die Öffnung gelegt. Hat sich nach 2 Tagen etwas verändert? Erläutere.

Material D

Chemische Reaktion – ja oder nein?

1 Führe folgende Versuche durch und notiere deine Beobachtungen. Entscheide jeweils, ob eine chemische Reaktion stattgefunden hat. Erläutere auch, welche Merkmale von chemischen Reaktionen zu beobachten sind.

a ▢ Zerbrich einen Schaschlikspieß.

b ▢ Halte einen Schaschlikspieß in die Brennerflamme und entzünde ihn.

c ▢ Gib etwas Wasser in ein Reagenzglas und füge ein Stück Marmor oder Muschel hinzu.

d ▢ Gib etwas Essig in ein Reagenzglas und füge ein Stück Marmor oder Muschel hinzu.

e ▢ Zerkleinere einen Zuckerwürfel mit den Händen.

f ▢ Löse ein Stück Würfelzucker mit Wasser im Becherglas auf.

g ◐ Erhitze etwas Zucker im Reagenzglas vorsichtig in der Brennerflamme.

h ◐ Erhitze etwas Kochsalz im Reagenzglas vorsichtig in der Brennerflamme.

Rezept für Karamellbonbons

Backblech mit einseitig eingeölter Alufolie auslegen. Zucker-Sahne-Gemisch in einer Pfanne unter ständigem Rühren kochen lassen, bis es dickflüssig wird. Zum Abkühlen auf das Blech gießen.

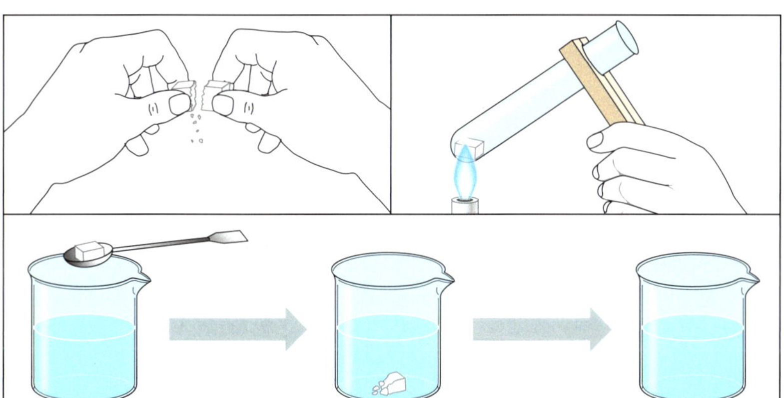

4 Zucker bei verschiedenen Vorgängen – wo findet eine Stoffumwandlung statt?

Material E

Gips reagiert mit Wasser

1 ▢ Gib etwas Gipspulver in einen leeren Joghurtbecher. Gieße ein wenig Wasser vorsichtig hinzu und verrühre alles sacht mit einem Löffel zu einem Brei. Verwende nicht zu viel Wasser. Umfasse den Becher mit der Hand. Notiere deine Beobachtungen und beschreibe dann die Stoffumwandlung genauer.

2 ◐ Mit Gips lassen sich praktische Formen herstellen, z. B. ein Reagenzglasständer. Wiege dazu 100 g Gips ab und verrühre diesen mit 50 mL Wasser. Den Brei füllst du in einen kleinen eingeölten Joghurtbecher. Stecke ein leeres eingeöltes Reagenzglas in den Brei. Nach ca. 15–30 Minuten ist der Gips ausgehärtet. Entferne durch Drehen das Reagenzglas aus der Form. Fertig!

5 Gips – Pulver und Kristalle

Chemische Reaktion – was passiert da?

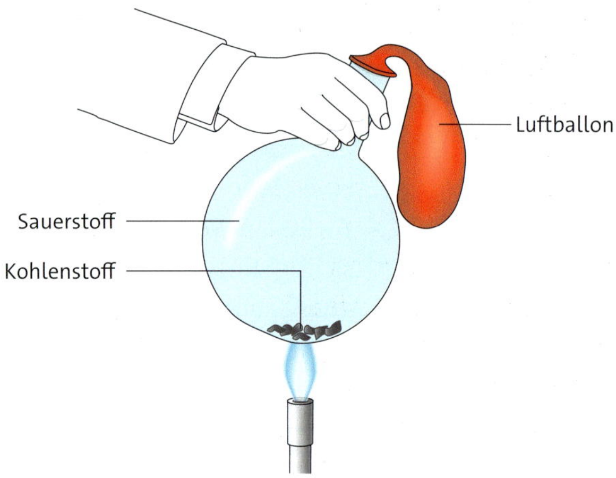

1 Boyle-Versuch mit Kohlenstoff und Sauerstoff

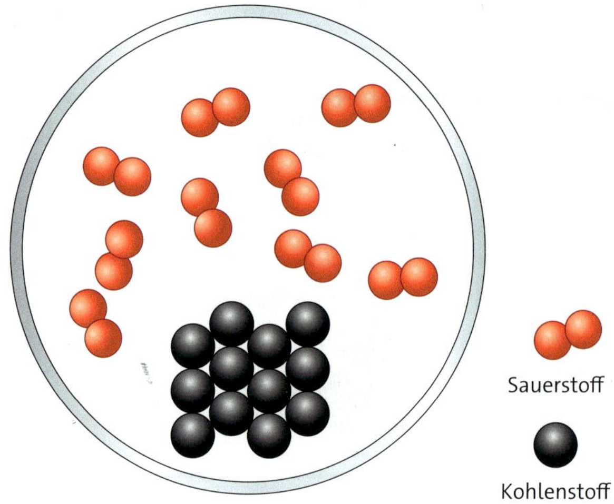

2 Die „chemische Lupe" auf Elementen

Viele chemische Reaktionen laufen sehr schnell ab. Gleichzeitig sind die beteiligten Teilchen sehr klein. Mit den Sinnen ist es unmöglich, sie direkt zu beobachten. Man setzt deshalb Modelle ein.

Modelldarstellung • Ein Traum wäre es, die chemische Reaktion zu filmen. Wissenschaftler haben mit Röntgenblitzen schon erfolgreich Aufnahmen gemacht, sind aber noch in der Lernphase. Du kannst deshalb die „chemische Lupe" einsetzen und Modell-Atome bei der chemischen Reaktion „beobachten". → 1

Der Boyle-Versuch • 0,2 g Aktivkohlekörner werden in einem Rundkolben (1 L), der mit reinem Sauerstoff gefüllt ist, mit einem Luftballon verschlossen (zum Zurückhalten von Gasen). Wir stellen insgesamt eine Masse von 250,0 g fest (Versuch findet auf der Waage statt).

Beobachtungen • Der Kohlenstoff glüht auf (Kolben schütteln) und ist schließlich nicht mehr zu sehen. Der Ballon bläht sich etwas auf und zieht sich danach wieder zusammen.
Nach dem Abkühlen zeigt die Waage immer noch 250,0 g an.
Nach dem Abkühlen wird Kalkwasser (10 mL) vorsichtig in den Rundkolben gegeben, wieder verschlossen und geschüttelt.
Die milchig weiße Trübung zeigt an, dass das Gas Kohlenstoffdioxid entstanden ist.
Ein glimmender Holzstab wird in den Rundkolben abgesenkt und erlischt dabei.

Im Rundkolben fand eine chemische Reaktion statt: Kohlenstoff und Sauerstoff reagierten zu Kohlenstoffdioxid.
Trotz der chemischen Reaktion hat sich die Masse insgesamt nicht verändert.

die **Aktivierungsenergie**
der **Boyle-Versuch**
die **Massenerhaltung**

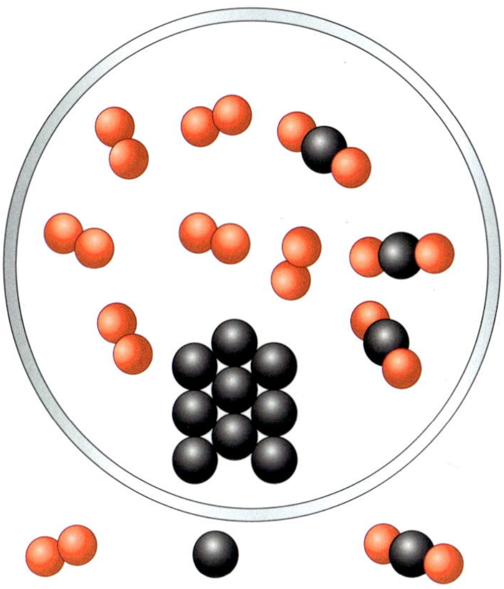

3 Kohlenstoff- und Sauerstoff-Atome ordnen sich neu.

Chemische Reaktion im Modell • Die Ausgangsstoffe Kohlenstoff und Sauerstoff sind aus Atomen aufgebaut. Die Kohlenstoff-Atome stellt sich der Chemiker im Atomverband vor und die Sauerstoff-Atome bilden Pärchen. → 2 Einzelne Kohlenstoff-Atome entweichen aus dem Verband und bilden zusammen mit Sauerstoff-Atomen neue Teilchen, Kohlenstoffdioxidteilchen. → 3 Die Teilchen werden also nur umgruppiert. Dabei verändert sich ihre Anzahl nicht.

Bei chemischen Reaktionen werden die Teilchen der Ausgangsstoffe lediglich neu als Reaktionsprodukt angeordnet.
Dabei gilt das Gesetz von der Erhaltung der Masse: Es gehen weder Teilchen verloren noch kommen welche neu hinzu.

Aktivierungsenergie • Damit eine chemische Reaktion beginnt, muss man sie oft erst aktivieren, z. B. durch Zufuhr von Wärmeenergie.
In Bild 4 schiebt das Kind die Seifenkiste auf den Berg hoch. Oben angekommen rollt die Seifenkiste von alleine den Berg hinunter. Ähnlich verhalten sich die Ausgangsstoffe bei vielen chemischen Reaktionen. Erst wenn genug Energie (Aktivierungsenergie) zugeführt wurde, kann die Reaktion von alleine zu Ende laufen.

Viele chemische Reaktionen starten erst nach Zufuhr von Aktivierungsenergie.

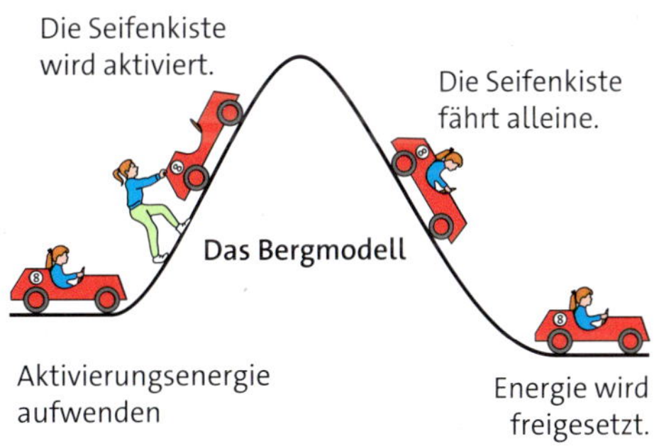

4 Aktivierungsenergie am „Bergmodell"

Aufgaben

1 ○ Welche Rolle spielt die Wärmezufuhr im Boyle-Versuch?

2 ◐ Beschreibe die chemische Reaktion mithilfe von Modell-Atomen.

3 ● Zeichne zu Bild 3 das Versuchsende mithilfe der Modell-Atome.

Chemische Reaktion – was passiert da?

Material A

Chemische Reaktionen

Hier geht es um chemische Reaktionen. Du stellst fest, dass neue Stoffe entstehen.

Bei chemischen Reaktionen entsteht immer mindestens ein Reaktionsprodukt, also ein neuer Stoff. Dafür ein Beispiel:
Man lässt Eisenpulver mit Schwefelpulver reagieren. Nach Zufuhr von Aktivierungsenergie glühen die beteiligten Stoffe gemeinsam auf, die Reaktion findet statt und danach ist ein neuer dunkelgrauer Stoff entstanden. Er heißt „Schwefeleisen", in der Chemie sagt man Eisensulfid.
Dies ist viel mehr als nur eine Änderung des Aggregatzustands.

1 Beobachte und vergleiche.
a ▢ Nenne Merkmale von chemischen Reaktionen, wenn am Lagerfeuer Holz verbrennt. → 1
b ▢ Beim Grillen brennt ein Holzkohlenfeuer. Nenne Unterschiede zum Boyle-Versuch auf den Seiten 48 und 49. → 1

1 Lagerfeuer und Holzkohlefeuer im Vergleich

2 Begründe und prüfe.
a ◪ „Auch beim Brennen einer Kerze findet eine chemische Reaktion statt." Begründe die Richtigkeit der Aussage.
b ◪ Überprüfe mithilfe eines kleinen Glasröhrchens, ob die Kerze wirklich eine „Gasfabrik" ist. Vorsichtig arbeiten!

3 ■ Schaue eine brennende Kerze längere Zeit an. Benenne eine Beobachtung, die dem „Gesetz der Erhaltung der Masse" widersprechen könnte.
Erkläre, warum es nur „scheinbar" so ist.
Hilfe: Halte ein weißes Blatt Papier hoch genug über die Kerzenflamme, sodass es nicht anbrennen kann. Eine Beobachtung am Papier kann dir helfen.

4 ◪ Welches Merkmal von chemischen Reaktionen kannst du beobachten, wenn Eisen und Schwefel miteinander reagieren? → 2

5 Für Chemiker ist das „Gesetz der Massenerhaltung" sehr wichtig. Es besagt, dass alle Reaktionsprodukte zusammen genau so viel wiegen wie alle Ausgangsstoffe zusammen.
a ▢ Gib an, wie viel Eisensulfid entsteht, wenn 28 g Eisen mit 16 g Schwefel reagieren.
b ■ Baue den Versuch zu Aufgabe 4 so auf, dass du das genannte chemische Gesetz belegen kannst.
c ■ Schreibe zur Reaktion von Eisen mit Schwefel die passende Wortgleichung auf.

6 ◪ „Rostendes Eisen nimmt an Masse zu" (vorausgesetzt, es wird nicht abgebürstet usw.).
Erkläre dieses Phänomen und begründe damit, dass das Gesetz aus Aufgabe 5 dennoch gilt.

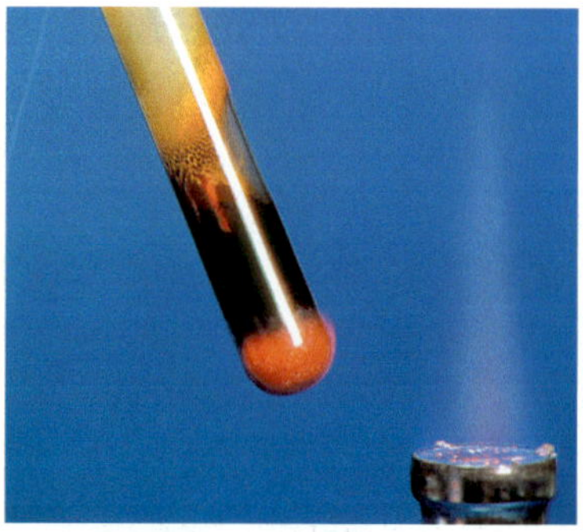

2 Reaktion von Eisen und Schwefel

Material B

Mischen und Schmelzen

Manche Vorgänge sind keine chemischen Reaktionen.

Viele Tätigkeiten im Labor führen noch nicht zu chemischen Reaktionen. Beispiel: Du lässt flüssiges Wasser zu festem Wasser (Eis) gefrieren. Danach bringst du das Eis zum Schmelzen und hast wieder flüssiges Wasser. Das ist kein neuer Stoff. Daher sind Änderungen des Aggregatzustands keine chemischen Reaktionen.

1 ▢ Erhitze 2 g Schwefelpulver in einem Reagenzglas über dem Bunsenbrenner 30 Sekunden lang mit schwacher Flamme (Vorsicht!). Lass danach den Stoff wieder abkühlen.

2 ◪ Schwefel-Atome bilden im Schwefelpulver 8er-Ringe (wie in Bild 1, S. 42). Baue einen Ring mit Zellstoffkugeln nach. Mit Kugeln kannst du auch das Erhitzen und Abkühlen im Modell darstellen. Beim Erwärmen nimmt die Bewegung der Teilchen zu.

3 ◪ Erhitze Schwefel wie im Versuch unter Punkt 1 eine Minute lang und lass wieder abkühlen. Im Reagenzglas siehst du über dem festen Schwefel einen feinen gelben Niederschlag. Es ist kondensierter Schwefel. Stelle diesen Vorgang mit Modell-Atomen in Schritten nach.

4 ◪ Hole aus dem Reagenzglas aus Punkt 3 den festen Schwefel heraus. (Zertrümmere das Glas sehr vorsichtig.) Der feste Schwefelklumpen wird im Mörser zu Pulver zerkleinert. Erkläre, warum dies keine chemische Reaktion ist.

5 ● Verwende dein Schwefelpulver aus Punkt 4. Gib im Mörser 10 g grobes Eisenpulver hinzu und vermische mit einem Spatel. Diskutiere, warum kein neuer Stoff entstanden ist. Halte deine Argumente schriftlich fest. Schlage Experimente vor, um diese Frage genauer zu untersuchen.

6 Vermische im Mörser Eisenpulver mit Kohlepulver.

a ◪ Stelle deine Beobachtungen im Teilchenmodell nach. Dazu brauchst du je 10 Modell-Atome von beiden Elementen. Wie kannst du prüfen, ob ein neuer Stoff entstanden ist?

b ● Gib das Schwefel-Eisen-Gemisch aus Punkt 5 in ein Reagenzglas und fülle Wasser bis zur halben Höhe hinzu. Schreibe nach kurzem Schütteln deine Beobachtungen auf. Stelle mit Modell-Atomen nach.

3 Erhitzen von Schwefel

4 Schwefel-Eisen-Gemisch

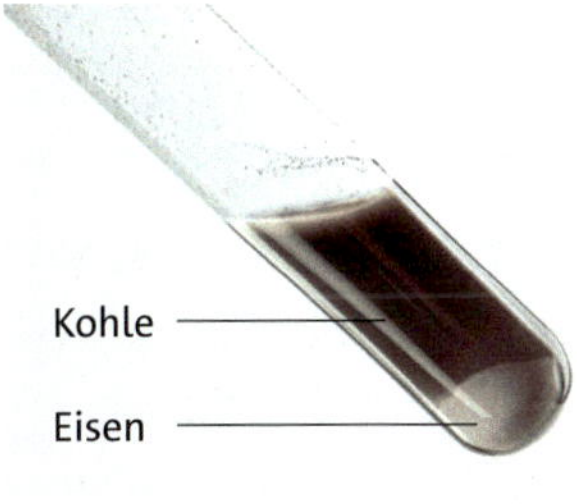

5 Durch Wasser trennen

Chemikers Vorstellungen von den Stoffen

Zusammenfassung

Von Stoffen umgeben • Unsere Welt besteht aus unzähligen Stoffen (Materialien) mit vielfältigen Eigenschaften wie Farbe, Geruch, Zustand, Brennbarkeit, Dichte, Löslichkeit, Leitfähigkeit, Magnetisierbarkeit sowie Schmelz- und Siedetemperatur.

Mit Stoffen arbeiten • Menschen nutzen die Stoffeigenschaften und stellen aus verschiedenen Stoffen z. B. Werkzeuge, Kleidung, Wohnungen und Häuser, Sportgeräte oder Fahrzeuge her. Viele Berufe wie Steinmetz oder Zimmerer haben sich dabei entwickelt.
Die Gewinnung von reinen Stoffen (z. B. Kochsalz) und die Massenproduktion von lebenswichtigen Stoffen (z. B. Mehl) haben große Bedeutung. Verfahren wie Sedimentieren, Destillieren und Filtrieren kennst du schon.

Stoffe ordnen • In Stoffsteckbriefen beschreibt man Stoffe durch ihre Eigenschaften. → 1
Mit diesen Daten wird die Stoffwelt sortiert.

Eigenschaft	Grafit	Zucker
Farbe	schwarz	weiß
Zustand	Feststoff	Feststoff
Stromleitfähigkeit	Leiter	Nichtleiter
Wasserlöslichkeit	wasserunlöslich	wasserlöslich

1 Steckbrief in Tabellenform (Auszug)

Mit Modellen arbeiten • Unter der „chemischen Lupe" entdeckst du kugelige Atome als kleine Teilchen. Modell-Atome unterschiedlicher Größe lassen sich mit Zellstoffkugeln darstellen.

Neue Stoffe herstellen • Die Herstellung von reinen oder neuen Stoffen (z. B. Salz, Seifen) hat ganze Industrien entstehen lassen. → 2

2 Vom Faustkeil zum Gummihammer mit Kunststoffstiel

Chemische Reaktion • Bei einer chemischen Reaktion entsteht aus einem oder mehreren Ausgangsstoffen ein oder mehrere neue Stoffe (Reaktionsprodukte). Meistens wird dabei auch Energie freigesetzt oder aufgenommen.
In Wortgleichungen lassen sich Reaktionen in Kurzform notieren, z. B.:
Kohlenstoff + Sauerstoff → Kohlenstoffdioxid

Chemische Elemente • Chemische Elemente sind die „Grundbausteine", aus denen sich alle Stoffe aufbauen.

Periodensystem der Elemente • Chemische Grundstoffe bestehen aus kleinsten Teilchen (Atomen) mit unterschiedlicher Masse. Mithilfe der Atommasse kann man die 118 bekannten Elemente in eine Reihenfolge bringen. Ähnliche Eigenschaften führen zu „Elementfamilien". Unter Verwendung von Symbolen sind die Elemente in Zeilen (Perioden) und Spalten (Gruppen) als Tabelle angeordnet.

Teste dich! (Lösungen im Anhang)

1 ○ Zur Ausübung bestimmter Berufe wie Raumreiniger, Elektriker, Dekorateur, Parfümeur und Goldschmied sind Kenntnisse zu Stoffeigenschaften besonders wichtig. Schreibe zu jedem Beruf mehrere Stoffeigenschaften auf und begründe sie.

2 ○ Für welche Produkte des täglichen Lebens ist es wichtig, dass die Stoffe in reiner Form hergestellt werden? Schreibe zu 5 Produkten die Methoden auf, um die erforderliche Reinheit zu erreichen.

3 ◐ Schreibe Stoffsteckbriefe zu folgenden Stoffen: Fensterglas, Lehm, Weizenmehl, destilliertes Wasser, Speiseöl und Haushaltsessig. Untersuche oder recherchiere folgende Eigenschaften:
Farbe, Geruch, Löslichkeit in Wasser, Schmelz- und Siedetemperatur, Dichte, Leitfähigkeit für elektrischen Strom, Aggregatzustand.

4 Milch und Wasser: Diesen Versuch kannst du auch zu Hause durchführen.
a ○ Fülle ein kleines Trinkglas halb voll mit Wasser. Gib dann ebenso viel Dosenmilch hinzu und beobachte dabei von der Seite.
b ○ Beschreibe deine Beobachtungen.
c ◐ Handelt es sich um eine chemische Reaktion? Begründe deine Meinung.

5 Hier geht es um das Periodensystem.
a ○ Welche Elemente gehören zur Gruppe der Halogene? Nenne die Namen und Symbole.
b ◐ Einige Stoffe im Periodensystem in der 2. und 3. Periode sind gasförmig. An welchen Werten kannst du das ablesen? Schreibe die Namen und Symbole auf.

3 Calcium und Wasser

6 Bild 3 zeigt ein Stück Calcium in Wasser.
a ○ Beschreibe in deinen Worten den Versuch von Bild 3.
b ○ Handelt es sich um eine chemische Reaktion? Begründe deine Meinung.
c ● Zeichne einen Versuchsaufbau, wie du den Versuch selbst im Reagenzglas durchführen und das entstehende Gas auffangen kannst. Benenne die einzelnen Teile und Stoffe.
d ● Führe den Versuch wenn möglich durch und untersuche das entstehende Gas.

7 Zink und Schwefel
a ◐ Beschreibe den Versuch von Bild 4.
b ◐ Handelt es sich um eine chemische Reaktion? Begründe deine Meinung.
c ● Schreibe eine Wortgleichung. (Beachte: Bei der Reaktion von Metallen mit Schwefel entstehen Stoffe der Familie der „Sulfide". Beim Namen wird das Metall zuerst genannt.)

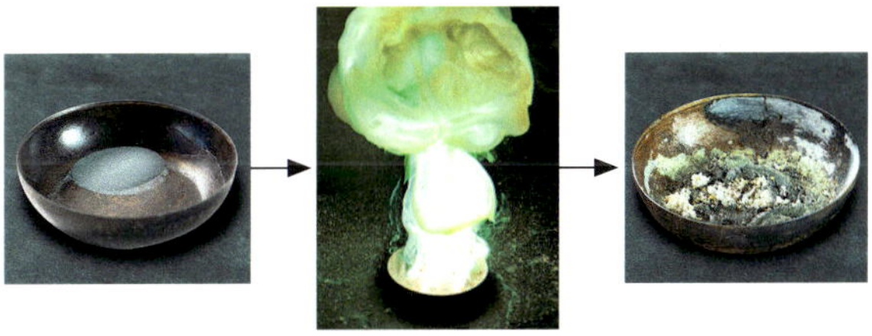

4 Zink und Schwefel

Von der Saline zum Kochsalz

Im Meer ist viel Salz enthalten. In der Chemie geht es darum, wie man reines, sauberes Salz gewinnen kann.

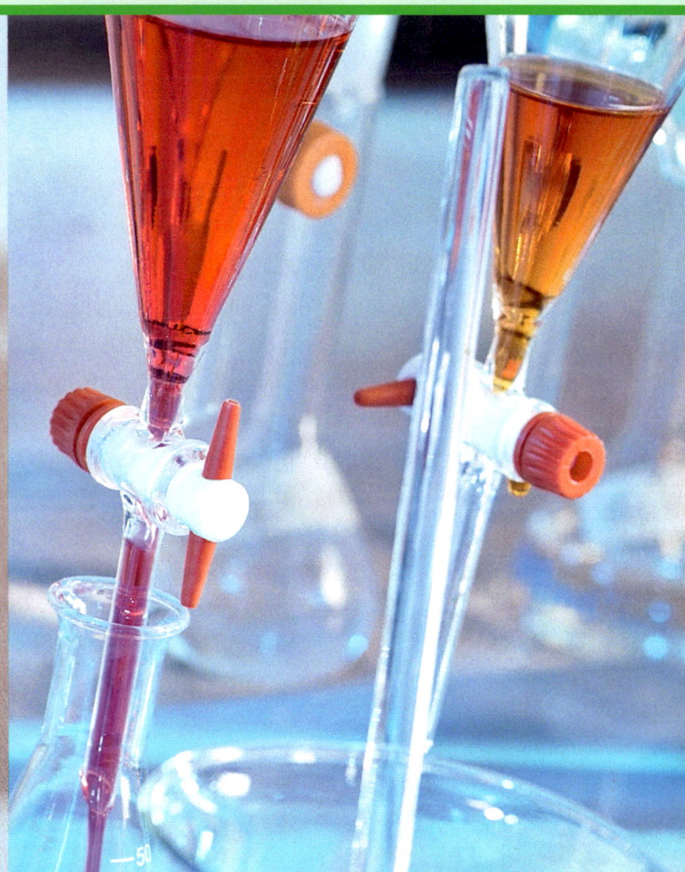

Im Alltag ist oft von Kochsalz die Rede. In der Chemie geht es aber auch um viele andere wichtige Salze.

Stoffe sind oft miteinander vermischt. In der Chemie gibt es Möglichkeiten, sie auch wieder zu trennen.

Kochsalz – das weiße Gold

1 Kochsalz wird in Bergwerken abgebaut – und steht uns immer griffbereit zur Verfügung.

Kochsalz, Streusalz, Viehsalz – heute ist Salz für wenig Geld überall zu haben. Das war nicht immer so: Früher galt es teilweise als „weißes Gold" und wurde sogar als Zahlungsmittel verwendet.

Salz früher • Im Mittelalter wurde Salz über weite Wege – die „Salzstraßen" – nach Europa eingeführt und war sehr kostbar. Wo Salz bei uns abgebaut wurde, entstanden oft reiche Städte. Ortsnamen mit „hall" wie Schwäbisch Hall, Bad Reichenhall oder Hallein erinnern noch heute daran.

2 Kochsalzkristalle unter der Lupe

Kochsalz ist lebenswichtig • Unser Körper braucht täglich 3–5 g dieses wichtigen Minerals. Wenn wir im Sommer schwitzen, verliert der Körper mit dem Wasser auch Salz. Sportler nehmen daher spezielle Getränke zu sich, um den Salzverlust auszugleichen. Normalerweise reichen aber Leitungswasser und normale Nahrung.

Ein Multitalent • Salz ist weit mehr als ein Mittel zum Würzen von Speisen. Es hilft, Lebensmittel haltbar zu machen. Nach Unfällen oder bei Operationen verwenden Ärzte eine 0,9%ige Kochsalzlösung gegen den Blutverlust. Sie wird „physiologische Kochsalzlösung" genannt. Im Winter dient Streusalz zum Auftauen von Eis und Schnee auf den Straßen. Als Viehsalz wird es in Form von gepresstem Steinsalz in Ställen oder im Wald den Tieren angeboten.

Salzgewinnung • Salz wird bei uns aus Salzstöcken unter der Erde gewonnen. Die Salzstöcke entstanden vor Millionen von Jahren durch Verdunstung von urzeitlichen Meeren.
Im Mittelmeerraum wird Kochsalz direkt aus dem Meerwasser gewonnen, indem man es in flachen Uferzonen immer wieder verdunsten lässt. Dieses Meersalz kann man im Supermarkt ebenso bekommen wie das „Siedesalz" aus den Bergwerken.

Material A

Salz in Lebensmitteln

1 ▢ Nenne Lebensmittel, die besonders wenig Salz enthalten.

2 ▢ Nenne Folgen von zu hohem Salzkonsum.

3 ◪ Vergleiche den Salzgehalt von frischen und verarbeiteten Lebensmitteln.

4 ■ Berechne, mit wie viel Gramm eines Lebensmittels die empfohlene Tagesdosis erreicht wird.

Salzgehalt in Lebensmitteln (in g Salz pro 100 g)

Kartoffeln	0,05
Karotten, gekocht	0,10
Dosenkarotten	4,00
Schweinefleisch	0,20
Fleischwurst	2,50
Emmentaler Käse	0,90
Tomate, roh	0,02
Tomatenketchup	3,00
Salzstangen	4,50
Salami	5,00
Fertigpizza	2,50
Bohnen, roh	0,01
Gewürzgurken	2,40

Zu viel Salz?

Ein zu hoher Salzkonsum kann den Blutdruck erhöhen und Herzerkrankungen verursachen. Zudem erhöht sich nach Meinung von Experten das Risiko, an Nierenleiden, Osteoporose oder Magenkrebs zu erkranken. Mit einer salzarmen Diät würden Menschen mit Bluthochdruck weniger Medikamente benötigen. Für einen Erwachsenen dürften etwa 4 g Salz pro Tag reichen.

Material B

Salz bei jungen Leuten

Lecker, aber zu salzig?

Ohne Salz wären die Zellen unseres Körpers nicht lebensfähig, die Organe würden nicht funktionieren und der Wasserhaushalt geriete aus dem Lot. Und dennoch: Laut einer Untersuchung führt eine zu hohe Salzaufnahme bei Kindern und Teenagern zu Bluthochdruck. Dies gilt vor allem bei übergewichtigen Kindern. Außerdem steigert salzhaltiges Essen das Risiko, übergewichtig zu werden.
Für Babys darf man Nahrung gar nicht salzen, da für sie schon geringe Mengen Salz tödlich sind. Für Kinder von 7–10 Jahren ist 1 g Kochsalz pro Tag genügend. Kinder- und Jugendärzte stimmen darin überein, dass der Verzehr von Salz abnehmen sollte. Fast Food, dazu Knabbereien wie Chips und gesalzene Nüsse, viele Fertiggerichte, Wurst und Käse sind für junge Leute meist zu stark gesalzen.

1 ◪ Erläutere, wozu Salz im Körper benötigt wird. Warum ist zu viel Salz für Jugendliche schädlich?

2 ◪ Erstellt eine Tabelle mit Pro und Contra zum Salzkonsum von Jugendlichen. Diskutiert darüber.

3 ■ Berechne, wie viel Salzstangen oder Fertigpizza ein Kind höchstens essen sollte.

4 ■ Schreibe eine Ernährungsempfehlung für deine Mitschüler.

Salzgewinnung früher und heute

1 Ein Gradierwerk – mit schmutzverkrusteten Schwarzdornzweigen

Weil Salz so wertvoll war, versuchten die Menschen schon früh, es zu finden. Bereits im 16. Jahrhundert wurde es bei uns technisch möglich, das Salz aus Solequellen zu gewinnen. Das sind natürliche Quellen von salzhaltigem Wasser.

Gradierwerke • Im „Salinental“ zwischen Bad Kreuznach und Bad Münster wurde damals schon Kochsalz gewonnen. Die Sole, also die Salzlösung, hat dort einen Salzgehalt von ca. 1,5 %, halb so viel wie Meerwasser. Sie wurde in sogenannten Gradierwerken innerhalb einer Woche zuerst auf einen Gehalt von ca. 26 % gebracht. → 1
Dazu ließ man die Sole ständig über ein Gestell mit Schwarzdornzweigen rieseln. Dabei verdunstet ein Teil des Wassers. Gleichzeitig wird die Salzlösung gereinigt, da Schmutzreste an den Zweigen hängen bleiben.
Heute noch wird die salzhaltige Luft bei Gradierwerken zu Kurzaufenthalten benutzt.

Siederei • Die höher konzentrierte Salzlösung kam nach dem Gradieren in die Siederei. Dort wurde sie in großen Pfannen so lange erhitzt, bis das restliche Wasser verdampft war. In den Pfannen blieb bei diesem Eindampfen das reine Salz übrig.

Siedesalzsalinen • Seit etwa 50 Jahren kann sehr salzhaltige Sole direkt in der Erde gewonnen werden. Man bohrt dazu einen Schacht in die salzhaltige Erdschicht und füllt ihn mit Wasser. Dieses Wasser löst das Salz. Die entstehende Salzlösung kann man nach einiger Zeit hochpumpen. Sie wird dann noch gereinigt und wie nach dem Gradieren gesiedet. Diese „solende Gewinnung“ von Kochsalz gibt es in Deutschland heute noch.

Salz kann aus Salzlösungen, der Sole, durch Verdampfen des Wassers gewonnen werden. Um genügend konzentrierte Sole zu gewinnen, wurden früher Gradierwerke eingerichtet.

die Sole
das Gradieren

Salz aus dem Bergwerk • Salz wird heute auch direkt abgebaut. Dazu wird salzhaltiges Gestein durch Sprengung und Abbau mit großen Maschinen aus dem Boden geholt. → 2
Das so gewonnene Steinsalz nutzt man als Streusalz. Als Speisesalz muss es durch Lösen, Filtrieren und Eindampfen noch von Gesteinsbestandteilen gereinigt werden.

Salz aus dem Meer • Die Meere haben einen Salzgehalt von gut 3 %. In heißen Regionen wird dieses Salzwasser in Verdunstungsteiche geleitet, um das Salz zu gewinnen. → 3
Salzseen wie das Tote Meer mit 8 % Salzgehalt oder der Great Salt Lake mit 15 % Salzgehalt eignen sich besonders gut für diese Art der Gewinnung.
Auch Salz aus dem Meer muss anschließend noch gereinigt werden – genau wie das Salz aus Bergwerken.

Im Supermarkt • Das fertige Kochsalz enthält meist noch einige Zusätze: Damit das Salz rieselfähig bleibt und nicht verklumpt, wird z. B. Calciumcarbonat zugesetzt.
Um den Iodmangel in der Ernährung auszugleichen, gibt man heute oft eine geringe Menge an Iodverbindungen zu.
Zur Vorbeugung gegen Karies ist oft etwas Natriumfluorid oder Kaliumfluorid zugefügt.

Neben der „solenden Gewinnung" wird Salz heute aus Bergwerken oder aus dem Meer gewonnen.

2 Salzabbau im Bergwerk

3 Salzgewinnung aus dem Meer

Aufgaben

1 ○ Nenne die drei heute gebräuchlichen Verfahren zur Kochsalzgewinnung.

2 ◔ Beschreibe die einzelnen Schritte der Gewinnung von Kochsalz aus Sole.

3 ◔ Nenne Unterschiede und Gemeinsamkeiten der verschiedenen Arten der Salzgewinnung.

Salzgewinnung früher und heute

Methode

Flussdiagramme erstellen

Um Stoffe aus Stoffgemischen gewinnen zu können, müssen oft mehrere Trennschritte durchgeführt werden. Mit einem Flussdiagramm lassen sich die einzelnen Trennschritte übersichtlich darstellen.

Schritt 1 Notiere alle Trennschritte in der richtigen Reihenfolge (runde Felder in Bild 1).

Schritt 2 Ordne alle Stoffe, die für die verschiedenen Trennschritte benötigt werden oder die nach den Trennschritten entstehen, den einzelnen Trennmethoden zu (eckige Felder in Bild 1).

Schritt 3 Verbinde die Stoffe und Trennschritte durch Pfeile miteinander. Die Pfeile zeigen die Reihenfolge der Trennschritte an.

Beispiel: Kochsalz aus Steinsalz • Zuerst wird das Steinsalz mit Wasser gemischt. Dabei wird das Kochsalz aus dem Steinsalz herausgelöst. In der Salzlösung sind aber noch Sand und Steine. Diese werden durch Filtrieren von der Salzlösung getrennt.
Dann wird das Wasser verdampft. Nach dem Verdampfen bleibt das Kochsalz übrig.
Das Flussdiagramm startet mit dem Stoffgemisch Steinsalz und endet mit dem Endstoff Kochsalz. Die Trennverfahren, die nacheinander durchgeführt werden müssen, sind das Herauslösen (Extrahieren), das Filtrieren und das Eindampfen (runde Felder). Die Stoffe, die benötigt bzw. die abgetrennt werden, sind Sand, Steine und Wasser (eckige Felder).

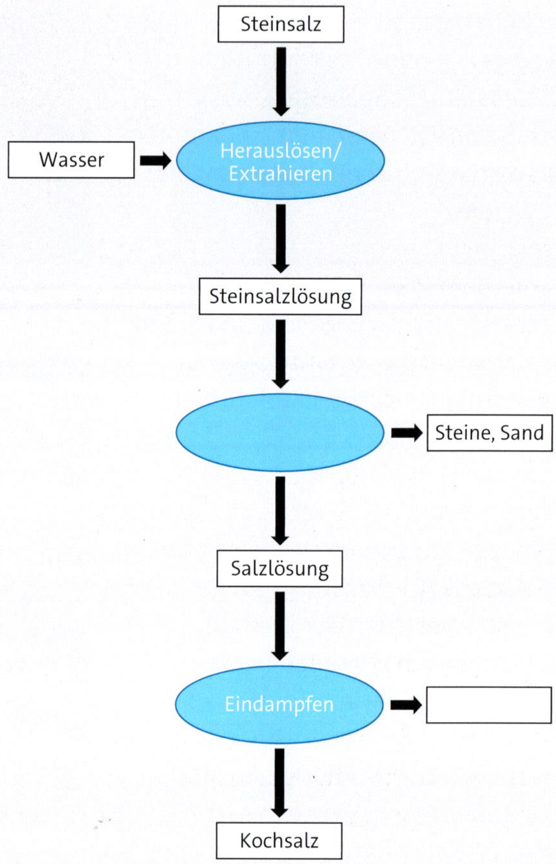

1 Flussdiagramm zur Gewinnung von Kochsalz aus Steinsalz

Aufgaben

1 ▢ Zeichne das Flussdiagramm von Bild 1 in dein Heft und ergänze die fehlenden Felder. Der Text links hilft dir dabei.

2 ◔ Beschreibe mithilfe des Flussdiagramms von Bild 1 die Gewinnung von Kochsalz aus Steinsalz mit eigenen Worten.

Material A

Wir gewinnen Kochsalz aus Steinsalz

Hier geht es darum, aus Steinsalz, wie es aus dem Bergwerk kommt, reines Kochsalz zu gewinnen.

Materialliste: grob gemahlenes Steinsalz, Becherglas, Trichter mit Filterpapier, Erlenmeyerkolben, Dreifuß, Gasbrenner, Abdampfschale

Vorsicht • Am Ende kann es spritzen! Abkühlen lassen!

1 ○ Zeichne die drei Schritte von Bild 4 ab und beschrifte sie passend mit den Begriffen Lösen, Eindampfen und Filtrieren. Führe den Versuch in der richtigen Reihenfolge durch.

2 Steinsalz

3 Kochsalz

2 ◐ Erkläre, welche Eigenschaften des Salzes und des Gesteins die Trennung von Salz und Gestein ermöglichen.

3 ◐ Zeichne ein Flussdiagramm zu dieser Salzgewinnung. Ordne die drei Schritte von Bild 4 dem Flussdiagramm zu.

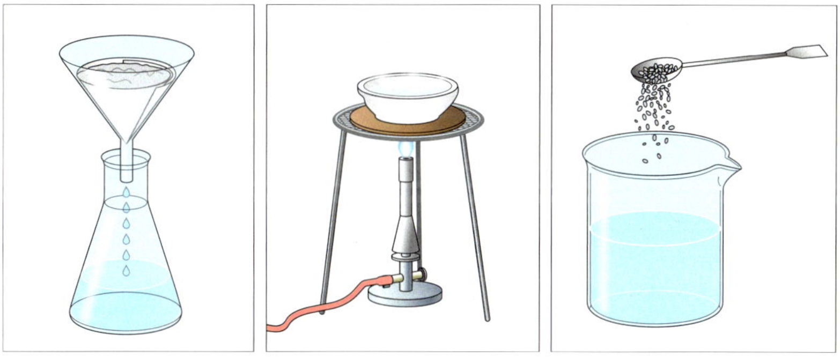

4 Drei Arbeitsschritte

Material B

Die Grenze der Löslichkeit

Kochsalz löst sich gut in Wasser. Aber wenn man immer mehr Salz in einem Glas Wasser lösen will, erreicht man die Löslichkeitsgrenze. Dann löst sich kein weiteres Salz und es bleibt unten ein Bodensatz an ungelöstem Salz übrig.

Materialliste: Waage, Becherglas (250 mL), Spatel, Rührstab, Kochsalz, Wasser

1 Plane einen Versuch, um die Löslichkeit von Kochsalz in Wasser zu bestimmen.

a ◐ Führe den Versuch durch und notiere deine Versuchsergebnisse.

b ● Die Bestimmung der Löslichkeit soll möglichst exakt sein. Außerdem soll dabei möglichst wenig Salz verbraucht werden. Beschreibe, wie du bei dem Versuch am besten vorgehst, damit diese zwei Bedingungen erfüllt werden.

Die Eigenschaften der Salze

1 Kristalle von Natriumchlorid (Kochsalz, links), Kupfersulfat (Mitte) und Calciumfluorid (rechts)

Eine ganze Gruppe von Stoffen hat ihren Namen vom Kochsalz: die Salze. Was ist das Gemeinsame dieser Stoffgruppe?

Hohe Schmelztemperaturen • Alle Salze sind bei Zimmertemperatur fest. Sie schmelzen erst bei Temperaturen von mehreren Hundert Grad:

Lithiumbromid	550 °C
Kaliumchlorid	770 °C
Natriumchlorid (Kochsalz)	800 °C
Natriumfluorid	990 °C
Magnesiumoxid	2800 °C

Löslichkeit in Wasser • Viele Salze lösen sich gut in Wasser. In anderen Lösungsmitteln, z. B. in Benzin oder Spiritus, lösen sie sich dagegen nicht.

Salze bilden Kristalle • Viele Salze bilden Kristalle mit jeweils für sie typischen Formen. Kochsalzkristalle z. B. sind immer würfelförmig. → 1

Salze sind spröde • Salze sind sehr spröde: Die Kristalle zerbrechen schon bei geringem Stoß oder Druck. Das kann man beobachten, wenn man grobes Salz zerreibt und dasselbe auch mit einem Metall versucht, z. B. mit Zinkkörnern.

Elektrische Leitfähigkeit • Hier stellt man Folgendes fest:
- Salzkristalle leiten den elektrischen Strom nicht.
- Geschmolzene oder in Wasser gelöste Salze leiten den elektrischen Strom dagegen gut.

Außer Kochsalz gibt es zahlreiche andere Salze. Diese Stoffgruppe hat eine Reihe gemeinsamer Eigenschaften.

Aufgaben

1 ▢ Nenne typische Eigenschaften von Salzen.

2 ◔ Erstelle einen Steckbrief der Stoffgruppe Salze.

Material A

Kochsalz und andere Salze zum Schmelzen bringen

Dieser Versuch gelingt nur, wenn du das Reagenzglas einige Zeit ruhig an die heißeste Stelle des Brenners hältst. → 2

Materialliste: Lupe, Gasbrenner, schwer schmelzbares Reagenzglas, Reagenzglashalter, Porzellanschale, Kochsalz (Natriumchlorid), andere Salze, z. B. Kaliumnitrat (GHS03), Kaliumchlorid, Natriumsulfat oder Natriumnitrat (GHS03|07)

Betrachte die Kochsalzkristalle mit einer Lupe.
Versuche dann, 1 cm hoch Kochsalz im Reagenzglas zu schmelzen. Wenn dir das gelingt, gieße das Geschmolzene schnell in die Porzellanschale aus. Wiederhole den Versuch mit einem anderen Salz.

1 ○ Vergleiche die Schmelztemperaturen der Salze.

2 ◔ Erläutere, was dieser Versuch über den Zusammenhalt der einzelnen Teilchen der Salzkristalle aussagt.

2 Temperaturen im Gasbrenner

3 ● Begründe, warum die Schmelztemperatur von Kochsalz niedriger ist als die Temperatur der Flamme.

Material B

Salze und elektrische Leitfähigkeit

Bei der elektrischen Leitfähigkeit von Salzen spielt Wasser eine große Rolle.

Materialliste: Bechergläser (100 mL), Spatel, destilliertes Wasser, Kochsalz (Natriumchlorid), andere Salze (z. B. Kaliumchlorid oder Natriumsulfat), Kochsalzkristall, Anordnung zur Leitfähigkeitsmessung → 3

1 Vergleiche die Leitfähigkeit der Salze.

a ○ Prüfe einen Salzkristall auf elektrische Leitfähigkeit.

b ○ Prüfe auch destilliertes Wasser auf elektrische Leitfähigkeit.

c ○ Löse eine Spatelspitze Salz in ca. 50 mL destilliertem Wasser und prüfe die Salzlösung auf Leitfähigkeit.

d ◔ Löse drei weitere Spatelspitzen Kochsalz und prüfe erneut. Erkläre die Beobachtungen.

e ◔ Wiederhole die Schritte a–d mit einem anderen Salz.

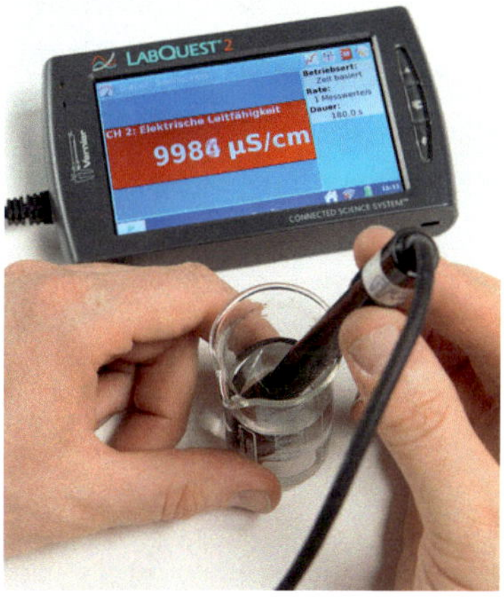

3 Prüfung der Leitfähigkeit

f ○ Stelle deine Ergebnisse in einer Tabelle zusammen.

Auf der Jagd nach den Teilchen

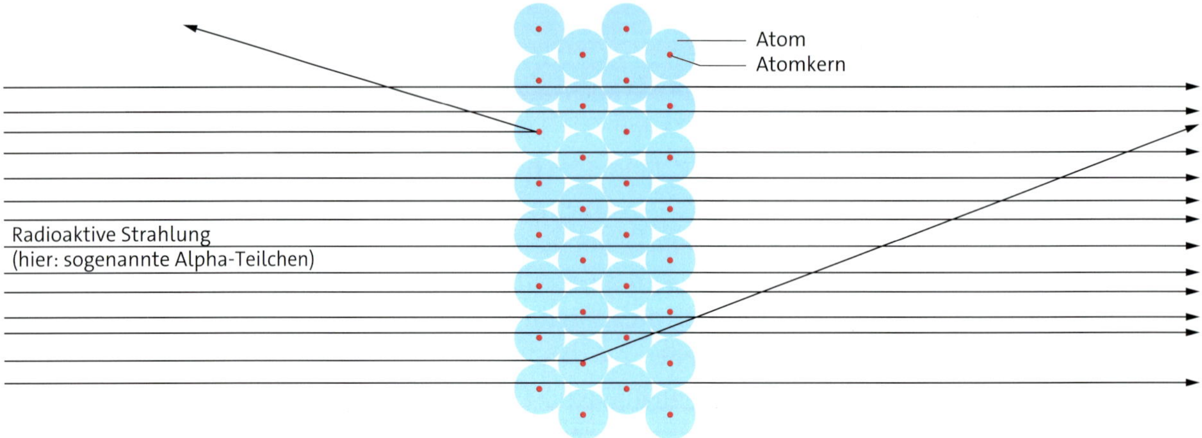

1 Radioaktive Strahlung geht durch Atome meistens ungehindert hindurch.

Um die Eigenschaften der Salze (und vieler anderer Stoffe) verstehen zu können, muss man sich die Atome genauer anschauen.

Ein neues Atommodell • Um 1910 entdeckten Forscher wie Thomson und Rutherford, dass Atome aus noch kleineren Elementarteilchen bestehen: aus Protonen, Neutronen und Elektronen. Man stellte auch fest, dass Atome größtenteils fast leer sind. Nur in ihrer Mitte befindet sich ein winziger, fester Atomkern. Er besteht aus positiv geladenen Protonen und ungeladenen Neutronen. Um ihn herum bewegen sich in der viel größeren Atomhülle negativ geladene Elektronen. → 3 Elektronen haben aber praktisch keine Masse.

Name	Ladung	Masse in u
Proton	+1	1,007
Neutron	0	1,009
Elektron	–1	0,001

2 Die Elementarteilchen im Überblick

Atommasseneinheit u • Die Masse von Atomen oder von Elementarteilchen gibt man in der Einheit u an.
Eine Masse von 1 u ist sehr klein, nur 0,00000000000000000000000166 g.

Ungeladen • Atome sind nicht geladen. Sie müssen also gleich viele Protonen wie Elektronen haben. So gleichen sich die Ladungen der Protonen und der Elektronen in jedem Atom aus.

Kennzahlen von Atomen • Die verschiedenen Elemente unterscheiden sich nur durch die Anzahl der Protonen, Neutronen und Elektronen.
Im Periodensystem im Anhang sind bei jedem Elementsymbol links oben die Ordnungszahl und rechts oben die Atommasse angegeben.
Die Ordnungszahl entspricht der Zahl der Protonen und gleichzeitig der Zahl der Elektronen.
Die Atommasse wird in u angegeben. Sie ergibt sich aus der Summe an Protonen und Neutronen.

der Atomkern
die Atomhülle
das Proton
das Neutron
das Elektron

Atomhülle und Schalenmodell • Die Elektronen sind in der Atomhülle nicht zufällig angeordnet. Sie bewegen sich in bestimmten Aufenthaltsbereichen, den sogenannten Schalen.
Nach dem Schalenmodell von Niels Bohr umgeben diese Schalen den Kern kugelförmig. Dabei sind die darin enthaltenen Elektronen nicht ortsfest, sondern kreisen ständig um den Atomkern. → 4

Schalenbesetzung • Die innerste Schale kann bis zu zwei Elektronen aufnehmen, die zweite bis zu acht Elektronen. Auch die dritte Schale nimmt zunächst bis zu acht Elektronen auf.
Eine neue Schale wird immer erst dann angefangen, wenn die vorherige komplett gefüllt ist. Ab der vierten Schale wird die Verteilung allerdings komplizierter.
Die Elektronen auf der äußersten Schale bezeichnet man als Außenelektronen.
Die Elektronenverteilung ist für jedes Atom typisch. Daher kann man an der Elektronenverteilung die Elemente unterscheiden.

Das Kugelwolkenmodell • Eine Ergänzung des Schalenmodells ist das Kugelwolkenmodell von George Elbert Kimball. → S. 71
Mit diesem Modell lassen sich manche Dinge besser veranschaulichen.

Atome bestehen aus einem Kern und aus einer Hülle, die in Schalen gegliedert ist.

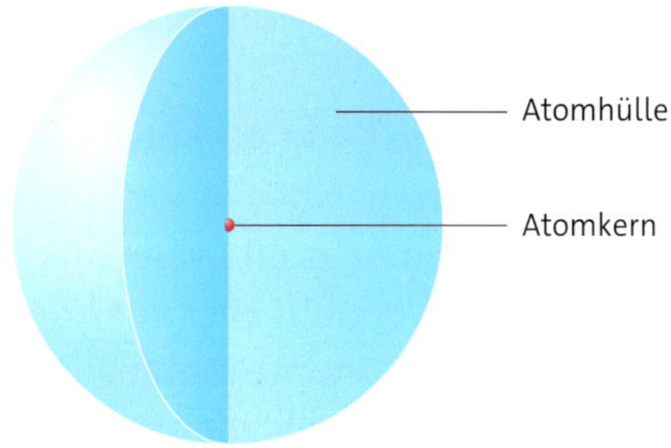

3 Magnesium nach dem Kern-Hülle-Modell

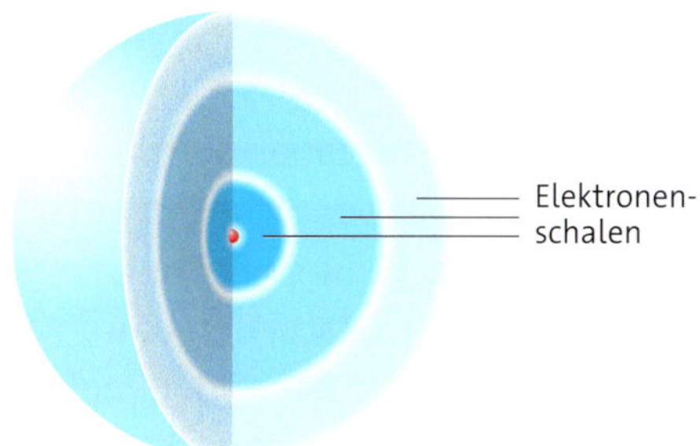

4 Magnesium nach dem Schalenmodell

Aufgaben

1 Nenne die drei Elementarteilchen und beschreibe den Aufbau der Atome.

2 Gib an, welche Rolle die Atommasse und die Ordnungszahl im Periodensystem spielen.

3 Gib an, wie viele Elektronen auf die einzelnen Schalen passen.

4 Erkläre die Versuchsergebnisse von Bild 1. Wieso geht die Strahlung oft ungehindert durch Atome hindurch, prallt aber doch manchmal ab?

Auf der Jagd nach den Teilchen

Material A

Warum laden wir uns auf?

1 Heftig aufgeladene Haare

Ein leichtes Kribbeln und dann stehen die „Haare zu Berge". So ist es oft, wenn man einen Wollpulli über den Kopf zieht. Bestimmte Materialien der Kleidung laden sich häufig auf. Doch wie kommt es dazu? Der folgende Versuch soll helfen, eine Erklärung zu finden.

Blase einen Luftballon auf und versuche ihn aufzuladen (z. B. durch Reiben am Pullover). Halte den Ballon an deine Haare oder über Papierschnipsel und beobachte.
Lässt sich der Ballon, wie in Bild 2, an die Wand „kleben"?

1 Erkläre, wie die elektrische Aufladung im Versuch zustande kommt.

2 Erkläre den Versuch mithilfe deines Wissens über den Atombau und die verschieden geladenen Elementarteilchen.

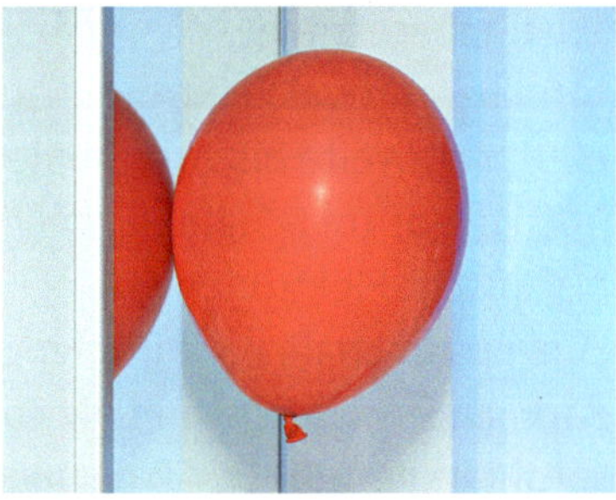

2 Wieso ist der Ballon „klebrig"?

Material B

Elektronen in den Schalen

1 In Bild 3 siehst du Atome von drei verschiedenen Elementen, dargestellt im Schalenmodell.
Finde anhand der Elektronenverteilung heraus, um welche Elemente es sich handelt.

2 Zeichne das Schalenmodell für die Elemente Helium, Natrium und Fluor. Achte auf die Maximalbesetzung der Schalen.

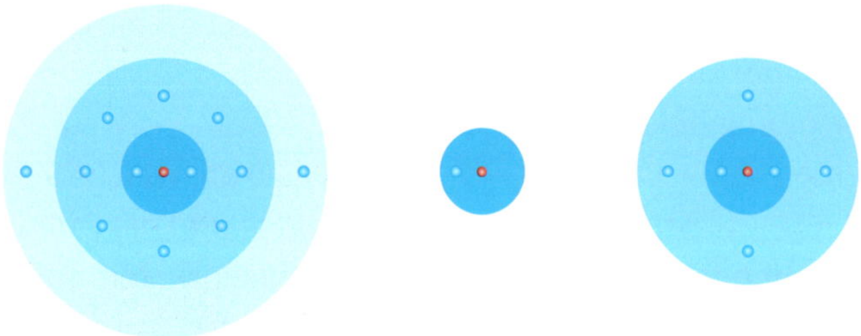

3 Drei Elemente im Schalenmodell

3 Helium hat nur eine einzige, komplett gefüllte Schale. Suche im Periodensystem andere Elemente, bei denen alle Schalen voll sind.

4 Die Elemente Fluor, Chlor, Brom und Iod verhalten sich ähnlich. Erläutere, ob auch die Elektronenverteilungen dieser Elemente ähnlich sind.

Material C

Kennzahlen von Atomen

Anhand von Ordnungszahl und Atommasse kannst du die Elemente erkennen oder die Anzahl der anderen Bestandteile, z. B. der Neutronen, berechnen.

Dazu ein Beispiel: Das Element Kohlenstoff hat die Ordnungszahl 6 und die Atommasse 12. Da die Ordnungszahl die Zahl der Protonen angibt, müssen Kohlenstoff-Atome 6 Protonen haben.
Atome sind elektrisch neutral. Also müssen Kohlenstoff-Atome auch 6 Elektronen haben.

Element	Ordnungszahl	Atommasse	Protonen	Elektronen	Neutronen
Sauerstoff	8				8
Schwefel				16	16
Eisen		56	26		

4 Kennzahlen von drei Elementen

Die Neutronen kannst du anhand der Atommasse bestimmen. Die Atommasse ergibt sich ja aus der Summe der Anzahl der Protonen und der Neutronen. Also besitzt ein Kohlenstoff-Atom 6 Neutronen.

1 Übernimm die Tabelle in dein Heft und fülle sie durch geschicktes Berechnen aus. → 4

2 Wasserstoff hat die Atommasse 1. Wie viele Neutronen hat ein Wasserstoff-Atom?

Material D

Dünne Hülle, fast nichts

Krasse Theorie

Eigentlich unglaublich: Rutherford behauptet, dass die Hülle 3000-mal größer ist als der Kern. Trotzdem wiegt die Hülle fast gar nichts. Der winzige Kern wiegt viel mehr.
Das liegt daran, dass die Elektronen nahezu keine Masse haben. Wenn sie nicht die negative Ladung tragen würden: Man könnte sie fast „vergessen".
Laut Rutherford müsste man ein Stück Goldfolie aus 20 Gold-Atomen eigentlich so zeichnen (Atomkerne in Rot):

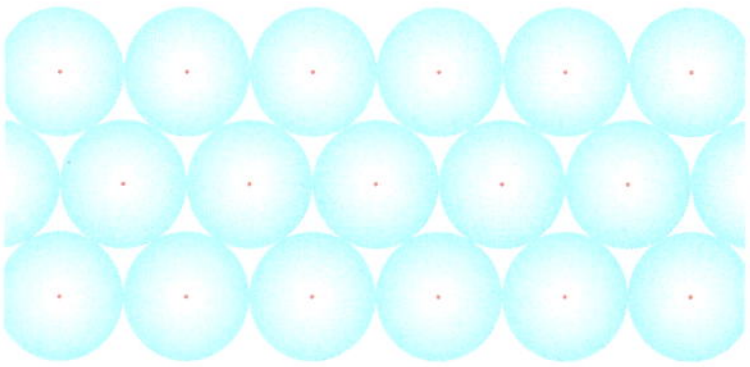

1 Erkläre, warum die Gesamtmasse eines Atoms praktisch nur vom Atomkern abhängt und nicht von der Atomhülle.

2 Angenommen, ihr wollt für euren Klassenraum ein Modell von einem Atom bauen. Als Atomkern nehmt ihr eine Erbse, die 5 mm groß ist.
Berechne, wie groß dann die Hülle sein müsste.
Notiere auch ein geeignetes Material für die Hülle.

Das Periodensystem zeigt den Atombau

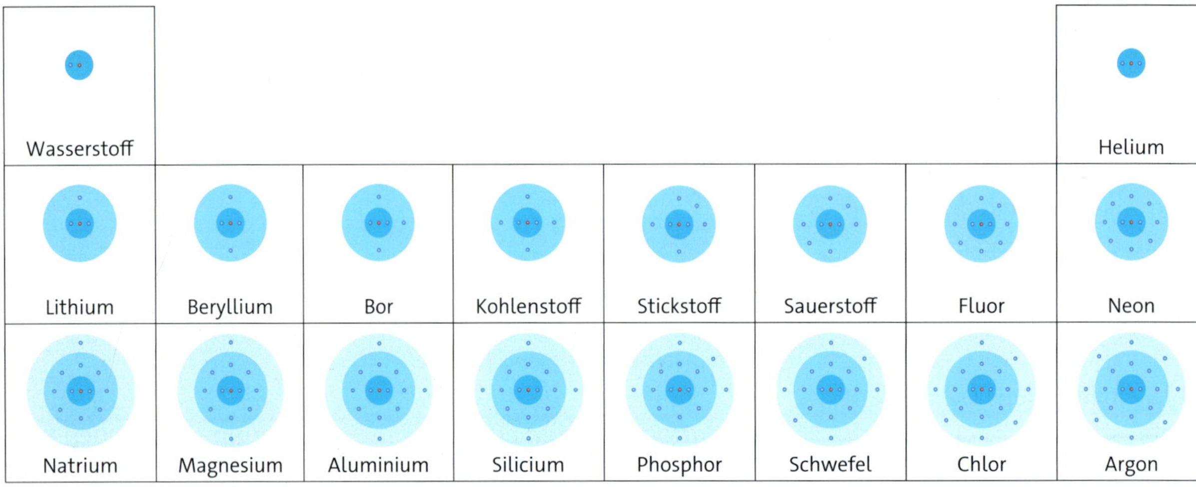

1 Bau der ersten 18 Elemente im Periodensystem der Elemente

Warum ist das sogenannte „PSE" so wichtig in der Chemie?

Ordnungszahl • Zunächst sind die Elemente nach steigender Ordnungszahl geordnet, also nach ihrer Anzahl von Protonen bzw. Elektronen: Nach Wasserstoff mit einem Proton und Elektron kommt Helium mit je zwei, dann Lithium mit je drei usw.

Perioden • Und warum gibt es Zeilen im Periodensystem? Immer wenn eine Schale mit Elektronen voll ist, wird eine neue Zeile begonnen. Daher steht Lithium in der zweiten Zeile: Die erste Schale des Lithiums ist voll und beim dritten Elektron wird die zweite Schale begonnen. An der Nummer der Zeile kann man also die Anzahl der Schalen eines Atoms ablesen. Da sich innerhalb einer Zeile die Eigenschaften von Atomen periodisch wiederholen, heißen die Zeilen Perioden.

Gruppen • Aus dieser Anordnung ergibt sich noch etwas: Immer zu Beginn einer neuen Zeile befinden sich Atome mit einem Außenelektron, daneben Atome mit zwei Außenelektronen usw. Diese senkrecht übereinanderstehenden Atome mit jeweils gleich vielen Außenelektronen heißen Gruppen bzw. Hauptgruppen.
Die Nummer der Gruppe gibt also auch die Zahl der Außenelektronen an. Da Außenelektronen bei chemischen Reaktionen eine große Rolle spielen, ist diese Information sehr wichtig.

Die Nummer der Periode gibt die Anzahl der Schalen an.
Die Nummer der Gruppe entspricht der Anzahl der Außenelektronen.

Aufgabe

1 Begründe, warum Chlor in der 7. Gruppe der 3. Periode steht.

die Periode
die Gruppe
das Außenelektron

Material A

Infos aus dem PSE holen

Das Periodensystem ist wie eine Tabelle, aus der man Informationen herauslesen kann.

1 ▢ Gib an, wie viele Schalen und wie viele Außenelektronen die Elemente haben, die in Bild 2 ein Fragezeichen haben.

2 ◪ Nenne die Gemeinsamkeit im Atombau, die alle Elemente der achten Hauptgruppe aufweisen.

Periode	Gruppe I	II	III	IV	V	VI	VII	VIII
1	1 1,0 **H** Wasserstoff							2 4,0 **He** Helium
2	3 6,9 **Li** Lithium	4 9,0 **Be** Beryllium	5 10,8 **B** Bor	6 12,0 **?**	7 14,0 **N** Stickstoff	8 16,0 **O** Sauerstoff	9 19,0 **?**	10 20,2 **Ne** Neon
3	11 23,0 **Na** Natrium	12 24,3 **Mg** Magnesium	13 27,0 **Al** Aluminium	14 28,1 **Si** Silicium	15 31,0 **P** Phosphor	16 32,1 **?**	17 35,5 **Cl** Chlor	18 40,0 **?**
4	19 39,1 **K** Kalium	20 40,1 **?**	31 69,7 **Ga** Gallium	32 72,6 **Ge** Germanium	33 74,9 **As** Arsen	34 79,0 **Se** Selen	35 79,9 **Br** Brom	36 83,8 **Kr** Krypton

2 Die ersten vier Perioden der acht Hauptgruppen

3 ◪ Ein Atom befindet sich in der dritten Periode in dem dritten Kästchen von links. Beschreibe seinen Atombau.

Material B

Früher und heute

Bei der Erforschung der Atome ordneten die ersten Forscher die Atome nach ihrer Masse an. Eines dieser ältesten Periodensysteme siehst du rechts.

1 ◪ Vergleiche die Anordnung mit einem modernen Periodensystem. → S. 294/295

2 ◪ Heutige Periodensysteme sind nach der Ordnungszahl geordnet. Begründe, warum die Masse dabei trotzdem fast immer ansteigt.

			Ni = Co = 59	Pl = 106,6	Os = 199
H = 1			Cu = 63,4	Ag = 108	Hg = 200
	Be = 9,4	Mg = 24	Zn = 65,2	Cd = 112	
	B = 11	Al = 27,4	? = 68	Ur = 116	Au = 197?
	C = 12	Si = 28	? = 70	Sn = 118	
	N = 14	P = 31	As = 75	Sb = 122	Bi = 210?
	O = 16	S = 32	Se = 79,4	Te = 128?	
	F = 19	Cl = 35,5	Br = 80	I = 127	
Li = 7	Na = 23	K = 39	Rb = 85,4	Cs = 133	Tl = 204
		Ca = 40	Sr = 87,6	Ba = 137	Pb = 207

3 Das erste Periodensystem (von Dmitri Mendelejew)

3 ● Suche im Periodensystem im Anhang Elemente in den Hauptgruppen, bei denen die Anordnung nach Atommasse nicht stimmt. Was ist der Grund für diesen Unterschied zum alten Periodensystem von Mendelejew?

Das Periodensystem zeigt den Atombau

Vertiefen

Elektronen abspalten

Ein Argument für das Schalenmodell • Man kann Elektronen aus Atomen abspalten. Dazu führte Niels Bohr um 1913 Experimente durch. Aus den Ergebnissen dieser Forschungen wurde das Atommodell von Rutherford weiter zum Schalenmodell entwickelt. Bohr stellte nämlich bei seinen Versuchen fest, dass man unterschiedlich viel Energie benötigt, um ein Elektron vom Atom zu lösen. Er folgerte, dass sich einige Elektronen näher, andere dagegen weiter entfernt vom Kern befinden müssen.

Anziehung innerhalb einer Periode • Die Energie, die nötig ist, um ein Elektron von einem Atom zu trennen, nimmt bei den Atomen innerhalb einer Periode zu. Man erklärt das so: Mit steigender Protonenzahl nimmt die Anziehungskraft des Kerns auf die Elektronen in derselben Schale immer mehr zu.

Anziehung innerhalb einer Gruppe • In einer Gruppe nimmt diese Energie von oben nach unten ab. Auch das lässt sich mit dem Schalenmodell erklären: Die weiter unten angeordneten Atome haben mehr Schalen. Dadurch steigt der Abstand ihrer Außenelektronen zum Kern. Durch den größeren Abstand wird die Anziehung des Kerns geringer.

Die Anzahl der Protonen im Kern und der Abstand der Außenelektronen zu diesen Protonen bestimmt die Anziehungskraft des Kerns auf die Außenelektronen.

Aufgaben

1 Beschreibe, wie sich die Anziehung auf die Elektronen innerhalb einer Periode verändert.

2 Nenne und erkläre die zwei Faktoren, die die Anziehung von Elektronen innerhalb eines Atoms bestimmen.

3 Erkläre die Zusammenhänge in dem Diagramm. → 1

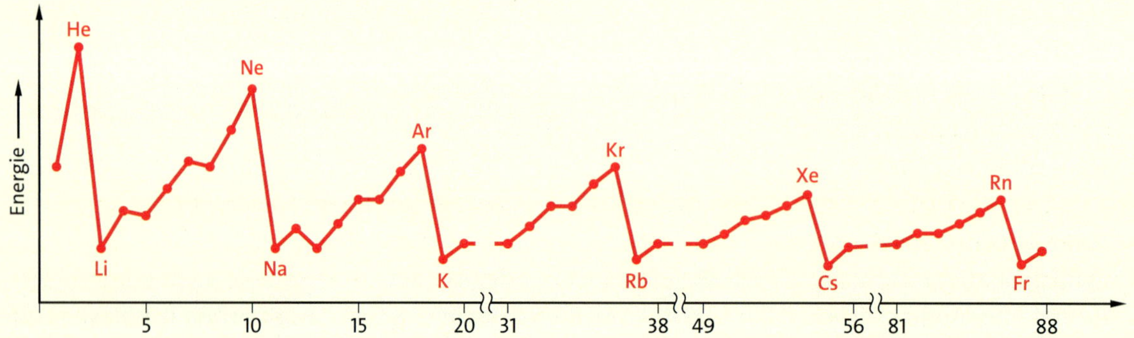

1 Energie zur Abspaltung des jeweils ersten Außenelektrons (bei allen Elementen des Periodensystems)

Vertiefen

Das Kugelwolkenmodell

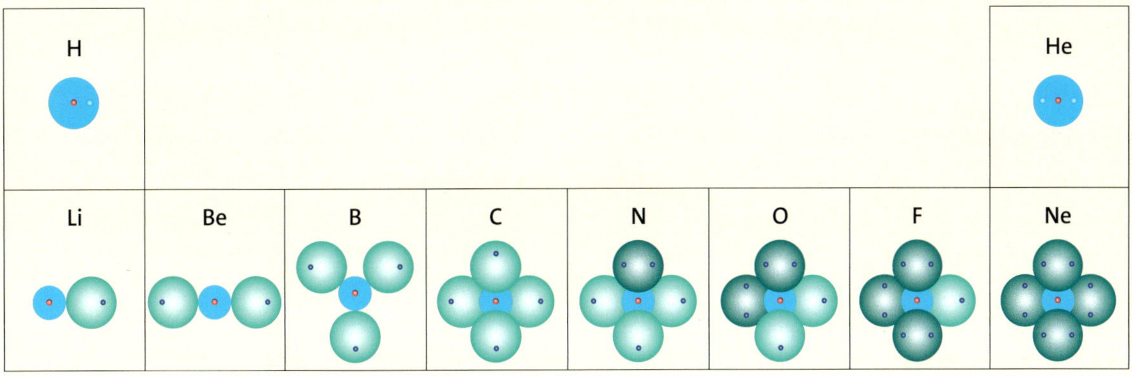

2 Die ersten zehn Elemente im Kugelwolkenmodell

Kugelwolken • Das Kugelwolkenmodell ist eine Weiterentwicklung des Schalenmodells. Demnach gibt es innerhalb der Elektronenschalen kugelförmige Bereiche, die sogenannten Kugelwolken, in denen sich die Elektronen mit großer Wahrscheinlichkeit aufhalten. → 2
Die Elektronenverteilung nach dem Kugelwolkenmodell folgt einfachen Regeln:

- Eine Kugelwolke ist der wahrscheinliche Aufenthaltsraum für maximal 2 Elektronen.
- In der ersten Schale befindet sich nur eine Kugelwolke. Sie ist zentral um den Kern angeordnet.
- In der äußersten Schale gibt es bis zu 4 Kugelwolken. Sie nehmen den größtmöglichen Abstand zueinander ein.
- Jedes Elektron besetzt zunächst eine eigene Kugelwolke. Ab dem 5. Elektron werden die Kugelwolken doppelt besetzt.

Das Kugelwolkenmodell beschreibt die räumliche Anordnung der Elektronen in Form kugeliger Elektronenwolken.

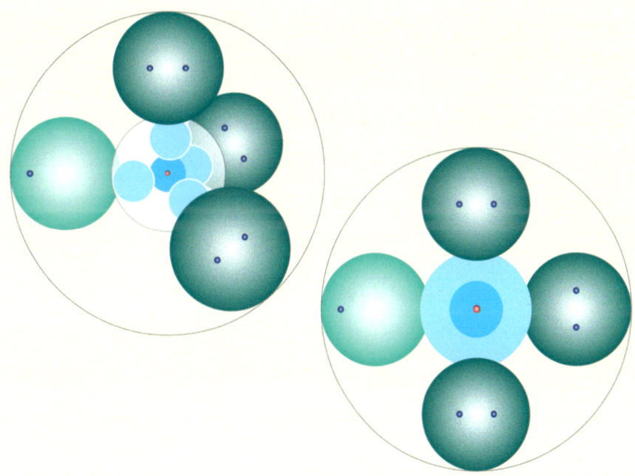

3 Darstellung von Chlor: dreidimensional (links) und zweidimensional (rechts)

Aufgaben

1 ▢ Stelle die Elemente der 3. Periode in der zweidimensionalen Form des Kugelwolkenmodells dar.

2 ◪ Begründe den Zusammenhang zwischen der Elektronenzahl in den äußeren Kugelwolken und der Nummerierung der Gruppe.

Aus Atomen werden Ionen

1 Natrium reagiert sehr heftig mit Chlor. Dabei entsteht Kochsalz (Natriumchlorid).

Warum reagieren Natrium und Chlor so heftig miteinander?
Um das zu verstehen, muss man sich den Atombau näher ansehen.

Stabile Edelgase • Atome sind dann besonders stabil, wenn sie eine volle Außenschale besitzen. Das beweisen die Elemente der 8. Hauptgruppe, die Edelgase: Alle Edelgase haben eine voll besetzte Außenschale und reagieren unter normalen Bedingungen nicht.

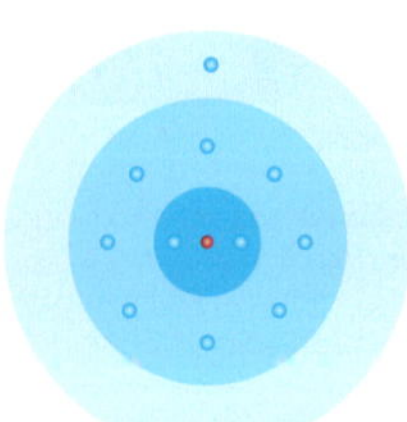

2 Natrium-Atom

Natrium und der Edelgaszustand • Natrium-Atome haben nur ein einziges Außenelektron. → 2 Das Außenelektron wird bei der Reaktion abgegeben. Die äußerste Schale ist somit leer – die darunterliegende volle Schale wird zur neuen Außenschale.

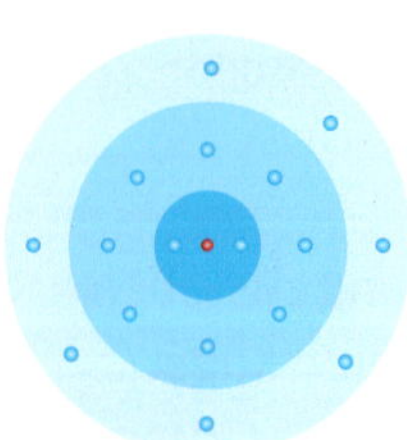

3 Chlor-Atom

Chlor und der Edelgaszustand • Chlor-Atome haben schon sieben Außenelektronen. Sie nehmen das Elektron vom Natrium auf und haben dann eine volle Außenschale.

Edelgasregel (Oktettregel) • Atome reagieren also so, dass sie wie die Edelgase eine gefüllte Außenschale erreichen. Dies bezeichnet man als Edelgasregel.
So hat z. B. das Natrium-Atom nach der Abgabe seines Außenelektrons die gleiche Außenschale wie ein Neon-Atom.
Das Chlor-Atom hat nach der Aufnahme eines Elektrons die gleiche Außenschale wie ein Argon-Atom.
Die meisten Edelgase haben acht Elektronen auf ihrer äußeren Schale. Daher spricht man statt von der Edelgasregel auch von der Oktettregel (Oktett = acht).

Die Edelgasregel besagt, dass Atome so reagieren, dass sie eine gefüllte Außenschale erreichen.

das **Edelgas**
die **Edelgasregel**
das **Ion**
die **Ionenbindung**
das **Ionengitter**

Entstehung von Ionen • Die Natrium-Atome haben nach der Reaktion ein Elektron weniger, die Chlor-Atome ein Elektron mehr. Die Anzahl der Protonen im Kern hat sich aber nicht geändert. Dadurch sind die Teilchen jetzt positiv bzw. negativ geladen. Solche geladenen Teilchen nennt man Ionen.

Schreibweise • In der Formelschreibweise werden die Ladungen als Hochzahl angegeben. Die Bildung von Ionen, z. B. von Calcium-Ionen, sieht als Reaktionsgleichung dann so aus:

$$Ca \rightarrow Ca^{2+} + 2\,e^{-}$$

Calcium-Atom → Calcium-Ion + Elektronen

Ionengitter • Die positiv und negativ geladenen Ionen ziehen sich gegenseitig an. Die entstehende Bindung wird Ionenbindung genannt.
Viele positiv und negativ geladene Ionen lagern sich dabei regelmäßig zusammen: Es entsteht ein Ionengitter. Salzkristalle sind aus solchen Ionengittern aufgebaut. → 5

Durch eine Reaktion mit Elektronenübergang entstehen positiv und negativ geladene Ionen. Diese ziehen sich gegenseitig an und lagern sich zu einem Ionengitter zusammen.

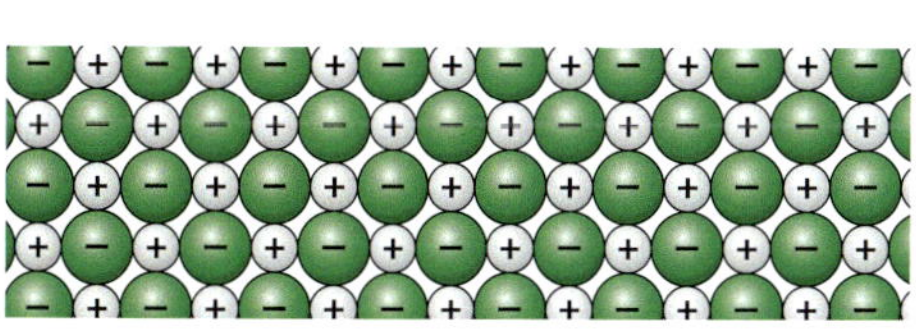

5 Ionengitter

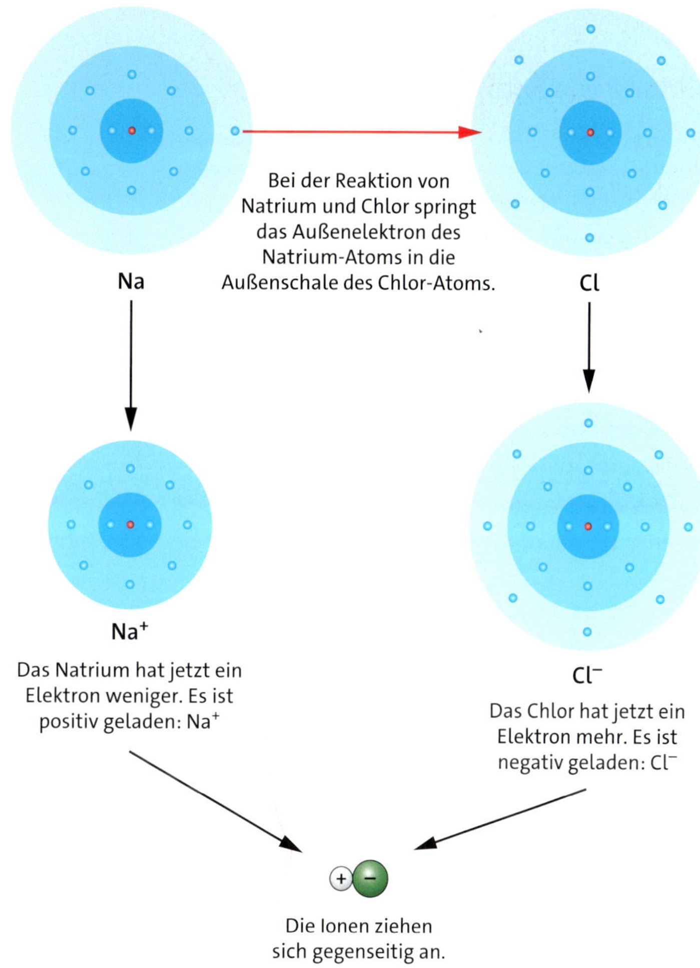

4 Entstehung von Ionen

Aufgaben

1 ○ Beschreibe, wie Natrium- und Chlor-Atome bei ihrer Reaktion eine volle Außenschale erhalten.

2 ◐ Erkläre den Unterschied zwischen Atomen und Ionen.

3 ◐ Erkläre den Zusammenhalt eines Salzkristalls.

Aus Atomen werden Ionen

Material A

Bildung von Salzen

Natrium ist ein Metall, Chlor ein Nichtmetall. Metalle und Nichtmetalle können miteinander zu Salzen reagieren. Denn alle Metalle haben nur wenige Außenelektronen, während alle Nichtmetalle eine fast volle Außenschale haben. Bild 1 zeigt, wie Metalle und Nichtmetalle in drei Schritten zu einem Salz reagieren können.

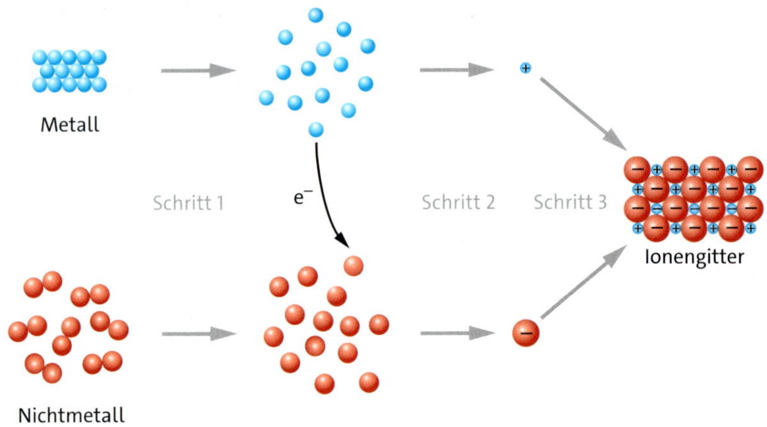

1 Aus einem Metall und einem Nichtmetall entsteht ein Salz.

1 ▢ Gib an, wer bei der Salzbildung Elektronen abgibt und wer sie aufnimmt. In welchem Schritt von Bild 1 geschieht das?

2 ◪ Beschreibe und erkläre die drei Schritte. → 1 Verwende die Begriffe Atom, Außenelektron, Edelgaszustand, Kristall, Ion.

3 ■ Erkläre, in welchem der drei Schritte von Bild 1 bei einer Salzbildung die eigentliche chemische Reaktion geschieht.

Material B

Nur anfangs gefährlich

1 ◪ Recherchiere, welche Eigenschaften die Elemente Chlor und Natrium sowie die Verbindung Kochsalz haben. Vergleiche die Eigenschaften dieser drei Stoffe miteinander in einer Tabelle.

2 ■ Erkläre, wie aus so gefährlichen Stoffen wie Natrium und Chlor ein harmloser Stoff wie Kochsalz entstehen kann.

2 Natrium darf man auf keinen Fall mit den Händen berühren.

3 Chlor darf man auf keinen Fall einatmen.

4 Kochsalz (Natriumchlorid) kann man gefahrlos berühren.

Material C

Edelgaszustand durch Ionenbildung

1 Viele Metall-Atome und Nichtmetall-Atome können durch Abgabe oder Aufnahme von Elektronen Ionen bilden. Dabei entstehen verschiedene Salze.

a Erkläre, wie das Lithium-Atom und das Fluor-Atom in Bild 5 den Edelgaszustand erreichen könnten.

b Nenne die Ionen, die sich dabei bilden.

c Nenne die Edelgase, die dieselbe Elektronenanordnung wie diese Ionen haben.

2 Die Außenelektronen sind immer entscheidend wichtig.

a Gib die Anzahl der Außenelektronen der folgenden Atome an: Mg, O, F, Al, N.

b Gib an, welche Atome von a) bei einer Reaktion Elektronen abgeben und welche Atome Elektronen aufnehmen. Wie viele Elektronen werden jeweils abgegeben bzw. aufgenommen? Gib an, welche Ionen entstehen.

c Gib an, welche Ionen bei chemischen Reaktionen aus den folgenden Atomen entstehen: K, Br, Ca, S. Verwende die Formelschreibweise.

5 Modell eines Lithium- und eines Fluor-Atoms

Material D

Chemische Namen der Salze

Die Namen vieler Salze setzen sich zusammen aus dem Namen des Metalls, des Nichtmetalls und der Endung -id. Kochsalz, das Salz aus den Elementen Natrium und Chlor, heißt daher Natriumchlorid.

1 Gib die Namen für die folgenden Salze an:
Salz aus Calcium und Fluor, aus Magnesium und Chlor, aus Kalium und Iod.

Material E

Zusätze in Speisesalz

1 Speisesalz kann mehrere Zusatzstoffe enthalten: Kalium- und Natriumfluorid werden zur Vorbeugung von Karies zugesetzt, Iodsalze zur Vorbeugung von Schilddrüsenerkrankungen.

a Gib an, aus welchen Ionen die Fluoridsalze bestehen.

b Bestimme die Ladung der Ionen.

2 Informiere dich über die Eigenschaften von Iod.

6 Iodsalz aus dem Supermarkt

Erkläre, warum im Iodsalz kein Iod enthalten sein kann.

3 Begründe, warum der Name „Iodsalz“ chemisch nicht korrekt ist.

Aus Atomen werden Ionen

Methode

Formeln von Salzen aufstellen

Formel als Verhältnis der Ionen • Im Ionengitter eines Salzkristalls sind viele Millionen von Ionen fest miteinander verbunden. Ihr Mengenverhältnis ist aber nicht beliebig. Wie du weißt, gibt z. B. bei der Entstehung von Kochsalz je ein Natrium-Atom ein Elektron an ein Chlor-Atom ab. Somit hat ein Kochsalzkristall gleich viele Na^+- wie Cl^--Ionen.
Es besteht also folgendes Mengenverhältnis:
Na : Cl = 1 : 1. Die Formel von Kochsalz ist also Na_1Cl_1 oder einfacher NaCl. → 1

Und wenn Ionen mehrfach geladen sind? •
Wenn ein Atom mehrere Elektronen abgibt, müssen entsprechend viele oder passende Reaktionspartner da sein. Wenn z. B. Magnesium mit Chlor reagiert, überträgt das Magnesium-Atom seine zwei Außenelektronen an zwei Chlor-Atome. Es entstehen also immer doppelt so viele Cl^-- wie Mg^{2+}-Ionen.
Somit ergibt sich folgendes Verhältnis:
Mg : Cl = 1 : 2, also die Formel $MgCl_2$. → 2

Ein weiteres Beispiel • Natrium reagiert mit Schwefel. Dabei gibt das Natrium-Atom ein Außenelektron an ein Schwefel-Atom ab. Damit auch das Schwefel-Atom eine volle Schale erhält, muss es von einem zweiten Natrium-Atom ein zweites Elektron bekommen.
Es ergibt sich dann folgendes Verhältnis:
Na : S = 2 : 1, also die Formel Na_2S.

Möglichst einfach • Um Formeln möglichst einfach zu schreiben, wird immer das kleinstmögliche Verhältnis angegeben.

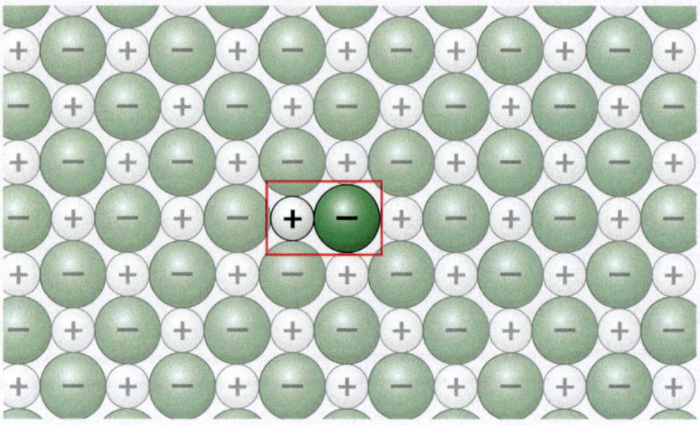

1 Natriumchlorid hat die Formel NaCl.

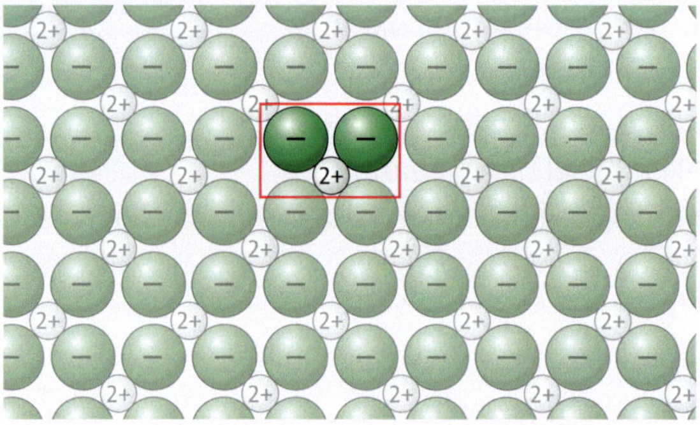

2 Magnesiumchlorid hat die Formel $MgCl_2$.

Aufgaben

1 ○ Beschreibe an einem selbst gewählten Beispiel, wie Formeln von Ionenverbindungen erstellt werden.

2 ◐ Stelle die Formeln der Salze auf, die entstehen, wenn folgende Stoffe miteinander reagieren:
- Lithium und Fluor
- Aluminium und Brom
- Magnesium und Schwefel
- Aluminium und Sauerstoff

Material F

Flussspat – ein häufiges Mineral

Flussspat ist ein Mineral, das in der Natur häufig vorkommt. Reiner Flussspat ist farblos und transparent. Durch verschiedene Verunreinigung kann er aber fast alle Farben einnehmen.

3 Roter Flussspat

4 Violetter Flussspat

1 Der chemische Name von Flussspat lautet Calciumfluorid.

a Zeichne ein Calcium-Ion und ein Fluorid-Ion in Modellschreibweise.

b Gib die Ladung der beiden Ionen an und erstelle die Formel von Calciumfluorid.

Material G

Ionen in Mineralwasser

Mineralwasser enthält eine Reihe von Ionen. → 5

1 Nenne mögliche Salze, die in Mineralwasser vorkommen können. → 6 Übernimm dazu die Tabelle von Bild 7 in dein Heft und ergänze sie.

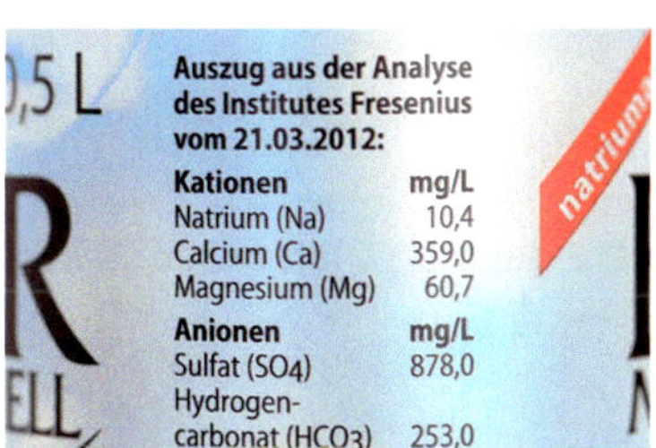

5 Mineralwasser enthält Ionen.

Getränk	Natrium-Ionen	Calcium-Ionen	Magnesium-Ionen	Kalium-Ionen	Chlorid-Ionen
Gerolsteiner Naturell	12 mg/L	140 mg/L	49 mg/L	3 mg/L	9 mg/L
Gerolsteiner Sprudel	118 mg/L	348 mg/L	108 mg/L	11 mg/L	40 mg/L
Rheinfels Klassik	240 mg/L	2 mg/L	1 mg/L	5 mg/L	124 mg/L
Apollinaris Classic	470 mg/L	90 mg/L	120 mg/L	30 mg/L	130 mg/L

6 Inhaltsstoffe einiger Mineralwassersorten

Name des Salzes	besteht aus	(Verhältnis-)Formel
Magnesiumchlorid	Mg^{2+} und Cl^-	$MgCl_2$
...	...	...

7 Mögliche Salze in Mineralwasser

Die Eigenschaften der Salze erklären

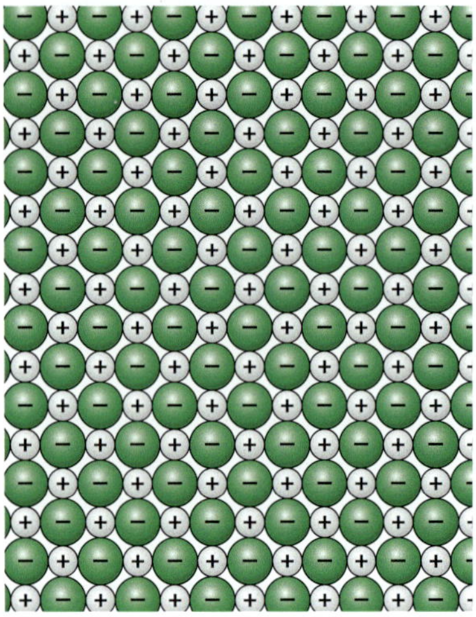

1 Festes Kochsalz

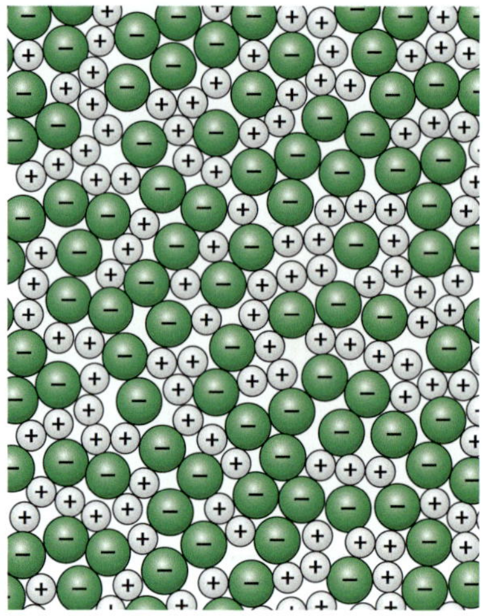

2 Geschmolzenes Kochsalz

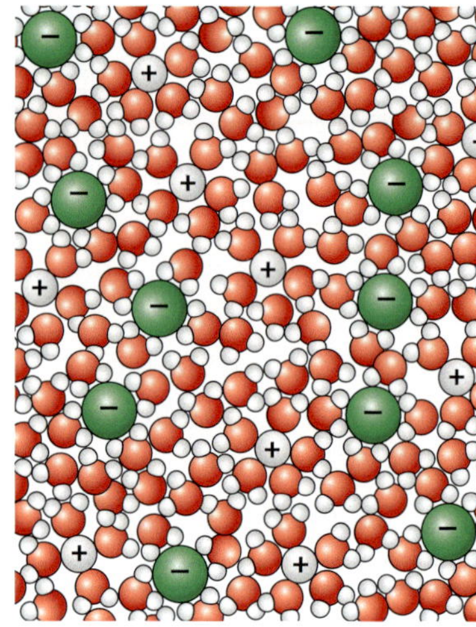

3 In Wasser gelöstes Kochsalz

Du weißt schon, dass Salze gemeinsame Eigenschaften haben. Alle diese Eigenschaften lassen sich mit dem Aufbau der Salze aus Ionen erklären.

Salze haben eine hohe Schmelztemperatur • Salze sind aus Ionengittern von positiven und negativen Ionen aufgebaut. Zwischen den unterschiedlich geladenen Ionen herrschen starke Anziehungskräfte. Um diese Anziehungskräfte zu überwinden, braucht man viel Energie in Form von Wärme. Die Folge: Die Schmelztemperaturen der Salze – und auch ihre Siedetemperaturen – sind sehr hoch.

Salze bilden Kristalle • Zwischen den positiven und negativen Ionen herrschen nach allen Seiten gleich starke Anziehungskräfte. Dadurch ordnen sich Ionen zu einem gleichmäßigen Ionengitter an. Es entsteht ein Kristall, also ein hartes Gebilde mit geraden und glatten Kanten.

Elektrische Leitfähigkeit • Damit ein Stoff den elektrischen Strom leitet, müssen bewegliche geladene Teilchen vorhanden sein. In einem Salzkristall sitzen aber alle Ionen fest in einem Gitter. → 1 Deshalb leiten Kristalle den elektrischen Strom nicht.
Wenn aber das Salz geschmolzen oder in Wasser gelöst ist, sind die Ionen beweglich. → 2 – 3
Deshalb leiten Salzschmelzen und Salzlösungen den elektrischen Strom.

Die Eigenschaften der Salze kann man mit dem Bau der Salze aus positiven und negativen Ionen erklären.

Aufgaben

1 Erkläre die typischen Eigenschaften der Salze.

2 Erkläre, warum Kochsalz erst bei 800 °C schmilzt.

Material A

Salze sind spröde

1 ▢ Erläutere, was mit „Sprödigkeit“ gemeint ist. → S. 62

2 ◪ Beschreibe Bild 4 und erkläre, warum Salze spröde sind. Was passiert, wenn man mit einem Hammer auf einen Salzkristall schlägt? Beachte dabei die Ladung der Ionen.

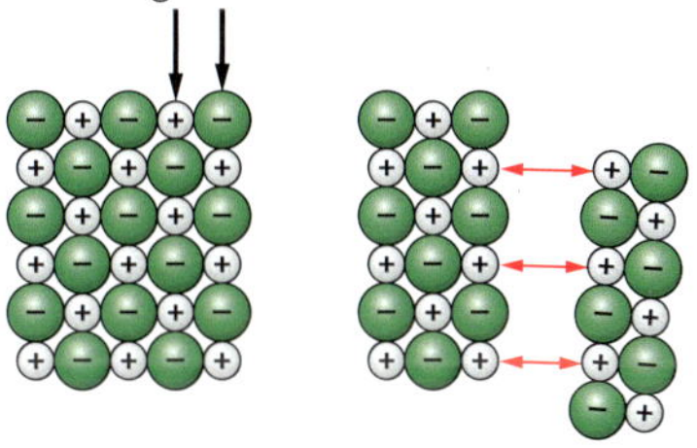

4 Spaltung eines Salzkristalls

Material B

Ionen wandern

Materialliste: Netzgerät, Kabel mit Klemmen, Graphitelektroden, Pipette, Filterpapier, Kaliumnitrat-Lösung, Kupferchlorid (GHS07|09), Kaliumpermanganat (GHS03|07|09)

Baue den Versuch wie in Bild 5 auf. Tränke das Filterpapier mit Kaliumnitrat-Lösung. Gib jeweils einen Kristall Kupferchlorid und Kaliumpermanganat auf die Startlinie. Lege dann 20–25 V Gleichstrom an. Halte das Filterpapier durch Auftropfen von etwas Wasser ständig feucht.

1 ▢ Beschreibe deine Beobachtungen.

2 ◪ Erkläre, welche Ionen zu welchem Pol wandern. Erkläre auch, welche Ladung Permanganat-Ionen haben müssen.

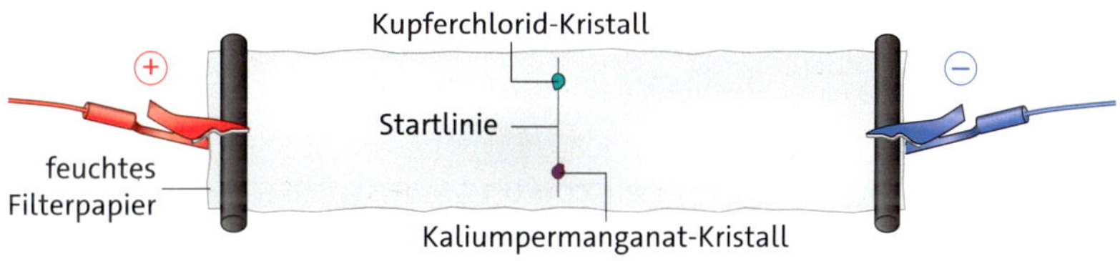

5 Ionen zwischen Plus- und Minuspol

Material C

Die Kristallbildung beobachten

Materialliste: Mikroskop, Teelöffel, Becherglas, Objektträger, Pipette, Kochsalz, Wasser

Löse einen Teelöffel Salz in 10 Teelöffeln heißem Wasser auf. Gib mit der Pipette 1 Tropfen Salzlösung auf den Objektträger. Mikroskopiere den Rand des Tropfens bei schwacher Vergrößerung. Wenn die ersten Kristalle erscheinen, kannst du auch bei mittlerer Vergrößerung mikroskopieren.

1 ▢ Beschreibe deine Beobachtungen. Fertige eine Skizze der Kochsalzkristalle an.

2 ◪ Beschreibe die Form der Kochsalzkristalle.

6 Kochsalzkristalle

3 ● Erkläre die Form der Kochsalzkristalle. Zeichne dazu ein Ionengitter eines Kochsalzkristalls.

Stoffe gewinnen durch Trennverfahren

1 Manchen Stoffen sieht man an, dass sie Gemische sind. Andere scheinen Reinstoffe zu sein.

Auf Seite 58 hast du schon erfahren, dass man Kochsalz aus Sole oder aus Steinsalz gewinnen kann.

Stoffgemische und Reinstoffe • Steinsalz und Sole sind Stoffgemische. Wenn man Kochsalz aus Sole gewinnen will, muss man erst das Wasser verdampfen. Bei der Gewinnung von Kochsalz aus Steinsalz müssen Steine und Sand vom Kochsalz getrennt werden.
Um Gemische wie Steinsalz oder Sole zu trennen, braucht man Trennverfahren. Wenn sich ein Stoff nicht weiter auftrennen lässt, so hat man einen Reinstoff. Kochsalz z. B. ist ein Reinstoff.

Man unterscheidet bei Stoffen zwischen Reinstoffen und Stoffgemischen. Stoffgemische lassen sich durch passende Trennverfahren auftrennen. Stoffe, die sich nicht mehr trennen lassen, sind Reinstoffe.

Homogene und heterogene Stoffgemische • Es gibt Stoffgemische, bei denen man gar nicht sieht, dass es sich um ein Gemisch handelt. So kann man z. B. Salzwasser mit dem Auge nicht von Leitungswasser unterscheiden. Solche Gemische nennt man homogen. Stoffgemische wie Steinsalz, bei denen man sofort sieht, dass es ein Gemisch ist, nennt man heterogen.

Aufgaben

1 ○ Selbst Kinder im Sandkasten trennen schon Stoffgemische. Welches Trennverfahren wenden sie an?

2 ◐ Nenne die Stoffe, aus denen das Stoffgemisch Meerwasser besteht.

3 ● Nenne die Trennverfahren, die zur Herstellung von Kochsalz aus Steinsalz nötig sind. → S. 60

der Reinstoff
das Stoffgemisch
das Trennverfahren

Methode

Sedimentieren

- für Stoffgemische aus Flüssigkeiten und groben Feststoffen
- Gemisch stehen lassen und flüssigen Anteil vorsichtig abnehmen, z. B. mit einer Pipette.

2

Trennen mit dem Scheidetrichter

- für Stoffgemische aus Flüssigkeiten, die zwei Phasen bilden
- Gemisch in Scheidetrichter geben. Den Hahn so lange öffnen, bis die untere Phase komplett abgelassen ist.

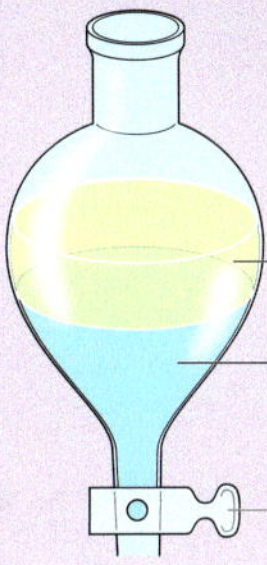

3

Eindampfen

- für Stoffgemische aus Flüssigkeiten und Feststoffen, die feinst verteilt sind
- Schutzbrille tragen! Gemisch in Porzellanschale geben und diese auf Dreifuß platzieren. Mit Brenner erhitzen, bis der flüssige Anteil verdampft ist.

4

Filtrieren

- für Stoffgemische aus Flüssigkeiten und Feststoffen
- Rundfilter durch zweifaches Falten zu Viertelkreis knicken, dann in Trichter einlegen. Stoffgemisch nun in den Trichter geben.

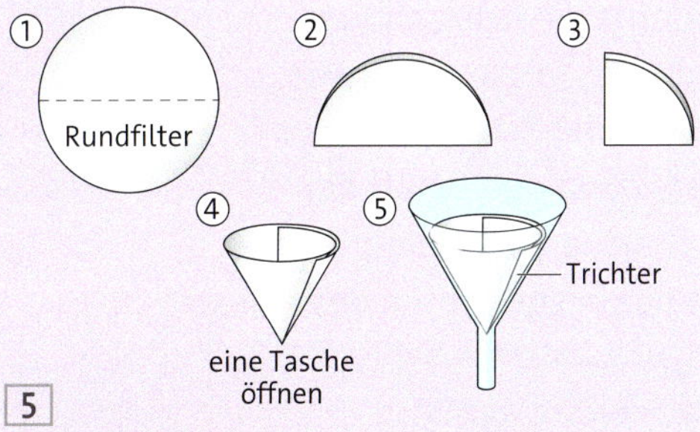

5

Stoffe gewinnen durch Trennverfahren

Material A

1 Öl-Wasser-Gemisch

Trennen mit dem Scheidetrichter

Materialliste: Becherglas, Scheidetrichter, Stativ mit Kolbenhalter, Stoffgemisch aus Speiseöl und Wasser

1 ▢ Schüttle das Stoffgemisch und stelle es anschließend auf den Tisch. Beobachte es etwa 5 Minuten. Notiere deine Beobachtungen.

2 ◩ Trenne das Stoffgemisch und erstelle ein Versuchsprotokoll.

3 ● Beschreibe, wie man in der Küche mit einem Scheidetrichter fettarme Soßen herstellen kann.

Material B

Extraktion von Nussöl

Ein aufwendigeres Trennverfahren ist das Extrahieren. Dabei wird ein Stoff aus einem Stoffgemisch herausgelöst.

Materialliste: Reibschale, Pistill, Trichter, Filterpapier, Becherglas, Nüsse (z. B. Walnüsse), Heptan (GHS02|08|07|09)

1 Extrahiere Öl aus Nüssen.

a ▢ Entferne die Nussschalen. Zerreibe die Nüsse mit etwas Heptan in der Reibschale. Filtriere dann den Inhalt der Reibschale in ein Becherglas. Stelle das Becherglas in den Abzug und warte, bis das Heptan verdunstet ist. Beschreibe deine Beobachtungen.

b ◩ Erkläre, warum die Nüsse mit Heptan zerrieben werden. Erkläre auch die Verfärbungen des Heptans.

c ◩ Erstelle eine Übersicht über die Trennschritte bei der Nussölgewinnung. Übernimm dazu die Tabelle in dein Heft und fülle sie aus.

d ● Erstelle ein Flussdiagramm zur Gewinnung des Öls.

2 ● Auch im Alltag wird viel extrahiert. Wobei handelt es sich um eine Extraktion? *Kartoffeln kochen – Tee kochen – Kaffee kochen – Eier kochen*

Trennschritt	**Trennverfahren**	**für die Trennung genutzte Stoffeigenschaft**
Nüsse von Nussschalen trennen		
		unterschiedliche Partikelgröße
	Eindampfen	

2 Die Gewinnung von Nussöl in vier Schritten

Material C

Farbstoffe adsorbieren

Die Adsorption ist ein Trennverfahren, mit dem man unerwünschte Stoffe, z. B. Farbstoffe oder Geruchsstoffe, aus Flüssigkeiten entfernen kann. Dazu wird ein Stoff in die Lösung gegeben, an dem die unerwünschten Stoffe anhaften.

Materialliste: Bechergläser, Trichter mit Filterpapier, Teelöffel, Glasstab, Aktivkohle, blaue Powerade®

1 ○ Fülle etwas Powerade® in ein Becherglas und gib einen Teelöffel Aktivkohle hinzu. Rühre das Gemisch eine Weile um. Filtriere das Gemisch. Beschreibe deine Beobachtungen. Erkläre, wo der blaue Farbstoff aus der Powerade® geblieben ist.

2 ● In Wasserwerken werden zur Aufbereitung von Trinkwasser oft Filter mit Aktivkohle verwendet. Erkläre, wozu man diese Filter braucht.

Material D

Gerettet – aber woher bekommt man Trinkwasser?

Robin Son war im tropischen Pazifik unterwegs auf einem Forschungsschiff. Unglücklicherweise ist das Schiff in einem Sturm in Seenot geraten. Doch Robin hat Glück im Unglück – er ist auf einer Insel gestrandet. Zu seinem Pech gibt es auf der Insel kein Trinkwasser. Nur Salzwasser, das durch die Brandung mit Sand verunreinigt ist, steht ihm am Strand zur Verfügung.
Die Insel ist unbewohnt und hat natürlich auch kein Klärwerk. Immerhin ist aber die Holzkiste mit seiner Laborausrüstung angeschwemmt worden.

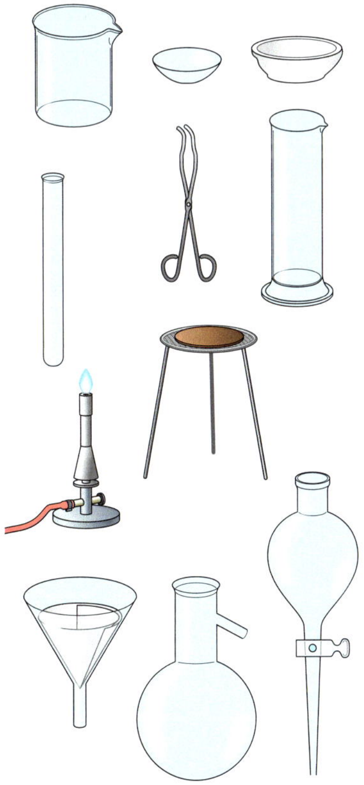

3 Diese Geräte befinden sich in der angeschwemmten Holzkiste.

1 ◐ Plane einen Versuch, mit dem Robin Son den Sand aus dem Wasser entfernen kann. Erstelle dazu eine beschriftete Versuchsskizze.

2 ◐ Wie lassen sich Salz und Wasser trennen? Erkläre auch mithilfe einer beschrifteten Skizze.

3 ● Wie kann Robin das salzfreie Wasser auffangen? Überlege dir dazu einen Versuch. Schreibe eine passende Versuchsanleitung.

4 ● Könntest du salzfreies Wasser auch mit Gegenständen gewinnen, die sich in eurer Küche befinden? Beschreibe, wie du vorgehen würdest.

Von der Saline zum Kochsalz

Zusammenfassung

Gewinnung von Kochsalz • Natriumchlorid – unser Kochsalz – kann in unseren Regionen in Bergwerken durch Abbau unter Tage gewonnen werden. Üblich ist auch das Eindampfen von Sole. Diese Sole entsteht aus Wasser, das in eine salzhaltige Erdschicht gepumpt wird und das Salz dabei löst.
Im Mittelmeerraum wird Salz gewonnen, indem man Meerwasser in großen Becken verdunsten lässt.

Eigenschaften von Salzen • Neben dem Kochsalz gibt es noch eine ganze Reihe weiterer Salze. Alle Salze haben folgende typische Eigenschaften:
- sie haben hohe Schmelzpunkte
- sie bilden Kristalle
- sie sind spröde
- sie sind meist gut wasserlöslich
- als Schmelze oder in Wasser gelöst leiten sie gut den elektrischen Strom

Der Aufbau der Stoffe • Atome haben einen Atomkern aus positiv geladenen Protonen und ungeladenen Neutronen. In der Atomhülle um den Kern bewegen sich die negativ geladenen Elektronen. Diese sind in bestimmten Bereichen, den Schalen, angeordnet.
Die Anzahl der Protonen bzw. Elektronen eines Atoms kann man an der Ordnungszahl ablesen. Die Atommasse gibt die Masse des Atoms an. Aus diesen zwei Zahlen lässt sich die Anzahl der Neutronen berechnen.

Das PSE • Im Periodensystem der Elemente (PSE) sind alle Atomsorten nach der Anzahl ihrer Protonen bzw. Elektronen aufsteigend angeordnet.
Im Periodensystem kann man die Elektronen der äußersten Schale – die Außenelektronen – an der Nummer der senkrechten Hauptgruppe ablesen. Die Anzahl der Außenelektronen ist bei chemischen Reaktionen sehr wichtig.
Die Nummer der waagerechten Periode gibt die Anzahl der Schalen an.

Der Aufbau der Salze • Salze bestehen aus Ionen. Ionen können bei chemischen Reaktionen aus Atomen durch Abgabe oder Aufnahme einzelner Elektronen entstehen.
Nach der Edelgasregel entstehen dabei immer volle Schalen.
Aus diesem Grund sind Ionen entweder positiv oder negativ geladen.
Bei Salzen in festem Zustand bilden die positiv und negativ geladenen Ionen durch ihre gegenseitige Anziehung ein Ionengitter. → 1
Die typischen Eigenschaften der Salze lassen sich durch diesen Aufbau erklären.

1 Ionengitter eines Kochsalzkristalls

Teste dich! (Lösungen im Anhang)

1 Nenne und beschreibe die Möglichkeiten der Kochsalzgewinnung.

2 Welche Trennverfahren werden bei der Kochsalzgewinnung verwendet? Erkläre.

3 Nenne die typischen Eigenschaften von Salzen.

4 Nenne die Elementarteilchen, aus denen alle Atome bestehen. Wo im Atom sind sie jeweils zu finden?

5 Das Natrium-Atom hat die Ordnungszahl 11 und die Atommasse 23. Wie viele Protonen, Neutronen und Elektronen besitzt es?

6 Ergänze die Tabelle. → 2

7 In welcher Hauptgruppe und in welcher Periode muss das Element von Bild 3 eingeordnet werden?

8 Iod ist ein lebenswichtiges Spurenelement. Mangel an Iod kann zu Erkrankungen der Schilddrüse führen (Kropf).

a Gib die Formel des Wirkstoffs Kaliumiodid an.

b Zeichne das Kalium-Ion im Modell und gib seine Ladung an.

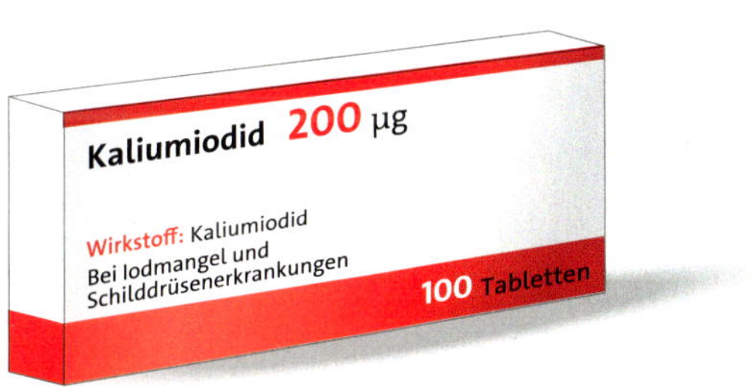

4 Medikament gegen Iodmangel

Element	Ordnungszahl/ Protonen/Elektronen	Atom-masse	Neu-tronen
Bor	5		6
Neon	10	20	
Brom	35		45
Blei	82	207	

2 Kennzahlen verschiedener Atome

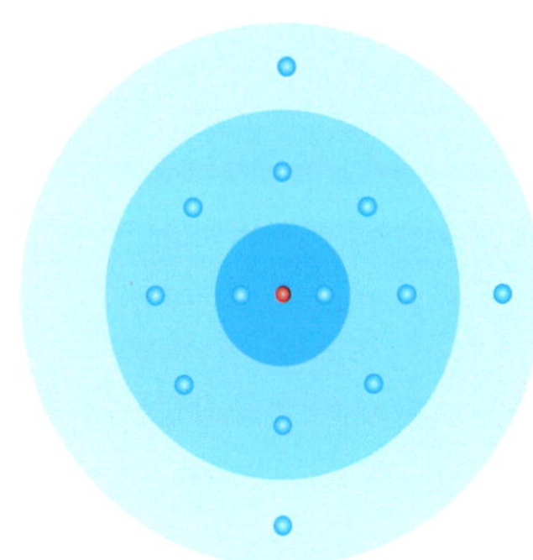

3 Ein Atom, dargestellt im Schalenmodell

9 Das Salz im Toten Meer ist anders zusammengesetzt als das Salz der Ozeane. → 5

a Benenne die in Bild 5 aufgeführten Ionen.

b Wenn das Wasser verdunstet, lagern sich die enthaltenen Ionen zu Salzen zusammen. Gib die Formel möglicher Salze an, die dabei entstehen können.

c Erkläre den Aufbau eines Salzes am Beispiel von Kaliumchlorid.

positiv geladene Ionen, Gehalt in mg/kg		negativ geladene Ionen, Gehalt in mg/kg	
Mg^{2+}	ca. 36 000	Cl^-	ca. 190 000
Ca^{2+}	ca. 14 000	Br^-	ca. 1 000
Na^+	ca. 33 000	F^-	ca. 2
K^+	ca. 6 000	I^-	ca. 0,1

5 Gehalt an Ionen im Wasser des Toten Meeres

Heizen und antreiben

Hier wird Wasserstoff verbrannt. Was hat dieser Treibstoff mit Wasser zu tun?

Hier wird Methan verbrannt.
Aus welchen Molekülen besteht dieser Energieträger?

Hier wird Biogas hergestellt.
Was hat dieser Energieträger mit „Bio“ zu tun?

Antreiben mit Wasserstoff

„Was werden wir später einmal statt Kohle verbrennen?", fragte der Seemann. „Wasserstoff", antwortete Smith. „Wasserstoff oder Sauerstoff werden für sich oder zusammen zu einer unerschöpflichen Quelle von Wärme und Licht werden, von einer Intensität, die die Kohle überhaupt nicht haben könnte; das Wasser ist die Kohle der Zukunft."

Nach Jules Verne:
Die geheimnisvolle Insel, 1874

1 Start einer Rakete des Typs Ariane 5

Was Jules Verne in seinem Roman 1874 als Science-Fiction beschrieb, ist heute Realität. Bei einem Raketenstart sind rund 11 Millionen PS aktiv. Die Energie für diese unvorstellbare Leistung liefert eine chemische Reaktion zwischen Wasserstoff und Sauerstoff.

Nutzlast • Die unter deutscher Beteiligung gebaute Ariane 5 ist heute eine der weltweit erfolgreichsten Trägerraketen in der bemannten Raumfahrt. Konzipiert wurde das Wunderwerk der Technik, um sogenannte Nutzlasten wie Satelliten, Raumgleiter oder auch Astronauten in den Weltraum zu transportieren. Die Ariane trägt ihre Nutzlast hinter einer absprengbaren Verkleidung in der obersten Raketenstufe.

Steuerung • Zwischen Ober- und Hauptstufe sitzt das „Gehirn" der Rakete: der Steuerungscomputer. Mit einem eigenen kleinen Antrieb versehen, kann dieser die Oberstufe im Weltraum navigieren.

Treibstoff • Als Treibstoff dient Wasserstoff, der mit Sauerstoff verbrannt wird. Beide Gase werden in zwei riesigen voneinander getrennten Tanks mitgeführt. Diese bilden die Hauptstufe. Eine Rakete ist nicht gerade sparsam im Verbrauch: Pro Sekunde werden rund 250 kg Treibstoff verbrannt. Um mehr Treibstoff transportieren zu können, werden die Gase so weit gekühlt, dass sie flüssig werden. Die rund 150 Tonnen Treibstoff reichen für ca. 600 Sekunden Flugzeit.

Antrieb • Für den Eintritt in den Weltraum muss die unglaubliche Geschwindigkeit von 28 000 km/h erreicht werden. Der Großteil der Beschleunigung wird durch das Haupttriebwerk erreicht. Um die Erdanziehungskraft zu überwinden, braucht die 750 t schwere Rakete noch zusätzlichen Schub. Diesen liefern zwei Zusatzraketen, die man Booster nennt. Sie sind seitlich an der Hauptstufe befestigt. Um Gewicht zu sparen, werden sie nach ca. 120 s Brennzeit abgeworfen.

Chemie treibt an • Turbopumpen fördern über 516 Einspritzdüsen Wasserstoff und Sauerstoff in die Brennkammer des Triebwerks. Dabei sind die Düsen so konzipiert und die Pumpen so eingestellt, dass ein Mischungsverhältnis von genau zwei Teilen Wasserstoff zu einem Teil Sauerstoff entsteht. Ein Zündfunke startet beim Raketenstart die chemische Reaktion. Dabei reagiert das Gemisch explosionsartig zu Wasser. Bei der Verbrennung des Wasserstoffs in dem reinen Sauerstoff entstehen Temperaturen von über 3200 °C. Dadurch bilden sich pro Sekunde über 300 000 Liter gasförmiger Wasserdampf. Der so entstehende enorme Überdruck im Triebwerk sorgt für einen gewaltigen Rückstoß, der die Rakete vorantreibt.

Im Brennraum der Ariane 5 reagieren Wasserstoff und Sauerstoff explosionsartig zu Wasserdampf. Der entstehende Druck treibt die Rakete an.

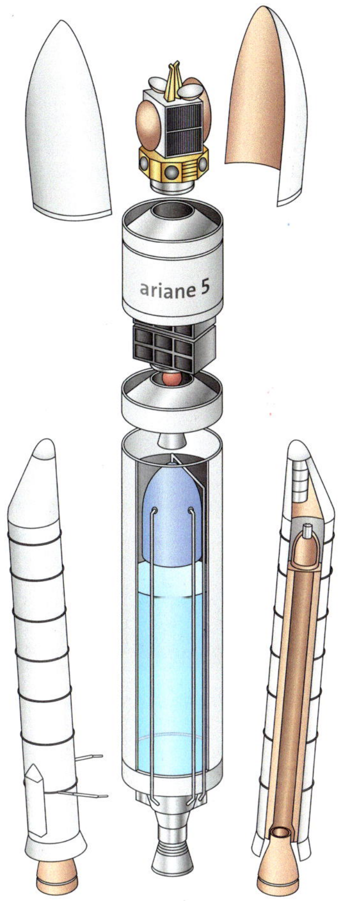

2 Schemazeichnung der Ariane 5

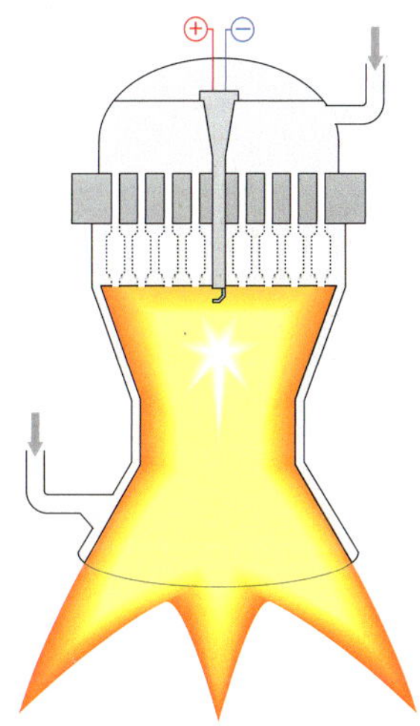

3 Triebwerk

Aufgaben

1 Beschrifte mithilfe des Texts die Bilder 2 und 3 mit Fachbegriffen.

2 Begründe, weshalb die beiden Gase erst im Brennraum des Triebwerks zusammengeführt werden.

3 Erkläre mit eigenen Worten die Vorgänge, die die Hauptstufe der Rakete antreiben.

Antreiben mit Wasserstoff

Material A

1 Beim Absturz der Challenger starben 7 Astronauten.

Die Challenger

Am 28. Januar 1986 kommt es zur schlimmsten Katastrophe in der Geschichte der bemannten Raumfahrt. Durch einen spröde gewordenen Dichtungsring trat heißes Verbrennungsgas aus einem der Booster aus. Dieser wurde vom Außentank losgerissen und riss ihn dabei auf. Wasserstoff und Sauerstoff traten aus und entzündeten sich in einem Feuerball.

Wasserstoff und Sauerstoff bilden ein explosives Gemisch

Materialliste: Dose mit Loch, Glimmspan, Streichhölzer, Wasserstoff (GHS02), Luftsauerstoff (GHS03)

Die Dose wird auf einen Glimmspan gestellt. Dadurch entsteht ein Spalt zwischen Dose und Labortisch.
Nun wird die Dose vollständig mit Wasserstoff befüllt und an dem Loch im Deckel mit einem Streichholz entzündet.

Beobachtungen:
1. Nach dem Entzünden brennt der Wasserstoff an der Öffnung der Dose.
2. Nach einiger Zeit fliegt die Büchse mit einem lauten Knall in die Luft.

1 Erstelle eine aussagekräftige Skizze mit Beschriftung.

2 Formuliere Erklärungen für die Beobachtungen. (Denke dabei auch an die Rolle des Glimmspans).

2 Darstellung des Lehrerexperiments „Die Böllerbüchse“ als Filmstreifen

Material B

Wasser herstellen – ein Lehrerexperiment

Materialliste: Stativmaterial, Streichhölzer, gewinkeltes Glasrohr mit Spitze und Rückschlagsicherung, Rundkolben, Stopfen, Watesmo-Papier, Wasserstoff (GHS02) und Sauerstoff (GHS03) aus Druckgasflaschen

1. Reaktion mit Luft

Der Wasserstoff wird an der Spitze des ausgezogenen Glasrohrs mit Rückschlagsicherung entzündet. Die Wasserstoffflamme wird auf eine mäßige Größe eingeregelt. Anschließend führt man die Flamme in den Rundkolben ein.
Die entstehende Flüssigkeit wird mit Watesmo-Papier auf Wasser geprüft.

2. Reaktion mit Sauerstoff

Der Rundkolben wird mit reinem Sauerstoff gefüllt. Dies kann pneumatisch geschehen oder durch direktes Einleiten des Sauerstoffs.
Der Kolben wird mit einem Stopfen verschlossen. Anschließend verfährt man wie bei Teilversuch 1.

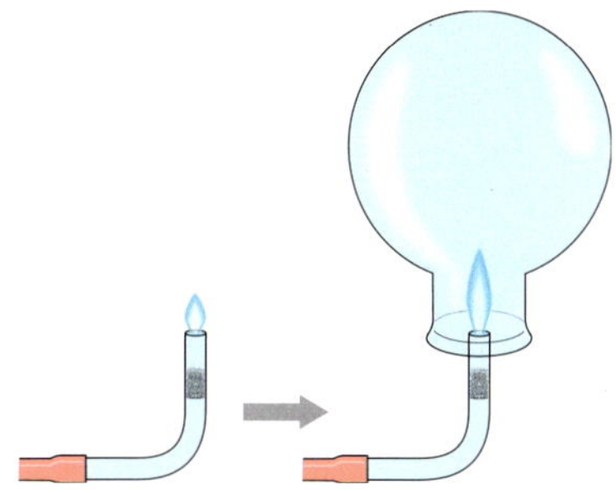

3 Versuchsaufbau

1 Erkläre den Einfluss des reinen Sauerstoffs auf die Heftigkeit der Reaktion.

2 Beschreibe die abgelaufene Reaktion in Form einer Wortgleichung.

Material C

Knallgasexplosion im Chemieunterricht

In einer 9. Klasse wurden mehrere Schüler durch umherfliegende Glassplitter verletzt. Die Schüler sollten in einem Gasentwickler Wasserstoff herstellen. Ohne vorher eine Knallgasprobe durchzuführen, entzündeten sie den gebildeten Wasserstoff. Es kam zu einer Explosion, bei der die Apparatur zerbarst. Laut Untersuchungsbericht befand sich in der Apparatur noch etwas Luft …

Knallgas oder reiner Wasserstoff?

Du erhältst von deinem Lehrer zwei Reagenzgläser, die vollständig mit reinem Wasserstoff (GHS02) gefüllt sind. Führe die Knallgasprobe durch. Halte dabei die Öffnung der Probe einmal nach oben und einmal nach unten.

1 Erkläre, warum es notwendig ist, vor der Verbrennung von Wasserstoff immer eine Knallgasprobe durchzuführen.

Pfeifen beim Entzünden:
viel Luft, wenig Wasserstoff

Explosiv!

Knall beim Entzünden:
hochexplosive Mischung aus Wasserstoff und Luft

Gefahr, hochexplosiv!

Dumpfes Geräusch:
kaum Luft, Gas brennt ab

keine Gefahr, nicht explosiv

Eigenschaften von Wasserstoff

1 Wasserstoff sorgte für den Auftrieb der Hindenburg.

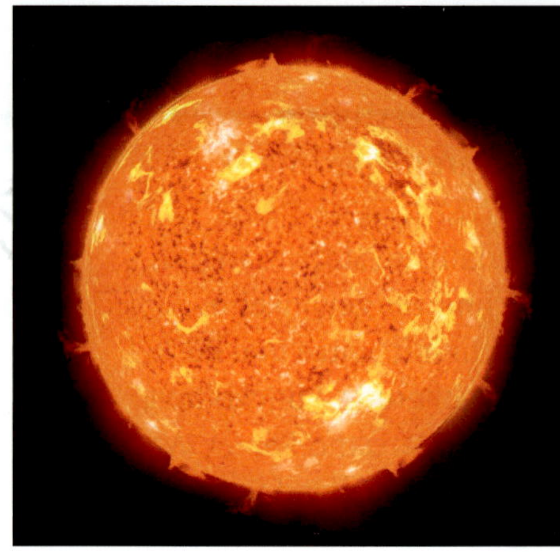

2 Die Sonne scheint dank Wasserstoff.

Ohne Wasserstoff gäbe es kein Leben auf der Erde: Im Innern der Sonne entstehen durch das Verschmelzen von Wasserstoffkernen 15 Millionen Grad. Damit beleuchtet und erwärmt sie auch unsere Erde.

1	1,0
	H
Wasserstoff	

3 Stellung im PSE

Physikalische Eigenschaften • Wasserstoff kann man weder sehen noch riechen, da er bei Raumtemperatur ein farbloses und geruchloses Gas ist. Erst bei −252 °C wird er flüssig, bevor er dann bei −259 °C erstarrt. Außerdem ist er mit einer Atommasse von 1,0 u das leichteste aller Elemente.

4 Signalfarbe Rot für Wasserstoff

Chemische Eigenschaften • Seine Eigenschaften nutzte man früher, um riesigen Luftschiffen Auftrieb zu verleihen. Dabei sollten zwei weitere Eigenschaften dem Wasserstoff zu einer ungewollten Berühmheit verhelfen: Seine Brennbarkeit führte zu einer Katastrophe, als 1937 die Hindenburg in Flammen aufging. Die Eigenschaft, mit Sauerstoff explosive Gemische zu bilden, bedeutete 1986 mit der Explosion der Challenger einen schweren Rückschlag für die Raumfahrt.

Energieträger • Heute wird Wasserstoff häufig als Energieträger der Zukunft bezeichnet. Da als Verbrennungsprodukt reines Wasser entsteht, belastet er im Gegensatz zu den fossilen Brennstoffen wie Kohle und Erdgas die Umwelt nicht. Der sichere Umgang stellt jedoch noch eine große Herausforderung an die Technik dar.

Vorkommen • Wasserstoff ist das häufigste Element im Universum. Auf der Erde selbst kommt er allerdings eher selten in elementarer Form vor. Hier findet man ihn am häufigsten als Baustein der Verbindung Wasser.

Aufgabe

1 Erstelle einen Stoffsteckbrief zu Wasserstoff.

Material A

Eigenschaften von Wasserstoff

Materialliste: Stativmaterial, Streichhölzer, lange Kerze, Standzylinder, Wasserstoff aus der Gasflasche (GHS02|04)

Ein Standzylinder wird kopfüber befestigt und von deiner Lehrerin oder deinem Lehrer mit Wasserstoff gefüllt. Nun führst du eine entzündete Kerze langsam von unten in den Standzylinder und ziehst sie anschließend wieder heraus. Wiederhole diesen Vorgang mehrmals.

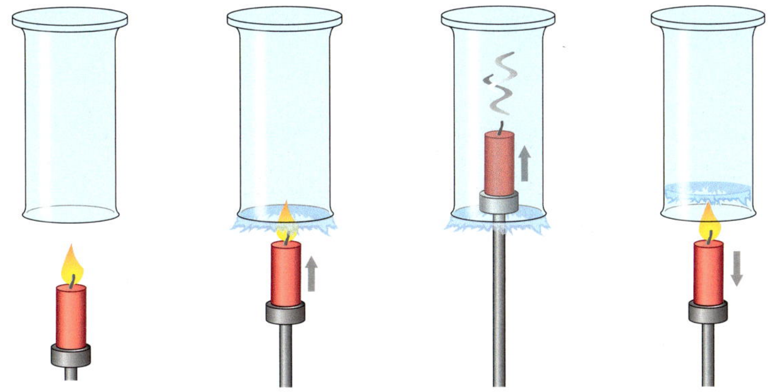

5 Eine Kerze wird in einen mit Wasserstoff gefüllten Standzylinder eingeführt.

1 ◔ Dokumentiere das Experiment in Form eines Protokolls.

2 ◔ Zeichne in deine Skizzen die Beobachtungen ein.

3 ● Erkläre die bei dem Experiment zu beobachtenden Phänomene mithilfe der Eigenschaften des Wasserstoffs. → 5

Material B

Der letzte Flug der Hindenburg

Am 3. Mai 1937 startete das damals größte und modernste Luftschiff der Welt zu einem Flug von Frankfurt nach New York. Eigentlich hätte die Hindenburg Helium tanken sollen, das nicht brennbar ist. Aber Helium war rar. Am 6. Mai, kurz vor dem Ziel, fing das 240 m lange Luftschiff Feuer, brannte in 32 s ab, stürzte zu Boden – und dennoch überlebten 62 Passagiere das Unglück.

6 Die Tragödie der Hindenburg

Materialliste: Luftballon, langer Stab, Glimmspan, Wasserstoff (GHS02)

Bei diesem Lehrerexperiment befüllt man einen Luftballon mit Wasserstoff und lässt ihn zur Decke steigen. Der Glimmspan wird an einem langen Stab befestigt und angezündet. Damit wird der Luftballon aus sicherer Entfernung entzündet.

1 ○ Formuliere deine Beobachtungen.

2 ◔ Erläutere, ob es sich hier um eine Verbrennung oder um eine Explosion handelt.

Vom Atom zum Molekül

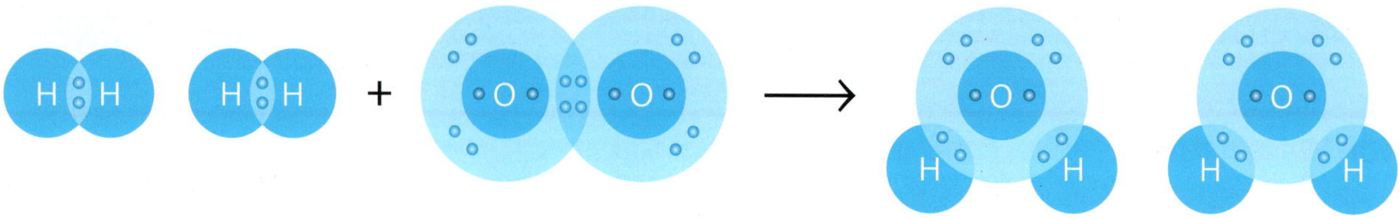

2 Moleküle Wasserstoff + 1 Molekül Sauerstoff → 2 Moleküle Wasser (und Energiefreisetzung)

$2\ H_2 + O_2 \longrightarrow 2\ H_2O$ (und Energiefreisetzung)

1 So sieht es im Teilchenmodell aus, wenn Wasserstoff mit Sauerstoff reagiert.

Wasserstoff und Sauerstoff reagieren sehr heftig miteinander. Um dies zu erklären, muss man die Reaktion auf der Teilchenebene betrachten.

Das Streben nach Stabilität • Jedes Element ist bestrebt, bei chemischen Reaktionen den besonders stabilen Edelgaszustand zu erreichen. Bei der Reaktion von Metallen mit Nichtmetallen gelingt dies durch die Übertragung von Elektronen. Bei der Reaktion von Nichtmetallen untereinander ist dies nicht möglich, da alle beteiligten Atome Elektronen aufnehmen wollen.

Vom Atom zum Molekül • Wasserstoff-Atome besitzen nur ein einziges Elektron. Um den Edelgaszustand von Helium zu erreichen, müssten alle Wasserstoff-Atome ein Elektron aufnehmen. Aber kein Wasserstoff-Atom ist bereit, sein Elektron abzugeben. Stattdessen nähern sich die Atome, bis sich die äußeren Schalen durchdringen. Zwischen den Atomkernen bildet sich ein gemeinsamer Aufenthaltsbereich, in dem sich die Elektronen beider Atome bewegen. → 2
Beide Atome teilen sich nun ein gemeinsames Elektronenpaar. Es entsteht eine Verbindung zwischen den beiden Atomen, die man Elektronenpaarbindung nennt. Aus zwei Wasserstoff-Atomen wird ein Wasserstoffmolekül.

Energie • Ein Wasserstoffmolekül besitzt die gleiche Anzahl an Elektronen wie Helium. Es ist es stabiler und energieärmer als die ungepaarten Wasserstoff-Atome. Dadurch wird bei der Bildung von Molekülen durch Elektronenpaarbindungen Energie frei.

In einem Molekül erreichen Atome den Edelgaszustand durch die Bildung gemeinsamer Elektronenpaare.

die **Elektronenpaarbindung**
das **Molekül**
exotherm

Doppelbindung • Sauerstoff-Atome brauchen zwei Elektronen, um den Edelgaszustand von Neon zu erreichen. Sie bilden daher zwei gemeinsame Elektronenpaare. Man spricht von einer Doppelbindung. → 3

Die Knallgasreaktion • Wenn man Wasserstoff und Sauerstoff bei Raumtemperatur mischt, findet zunächst keine Reaktion statt. Ein Zündfunke liefert jedoch genug Aktivierungsenergie, um die Elektronenpaarbindungen für Sekundenbruchteile zu lösen. Dieser sogenannte Übergangszustand ist extrem instabil. Die kurzzeitig entstandenen Atome reagieren sofort wieder miteinander, um den energieärmsten und damit stabilsten Zustand zu erlangen. Diesen erreichen sie, wenn die Wasserstoff- und Sauerstoff-Atome zu Wassermolekülen reagieren. Durch die Bildung der energieärmeren Moleküle wird Energie frei. → 4
Eine solche Reaktion, bei der insgesamt Energie frei wird, bezeichnet man als exotherm.

Das Molekül H_2O • Da Wasserstoff im Gegensatz zu Sauerstoff nur ein Elektronenpaar bilden kann, reagieren zwei Atome Wasserstoff mit einem Atom Sauerstoff. Insgesamt reagieren also zwei Moleküle Wasserstoff mit einem Molekül Sauerstoff zu zwei Molekülen Wasser. → 1

Bei der Bildung von Molekülen durch Elektronenpaarbindungen wird Energie frei.

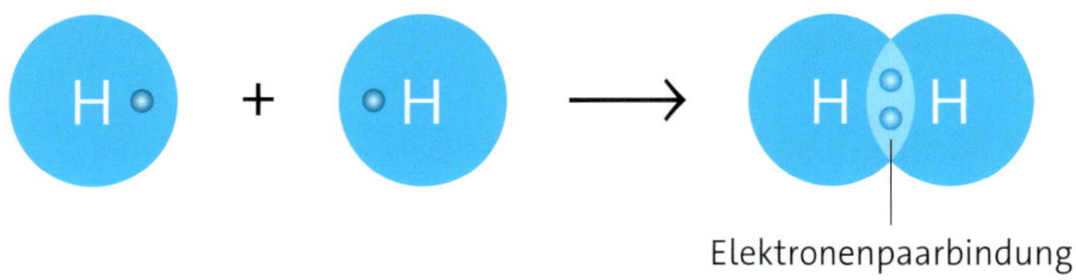

2 Bildung eines H_2-Moleküls

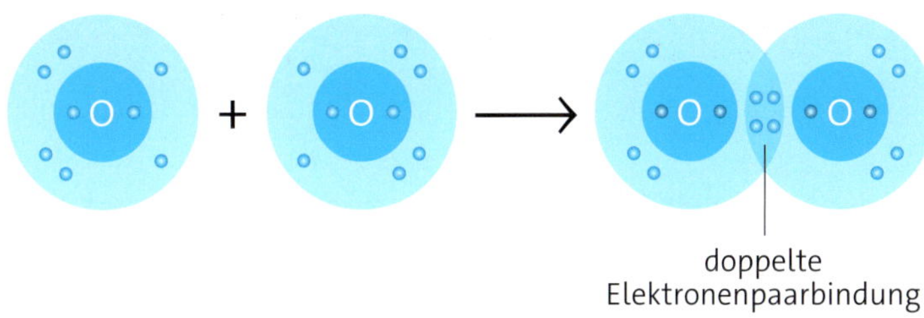

3 Bildung eines O_2-Moleküls

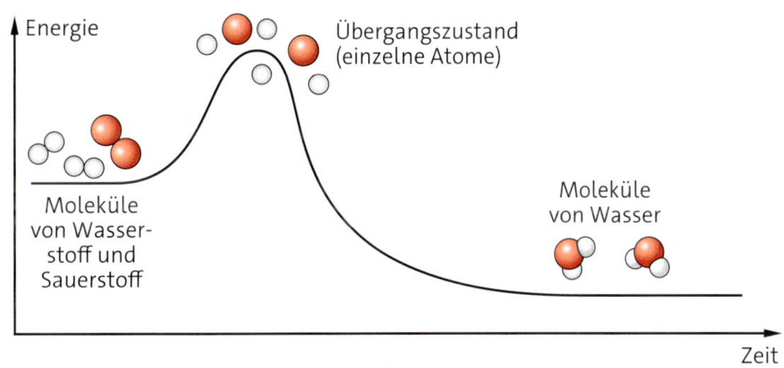

4 Bei der Bildung von Wasser wird viel Energie frei.

Aufgaben

1 ☐ Beschreibe, wie Nichtmetalle den Edelgaszustand erreichen können.

2 Weshalb kommen nur Edelgase in der Natur als einzelne Atome vor?

3 Beschreibe die Bildung eines Chlormoleküls aus Chlor-Atomen. Stelle die Reaktion im Modell und als Reaktionsgleichung dar.

Vom Atom zum Molekül

Material A

Mit Molekülbaukästen arbeiten

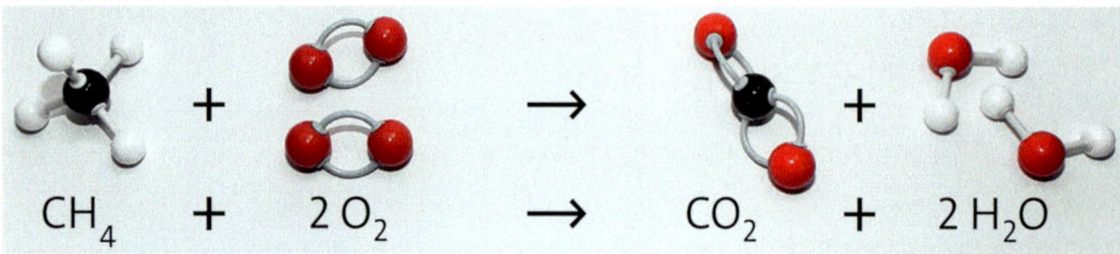

1 Darstellung der Verbrennung von Methan auf der Teilchenebene

2 Bauteile

Mit einem Molekülbaukasten kann man die Molekülstruktur räumlich darstellen und chemische Formeln einfach ermitteln.

Modelle kritisch bewerten

1 Betrachtet die Bauteile eures Molekülbaukastens und bereitet eine Kurzpräsentation vor, in der ihr die Bauteile und deren Funktion erklärt. Beantwortet bei eurer Präsentation folgende Fragen:
Welche Analogien gibt es zwischen den Bauteilen und dem Original?
Welche „erfundenen" Zutaten wurden dem Baukasten zugefügt, die dem Original nicht entsprechen?

Bezeichnung	Modell	Formel
		$3\,H_2$
2 Moleküle Chlor		
		$2\,O_2$
1 Molekül Stickstoff		
1 Molekül Methan		CH_4

3 Einige wichtige Moleküle

Formeln ermitteln

2 Erklärt anhand von Bild 1 die Bedeutung des Index in chemischen Formeln. Der Index ist die tiefgestellte kleine Zahl innerhalb einer Molekülformel.
Erklärt außerdem die Bedeutung des Faktors. Der Faktor ist die Zahl vor der Molekülformel.

Moleküle bauen

3 Baut die in der Tabelle links beschriebenen Moleküle nach und ergänzt die fehlenden Informationen.

Gesetzmäßigkeiten nutzen

4 Stellt die Knallgasreaktion mit dem Molekülbaukasten dar. Erklärt, wie man mithilfe des „Gesetzes der Erhaltung der Masse" auf diese Weise die korrekte Reaktionsgleichung ermitteln kann.

Vertiefen

Räumliche Struktur von Molekülen

Bindende Elektronenpaare • Im Kugelwolkenmodell entsteht eine Elektronenpaarbindung, wenn sich zwei einfach besetzte Kugelwolken durchdringen. Dabei entsteht eine gemeinsame Bindungswolke, in der sich die beiden Elektronen bewegen. Die Elektronen befinden sich dadurch im Anziehungsbereich beider Atome und es entsteht eine Verbindung. Die Elektronen werden daher als bindendes Elektronenpaar bezeichnet.

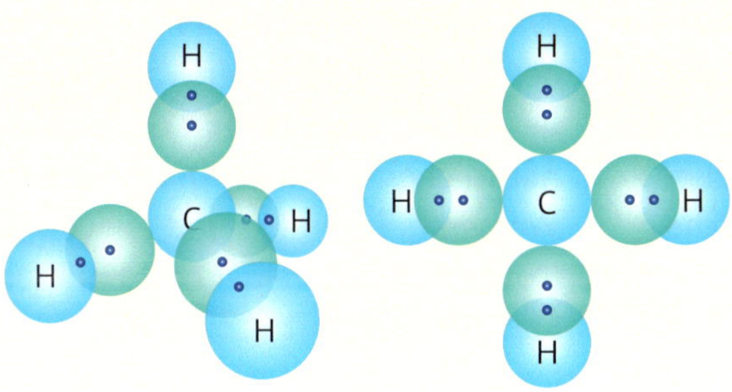

4 Methan (CH_4, drei- und zweidimensional)

Freie Elektronenpaare • Atome mit 5 oder mehr Außenelektronen besitzen auch Kugelwolken, die doppelt besetzt sind. Diese Elektronenpaare sind nicht an den Bindungen in Molekülen beteiligt. Man nennt sie freie oder nicht-bindende Elektronenpaare.

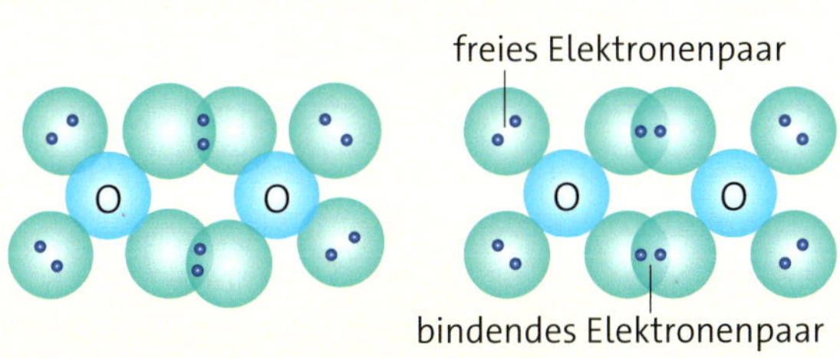

5 Sauerstoff (O_2, drei- und zweidimensional)

Lewis-Schreibweise • Der Amerikaner Gilbert Lewis entwickelte für diese komplizierten Zeichnungen eine vereinfachte Schreibweise: Einfach besetzte Kugelwolken werden als Punkte, doppelt besetzte Kugelwolken als Striche um die Elementsymbole gezeichnet.

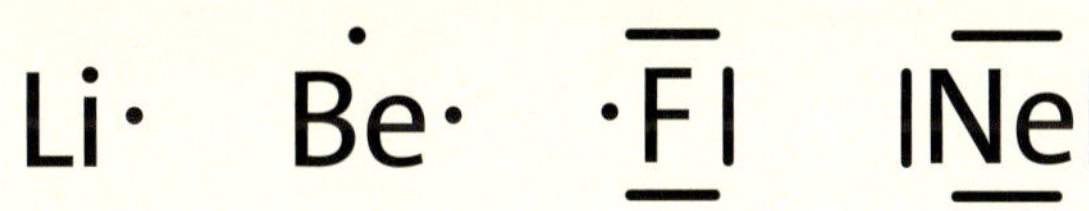

6 Vier Elemente in Lewis-Schreibweise

Lewis-Formel • Bei Molekülen werden die bindenden Elektronenpaare zwischen die Elementsymbole gezeichnet. Die freien Elektronenpaare zeichnet man um die Elementsymbole herum.

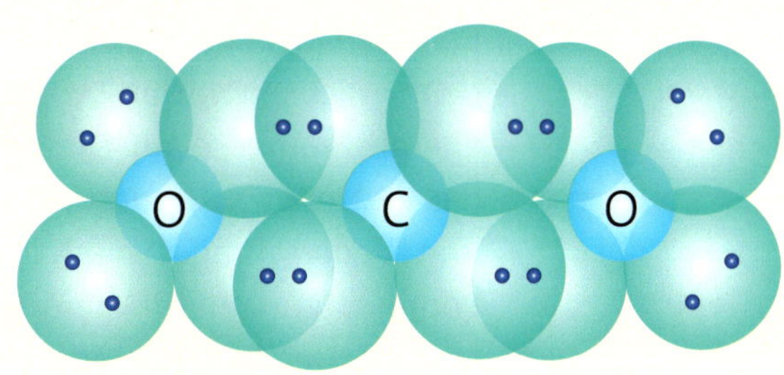

7 Kohlenstoffdioxid (CO_2, dreidimensional)

Aufgaben

1 ◐ Übertrage Methan- und Sauerstoffmoleküle in die Lewis-Formel.

2 ● Erstelle die zweidimensionalen Kugelwolkenmodelle von Wasser- und Chlormolekülen. Übertrage sie in die Lewis-Formel.

Wasserstoff – Energieträger der Zukunft?

1 Wasserstoff kann als Zwischenspeicher für erneuerbare Energien dienen.

Fossile Brennstoffe stehen nur noch begrenzt zur Verfügung. Ihre Verbrennungsprodukte belasten Umwelt und Klima. Erneuerbare Energien regenerieren sich durch die unerschöpfliche Kraft der Sonne.

Erneuerbare Energien • Pflanzen bauen beim Wachsen mithilfe von Sonnenenergie Biomasse auf. Die Sonne treibt das Wetter an und sorgt für Wind und Niederschläge. So schafft sie die Voraussetzungen für Wind- und Wasserkraft. Der Anteil an erneuerbaren Energien in Deutschland wächst ständig: Im Jahr 2050 soll er 80 % betragen. Ihre Verfügbarkeit ist jedoch stark von Wetter und Jahreszeit abhängig. In der Nacht scheint keine Sonne und wenn kein Wind weht, stehen auch Windräder still. Vor allem die Bereitstellung von Energie für mobile Anwendungen, z. B. Autos, stellt eine große Herausforderung an Forschung und Technik dar.

Wasserstofftechnologie • Eine Lösung des Problems kann der Wasserstoff liefern. Auf der Erde gibt es zwar keine natürlichen Vorkommen an reinem Wasserstoff, dennoch gilt er als Hoffnungsträger einer nachhaltigen Energiewirtschaft der Zukunft:
Die Zerlegung von Wasser in Wasserstoff und Sauerstoff ist ein endothermer Vorgang, d. h., es muss insgesamt Energie aufgewendet werden.
Die aufgewendete Energie geht jedoch nicht verloren. Sie wird in chemische Energie umgewandelt. Der Wasserstoff wird zum Energieträger.
Auf diese Weise kann er als Zwischenspeicher für Strom aus erneuerbaren Energien dienen. Die chemische Energie im Wasserstoff kann dann bei Bedarf wieder in elektrische Energie umgewandelt werden.

Erneuerbare Energien stehen nicht immer zur Verfügung. Wasserstoff kann als Energiespeicher dienen.

endotherm
die Analyse
die Elektrolyse
die Synthese

An der Wasserstofftankstelle • Mittlerweile gibt es in Deutschland Tankstellen, an denen Wasserstoff direkt vor Ort produziert wird. Dazu wird, vereinfacht ausgedrückt, elektrischer Strom aus erneuerbaren Energien in Wasser geleitet. Durch die Energiezufuhr lösen sich die Verbindungen in den Wassermolekülen und es bilden sich Wasserstoff- und Sauerstoffmoleküle. Eine solche chemische Reaktion, bei der ein Stoff zerlegt wird, nennt man Analyse. Da in diesem speziellen Fall die Analyse durch elektrische Energie erfolgt, wird sie Elektrolyse genannt. Der Wasserstoff wird nun als Träger von chemischer Energie in einem Gastank gespeichert.

Im Brennstoffzellenauto • Ein Elektrofahrzeug bezieht Strom direkt aus dem Netz. Ein Brennstoffzellenauto dagegen gewinnt den Strom für seinen Elektromotor aus Wasserstoff, den es als Gas mit sich führt.
In einem solchen Auto wandelt eine Brennstoffzelle die chemische Energie wieder in elektrische Energie um. Die Wasserstoffmoleküle reagieren dort zusammen mit Sauerstoffmolekülen aus der Luft wieder zu der energieärmeren Verbindung Wasser. Eine solche Reaktion, bei der ein Stoff neu gebildet wird, nennt man Synthese. Synthese und Analyse des Wassers stellen einen Kreisprozess dar.

Synthese und Analyse von Wasser sind ein Beispiel für die Umkehrbarkeit chemischer Reaktionen.

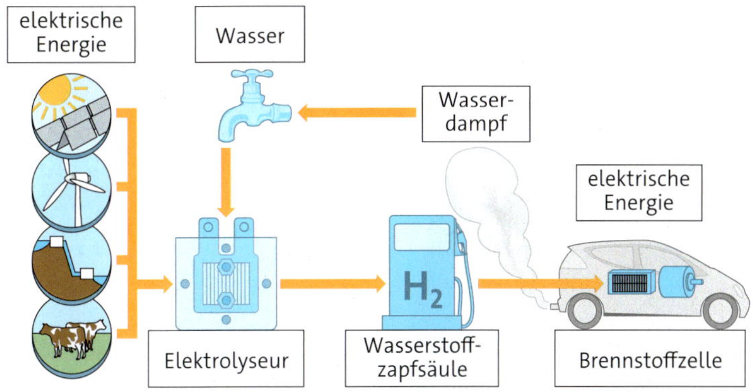

2 Schematische Darstellung der Wasserstofftechnologie

3 Laptop mit Brennstoffzelle

Aufgaben

1 Formuliere die Wortgleichung und die Symbolgleichung für die Analyse und die Synthese von Wasser.

2 Stelle die Energieumwandlungskette bei der Wasserstofftechnologie als Kreisprozess dar.

3 Begründe, warum die Wasserstofftechnologie nur ökologisch sinnvoll ist, wenn Strom aus erneuerbaren Energien verwendet wird.

Wasserstoff – Energieträger der Zukunft?

Material A

Fachbegriffe rund um die Wasserstoff-Brennstoffzellen-Technologie

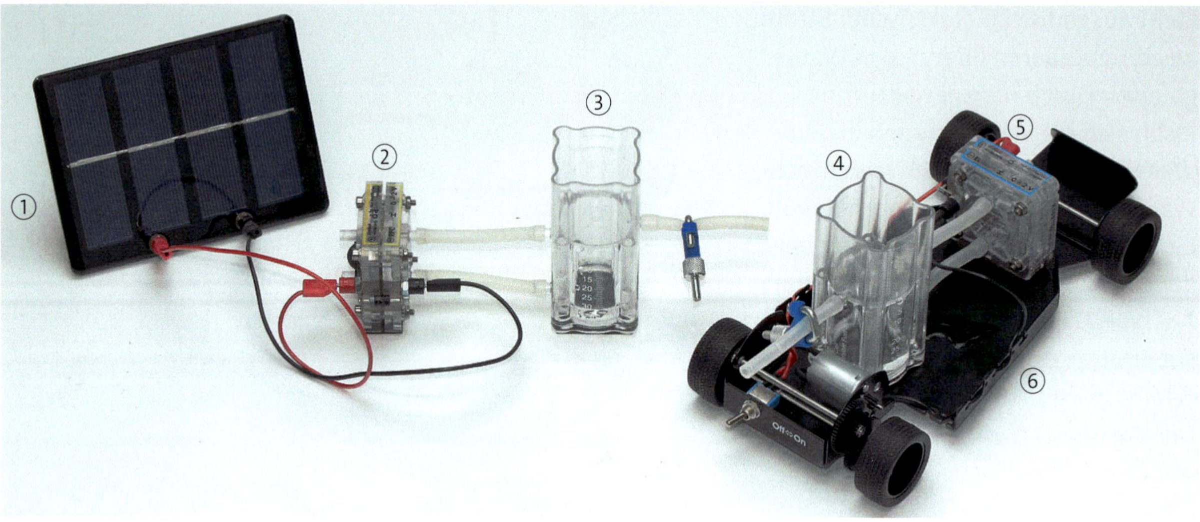

1 Modell-Set zur Brennstoffzellentechnologie

Wasserstoff kann auch im kleinen Maßstab sehr schön als Energieträger dienen.

1 Bild 1 zeigt die Bauteile eines Wasserstoff-Brennstoffzellen-Sets.

a Benenne die nummerierten Bauteile des abgebildeten Sets.

b Vergleiche das Set von Bild 1 mit dem Modell-Set in deiner Schule. Worin unterscheiden sie sich?

c Sortiere die Bauteile (in der Tabelle blau unterlegt) in eine sinnvolle Reihenfolge.

d Ordne den Bauteilen die passenden Vorgänge und Begriffe aus der Tabelle zu.

Fahrzeug	bewegt sich durch drehende Räder
Elektrolyseur	führt Wasserstoff und Sauerstoff kontrolliert zusammen und bringt beide Stoffe zur Reaktion
endothermer Vorgang	liefert Energie
Synthese	Lampe bzw. Sonne
exothermer Vorgang	Schläuche zur Gasleitung und Kabel zur Stromleitung
Solarmodul	wandelt Lichtenergie in elektrische Energie um
Brennstoffzelle	mobile Brennstoffspeicherung
Elektromotor	wandelt elektrische Energie in Bewegungsenergie um
Gasvorratstanks	Wasser entsteht; dabei wird Energie in Form von elektrischer Energie frei
Analyse	zerlegt Wasser mithilfe elektrischer Energie in Wasserstoff und Sauerstoff

2 Bauteile (blau hinterlegt), wichtige Begriffe und Vorgänge

Material B

Der Hofmann'sche Zersetzungsapparat

Materialliste: Hofmann'scher Zersetzungsapparat, 2 Platinelektroden, Stativ, Kabel, Gleichstromquelle (6 V), Reagenzgläser, Glimmspan, Brenner, Streichhölzer, mit Schwefelsäure (GHS05) angesäuertes Wasser

Der Zersetzungsapparat wird (als Lehrerexperiment!) mit dem angesäuerten Wasser befüllt und die Elektroden mit der Spannungsquelle verbunden.

1 ◐ Überprüfe mithilfe der Knallgas- und der Glimmspanprobe, an welchem Pol welches Gas entstanden ist. Begründe, ob es sich hier um eine Analyse oder um eine Synthese handelt.

2 ◐ Skizziere und beschrifte den Versuch. Nutze dazu folgende Begriffe: Gleichstromquelle, Wasser, Sauerstoff, Wasserstoff, Plus-Pol, Minus-Pol. Markiere nach 10 min den Wasserstand beider Schenkel in deiner Skizze.

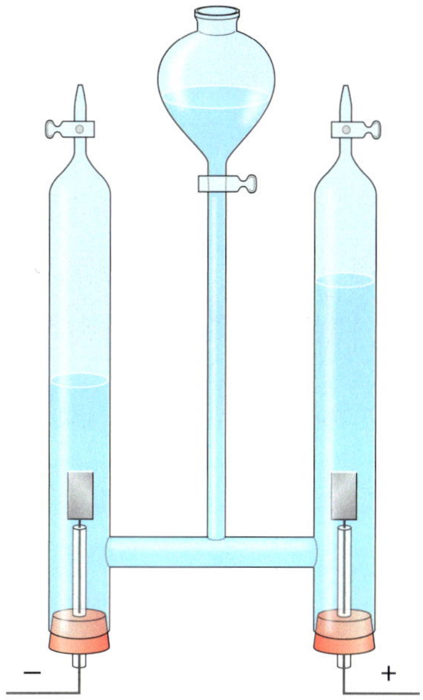

3 Zersetzungsapparatur

Material C

Solar-Wasserstoff-System

Materialliste: Elektrolyseur, Brennstoffzelle, 2 Gasspeicher, Solarmodul, Schlauchverbindungen, Kabelverbindungen, Ventilator, Lichtquelle

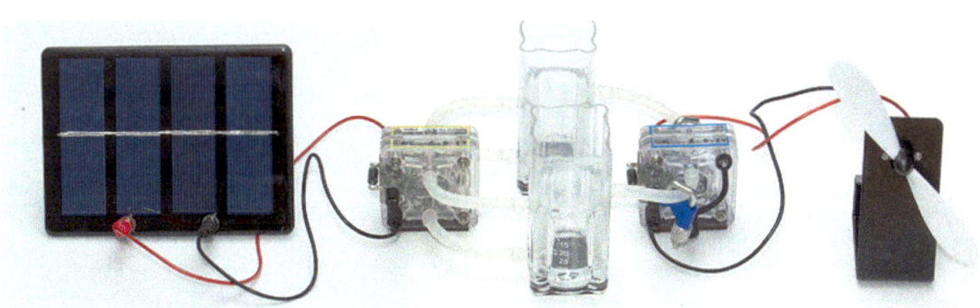

4 Beispiel für ein Solar-Wasserstoff-System

Baut den Versuch wie in Bild 4 auf. Beachtet die Bedienungsanleitung eures Sets.

Versuch A: Der Elektrolyseur wird mit der Spannungsquelle verbunden. Die Schlauchverbindungen zur Brennstoffzelle bleiben noch geschlossen.

Versuch B: Die Schläuche zur Brennstoffzelle werden geöffnet und die Energiezufuhr zum Elektrolyseur unterbrochen.

1 ◐ Protokolliert die Experimente und und stellt die Ergebnisse vergleichend gegenüber.

2 ● Beschreibt die Stoff- und die Energieumwandlungen, die am Elektrolyseur und an der Brennstoffzelle jeweils stattgefunden haben.

Methanmoleküle – sehr energiereich

1 Erdgas ist ein wichtiger Energieträger, nicht nur beim Kochen.

Unser Energiebedarf ist riesig. Warme Häuser, warmes Wasser und elektrische Energie rund um die Uhr. Wo kommt diese Energie her?

Primärenergie • Verkehr, Industrie und Haushalte brauchen große Mengen an Energie. Der gesamte Energieverbrauch wird als Primärenergieverbrauch bezeichnet. Den größten Anteil daran tragen in Deutschland derzeit Erdöl und Erdgas. → 2

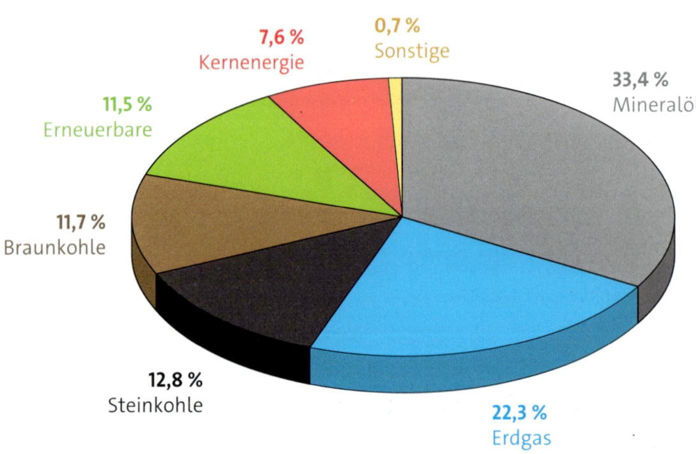

2 Primärenergiemix in Deutschland

Erdgas • Werfen wir einen genaueren Blick auf das Erdgas: Erdgas ist aus chemischer Sicht einfach aufgebaut. Es besteht hauptsächlich aus Methan (CH_4). Je nach Lagerstätte enthält es 75 bis 99 % Methan. Der Rest entfällt z. B. auf Ethan (C_2H_6), Schwefelwasserstoff (H_2S) oder Stickstoff (N_2).

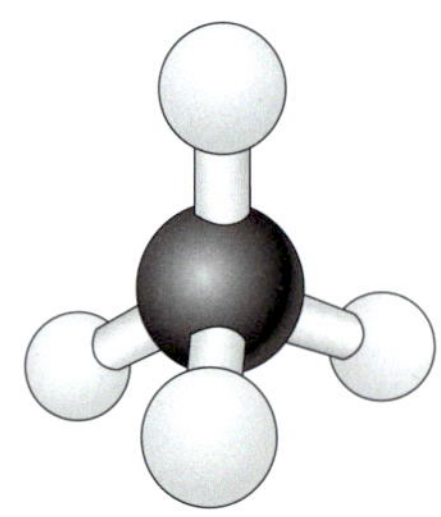

3 Methan

Erdgaslagerstätten • Erdgas findet man, wie der Name schon sagt, in der Erde.
Entstanden ist es vor vielen Millionen Jahren. Auf dem Boden urzeitlicher Meere lagerten sich tote Pflanzen und Tiere ab. Nach der Überlagerung mit Schlamm zersetzten Bakterien die Stoffe. Auch Hitze und Druck unter immer dickeren Gesteinsschichten veränderten die Stoffe. Schließlich

die Primärenergie
das Erdgas
das Methan

wurde das Gas aus diesen Schichten herausgepresst und stieg auf bis zu undurchlässigen Erdschichten. → 4 Ganz ähnlich ist auch Erdöl entstanden. Daher findet man diese beiden Stoffe auch immer zusammen.

Verwendung • Es gibt eine ganz einfache Eigenschaft von Methan, warum man es in so großem Maß nutzt: Es ist leicht brennbar und die Reaktion der Verbrennung verläuft exotherm. Die frei werdende Wärme wird entweder direkt zum Heizen genutzt oder in Gaskraftwerken wird Wasser verdampft. Der Wasserdampf wird dann auf Turbinen geleitet, die einen Generator zur Stromerzeugung antreiben. Etwa 11 % des Stroms in Deutschland werden derzeit so erzeugt.

Methan und Treibhauseffekt • Bei der Verbrennung von Methan entsteht Kohlenstoffdioxid:

Methan + Sauerstoff
→ Wasser + Kohlenstoffdioxid

$CH_4 + 2\,O_2 \rightarrow 2\,H_2O + CO_2$

Kohlenstoffdioxid ist ein klimaschädliches Gas. Da es bei sehr vielen menschlichen Aktivitäten entsteht, ist es Hauptverursacher des Klimawandels.
Methan selbst ist ebenfalls ein klimaschädliches Gas. Es wirkt pro Molekül viel stärker als Kohlenstoffdioxid. Allerdings enthält die Atmosphäre bis jetzt nur sehr wenig Methan. Daher halten sich seine Auswirkungen in Grenzen.

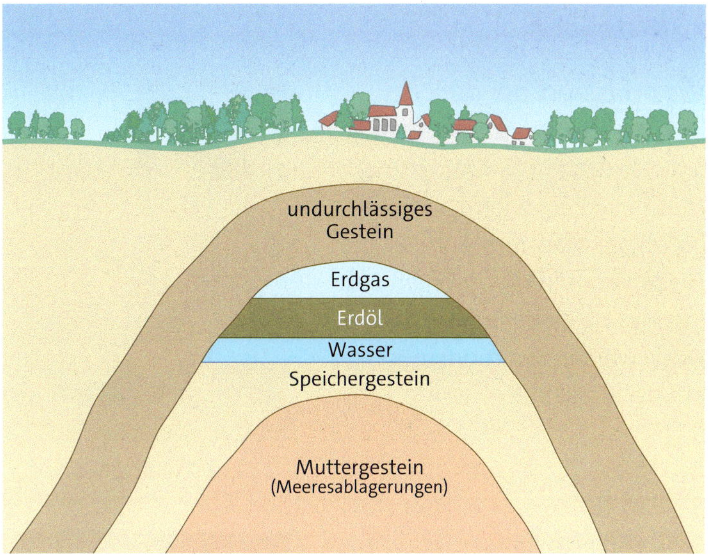

4 Erdgaslagerstätte

Erdgas besteht vor allem aus Methan. Es ist ein wichtiger Energieträger. Bei seiner Nutzung entsteht klimaschädliches Kohlenstoffdioxid.

Aufgaben

1 ○ Gib an, woraus Erdgas besteht.

2 ◐ Nenne zehn Vorgänge, bei denen du im Lauf eines Tages zum Primärenergieverbrauch Deutschlands beiträgst.

3 ● Familie Hansen hat eine Gasheizung im Keller, die auch das Warmwasser bereitet. Erkläre, warum es immerhin ein kleiner Schritt für den Klimaschutz ist, wenn die Hansens nur noch duschen, statt zu baden.

Methanmoleküle – sehr energiereich

Material A

Was passiert bei der Verbrennung von Methan?

Methan ist ein wichtiger Energieträger. Man verbrennt es zum Heizen oder in Kraftwerken zur Erzeugung elektrischer Energie. Doch welche Reaktionsprodukte entstehen dabei?

Gib etwas Kupfersulfat (GHS07|09) in ein Reagenzglas. Erhitze dieses Reagenzglas nun für ca. 60 s mit dem Brenner. Gib dann mit einer Tropfpipette einige Tropfen Wasser in das Reagenzglas.

1 Kupfersulfat ist ein Nachweismittel für Wasser. Schreibe eine Versuchsanleitung zur Nutzung dieses Nachweismittels.

2 Kupfersulfat vorher

3 Kupfersulfat nachher

2 Mit der Apparatur in Bild 1 wurden die Reaktionsprodukte beim Verbrennen von Methan untersucht.

a Erläutere die Funktion des Eiswassers, in das das U-Rohr eintaucht.

b Gib an, was man aus der Trübung des Kalkwassers schließen kann.

c Betrachte die Abbildungen 2 und 3. Formuliere eine Folgerung, die sich daraus ziehen lässt.

3 Verbrennungen sind immer Reaktionen mit Sauerstoff. Notiere die Reaktionsgleichung des Verbrennens von Methan sowohl als Wortgleichung wie auch als Symbolgleichung.

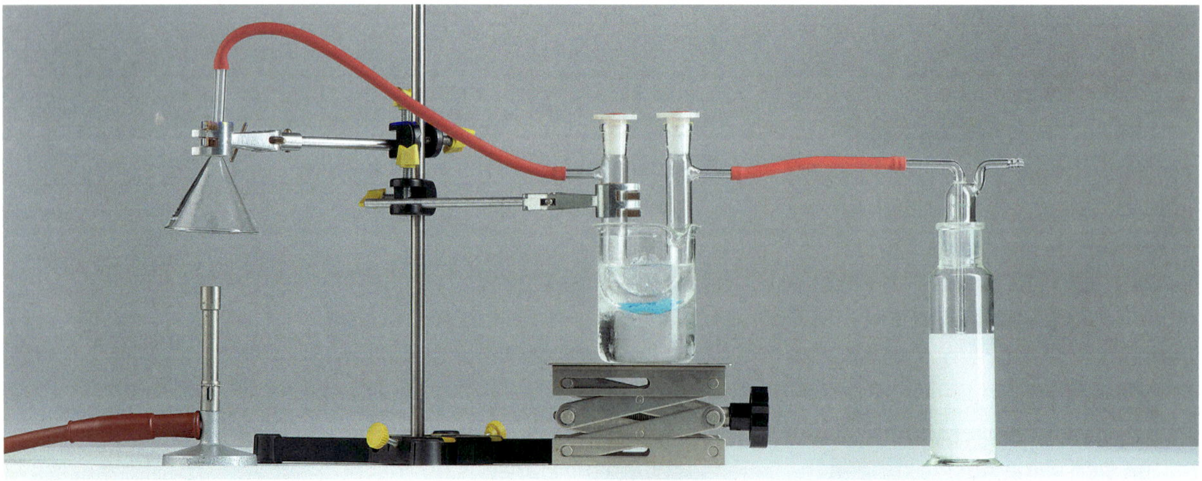

1 Verbrennung von Methan: Bestimmung der Reaktionsprodukte

Material B

Technologie für den Klimaschutz?

Familie Hansen hat in eine solarthermische Anlage investiert. Diese dient der Warmwasserbereitung und soll den Klimawandel bremsen.

1 Schaue dir den schematischen Aufbau der Anlage in Bild 4 an und notiere die Aufgaben folgender Bauteile: Gasheizung, Kollektor, Pufferspeicher, Pumpe, Wärmetauscher.

2 Beschreibe mit eigenen Worten das Funktionsprinzip dieser Anlage.

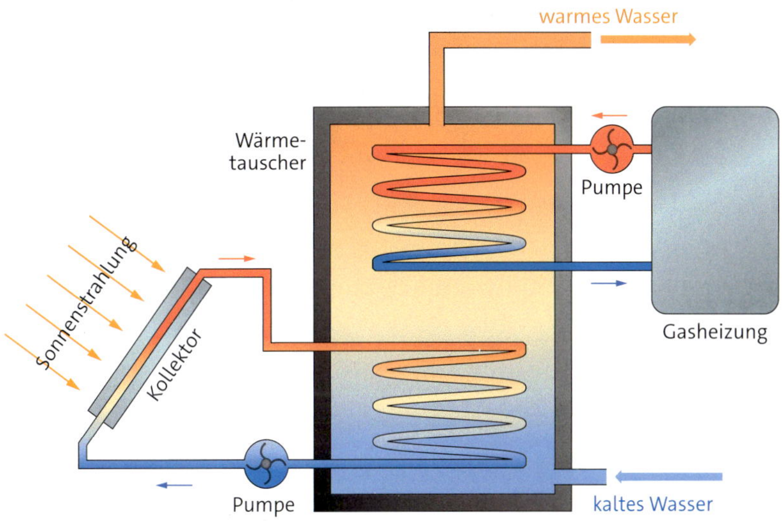

4 Warmwassererzeugung mit Erdgas und Solarthermie

3 Der Bundestag will Technologien fördern, die den Klimawandel bremsen. Gib den Abgeordneten eine begründete Empfehlung, ob solche Anlagen mit Steuergeldern gefördert werden sollten.

Material C

Sinnvoller Umgang mit Energie?

Der Zeitungsbericht rechts stellt ein Problem vor, das bei der Erdölförderung auftritt.

1 Verfasse einen Leserbrief als Antwort auf diesen Artikel. Verwende dein Fachwissen zu den Themen Erdgas und Klimawandel, um deine Meinung zu begründen.

Abfackeln von Erdgas – totaler Unsinn?

Bevor man Erdgas verkaufen kann, muss man viel Geld in Förderanlagen stecken: Das Gas muss aus der Lagerstätte geleitet, dann gereinigt und schließlich in langen Pipelines zum Kunden gepumpt werden. Wenn nur wenig Erdgas in einer Lagerstätte ist, lohnt sich dieser Aufwand nicht.

Bei der Förderung von *Erdöl* ist das oft der Fall. In vielen Erdölfeldern steckt nämlich auch etwas Erdgas. Mit diesem Erdgas machen manche Erdölkonzerne einfach Folgendes: Sie fackeln es ab.

Biogas – einwandfrei gut?

1 Ein Bioenergiedorf – mit Biogasanlagen, Holzhackschnitzel-Kraftwerk und eigenen Fotovoltaikanlagen

Biogas ist ein fester Bestandteil der Energiewende. Manchmal ist dieser alternative Energieträger aber auch in der Kritik. Was sind die Fakten?

Was ist Biogas? • Wenn man von „Biogas" spricht, meint man ein Gasgemisch, das hauptsächlich aus Methan, Kohlenstoffdioxid und Wasserdampf besteht. Je nach verwendeten Ausgangsstoffen ist der Ertrag an Biogas unterschiedlich. Außerdem hängt davon auch seine Zusammensetzung ab. → 2

Zur Gewinnung von elektrischer Energie oder Wärme ist der Anteil des brennbaren Methans entscheidend.

Wie entsteht Biogas? • Die Biomasse, die in Biogasanlagen eingesetzt wird, besteht meist aus Klärschlamm oder Gülle. Diesem Grundbestandteil kön-

Rohmaterial	Biogasertrag in m^3/t	Methangehalt
Maissilage	202	52 %
Bioabfall	100	61 %
Zuckerrüben	67	72 %
Rindermist	45	60 %
Getreide	40	61 %
Schweinegülle	28	65 %

2 Erträge je nach Rohmaterial

3 Aus Biomüll kann Energie erzeugt werden.

die Biomasse
das Biogas
das Blockheizkraftwerk

nen andere organische Materialien zugesetzt werden.
Das Gemisch wird durch Bakterien im Gärbehälter unter Luftabschluss zerlegt. Dieser Prozess erfolgt in mehreren Stufen – von großen Naturstoffmolekülen bis hin zum Biogas.

Wie wird aus Biogas Energie freigesetzt? • Gereinigtes Biogas kann direkt ins Erdgasnetz eingespeist werden, also mit dem ganz ähnlichen Erdgas vermischt werden.
Meistens wird Biogas aber direkt in der Biogasanlage zur Erzeugung von Strom und Wärme verwendet. Dies geschieht heute nach dem Prinzip der Kraft-Wärme-Kopplung in sogenannten Blockheizkraftwerken (BHKW). → 5
Ein BHKW ist ein gasbetriebener Verbrennungsmotor, der einen Generator zur Stromerzeugung antreibt. Die dabei entstehende Wärme kann ebenfalls genutzt werden.

Biogas in Rheinland-Pfalz • In Rheinland-Pfalz produzierten im Jahr 2013 insgesamt 142 Biogasanlagen eine Strommenge von 795 000 MWh. Dies macht einen Anteil von ca. 3 % am Gesamtstrombedarf aus.
Unter den alternativen Energien hat Biogas den Vorteil, dass die Stromproduktion kontinuierlich im gesamten Jahr erfolgt. Dadurch trägt Biogas wesentlich zur Grundsicherung mit Strom bei. Der Energieträger Biogas wurde seit 2000 durch die Erneuerbaren-Energien-Gesetze (EEG) stark gefördert. Bild 4 zeigt diese Entwicklung.

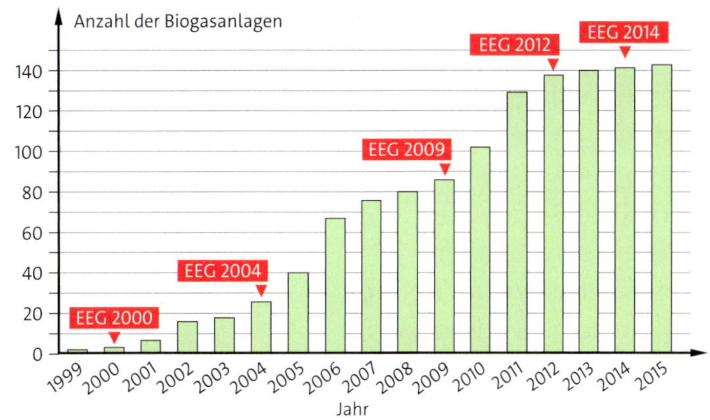

4 Entwicklung der Biogasanlagen in Rheinland-Pfalz

5 Kleines Blockheizkraftwerk

In Biogasanlagen wird Biomasse zu Biogas vergärt. Dieses Gasgemisch kann sehr ähnlich wie Erdgas genutzt werden.

Aufgaben

1 ▢ Nenne die wichtigsten Bestandteile von Biogas.

2 ▢ Beschreibe die Entstehung von Biogas.

3 ◪ Erläutere, welchen wichtigen Vorteil Biogas im Vergleich zu Sonnen- oder Windenergie hat.

Biogas – einwandfrei gut?

Material A

Wir stellen Biogas selbst her

Materialliste: 3-Liter-Glasflasche mit durchbohrtem Gummistopfen, Wanne, Heizer, Thermometer, Glastrichter, Glasrohre, Schlauch, Schlauchklemme, Stativ, Stahlwolle, Biomasse

Baue den Langzeitversuch wie in Bild 1 auf. Als Biomasse ist ein Gemisch von 2/3 Rinderdung mit 1/3 Wasser geeignet. Alternativ liefert auch Stroh mit etwas Komposterde und Wasser gute Ergebnisse. Das Wasserbad sollte bei ca. 38 °C gehalten werden.

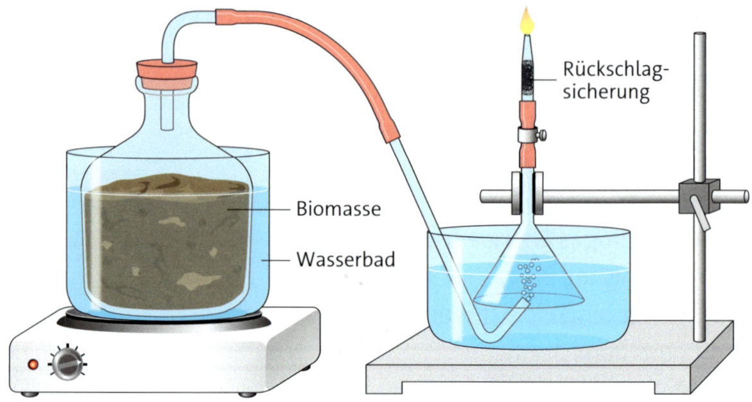

1 Versuchsaufbau

Beachte folgendes:
Wenn sich erstmals Gas im Trichter befindet, wird es ohne zu entzünden abgelassen. Wenn sich der Trichter wieder gefüllt hat, kann das Gas entzündet werden.

1 Warum darf das Gasgemisch beim ersten Mal nicht entzündet werden?

2 Erkläre, wie man die Anlage erweitern müsste, um Strom zu erzeugen.

Material B

Rundum versorgt mit Biogas

1 Erkläre, wie im Fermenter (= Gärbehälter) Biogas erzeugt wird.

2 Beschreibe und erkläre die drei Verwendungsmöglichkeiten von Biogas. → 2

3 Erkläre anhand von Bild 2 die ökologischen Vorteile von Biogas.

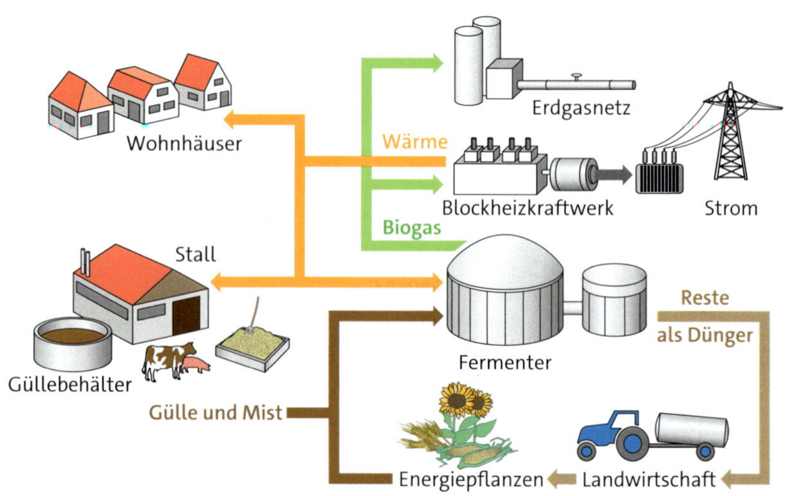

2 Biogasanlage und Biogasnutzung

Methode

Diskussionen erfolgreich führen

Ihr sollt diskutieren, ob die Biogasanlagen in Rheinland-Pfalz ein Segen oder ein Fluch sind. Beachtet dabei folgende Regeln:

- Zuhören und ausreden lassen!
- Keine persönlichen Angriffe!
- Keine Verallgemeinerungen („man", „alle",„immer" ...)!
- Keine unbegründeten Behauptungen („geht nicht", „ist so", „kann man nicht" ...)!

Wenn ihr noch nicht so viel Übung im Diskutieren habt, wählt einen „Wächter" für diese Regeln oder hängt die Regeln auf einem Plakat im Raum auf.

Auch die Sitzordnung ist wichtig: Kleine Gruppen diskutieren besser als große. Daher ist eine Runde mit Tischgruppen vor der großen Diskussion im Plenum hilfreich. Blickkontakt verstärkt den Austausch. Setzt euch entsprechend.

Aus der **Rhein-Zeitung**

Kreis Neuwied. Seit Jahren sorgt die Biogasanlage in Neitzert für Streit. Viele Neitzerter fürchten eine Belästigung durch Lärm, Gestank und Verkehr. Einige behaupten sogar, dass die Emissionen der Anlage krank machen. Nun geht der Streit vor Gericht.

Aus dem Rundfunk

Nachhaltigkeit mit Nebenwirkung

Warum noch für einen Hungerlohn Kühe halten? Immer mehr Bauern füttern lieber eine Biogasanlage. Das ist lukrativ und vielerorts weichen Rinderställe und Weideflächen den Biogasanlagen und Maisfeldern. Doch das hat massive Nebenwirkungen:

Für viele Bauern wurde Biogas die wichtigste Einnahmequelle. Damit ließ sich mehr Geld verdienen als mit der Tierzucht. Was sich vor allem lohnte, war die Gewinnung von Strom aus Biogas: Für jede Kilowattstunde, die sie ins öffentliche Stromnetz einspeisten, bekamen die Bauern aufgrund des Erneuerbare-Energien-Gesetzes (EEG) und seinen Novellierungen je nach Anlagengröße bis zu 25 Cent. Zudem gab es Fördergelder zum Bau neuer Anlagen.

Doch das Futter für Methanbakterien wird nicht nur immer teurer, sondern richtig knapp. Die weltweiten Getreidevorräte sind auf Rekordtief, die Preise daher auf hohem Niveau. In einer Zeit knapper Getreidevorräte heizen immer neue Biogasanlagen die Konkurrenz um Biomasse vom Acker an. Außerdem sichern sich Großinvestoren immer mehr Ackerflächen, um dort Mais anzupflanzen. Dafür zahlen sie fast jeden Preis – was die Pacht in die Höhe treibt.

Ein weiterer Kritikpunkt sind die entstehenden Monokulturen zur Produktion der Biomasse, da diese die Artenvielfalt zerstören.

Biogasanlagen sind nicht absolut dicht. Sie müssen bei Störungen zugänglich sein. Und das Methan, das dann aus den Biogasanlagen entweicht, verstärkt den Treibhauseffekt 25-mal so stark wie Kohlenstoffdioxid.

Heizen und antreiben

Zusammenfassung

Wasserstoff • Wasserstoff ist ein Gas mit einer äußerst geringen Dichte. Es reagiert sehr heftig mit Sauerstoff. Bei dieser Reaktion entsteht Wasser. Wasser ist also eine chemische Verbindung, kein Element.
Wasser kann, z. B. durch eine Elektrolyse, auch wieder zerlegt werden. Dazu muss allerdings ziemlich viel Energie zugeführt werden.
Wasserstoff wird mit der Knallgasprobe nachgewiesen, Sauerstoff dagegen mit der Glimmspanprobe.

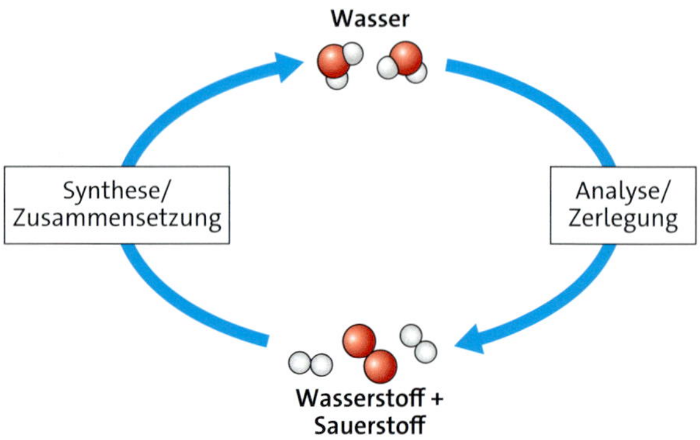

1 Analyse und Synthese von Wasser

Elektronenpaarbindung • Nichtmetall-Atome brauchen nur wenige zusätzliche Elektronen, um die Edelgasregel zu erfüllen. Dies erreichen sie durch Elektronenpaarbindungen: Die äußeren Schalen der Nichtmetall-Atome überlappen sich. Dadurch gehören nun zwei Elektronen, also ein Elektronenpaar, zu beiden Atomen.
Es gibt auch Doppelbindungen mit zwei bzw. Dreifachbindungen mit drei bindenden Elektronenpaaren.

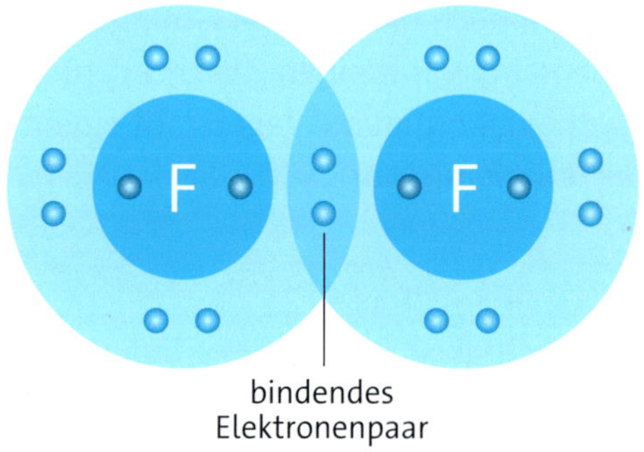

2 Elektronenpaarbindung in einem Fluormolekül

Exotherm und endotherm • Wenn Wasserstoff mit Sauerstoff reagiert, wird Energie frei. Dies nennt man eine exotherme Reaktion. Der umgekehrte Vorgang, also die Zerlegung von Wasser, läuft nur ab, wenn man ständig Energie zuführt. Dies ist eine endotherme Reaktion.
Auch Methan oder Biogas sind Energieträger. Auch sie reagieren mit Sauerstoff in stark exothermen Reaktionen.
Allerdings gilt auch bei exothermen Reaktionen, dass sie grundsätzlich erst dann beginnen, wenn den Ausgangsstoffen genug Aktivierungsenergie zugeführt wurde.

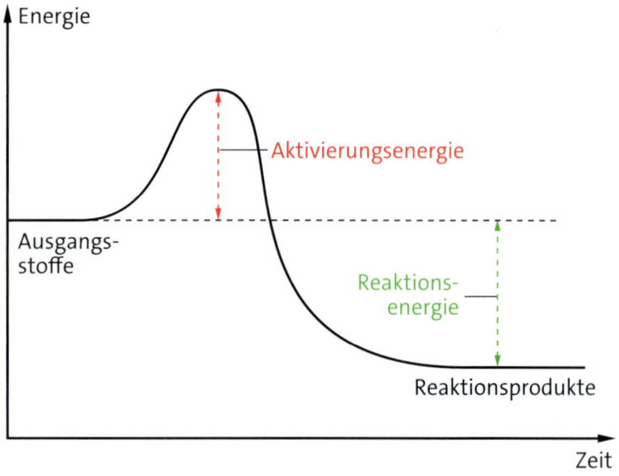

3 Energiediagramm einer exothermen Reaktion

Teste dich! (Lösungen im Anhang)

1 Erkläre, weshalb Raketen nicht mit Benzin betrieben werden, sondern mit Wasserstoff.

2 Zeichne ein Molekül von Fluorwasserstoff (HF) im detaillierten Teilchenmodell.

3 Nenne die zwei Stoffe, die entstehen, wenn man Erdgas verbrennt.

4 Nenne Vor- und Nachteile von Autos, die mit Wasserstoff-Brennstoffzellen betrieben werden.

5 Ergänze den Text rechts an den Stellen mit ? durch folgende Begriffe:
Elektrolyseur – Elektromotor – Solarpark – Benzin – Energieträger.

6 Wasserstoff kann auch mit Stickstoff reagieren. Dabei entsteht ein Stoff, den man Ammoniak nennt. Gib die Formel dieses Stoffs an und zeichne ein Ammoniakmolekül im Teilchenmodell.

7 Kohle besteht zum überwiegenden Teil aus dem Element Kohlenstoff (C). Schau dir die Tabelle in Bild 5 an und zeichne ein Energiediagramm für die Verbrennung von Kohle. Gib auch an, welcher Stoff bei der Verbrennung von Kohle entsteht.

8 Kohlenstoffmonooxid ist eine Verbindung, die ziemlich aggressiv ist und mit vielen Stoffen reagieren kann.
Schau dir das Molekül von Kohlenstoffmonooxid in Bild 6 genau an. Formuliere eine mögliche Begründung für die Reaktivität dieses Stoffs.

4 Wasserstoff-Autos – bald ganz alltäglich?

Jules Vernes Traum im Jahr 2050?
„Ich würde in der Sahara riesige ? errichten lassen. Der Solarstrom würde dann in ? sehr viel Wasserstoff erzeugen. Dieser ? würde verflüssigt und in Tankern weltweit an Kunden verfrachtet. Sie würden den Wasserstoff in Brennstoffzellen nutzen, um ? anzutreiben. Motoren, in denen ? verbrannt wird, gäbe es dann nicht mehr."

Energieträger	Brennwert in Megajoule pro kg
Wasserstoff	141,8
Methan	55,5
Benzin	43,5
Kohle	30,4
Holz (trocken)	19,0

5 Brennwerte von einigen wichtigen Energieträgern

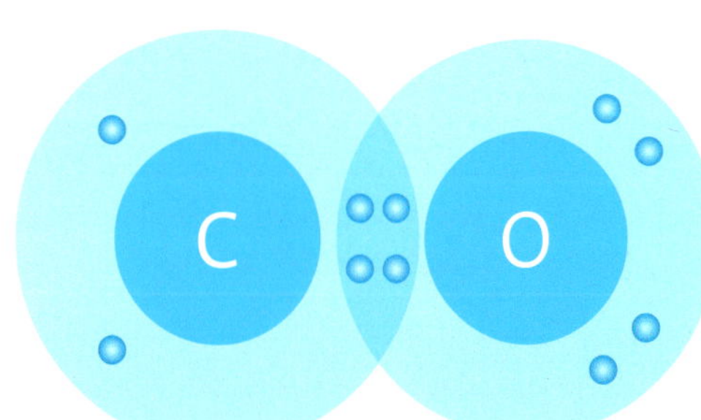

6 Molekül von Kohlenstoffmonooxid

Vom Erz zum Metall

Sind Metalle starr
oder sind sie biegbar?

Kommen Metalle aus Bergwerken
oder aus der Fabrik?

Besteht Stahl aus Eisen
oder aus anderen Stoffen?

Seit Jahrtausenden bedeutsam

1 Ötzis Beil, frühe Kupferschale, alter Schmuck aus Kupfer

Ein sensationeller Fund: 1991 entdecken Bergsteiger an einem Gletscher in den Ötztaler Alpen eine Leiche. Sie können noch nicht ahnen, dass es sich um einen Mann handelt, der seit 5300 Jahren im Eis eingefroren war. Die Presse nennt ihn „Ötzi" – und er wird zu einer der bedeutendsten Mumien der Welt.

2 Nachbildung von Ötzi

Wertvolles Kupferbeil • Ötzi wurde ermordet. In seinem Rücken fand man eine Pfeilspitze. Einen Raubmord kann man aber ausschließen, denn bei Ötzi fand man einen wertvollen Gegenstand: ein Kupferbeil.

Die ersten Metalle • Kupfer und Gold waren die ersten Metalle, die man verarbeitete. Metalle waren äußerst selten, da man sie gediegen, also in ihrer reinen Form, in der Natur kaum findet. Ihr metallischer Glanz, ihre Verformbarkeit und Wärmeleitfähigkeit machten sie zum idealen Werkstoff für Geschirr, Waffen und Schmuck.

Kupfer aus Erzen • Ötzis Beil war eine wissenschaftliche Sensation:

- Die Klinge bestand nicht aus gediegenem Kupfer, sondern aus Kupfer, das zuvor aus Kupfererzen (Kupferverbindungen) gewonnen wurde.
- Die Klinge wurde auch nicht in ihre Form gehämmert. Das Kupfer wurde eingeschmolzen und in eine Form gegossen, in der es wieder erstarrte.

Die Wissenschaftler hatten geglaubt, dass die Metallgewinnung aus Erzen und der Guss solcher Klingen erst lange nach Ötzis Zeit erfunden wurden.

Elektrische Leitfähigkeit • Eine Eigenschaft, die alle Metalle haben, kannte Ötzi aber nicht: die elektrische Leitfähigkeit. Diese Entdeckung machte man viele Tausend Jahre später mit der Erfindung des elektrischen Stroms.

Metalle sind selten rein. Sie haben gemeinsame Eigenschaften und bilden daher eine Stoffklasse.

das **Kupfer**
das **gediegene Metall**
das **Erz**
die **Legierung**

Auch heute sind Metalle unverzichtbar. Allein in einem Handy findet man rund 30 verschiedene Metalle. → 3

Edelmetalle • Auf Platz 5 der heute wichtigsten Metalle liegen die Edelmetalle Platin, Gold und Silber. Sie sind beständig gegenüber Umwelteinflüssen, behalten dauerhaft ihren Glanz und sind leicht verformbar. So sind sie die erste Wahl für wertvollen Schmuck.

Leichtmetalle • Platz 4 belegt Aluminium. Neben seinem geringen Gewicht ist es enorm zugfest und trotzdem stabil. Für Folien und Dosen kann man es extrem dünn walzen. Im Fahrzeugbau spart es Gewicht und damit Energie.

Kupfer • Die Einsatzmöglichkeiten von Kupfer (Platz 3) sind vielfältig. Unschlagbar ist es beim Einsatz in elektrischen Leitungen und Geräten. Nur Silber wäre besser, ist aber zu teuer.

Legierungen • Auf Platz 2 steht der Stahl, die bedeutendste Legierung unserer Zeit. Legierungen sind Metallgemische. Ihre Eigenschaften kann man durch Mischen verschiedener Metalle gezielt beeinflussen.
Stahl kann für Werkzeuge extrem hart oder für den Brückenbau extrem zugfest und biegsam gemacht werden.

Metallschrott • Die unangefochtene Nummer 1 unter den Metallen ist der Schrott. Was früher als Abfall bezeichnet wurde, ist heute die weltweit wichtigste Rohstoffquelle für alle Metalle.

3 Bauteile eines Handys

4 Stahlkonstruktion eines Stadiondachs

Aufgaben

1 ○ Nenne vier gemeinsame Eigenschaften der Metalle.

2 ◐ Wähle metallische Gegenstände in deinem Alltag. Ordne ihnen die Eigenschaft zu, die zur Auswahl des Metalls führte.

3 ● Beurteile die Bedeutung der Metalle für dein persönliches Leben. Stelle deinen Standpunkt anhand konkreter Beispiele begründend dar.

Seit Jahrtausenden bedeutsam

Material A

Formbarkeit von Metallen

Sind Metalle sogar so gut verformbar, dass man aus Metallpulver ein Blech formen kann?

Materialliste: Feste Unterlage, Spatel, Kupfer in Pulverform (GHS02|09)

Gib etwas Kupferpulver auf eine feste Unterlage. Presse mit dem flachen Ende eines Spatels ganz fest auf das Kupferpulver und verreibe es dabei.

1 Beschreibe das Kupfer vor und nach der Bearbeitung.

Material B

Gießen von Metallen

Zur Herstellung von Ötzis Beil wurde flüssiges Kupfer in eine Form aus Ton gegossen. Hier kannst du diese Technik nachstellen.

Zinn	232 °C
Blei 	327 °C
Zink	420 °C
Aluminium	660 °C
Kupfer	1085 °C
Eisen	1538 °C

1 Schmelztemperaturen

Materialliste: Ton, feuerfeste Unterlage, Brenner, Schmelzlöffel, Zinn

Drücke ein beliebiges Motiv in den Ton und entferne es anschließend wieder. Alternativ kannst du auch selbst ein Motiv gestalten. Schmilz dann das Zinn über der nichtleuchtenden Brennerflamme. Gieße das flüssige Zinn in die Form und lass es erstarren.

1 Begründe, warum Blei, Kupfer und Eisen für dieses Experiment ungeeignet sind.

Material C

Kupfer – wertvoll oder nur einen Cent wert?

Kupfer ist ein ziemlich teures Metall. Die Materialkosten einer Cent-Münze aus Kupfer würden den Wert des Geldstücks übersteigen. Überprüfe, ob Cent-Münzen tatsächlich aus reinem Kupfer bestehen.

Materialliste: Eisennagel, Kupfernagel, Aluminiumnagel, Büroklammer, Magnet, Holzklammer, Brenner, verschiedene Münzen

1 Beginne mit Vorversuchen zur Magnetisierbarkeit:
- Halte die Nägel nacheinander an die Büroklammer und überprüfe das magnetische Verhalten.
- Halte die Nägel nacheinander für eine Minute an einen Dauermagneten und überprüfe wieder die Wirkung auf die Büroklammer.
- Erhitze die Nägel in der rauschenden Flamme des Brenners und überprüfe die Anziehungskraft auf die Büroklammer erneut.

a Untersuche verschiedene Münzen (auch aus anderen Ländern oder alte DM-Münzen) auf ihre Magnetisierbarkeit.

b Begründe, warum Cent-Münzen nicht aus reinem Kupfer bestehen können.

c Informiere dich, woraus Cent-Münzen bestehen.

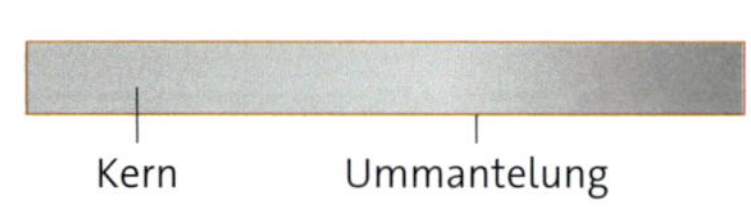

2 Cent-Münze im Querschnitt

Material D

Korrosion

Jährlich entstehen durch Umwelteinflüsse Korrosionsschäden in Milliardenhöhe. Beim Korrodieren verändern sich die Materialeigenschaften der Metalle. Die bekannteste Form ist das Rosten von Eisen.

Materialliste: Reagenzgläser, Reagenzglasständer, Eisennägel, Kupfernägel, Aluminiumnägel, dest. Wasser, Salzwasser

1 Wovon hängt es ab, wie schnell ein Metall korrodiert?

a Formuliert Vermutungen, unter welchen Bedingungen Aluminium, Eisen und Kupfer am schnellsten korrodieren.

b Führt in arbeitsteiliger Gruppenarbeit drei Versuchsreihen durch, um eure Vermutungen zu testen. → 5

c Bildet Analogien zwischen den jeweiligen Versuchsansätzen und den tatsächlichen Umweltbedingungen.

d Beobachtet eure Experimente über mehrere Tage und formuliert ein Fazit im Hinblick auf eure Vermutungen.

e Überlegt euch auf der Basis eurer Erkenntnisse, wie man Metalle vor Korrosion schützen könnte.

3 Warum rosten Schiffe so schnell?

4 Hier fließt kein Strom mehr.

2 Die elektrische Leitfähigkeit ist eine der herausragenden Eigenschaften der Metalle. Doch auch auch auf elektrische Bauteile und Schaltungen kann sich Korrosion auswirken.

a Plant ein Experiment, mit dessen Hilfe ihr die elektrische Leifähigkeit von Eisen, Aluminium und Kupfer vergleichen könnt.

b Untersucht die Auswirkungen von Korrosion auf die Leitfähigkeit der Metalle. Nutzt hierfür die korrodierten Nägel aus Versuch 1.

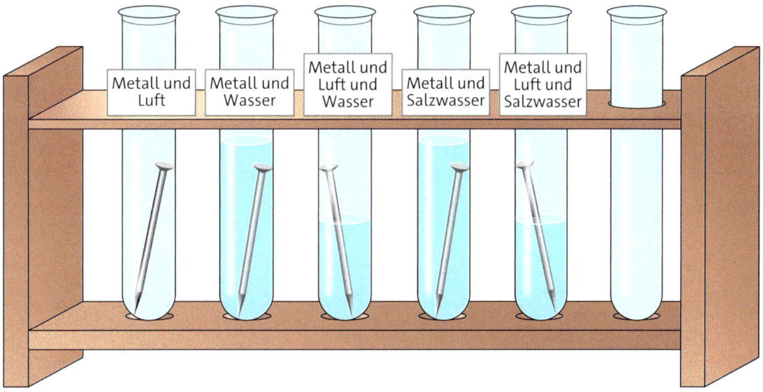

5 Versuchsreihe zur Korrosion

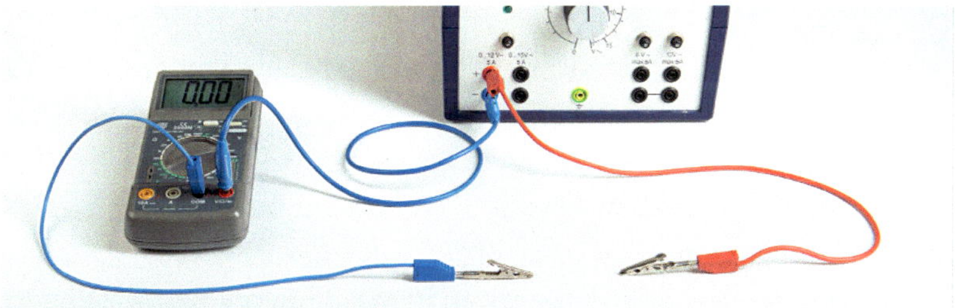

6 Materialien zur Messung der elektrischen Leitfähigkeit

Die Metallbindung

1 Aluminiumkristall

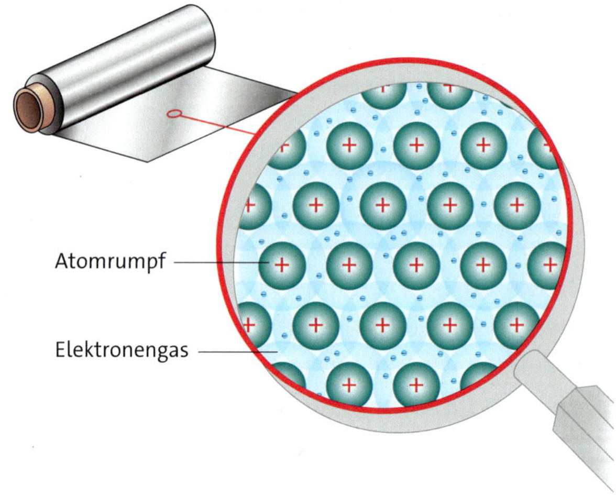

2 Aluminium unter der chemischen Lupe

Metalle haben eine kristalline Struktur. → 1 Denn sie bestehen aus einem regelmäßigen Gitter von Metall-Atomen. Wie entstehen diese regelmäßigen Metallgitter?

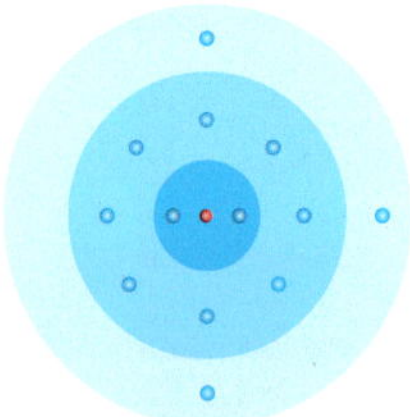

3 Aluminium im Schalenmodell

Ziemlich freie Außenelektronen • Die Außenelektronen der Metall-Atome werden nur schwach vom Kern angezogen. Sie können leicht ihren Aufenthaltsbereich verlassen. Anders als bei den Salzen werden die äußeren Elektronen aber nicht an einen Reaktionspartner abgegeben.

4 Atomrumpf und Außenelektronen

Elektronengas • Da die Metall-Atome dicht gepackt aneinanderliegen, überschneiden sich die äußeren Schalen der Atome. Dadurch entstehen gemeinsame Aufenthaltsräume. Über diese hinweg können sich die Elektronen frei durch das Metall bewegen. → 2

Die Elektronen in diesen Bereichen bezeichnet man als Elektronengas. Die äußeren Elektronen sind also keinem Atom mehr fest zugeordnet. Man sagt, sie sind delokalisiert.

Atomrumpf • Die inneren Elektronen werden vom Kern stärker angezogen und sind dadurch nicht frei beweglich. Gemeinsam mit dem Kern bilden sie den sogenannten Atomrumpf. Dieser ist aufgrund des Protonenüberschusses positiv geladen. → 4

Metallbindung • Das negative Elektronengas hält die positiven Atomrümpfe durch elektrostatische Anziehungskräfte wie ein Kleber zusammen. Diese spezielle Form der Bindung innerhalb eines Metalls nennt man Metallbindung.

In Metallen werden positiv geladene Atomrümpfe von frei beweglichen Elektronen zusammengehalten. Diese Form der Bindung nennt man Metallbindung.

das **Metallgitter**
das **Elektronengas**
der **Atomrumpf**
die **Metallbindung**

Der Bau bestimmt die Eigenschaften. Die frei beweglichen Elektronen erklären die besonderen Eigenschaften der Metalle:

Verformbarkeit • Die Verformbarkeit der Metalle beruht darauf, dass die im Metallgitter angeordneten Atomrümpfe aneinander vorbeigleiten können. Dabei bleiben sie ständig von Elektronen umgeben und werden auch in ihrer neuen Position fest zusammengehalten. → 5

Elektrische Leitfähigkeit • Im Gegensatz zu den Salzen verfügen Metalle auch im festen Zustand über bewegliche Elektronen. Dadurch können die Elektronen bei einem geschlossenen Stromkreis ungehindert durch das Metall fließen. → 6

Wärmeleitfähigkeit • Wenn man ein Metall erhitzt, wird sowohl dem Atomrumpf als auch den freien Elektronen Energie zugeführt: Die Atomrümpfe schwingen stärker und stoßen die benachbarten Atomrümpfe an. So wird die Wärmeenergie über das ganze Metall weitergegeben.
Auch die freien Elektronen nehmen an der Wärmeleitung teil. Sie nehmen die Energie in Form von zusätzlicher Bewegungsenergie auf und verteilen sie so über das Metall.

Die Eigenschaften der Metalle lassen sich mit frei beweglichen Elektronen und positiv geladenen Atomrümpfen erklären.

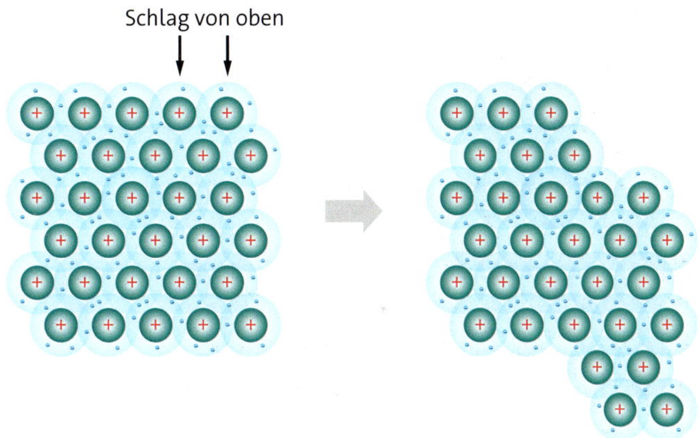

5 Metallkristalle lassen sich bei Druck vebiegen.

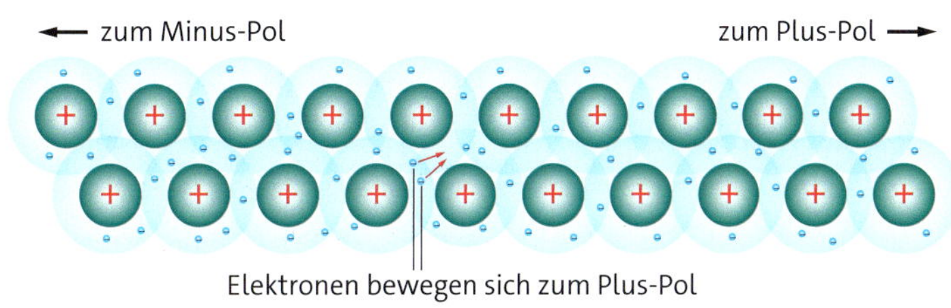

6 Stromfluss in einem Metall bei angelegter Spannung

Aufgaben

1 ○ Stelle Lithium und Natrium wie in Bild 4 mit Atomrumpf und Außenelektronen dar.

2 ◐ Zeichne einen Ausschnitt eines Metallgitters von Magnesium. → 2

3 ◐ Vergleiche anhand von Bild 5 die Verformbarkeit der Metalle mit der Verformbarkeit der Salze.

4 ◐ Begründe, warum Metalle im Gegensatz zu Salzen den elektrischen Strom auch im festen Zustand leiten.

Die Metallbindung

Methode

Das szenische Spiel

Beim szenischen Spiel handelt es sich um eine gemeinschaftliche Lernmethode. Ihr erstellt mithilfe ausgewählter Quellen eine Präsentation zu Vorgängen auf der Teilchenebene – und ihr macht eine Aufführung. Dies dient der Veranschaulichung: Komplexe Sachverhalte sollen greifbar und erfahrbar werden. Folgendes muss euch dabei aber bewusst sein: Teilchen haben weder menschliche Eigenschaften noch einen eigenen Willen!

1 Möglicher Versuchsaufbau für das Modellexperiment

Die elektrische Leitfähigkeit – dargestellt im szenischen Spiel

Materialliste: Bänder in verschiedenen Farben (z. B. aus dem Sportunterricht); 3 Applikationen, die eine Stromquelle, eine Glühbirne und ein Metall visualisieren; eine ausreichend große Fläche zum Spielen

Schritt 1 Es werden drei Gruppen gebildet. Jedes Gruppenmitglied übernimmt die gleiche Rolle. Zu vergeben sind folgende Rollen:
a) frei bewegliche Elektronen im Elektronengas
b) positive Atomrümpfe im Metallgitter
c) Elektronen der Stromquelle

Schritt 2 Nachdem ihr eure Rolle zugeteilt bekommen habt, macht euch mit dieser vertraut. Lest dazu die Texte auf Seite 118/119.

Schritt 3 Diskutiert in eurer Gruppe, wie sich die Teilchen in den drei folgenden Situationen verhalten würden, und überlegt euch, wie ihr dies szenisch darstellen könnt:

Situation 1: Der Stromkreis ist offen.
Situation 2: Der Stromkreis ist geschlossen.
Situation 3: Das Metall wird bei geschlossenem Stromkreis erwärmt.

Schritt 4 Spielt die einzelnen Szenen nacheinander durch. Diskutiert nach jeder Szene das Verhalten der einzelnen Teilchen. Optional könnt ihr nach jeder Szene die Rollen tauschen.

Schritt 5 Findet euch in Kleingruppen zusammen und visualisiert die Spielszenen in Form von modellhaften Abbildungen. Eine Hilfe stellt hier Bild 6 von Seite 119 dar.

Schritt 6 Erstellt eine Kurzpräsentation, bei der ihr mithilfe eurer Abbildungen und den Erfahrungen aus dem Spiel beschreibt, wieso Metalle den elektrischen Strom leiten.

Aufgabe

1 ● Erklärt auf der Basis eurer Erkenntnisse die Bedeutung der Kühlung von Computern.

Material A

Elektrische Leitfähigkeit

1 Ihr sollt die Erkenntnisse aus dem szenischen Spiel von der linken Seite überprüfen.

a ◐ Plant dazu gemeinsam ein Experiment.

b ◐ Untersucht mit eurem Experiment die Leitfähigkeit von verschiedenen Metallen in Abhängigkeit von der Temperatur und dem Querschnitt der Metalle.

2 ● Begründet eure Versuchsergebnisse mit dem Verhalten der Elektronen und der Atomrümpfe in einem Metallgitter.

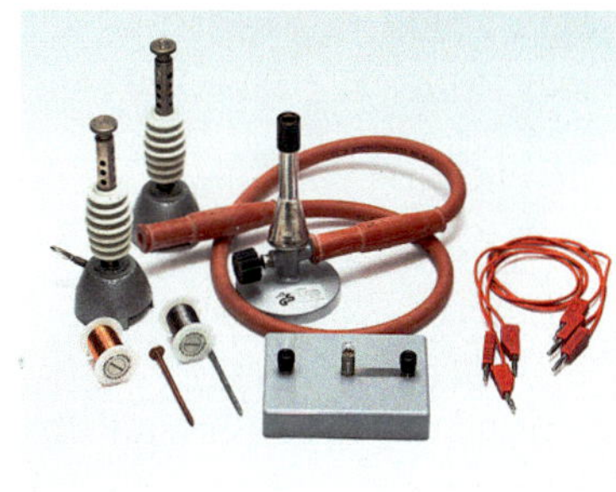

2 Materialien zur Versuchsplanung

Material A

Wie „Sand im Getriebe“

Zu metallischen Werkstoffen, die eine sehr große Härte haben sollen, werden andere Stoffe beigemischt. Überprüft in einem Modellexperiment die Auswirkungen auf die Stoffeigenschaften.

Materialliste: Zellstoffkugeln verschiedener Größe, Heißklebepistole oder Kleber

1 Sammelt Ergebnisse.

a ○ Baut wie in Bild 3 aus Zellstoffkugeln Schichten eines Metallgitters. Geht dabei arbeitsteilig vor.

b ○ Setzt die Schichten übereinander und versucht sie gegenseitig zu verschieben.

c ◐ Baut eine weitere Schicht und verwendet dabei auch größere oder kleinere Kugeln. Wiederholt das Experiment.

2 ● Wertet eure Ergebnisse aus.

a ◐ Vergleicht euer Modell mit dem Realobjekt. Wofür stehen der Kleber und die Zellstoffkugeln?

b ◐ Beschreibt die Vorgänge beim Verformen eines Metalls mit eurem Modell.

c ● Erklärt mithilfe von Bild 4 die Zunahme der Härte bei gleichzeitiger Abnahme der Verformbarkeit.

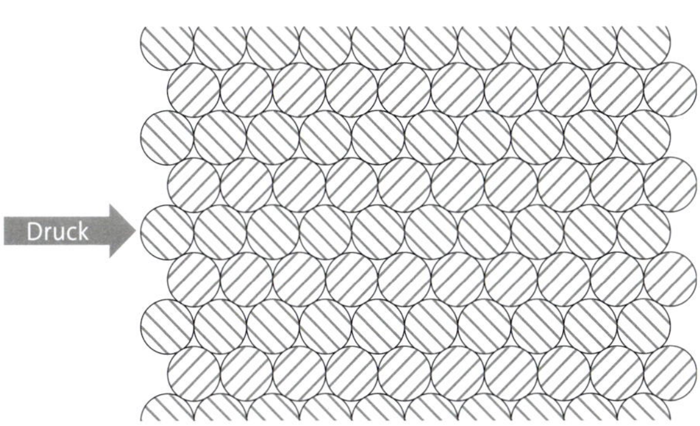

3 Reines Metall (im Kugelmodell)

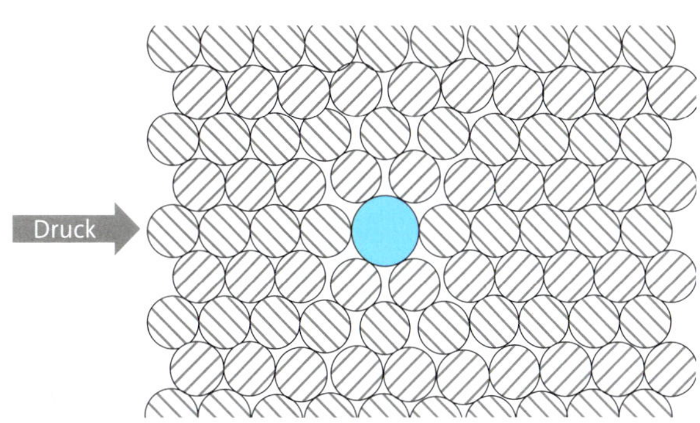

4 Metall mit einem Fremd-Atom (im Kugelmodell)

Wie kam Ötzi an sein Kupfer?

1 Malachit

2 Kupferoxid

3 Kupfer

In den Alpen gibt es gar keine Vorkommen an gediegenem Kupfer. Wie aber kamen dann Ötzis Zeitgenossen an das Kupfer?

Metallerze • In der Region gibt es zwar keine reinen Metalle, man findet aber Metallverbindungen. Wenn diese zur Gewinnung von reinen Metallen genutzt werden, nennt man sie Erze. In den Alpen konnte Ötzi z. B. grünes Malachit finden. → 1

Ötzis Kupfergewinnung • Das Erz wurde zunächst aus den Felsen gebrochen und mühevoll zermahlen. Dann wurde es mit Holzkohle in einen Ofen gefüllt und angezündet. Um möglichst hohe Temperaturen zu erzielen, wurde stundenlang Luft in die Öfen geblasen. Mit der Zeit setzte sich am Boden des Ofens reines flüssiges Kupfer ab. Darauf schwamm eine flüssige Schlacke aus Verunreinigungen.

Die Chemie dahinter • Ohne es zu wissen, nutzten Ötzis Zeitgenossen gleich mehrere chemische Reaktionen:

- Beim Verbrennen der Holzkohle reagieren der Kohlenstoff der Kohle und der Sauerstoff der Luft zu Kohlenstoffmonooxid.
- Malachit besteht größtenteils aus Kupfercarbonat. In der Hitze zerfällt es in Kohlenstoffdioxid und Kupferoxid.
- Um Kupferoxid weiter zu zerlegen, reicht die Hitze des Ofens nicht. Die Lösung des Problems liefert das entstandene Kohlenstoffmonooxid. Es „reißt" den Sauerstoff des Kupferoxids an sich und ermöglicht dadurch die Reaktion. Dabei entstehen Kohlenstoffdioxid und reines Kupfer.

Metalle kann man durch chemische Reaktionen aus Erzen gewinnen.

Aufgaben

1 ○ Nenne ein wichtiges Kupfererz.

2 ● Skizziere die chemischen Reaktionen, die bei der Kupfergewinnung ablaufen, als Flussdiagramm.

der Malachit
das Kupferoxid
die Schlacke
das Kohlenstoffmonooxid

Material A

Kupfergewinnung zu Ötzis Zeiten

1 Der Comic soll darstellen, wie Ötzi seinem Lehrling die Kupfergewinnung erklärt. Die Sprechblasen zu den Bildern sind allerdings noch nicht eingezeichnet worden.

a Formuliere mithilfe des Texts von der linken Seite zu jedem Bild des Comics eine Frage, die der Lehrling Ötzi stellen könnte.

b Suche dir einen Partner. Beantwortet euch gegenseitig die Fragen, die ihr für den Lehrling formuliert habt.

c Einigt euch auf gemeinsame Fragen und Antworten. Formuliert die Texte für die Sprechblasen.

2 Formuliere die Wortgleichungen für die chemischen Reaktionen, die bei der Kupfergewinnung ablaufen.

4

5

6

Material B

Vom Malachit zum Kupfer

1 Auch im Schullabor kann man Kupfer aus Erzen gewinnen.

a Plant ein Experiment, mit dem ihr die Kupfergewinnung aus Malachit nachstellen könnt.

b Führt das Experiment durch und dokumentiert die Ergebnisse eurer Arbeit in Form eines Versuchsprotokolls.

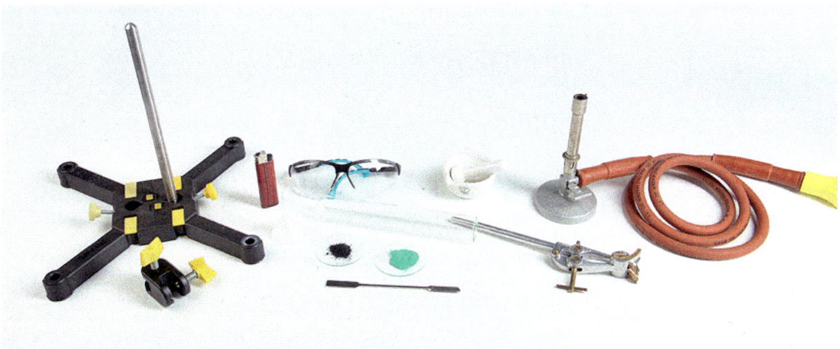
7 Geräte und Chemikalien zum Versuch

c Auch Gase spielen bei der Kupfergewinnung eine wichtige Rolle. Erweitert euer Experiment und weist das bei der Reaktion entstehende Gas nach.

Oxidation und Reduktion

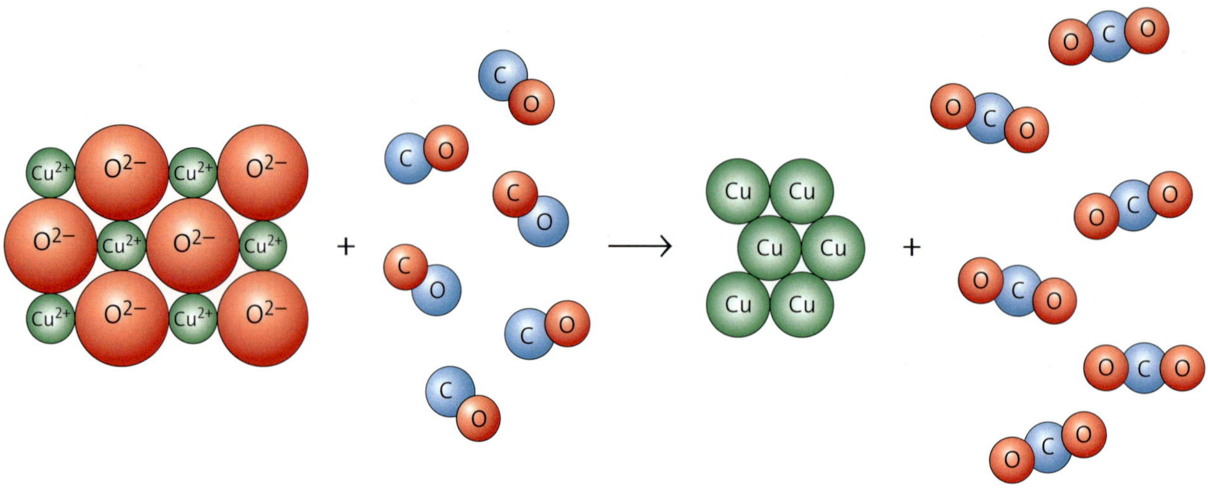

1 Gewinnung von Metallen auf der Teilchenebene

Erze entstehen durch eine chemische Reaktion. Ötzis Zeitgenossen gelang es, diese chemische Reaktion umzukehren.

Vom Metall zum Erz • Erze sind oft Ionenverbindungen. Sie entstehen durch Reaktion von Metallen mit Nichtmetallen.
Die am häufigsten in Erzen vorkommenden Nichtmetalle sind Sauerstoff und Schwefel. Bei der Reaktion von Kupfer mit Sauerstoff entsteht beispielsweise Kupferoxid:

Kupfer + Sauerstoff → Kupferoxid

Edelgasregel noch nicht erfüllt • Kupfer-Atome haben zwei Elektronen auf der äußeren Schale. Die Edelgasregel ist also noch nicht erfüllt. Die beiden Außenelektronen können aber leicht abgegeben werden.
Sauerstoff-Atome haben nur sechs Elektronen auf der äußeren Schale. Hier fehlen also noch zwei Elektronen zur Erfüllung der Edelgasregel.

Oxidation und Reduktion • Bei der Bildung von Kupferoxid geben die Kupfer-Atome zwei Elektronen an den Sauerstoff ab und werden dadurch zu positiven Kupfer-Ionen. → 2
Die Abgabe von Elektronen bezeichnet man als Oxidation:

Kupfer-Atom
→ Kupfer-Ion + 2 Elektronen

Die Sauerstoff-Atome nehmen die Elektronen auf und werden zu negativen Nichtmetall-Ionen. → 2
Die Aufnahme von Elektronen bezeichnet man als Reduktion:

Sauerstoff-Atom + 2 Elektronen
→ Sauerstoff-Ion

Wie bei der Bildung von Salzen entstehen auch bei der Bildung von Erzen durch Elektronenübergang Metall-Ionen und Nichtmetall-Ionen. Die Elektronenabgabe bezeichnet man als Oxidation, die Elektronenaufnahme als Reduktion.

die **Oxidation**
die **Reduktion**
das **Reduktionsmittel**
das **Kohlenstoffmonooxid**

Vom Erz zum Metall • Manche Erze kann man durch extrem hohe Temperaturen zerlegen. Dies gelang in den Öfen zu Ötzis Zeiten aber nicht. Man brauchte daher einen Hilfsstoff, ein sogenanntes Reduktionsmittel.

Der Hilfsstoff • In den dicht gepackten Öfen herrscht Sauerstoffmangel. Daher verbrennt der Kohlenstoff nur unvollständig. Es entsteht das hoch reaktive Gas Kohlenstoffmonooxid. Kohlenstoffmonooxid hat die Edelgasregel noch nicht erfüllt. Ihm fehlen noch zwei Elektronen. → 3 Daher hat es ein starkes Bestreben, den Sauerstoff aus dem Kupferoxid an sich zu binden.
Das Kohlenstoffmonooxid ermöglicht dadurch die Reaktion auch bei niedrigeren Temperaturen.

Vom Ion zum Atom • Kohlenstoffmonooxid reagiert mit dem Sauerstoff-Ion zu Kohlenstoffdioxid. → 3 Dabei gibt das Sauerstoff-Ion zwei Elektronen ab:

Sauerstoff-Ion + Kohlenstoffmonooxid
→ Kohlenstoffdioxid + 2 Elektronen

Das Kupfer-Ion nimmt die beiden Elektronen auf und wird zum Kupfer-Atom:

Kupfer-Ion + 2 Elektronen
→ Kupfer-Atom

Durch die Aufnahme von Elektronen werden Metall-Ionen in ihre Metall-Atome zurückgeführt. Hilfsstoffe können die Reaktion erleichtern.

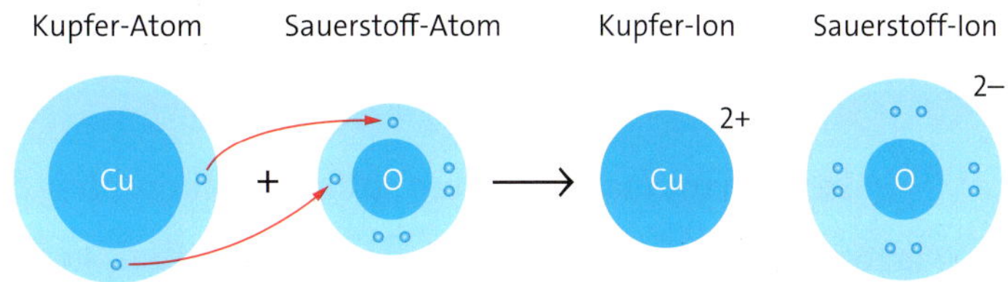

2 Bildung von Kupferoxid

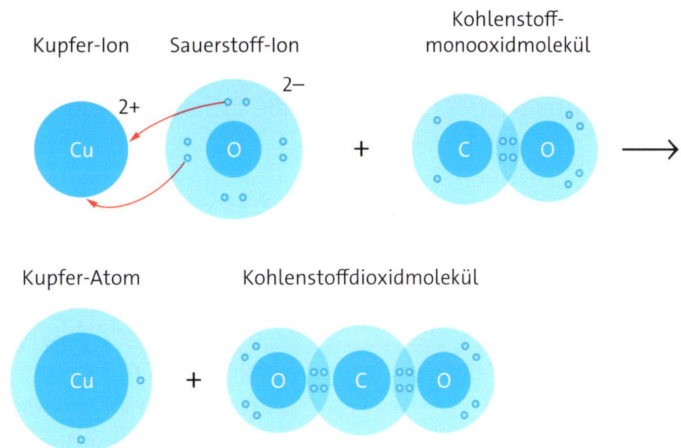

3 Zerlegung von Kupferoxid

Aufgaben

1 ○ Definiere die Begriffe Oxidation, Reduktion und Reduktionsmittel.

2 ◐ Die Zerlegung von Kupferoxid ist ein Beispiel für die Umkehrbarkeit chemischer Reaktionen. Erkläre.

3 ● Auch heute werden noch Reduktionsmittel eingesetzt. Begründe.

Oxidation und Reduktion

Material A

Heute baut man vor allem sulfidische Erze ab

Ötzi kratzte mit einfachsten Werkzeugen vor allem sauerstoffhaltige Erze aus dem Fels. Heute bauen die größten Bagger der Welt in riesigen Erzgruben hauptsächlich schwefelhaltige (sulfidische) Erze ab. Bevor die Erze verarbeitet werden, muss der Schwefel entfernt werden. Dazu werden die Erze stark erhitzt: Es entstehen Metalloxide und Schwefeldioxid. Die Metalloxide werden weiterverarbeitet. Das Schwefeldioxid dient teilweise als Rohstoff für die chemische Industrie.

1 Erzabbau im großen Stil

Bildung sulfidischer Erze

Metallsulfide sind Verbindungen aus Metallen und Schwefel. Wie entstehen sie?

Materialliste: 2 Reagenzgläser, Reagenzglasklammer, Brenner, Spatel, Luftballon, Eisenpulver (GHS02), Schwefelpulver (GHS07), Kupferblech

Achtung • Bei der Reaktion kann etwas Schwefeldioxid (GHS06|05) entstehen. Daher die Reaktion in einem geschlossenen System durchführen!

Eisensulfid
Gib in ein Reagenzglas je eine Spatelspitze Schwefel- und Eisenpulver. Verschließe das Reagenzglas mit einem Luftballon und erhitze vorsichtig über der rauschenden Brennerflamme. Sobald das Gemisch zu glühen beginnt, wird die Energiezufuhr unterbrochen.

Kupfersulfid
Gib in ein Reagenzglas eine Spatelspitze Schwefel und lass ein Kupferblech in den Schwefel gleiten. Verfahre nun wie oben beim Eisensulfid beschrieben.

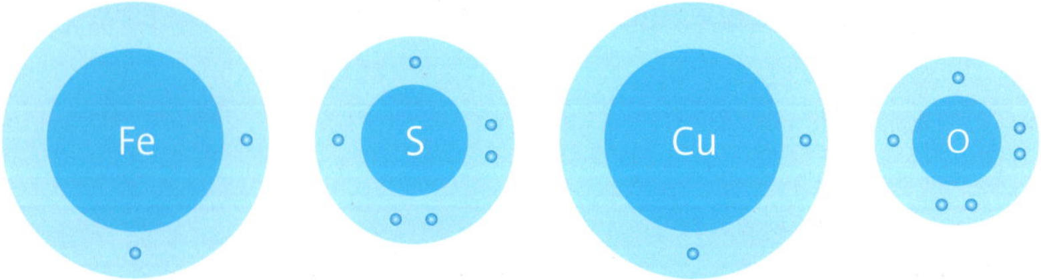

2 Atommodelle von Eisen, Schwefel, Kupfer und Sauerstoff

Auswertung Stoffebene

1 Führe die beiden Experimente unter Beachtung der Sicherheitshinweise durch. Dokumentiere die Ergebnisse deiner Arbeit in Form eines Protokolls.

2 Formuliere auf der Basis deines Vorwissens Erklärungen für die von dir gemachten Beobachtungen.

3 Beschreibe die abgelaufene Reaktion in Form einer Wortgleichung.

Auswertung Teilchenebene

4 Veranschauliche die Reaktion auf der Modellebene.

5 Übertrage die modellhafte Darstellung in die Lewis-Schreibweise. Kennzeichne dabei die Stoffe, die oxidiert und reduziert wurden.

Material B

Edel oder unedel – keine Frage der Ehre!

Man kann Metalle nach ihrer Fähigkeit, Elektronen abzugeben, ordnen. Je einfacher ein Metall seine Außenelektronen abgibt, desto unedler ist es. → 3 Eine Möglichkeit, die Reaktivität der Metalle zu vergleichen, ist die Reaktion mit Sauerstoff.

Materialliste: Brenner, Stativmaterial, gewinkeltes Glasrohr, feuerfeste Unterlage, Magnesiumpulver (GHS02), Eisenpulver (GHS02), Kupferpulver (GHS02|09)

Spanne den Brenner schräg in ein Stativ ein. Gib etwas Metallpulver in die Öffnung des Glasrohrs. Puste vorsichtig in die andere Öffnung, sodass das Metallpulver in die rauschende Brennerflamme fliegt.

1 ▢ Führe das Experiment mit allen drei Proben durch und notiere jeweils deine Beobachtungen.

2 ◪ Ordne die Metalle in die Reaktivitätsreihe ein.

4 Metalle können heftig reagieren.

← zunehmend unedel						zunehmend edel →		
Li	Al	Zn	Ni	Sn	Pb	Ag	Hg	Au

3 Reaktivitätsreihe von Metall-Atomen und Metall-Ionen

Material C

Mit Strategie erfolgreich experimentieren

Aus Silberoxid (GHS03|05), Kupferoxid (GHS07|09) und Eisenoxid sollen die reinen Metalle zurückgewonnen werden. Als Hilfsstoff steht dir Kohlenstoff zur Verfügung. Du darfst Kohlenstoff aber nur einmal einsetzen. Nachdem du ein Metall gewonnen hast, steht es dir als Reinstoff für weitere Experimente zur Verfügung.

1 ● Plane eine Versuchsreihe, mit der du alle Metalle gewinnen kannst. Dokumentiere deine Planung in Form eines Protokolls.

Impulse:

Silberoxid zerfällt bei 200 °C.
Eisen ist unedler als Kupfer.
Kohlenstoff würde in der Reaktivitätsreihe zwischen Magnesium und Eisen stehen.

2 ● Diskutiere deine Planung mit einem Partner und einigt euch auf eine gemeinsame Vorgehensweise. Führt die Experimente durch und notiert eure Beobachtungen.

3 ● Formuliere die Wort- und die Symbolgleichungen für die abgelaufenen Reaktionen.

4 ● Weise die jeweils entstehenden Gase nach.

Eisen aus dem Hochofen

1 Verlassene kleine Hochöfen aus dem Mittelalter

Eisen ist ein unedles Metall und verbindet sich leicht mit Sauerstoff. Deshalb kommt es in der Natur vor allem als Eisenoxid vor. Wie schafft man es, reines Eisen zu erhalten?

Der Hochofen • Um reines Eisen zu gewinnen, wird ein Hochofen benötigt. Im Prinzip ist das eine riesige gemauerte und feuerfeste Röhre. Außen ist sie mit Stahl ummantelt.
Der Hochofen wird immer von oben befüllt. Es wird ein Gemisch von Eisenerz und Zusatzstoffen eingefüllt. Die Zusatzstoffe, z. B. Kalk und Sand, dienen dazu, störende Stoffe im Eisenerz zu binden.
Abwechselnd wird auch immer eine Schicht Koks zugefügt, eine Art poröse Spezialkohle. Zunächst dient die Kohle als Brennstoff dazu, im Hochofen eine hohe Temperatur zu erreichen.

2 Pyrit – ein Eisenerz

Die Reaktion • Die Vorgänge im Hochofen sind ganz ähnlich wie bei Ötzis Kupfergewinnung:
In den Hochöfen herrscht Sauerstoffmangel. Die Kohle verbrennt daher nur zu Kohlenstoffmonooxid.

Kohlenstoff + Sauerstoff
→ Kohlenstoffmonooxid

Das Gas Kohlenstoffmonooxid dient nun wieder als Reduktionsmittel. Denn es hat ein großes Bindungsbestreben zu Sauerstoff.

Kohlenstoffmonooxid + Eisenoxid
→ Kohlenstoffdioxid + Eisen

Bei dieser Reaktion wird viel Energie frei, die den Hochofen heizt. Außerdem erhält man durch diese Reaktion das gewünschte Eisen.
Das entstehende Kohlenstoffdioxid ist gasförmig und entweicht nach oben.

der Hochofen
der Koks
die Schlacke
das Thermitverfahren

Die Reaktionsprodukte • Das flüssige Eisen sammelt sich unten im Hochofen. Darüber schwimmt die leichtere Schlacke. Sie ist aus den Zusatzstoffen und aus anderen Stoffen im Eisenerz entstanden.
Das Roheisen wird abgelassen und zur Weiterverarbeitung transportiert. Roheisen ist sehr spröde und wird deshalb meist noch zu Stahl weiterverarbeitet. Auch die Schlacke wird entfernt und zu Schotter oder Zement verarbeitet. Die heißen Abgase nutzt man zum Anheizen von Luft, die dann mit Druck in den unteren Teil des Hochofens geblasen wird.

Im Hochofen wird Eisenoxid durch Zugabe von Kohlenstoff zu Eisen reduziert. Dabei wird Kohlenstoff zu Kohlenstoffdioxid oxidiert.

Thermitverfahren • Eine Art „Hochofen im Kleinen" nutzt man beim Verschweißen von Bahnschienen. Dabei wird flüssiges Eisen zwischen zwei Schienenstücke gegossen. Dadurch entsteht eine glatte Nahtstelle.
Um das flüssige Eisen zu erhalten, wird eine stark exotherme Reaktion gestartet. Man entzündet mit einer Art Wunderkerze ein Gemisch aus Eisenoxid und Aluminiumgrieß. Außerdem fügt man die Metalle Vanadium und Mangan hinzugefügt. Das erhöht die Belastbarkeit der Nahtstelle.
Das Eisenoxid wird durch Aluminium reduziert. Dabei wird viel Energie frei. Das Eisen schmilzt und fließt in die Form zwischen den Schienen.

3 Ablassen des flüssigen Roheisens

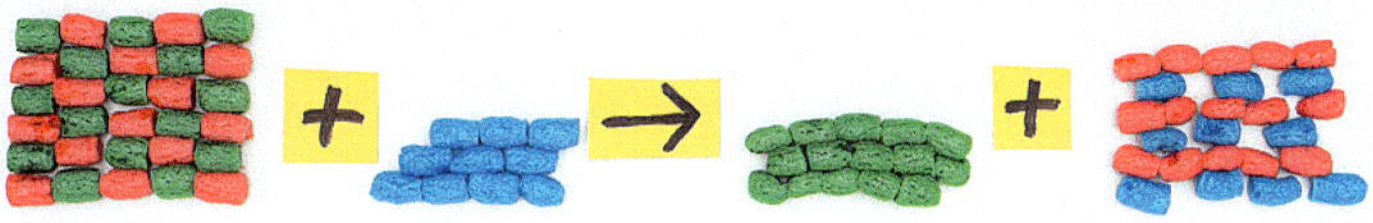

4 Die Thermitreaktion – dargestellt mit Playmais

Aufgaben

1 ○ Nenne das Reduktionsmittel, mit dem Eisenoxid im Hochofen reduziert wird.

2 ● Erkläre, weshalb in den Hochofen durch seitliche Düsen ständig große Mengen Luft eingeblasen werden.

3 ● Man braucht 1,6 Tonnen Eisenerz und 0,6 Tonnen Koks, um 1,0 Tonnen Eisen herzustellen. Bei einer chemischen Reaktion geht aber nichts verloren. Erkläre.

Eisen aus dem Hochofen

Material A

Den Hochofen verstehen

An den Vorgängen im Hochofen sind eine Reihe von Stoffen beteiligt. Lies dazu den rechts stehenden Text.

1 ▢ Erkläre, warum sich das Eisen unten im Hochofen ansammelt.

2 ◣ Beschreibe mit eigenen Worten, wie man aus Eisenerz Eisen gewinnt.

3 ◣ Formuliere die Reaktionsgleichungen für die wesentlichen Reaktionen, die im Hochofen stattfinden.

4 ◣ Begründe, warum die Wasserkühlung im Text rechts nicht erwähnt wird.

5 ◣ Begründe, ob die Vorgänge im Hochofen insgesamt exotherm oder endotherm sind.

6 ● Bei wikipedia steht: „Die Schlacke schützt das Eisen vor Oxidation." Erkläre, was damit gemeint ist.

7 ● Jeder Hochofenbetreiber strebt möglichst geringe Kosten an. Notiere Vorschläge, mit welchen Maßnahmen man dies erreichen könnte.

Rein und Raus beim Hochofen

In den Hochofen kommen:
- Eisenerz (= Eisenoxid mit verschiedenen Verunreinigungen)
- Zusatzstoffe (= Kalk, Sand und weitere Stoffe)
- Koks (= Kohlenstoff)
- Luft (= Stickstoff, Sauerstoff und andere Gase)

Aus dem Hochofen kommen:
- Roheisen (Eisen mit einem Anteil an Kohlenstoff und anderen Stoffen, z. B. Silicium)
- Schlacke (= Calciumoxid, Siliciumdioxid und andere Oxide)
- Kohlenstoffdioxid und andere Gase, z. B. Stickstoff

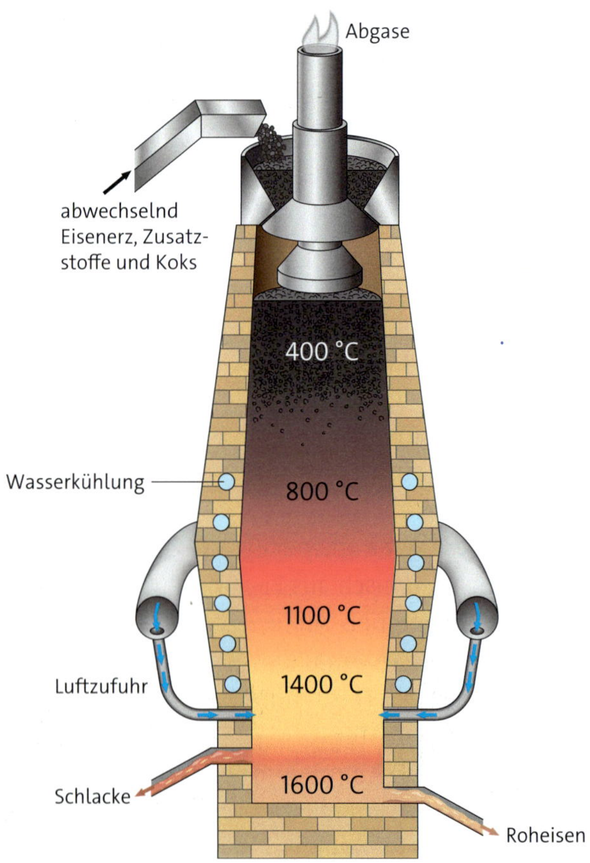

1 Schema des Hochofens

Erweitern

Eisen aus Eisenberg

Aus frühen Zeiten • Die Gewinnung und Verarbeitung von Eisen hat eine mehr als 2000-jährige Tradition. Die Römer produzierten bis ins 5. Jahrhundert n. Chr. Sie nutzten das Wissen der Kelten über Erzvorkommen in der Nähe und produzierten Holzkohle im nahen Pfälzer Wald. In Eisenberg betrieb man vor allem Eisenverhüttung. Die archäologische Forschung berichtet von „Tonsteinen mit hohem Eisenanteil" von bis zu 67 %. Das Speyerer Museum verfügt über einen Rennofen aus Eisenberg aus dieser Zeit.
Aus dem Spätmittelalter sind Waldschmieden und Holzkohleproduktion in großem Stil nachgewiesen, aber keine industriellen Anlagen.

Von der Verhüttung zur Gießerei • Im 18. Jahrhundert wurde die Eisenindustrie neu begründet. Die Erze vom nahen Donnersberg und aus Rheinhessen wurden in Hochöfen verhüttet und in Hammerwerken weiterverarbeitet. In der zweiten Hälfte des 19. Jahrhunderts stellte man von Wasserkraft auf Dampfmaschinen um. Statt Holzkohle setzte man nun Koks ein. Zu Beginn des 20. Jahrhunderts kam Elektrizität als Energiequelle hinzu.
Als 1876 eine Eisenbahnlinie eingerichtet wurde, konnte man Koks und Roheisen von Saar und Ruhr günstig beziehen. Die Erzvorkommen in der Region waren fast ausgebeutet. So wurde noch im selben Jahr die Verhüttung gestoppt und auf Gießerei umgestellt. Gusseiserne Öfen, Abflussrohre und emailliertes Eisen wurden sehr erfolgreich verkauft. Heute produzieren die Eisenwerke Motorblöcke für Containerschiffe und große Lkws sowie Getriebeteile für Autos weltweit.

Aufgaben

1 ▢ Nenne die Rohstoffe aus der Nähe von Eisenberg, die den Römern für die Eisengewinnung zur Verfügung standen.

2 ◐ Beschreibe die Änderungen der Energieversorgung zur Verhüttung. Erkläre auch die Ursachen der Umstellung von Verhüttung auf Gießerei.

2 Modell eines antiken Rennofens

3 Hochofen aus dem 18. Jahrhundert

Interessante Metallgemische

1 Nicht alles, was nach Gold aussieht, ist auch wirklich aus Gold.

Wenn man ein Metall mit einem weiteren Stoff mischt, entstehen Legierungen. Diese Stoffgemische haben andere, oft sogar bessere Eigenschaften als die reinen Metalle.

Eisenlegierungen • Stahl ist eine Legierung, die überwiegend Eisen enthält, außerdem einen kleinen Anteil Kohlenstoff und noch weitere Elemente, meistens andere Metalle.
Wegen der vielen Kombinationsmöglichkeiten gibt es inzwischen Tausende von Stahlsorten für alle möglichen Anwendungen. Stahl ist bei Weitem der wichtigste metallische Werkstoff und das meiste Eisen wird zu Stahl verarbeitet.
Im Haushalt kommt z. B. oft Edelstahl (Chrom-Nickel-Stahl) zum Einsatz. Er rostet nicht und ist sehr hart.

Goldlegierungen • Reines Gold ist wegen seiner Farbe und seiner Beständigkeit als Schmuck sehr beliebt. Allerdings hat reines Gold einen großen Nachteil: Es ist zu weich.
Daher werden dem Gold in der Schmuckindustrie weitere Metalle zugemischt. Durch Zugabe von Silber und Platin entsteht Weißgold. Auch Kupfer kann als Zusatz dienen. Dann entsteht Rotgold. Diese Goldlegierungen sind deutlich härter als reines Gold.
In Goldschmuck wird der Goldanteil mit einem Prägestempel eingestanzt. So besteht 750er-Gold zu 75,0 % aus Gold.
Auch Goldmünzen bestehen nicht unbedingt aus reinem Gold. Die bekannten Krügerrand-Münzen etwa sind aus 917er-Gold gefertigt. Der Rest ist Kupfer – zur Erhöhung der Kratzfestigkeit.

die **Legierung**
der **Stahl**
die **Bronze**
das **Messing**
das **Lötzinn**

Bronze • Bronze ist eine Legierung aus den Metallen Kupfer und Zinn. Bronze ist härter als reines Kupfer. Da sie zudem noch gut zu gießen ist, nutzte der Mensch diese Legierung schon vor 5000 Jahren. Die Bronzezeit ist nach dieser Legierung benannt.
Heute ist Bronze ein beliebter Werkstoff für technische Geräte, Kirchenglocken und Kunstgegenstände.

2 Gold, Silber, Bronze ...

Messing • Wenn dem Kupfer ein anderes Metall zugefügt wird, nämlich ungefähr 40 % Zink, entsteht Messing. → 3
Diese Legierung sieht sehr ähnlich aus wie Gold, ist aber ganz erheblich preiswerter. Musikinstrumente wie z. B. Trompeten oder Saxofone sind oft aus Messing. → 1
Auch Schrauben werden häufig aus Messing hergestellt, weil diese Legierung kaum oxidiert und keine Funken schlägt.

	Kupfer	Messing	Zink
Farbe	rötlich	braun bis goldgelb (je mehr Zink, desto heller)	blassgrau
Schmelztemperatur	1085 °C	1065 °C–902 °C (je mehr Zink, desto niedriger)	420 °C
Dichte	8,9 g/cm³	ca. 8,6 g/cm³ (je mehr Zink, desto niedriger)	7,1 g/cm³
Härte (auf der Mohs-Skala)	3,0	etwas härter als Kupfer	2,5
Stromleitfähigkeit	sehr hoch	mittel	gering

3 Eigenschaften von Kupfer, Messing und Zink

Lötzinn • Wenn man Zinn z. B. mit Blei mischt, erhält man Lötzinn. Diese Legierung schmilzt – je nach Mengenverhältnis der Metalle – schon bei etwa 190 °C. Allerdings ist Blei ein giftiges Schwermetall und sollte daher nicht verwendet werden.
Beim Verlöten gibt man etwas geschmolzenes Lötzinn auf zwei Metallteile, die miteinander verbunden werden sollen, und lässt das Lötzinn dann erstarren.

Legierungen sind metallische Stoffgemische. Sie haben andere Eigenschaften als die reinen Metalle.

Aufgaben

1 ▢ Nenne die wichtigste Eisenlegierung.

2 ▢ Gib an, was mit 900er-Gold gemeint ist.

3 ▢ Vergleiche die Eigenschaften von Kupfer, Messing und Zink. → 3

Interessante Metallgemische

Material A

Eine goldene Münze?

Kann man rotbraune Kupfermünzen in glänzende Goldmünzen verwandeln?

Materialliste: Spülmittel, Haushaltsessig, Spatel, 2 Bechergläser (100 mL und 250 mL), Dreifuß mit Drahtnetz, Brenner, Tiegelzange, Thermometer, Petrischale, Papiertücher, 2 Kupfermünzen, 0,8 g Zinkpulver (GHS02|09), 2,0 g Natriumhydroxid (GHS05), Wasser

Reinigen der Münzen

Reinige die Kupfermünzen mit etwas Spülmittel und Essig. Sie sollen möglichst blank sein.

Verzinken

Miss 40 mL Wasser in dem kleinen Becherglas ab.
Gib vorsichtig 2,0 g Natriumhydroxid hinzu. Dabei entsteht eine Lauge, die schwere Verätzungen hervorrufen kann. Arbeite also vorsichtig und sauber! Wenn etwas danebengeht, informiere sofort die Lehrkraft.
Gib das Zinkpulver und die sauberen Münzen hinzu.
Erhitze vorsichtig auf 80 °C. Kontrolliere die Temperatur mit dem Thermometer.
Schalte dann den Brenner aus.
Decke das Becherglas mit einer Petrischale ab. Lüfte das Zimmer.
Schütte den Inhalt des Becherglases nach 2 Minuten in das große Becherglas, das zur Hälfte mit Wasser gefüllt ist.
Nimm die Münzen mit der Tiegelzange heraus und spüle sie unter fließendem Wasser gründlich ab.
Säubere alle verwendeten Geräte unter fließendem Wasser.
Die Lauge kannst du in den Ausguss schütten.

Herstellen der Legierung

Halte die gereinigte Münze für 5–10 Sekunden in die rauschende Brennerflamme.
Kühle die Münze unter fließendem Wasser ab.

1 ▢ Beschreibe das Aussehen der Münze nach dem Reinigen, nach dem Verzinken und am Ende des Versuchs.

2 ◪ Informiere dich im Buch, welche Legierung entstanden sein könnte.

3 ● Versuche die Vorgänge auf der Münzoberfläche mithilfe des Teilchenmodells zu erklären. Begründe, weshalb hier sicherlich kein Gold entstanden ist.

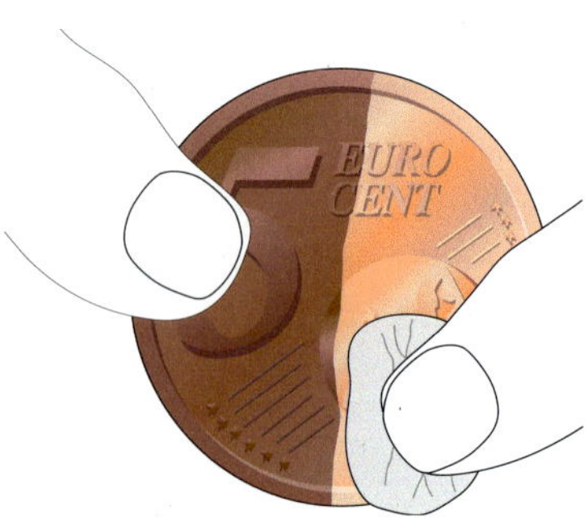

1 Reinigen der Münzen

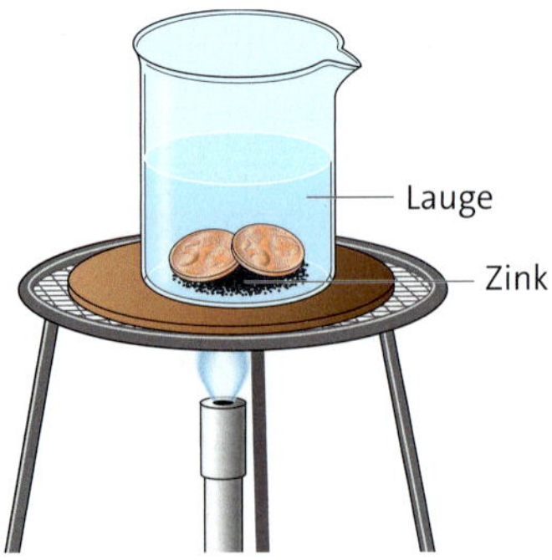

2 Verzinken

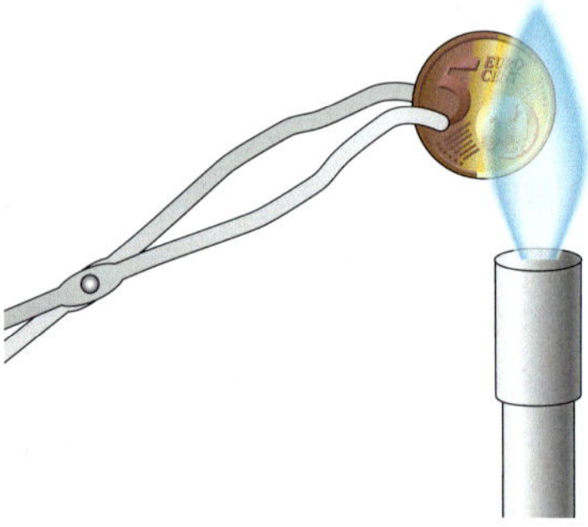

3 Herstellen der Legierung

Vertiefen

Vom Roheisen zum Stahl

Roheisen • Das im Hochofen entstandene Roheisen ist hart und spröde. Es lässt sich nicht walzen oder schmieden. Das liegt daran, dass das Roheisen noch zu viele Begleitstoffe enthält. Dazu zählen neben einem zu großen Kohlenstoff-Anteil auch vor allem Silicium, Mangan, Phosphor und Schwefel.

Das „Frischen" • Die störenden Begleitstoffe werden in einem Verfahren entfernt, das man in der Technik „Frischen" nennt.
Dazu wird flüssiges Roheisen in große Behälter, die sogenannten Konverter, gefüllt. Durch ein Rohr wird unter hohem Druck reiner Sauerstoff auf das Roheisen geblasen. → 4
Bei den hohen Temperaturen setzt sofort eine Oxidation der unerwünschten Begleitstoffe ein. Sie schwimmen nach der Oxidation oben auf dem Eisen und können abgeschöpft werden. Die gasförmigen Oxide wie Kohlenstoffmonooxid und Schwefeldioxid entweichen nach oben.

Nützlicher Eisenschrott • Bei diesen Oxidationen wird so viel Energie frei, dass sich das flüssige Eisen auf 2000 °C erhitzt. Damit sich die Schmelze nicht überhitzt, wird immer auch Eisenschrott zugegeben.
Aus dem Gemisch von Roheisen und Eisenschrott entsteht dann Rohstahl. Dieser Rohstahl enthält noch einen kleinen Anteil an Kohlenstoff und nur noch sehr wenig an Begleitstoffen. Anschließend kann man dem Rohstahl weitere Stoffe zugeben, um spezielle Stahlsorten zu erhalten.

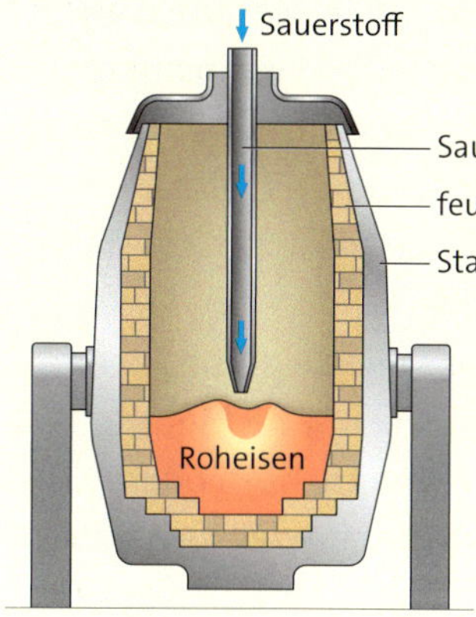

4 Einblasen von Sauerstoff beim Frischen

5 Abgießen des fertigen Stahls aus der Konverterbirne

Aufgaben

1 ○ Begründe, weshalb das meiste Roheisen zu Stahl weiterverarbeitet wird.

2 ◐ Beim Frischen entstehen unter anderem Siliciumdioxid und Mangandioxid. Erkläre, wie diese Stoffe gebildet werden.

3 ● Erläutere, wie das Recycling von Eisen mit der Stahlerzeugung zusammenhängt.

Vom Erz zum Metall

Zusammenfassung

Eigenschaften der Metalle • Alle Metalle weisen Gemeinsamkeiten auf: Sie leiten Wärme und den elektrischen Strom besser als die meisten anderen Stoffe. Außerdem sind sie biegbar und haben – zumindest wenn sie frisch poliert sind – eine glänzende Oberfläche.
Innerhalb der Gruppe der Metalle gibt es aber auch Unterschiede. Längst nicht alle Metalle sind magnetisch und z. B. ihre Dichten oder Schmelztemperaturen unterscheiden sich ganz erheblich.

Metall	Elektrische Leitfähigkeit
Silber	61 400 Siemens pro Millimeter
Kupfer	58 100 Siemens pro Millimeter
Aluminium	36 600 Siemens pro Millimeter
Eisen	10 000 Siemens pro Millimeter
Quecksilber	1 000 Siemens pro Millimeter

1 Elektrische Leitfähigkeit einiger Metalle

Metallbindung • In einem Stück Metall herrscht zwischen den Metall-Atomen die sogenannte Metallbindung:
Positiv geladene Atomrümpfe und negativ geladenes Elektronengas ziehen sich gegenseitig an. Das Elektronengas besteht aus den Außenelektronen der Atome. Die Atomrümpfe bestehen aus den Atomkernen und den inneren Elektronenschalen der Atome.

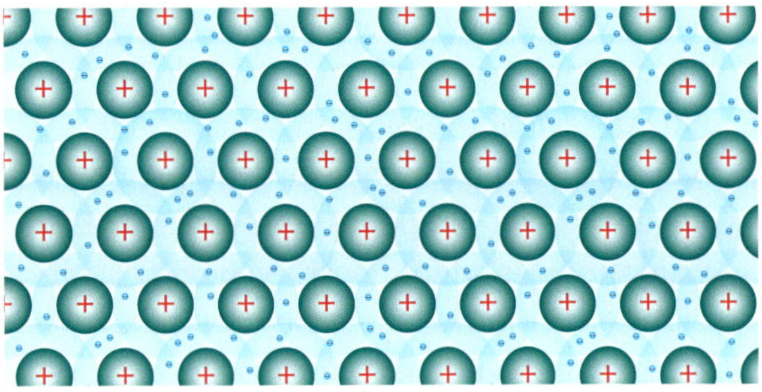

2 Darstellung der Metallbindung im Aluminium

Oxidation und Reduktion • Unedle Metalle reagieren bereitwillig mit Sauerstoff. Dabei geben die Metall-Atome ihre Außenelektronen ab. Eine solche Elektronenabgabe nennt man Oxidation. Die Atome des Sauerstoffs nehmen diese Elektronen auf. Die Elektronenaufnahme bezeichnet man als Reduktion.
Auch die umgekehrte Reaktion ist möglich. Beispielsweise können Eisen-Ionen Elektronen von Sauerstoff-Ionen aufnehmen. Dann entsteht wieder metallisches Eisen – und genau dies geschieht bei der Eisengewinnung im Hochofen. Dazu ist allerdings Kohlenstoffmonooxid als Hilfsstoff nötig.

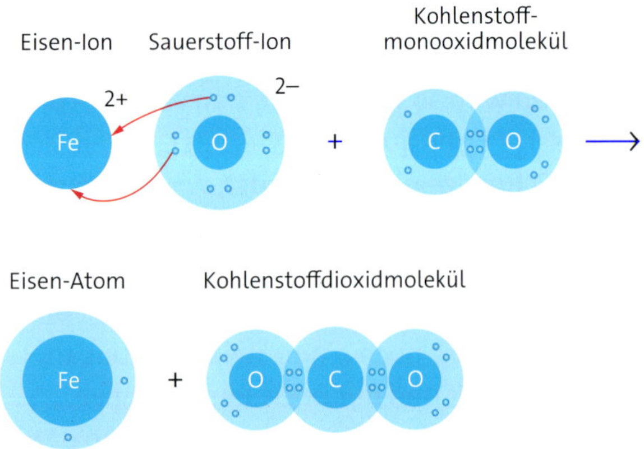

3 Reaktion zwischen Eisenoxid und Kohlenstoffmonooxid

Teste dich! (Lösungen im Anhang)

1 ▢ Begründe möglichst ausführlich, weshalb Glas sicherlich kein Metall ist.

2 ▢ Nenne drei Edelmetalle und gib an, worin sie sich von unedlen Metallen unterscheiden.

3 ▢ Erläutere an einem Beispiel, was eine Legierung ist.

4 ◪ Begründe, weshalb Aluminium und Magnesium als Leichtmetalle eingestuft werden. → 5 Nenne eine technische Anwendung, bei der Aluminium verwendet wird, weil es ein Leichtmetall ist.

5 ◪ Entscheide die Frage von der ersten Seite des Kapitels: Sind Metalle starr oder sind sie biegbar?

6 ◪ Erläutere die wesentlichen Unterschiede zwischen Ionenbindung, Elektronenpaarbindung und Metallbindung.

7 ◪ Das Metall Magnesium kann mit Sauerstoff heftig reagieren und dabei grell aufleuchten. Beschreibe diese Reaktion auf der Teilchenebene und benutze dabei die Begriffe Oxidation und Reduktion.

8 ● Zinn (Sn) ist ein relativ unedles Metall. Entscheide, ob es mit Kupferoxid reagieren könnte, und nenne mögliche Reaktionsprodukte.

9 ● In Bild 6 wurde ein einziger Stoff erhitzt, nämlich Silberoxid (Ag_2O). Trotzdem kam es zu einer chemischen Reaktion. Stelle die Reaktionsgleichung zu dieser Reaktion auf und erkläre, wieso diese Reaktion möglich war.

4 Glas kann glänzen. Es ist aber kein Metall.

Metall	Dichte	Metall	Dichte
Lithium	0,53	Zinn	7,31
Natrium	0,97	Eisen	7,87
Calcium	1,55	Nickel	8,90
Magnesium	1,74	Kupfer	8,96
Aluminium	2,70	Silber	10,50
Titan	4,54	Blei	11,35
Zink	7,13	Quecksilber	13,55
Chrom	7,19	Gold	19,32

5 Dichte einiger Metalle in g/cm^3

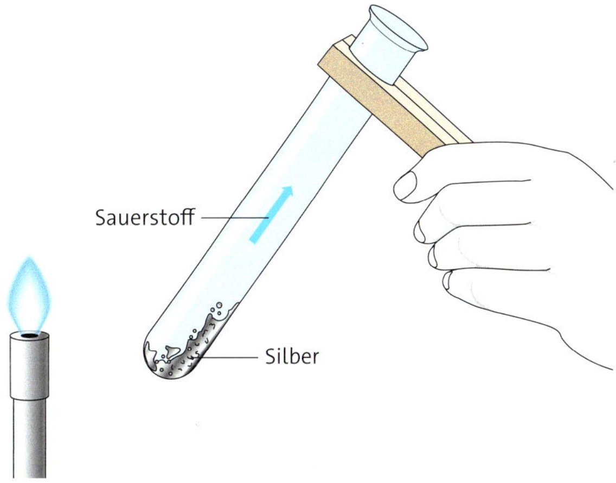

6 Hier wurde Silberoxid erhitzt.

Sauber und schön

Ein Schlammüberzug schützt Elefanten vor Sonnenbrand. Menschen mögen es lieber sauber. Warum reicht dafür oft nicht einfach Wasser?

Alkohol ist ein vielseitiges
Lösungsmittel. Aber warum?

Der Fleck muss weg!
Kennst du dich aus?

Alkohol, Benzin oder Wasser?

1 Alkohol und Benzin, wo man sie nicht vermuten würde

Alkohol kennen die meisten von Bier, Wein oder sonstigen Getränken. Doch Alkohol findet sich nicht nur in Lebensmitteln wieder. Er ist auch in vielen Reinigungsmitteln und Kosmetikprodukten enthalten. Ebenso findet man Benzin nicht nur an Tankstellen. Auch seine Einsatzgebiete sind vielfältig.

Reinigungsmittel • Wer einen Fleck oder eine größere Verunreinigung in der Kleidung hat, benötigt ein Putzmittel. Oft reicht Wasser dafür nicht aus. Doch welches ist das richtige Mittel für die Verschmutzung? Bei der Vielfalt an Reinigungsmitteln im Handel fällt die Wahl oft schwer. Um ein geeignetes Reinigungsmittel auszuwählen, müssen die Zusammensetzung des Produkts und die zu entfernende Verunreinigung berücksichtigt werden. In vielen Reinigern ist der Stoff Alkohol (Ethanol) zu finden, der aufgrund seiner fettlöslichen Eigenschaften beigemischt wird. Außerdem schadet Alkohol dem Material nicht und verdunstet schnell. Genauso gibt es sogenannte Waschbenzine (Hexan/Heptan), die Fette ebenfalls lösen und oft zur Farbfleckentfernung eingesetzt werden.

Kosmetika und Medizinprodukt • Nicht nur zum Putzen sind Benzin und Alkohol nützlich. Ethanol findet sich auch als Lösungsmittel in Kosmetikprodukten, z. B. Nagellack- oder Make-up-Entfernertüchern. In Parfüms und Deodorants wird er verwendet, um den Duftstoff zu lösen. Bei medizinischen Produkten wird Alkohol wegen seiner desinfizierenden Eigenschaften eingesetzt. Auch Benzin findet sich hier wieder. Sogenanntes Wundbenzin wird in Apotheken verkauft, um die Haut zu entfetten oder um z. B. Pflasterreste zu entfernen.

Alkohol und Benzin kommen wegen ihrer vielseitigen Eigenschaften in verschiedenen Gebieten zum Einsatz.

der Alkohol
das Ethanol
das Benzin

Material A

Mit oder ohne Alkohol?

Es gibt viele verschiedene Deodorants. Damit die Haut den Duftstoff aufnehmen kann, wird er in Alkohol gelöst. Alkohol tötet zudem Bakterien ab, die Schweißgeruch hervorrufen. Doch bei vielen Produkten wird heutzutage auf Alkohol verzichtet.

1 ▢ Überlege mögliche Gründe, warum auf Alkohol verzichtet wird.

2 ▢ Besorge dir zwei Deodorants, eines mit Alkohol und eines ohne. Vergleiche ihre Wirkung, indem du eine Woche Deo 1 und eine Woche Deo 2 benutzt. Führe dazu ein Tagesprotokoll.

2 Deodorants mit und ohne Alkohol

Material B

Der Fleck muss weg!

Materialliste:
Flecklöser: Spiritus bzw. Ethanol (GHS02), Waschbenzin bzw. Heptan (GHS02|08|07|09), weißes Baumwolltuch
Verschmutzer: Lippenstift, Ei mit Schüssel, Cola, Filzstift, Malerfarbe, Kugelschreiber, Schokolade, Kaugummi, Kerze mit Streichhölzern, Putzlappen

Verunreinige das Baumwolltuch mit den verschiedenen „Verschmutzern" (jeden Fleck dreimal auftragen). Schlage das Ei in der Schüssel auf und schmiere etwas davon auf das Tuch. Entzünde die Kerze und lass ein paar Tropfen Wachs auf das Tuch tropfen. Lass die Flecken ca. 15 min einziehen.
Verwende nun die verschiedenen „Flecklöser", indem du sie jeweils auf einen Putzlappen gibst, um die Flecken wieder zu entfernen.

1 ▢ Fertige ein vollständiges Versuchsprotokoll an.

2 ▢ Übernimm die Tabelle von Bild 3 in dein Heft und trage die Ergebnisse ein. Bewerte die Flecklösekraft mit +, ++ oder +++ .

3 ◐ Im Haushalt findest du weitere „Hausmittel", die zur Reinigung eingesetzt werden. Fertige eine Liste an.

Verschmutzer	Flecklöser		
	Wasser	Spiritus	Waschbenzin
Lippenstift			
Ei			
Cola			
Filzstift			
Malerfarbe			
Kugelschreiber			
Schokolade			
Kaugummi			
Wachs			

3 Tabelle zum Versuch

Die Vielfalt der Kohlenwasserstoffe

1 Die ersten vier Moleküle der Alkane; Transport von verflüssigtem Methan

Benzine gehören zur Stoffgruppe der Kohlenwasserstoffe. Das sind Stoffe, die die Elemente Kohlenstoff und Wasserstoff enthalten. Der einfachste Vertreter ist hierbei das Methan. Methan hat die Formel CH_4.

Kohlenstoff bildet Ketten • Im Methanmolekül sind an das Kohlenstoff-Atom vier Wasserstoff-Atome gebunden. Es gibt auch Moleküle, die aus mehreren Kohlenstoff-Atomen bestehen, z. B. Ethan (C_2H_6). Die beiden Kohlenstoff-Atome sind über eine Einfachbindung miteinander verbunden. Jedes Kohlenstoff-Atom hat außerdem drei Wasserstoff-Atome als Bindungspartner. Wenn weitere Kohlenstoff-Atome hinzukommen, werden diese über Einfachbindungen verknüpft. Die Kohlenstoff-Atome bilden also eine Kette. Am Ende der Kette ist das Kohlenstoff-Atom mit einem Kohlenstoff-Atom und drei Wasserstoff-Atomen verbunden, ansonsten mit zwei Kohlenstoff- und zwei Wasserstoff-Atomen.

Alkane • Kohlenwasserstoffe, die nur Einfachbindungen enthalten, zählt man zur Stoffgruppe der Alkane. Ihre Namen enden auf -an. Manche ihrer Namen leiten sich aus dem Griechischen ab gemäß der Anzahl an Kohlenstoff-Atomen (z. B. penta = fünf, Pentan hat fünf Kohlenstoff-Atome). Allgemein ist C_nH_{2n+2} die Formel der Alkane. Dabei steht n für die Anzahl der Kohlenstoff-Atome.

Homologe Reihe • Ähnlich gebaute Stoffe, z. B. die Alkane, kann man in einer homologen Reihe anordnen. Die Formel der Alkane nimmt dabei immer um eine CH_2-Einheit zu.

Aufgaben

1 ○ Erkläre den Begriff „Kohlenwasserstoffe".

2 ◔ Begründe, ob der Stoff $C_{17}H_{34}$ ein Alkan ist.

der Kohlenwasserstoff
die Kettenlänge
das Alkan
die homologe Reihe

Material A

Eine logische Struktur

Name	Anzahl C-Atome
Methan	1
Ethan	2
Propan	3
Butan	4
Pentan	5
Hexan	6
Heptan	7
Octan	8
Nonan	9
Decan	10

2 Homologe Reihe der Alkane

Kohlenstoff steht in der 4. Hauptgruppe des Periodensystems. Das Kohlenstoff-Atom bildet vier Elektronenpaarbindungen aus. Damit erfüllt es die Edelgasregel.
Wasserstoff ist als Bindungspartner des Kohlenstoffs gut geeignet. Aber auch Bindungen zu anderen Kohlenstoff-Atomen sind kein Problem.

1 ▢ Begründe, warum sich die Alkane immer um eine CH_2-Einheit unterscheiden.

2 ▢ Beschreibe den Bau eines Alkans mit drei C-Atomen. Nenne dessen Namen.

3 ◪ Übernimm die Tabelle von Bild 2 in dein Heft.
a Berechne die Formel der Alkane.
b Recherchiere die Siedetemperaturen und die Aggregatzustände der Alkane.

4 ◪ Berechne die Formel der Alkane mit 12, 23 und 37 Kohlenstoff-Atomen.

Material B

Methanherstellung im Labor

Materialliste: dickwandiges Reagenzglas, durchbohrter Stopfen, 2 gewinkelte Glasröhrchen, Schlauch, Standzylinder, Wanne, 2 Stative, Glimmspan, Brenner, Natriumacetat, Natriumhydroxid-Plätzchen (GHS05)

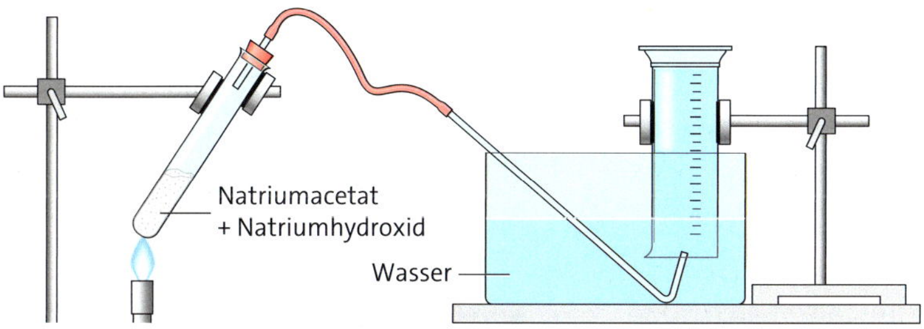

3 Aufbau des Versuchs

1 ● Führe den Versuch durch:
- Baue die Apparatur gemäß Bild 3 auf.
- Fülle ein 1:1-Gemisch von Natriumacetat und Natriumhydroxid ca. 3 cm hoch in das Reagenzglas ein und verschließe es mit dem Stopfen. Erhitze das Gemisch mit dem Brenner.
- Lass die ersten Gasbläschen entweichen und fange dann das Gas pneumatisch im Standzylinder auf.
- Spanne den Standzylinder kopfüber in ein Stativ ein. Entzünde das Gas im Standzylinder mit dem Glimmspan.

2 ◪ Beschreibe deine Beobachtungen während des Versuchs.
Leite daraus Eigenschaften von Methan her.

3 ◪ Fertige ein Versuchsprotokoll an.

Die Bindungen genauer betrachtet

1 Ethan, Ethen und Ethin

Die Alkane haben nur Einfachbindungen. Es gibt aber auch Kohlenwasserstoffe mit Doppel- und Dreifachbindungen zwischen den Kohlenstoff-Atomen.

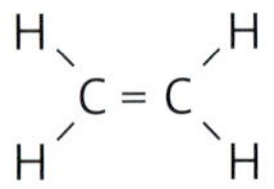

2 Ethen in Lewis-Schreibweise

Alkene • Kohlenwasserstoffe mit einer doppelten Elektronenpaarbindung nennt man Alkene. Ihre Namen leiten sich von den Alkanen mit der Endsilbe -en ab. In der Lewis-Schreibweise wird die Doppelbindung mit einem doppelten Strich dargestellt. → 2
Wegen der Doppelbindung besitzen Alkene grundsätzlich zwei Wasserstoff-Atome weniger als die entsprechenden Alkane.

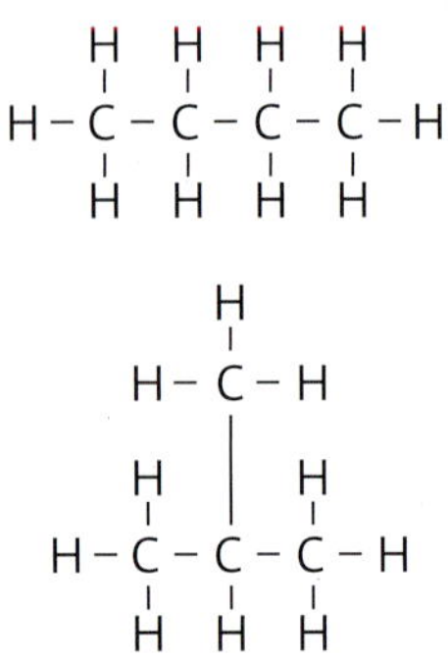

3 Butan und Isobutan

Alkine • Ein Kohlenstoff-Atom kann sogar bis zu drei Elektronenpaarbindungen zu einem anderen Kohlenstoff-Atom eingehen. Wenn eine C≡C-Dreifachbindung vorhanden ist, spricht man von einem Alkin.
Die Namen der Alkine leiten sich ebenfalls von den Alkanen ab, allerdings mit der Endsilbe -in. Ihnen fehlen vier Wasserstoff-Atome im Vergleich zum Alkan. Aufgrund der Doppel- bzw. Dreifachbindung sind Alkene und Alkine in Gegenüberstellung zu den entsprechenden Alkanen besonders reaktionsfreudig.

Kohlenwasserstoffe, die eine Doppel- bzw. Dreifachbindung aufweisen, nennt man Alkene bzw. Alkine.

Isomerie • Für einige Kohlenwasserstoffe, z. B. Butan, lassen sich zweierlei Strukturen zeichnen. Die chemische Formel ist aber für beide Moleküle gleich. → 3 Das nennt man Isomerie.

Aufgaben

1 ○ Beschreibe die Unterschiede zwischen Alkanen, Alkenen und Alkinen.

2 ◐ Nenne den Namen des Stoffs mit der Formel C_4H_6.

das Alken
das Alkin
die Isomerie

Material A

Homologe Reihen

Auch die Alkene und Alkine bilden homologe Reihen.

1 Fertige eine Tabelle bis Decen/Decin für die Alkene und Alkine an. Nimm Bild 4 zu Hilfe.

2 Begründe, warum es die Stoffe Methen und Methin nicht gibt.

3 Recherchiere die Siedetemperaturen der ersten vier Alkene bzw. Alkine. Was fällt dir auf? Beschreibe.

Name	Formel	Struktur
Ethen	C_2H_4	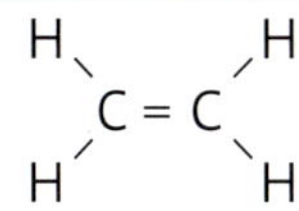
Propen	...	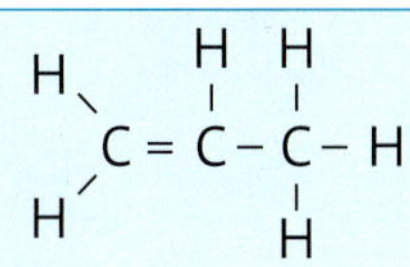
...	...	

4 Homologe Reihe der Alkene

4 Für die Alkane gilt die allgemeine Formel C_nH_{2n+2}. Finde die allgemeine Formel für die Alkene und für die Alkine. Wähle zwei eigene Beispielstoffe und gib die Formeln an.

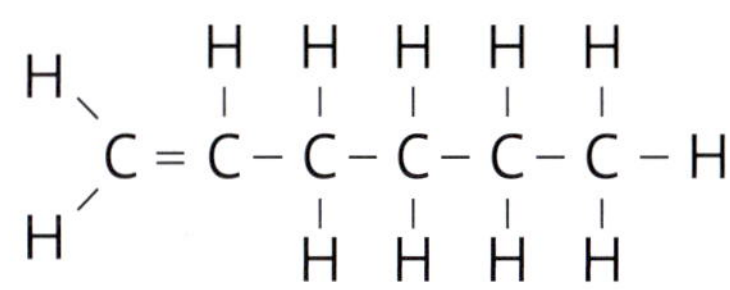

5 Struktur von Hexen

Material B

Moleküle darstellen

So viele Kohlenwasserstoffe – da kommt es darauf an, den Überblick zu bewahren.

1 Zeichne Ethan, Ethen und Ethin in Lewis-Schreibweise und vergleiche die Moleküle miteinander.

2 Zeichne das Alken Buten. Was fällt dir auf?

3 Zeichne Penten. Wie viele Möglichkeiten gibt es?

4 Baue mithilfe eines Molekülbaukastens nacheinander folgende Kohlenwasserstoffe: Methan, Octen, Butin.

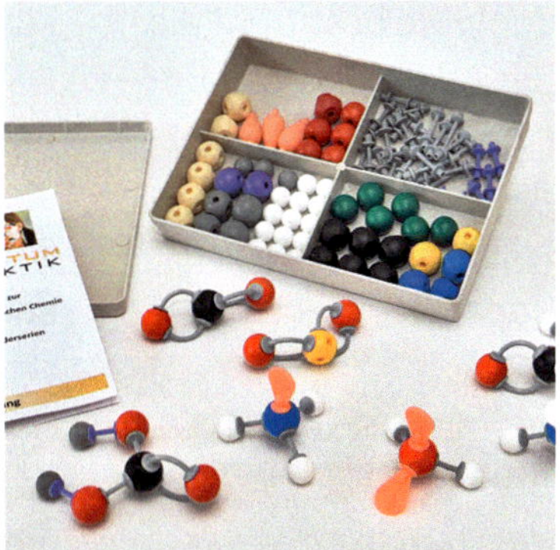

6 Molekülbaukasten

5 Baue das Molekül Heptan. Baue mit derselben Anzahl der Atome eine andere Struktur. Wie viele Heptan-Isomere findest du?

6 Benenne den abgebildeten Kohlenwasserstoff. → 7

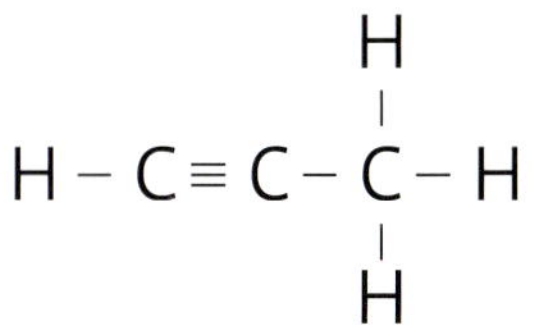

7 Welcher Kohlenwasserstoff ist das?

Die Alkohole

1 Alkohol im Alltag – Alkohole im Labor

Im Alltag ist mit „Alkohol“ meist der Trinkalkohol gemeint, der in Bier oder Wein enthalten ist. In der Chemie ist mit „Alkoholen“ eine besondere Gruppe von Stoffen gemeint.

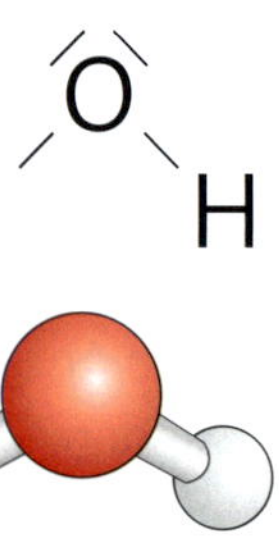

2 Hydroxygruppe

Funktionelle Gruppen • In Kohlenwasserstoffen kann ein Wasserstoff-Atom durch andere Atome ersetzt sein, z. B. durch eine Hydroxygruppe. → 2
Verbindungen, die eine Hydroxygruppe haben, gehören zur Stoffgruppe der Alkohole, oft auch Alkanole genannt.
Die Hydroxygruppe kann man auch OH-Gruppe nennen. Sie bestimmt die Eigenschaften des Alkohols. Deshalb wird sie als funktionelle Gruppe bezeichnet.
Ein Alkoholmolekül kann auch mehrere Hydroxygruppen besitzen.

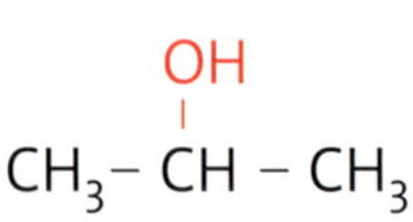

3 Ein sekundärer Alkohol

> Stoffe, die als funktionelle Gruppe eine oder mehrere Hydroxygruppen haben, nennt man Alkohole.

Alkanole • Die Namen der Alkanole leiten sich von den entsprechenden Alkanen mit der Endsilbe -ol ab. Butanol ist also ein Alkohol mit vier Kohlenstoff-Atomen.
Der Trinkalkohol ist Ethanol. Seine Formel lautet C_2H_5OH. Die Hydroxygruppe steht dabei am Ende, damit sie sofort erkennbar ist. Alkohole bilden ebenfalls eine homologe Reihe.

Wertigkeit und Klassifizierung • Wenn ein Alkohol eine OH-Gruppe hat, spricht man von einem einwertigen Alkohol. Sind zwei OH-Gruppen vorhanden, ist er zweiwertig, bei drei OH-Gruppen dreiwertig usw.
Außerdem muss man sich das Kohlenstoff-Atom anschauen, an das die OH-Gruppe gebunden ist. Wenn dieses Kohlenstoff-Atom nur einen Kohlenstoffnachbarn hat, ist es ein primärer Alkohol. Wenn es zwei Kohlenstoffnachbarn besitzt, spricht man von einem sekundären, bei drei Nachbarn von einem tertiären Alkohol. → 3

die funktionelle Gruppe
die Hydroxygruppe
das Alkanol
hydrophil
lipophil

Löslichkeit • Vermengt man zwei Flüssigkeiten, so mischen sich diese oder es bilden sich zwei Phasen. → 4
Bei einer Mischung spricht man von einem homogenen Gemisch, da beide Flüssigkeiten nicht mehr voneinander unterscheidbar sind.
Entstehen Phasen (Flüssigkeiten geschichtet), ist von einem heterogenen Gemisch die Rede.

4 Heterogenes Gemisch

Alkohole als Lösungsmittel • Alkohole sind vielseitige Lösungsmittel und werden deshalb oft in Reinigungsmitteln und anderen Produkten verwendet.
Während Alkane sich nicht in Wasser, aber hervorragend in Öl lösen, stellt man bei Ethanol fest, dass es sich in beidem gut löst. Das liegt am Molekülbau des Alkohols:
Die Hydroxygruppe ist hydrophil (wasserliebend), da sie dem Bau des Wassermoleküls ähnelt. Der Alkanrest C_2H_5– ist lipophil (fettliebend), da er der Struktur von Fetten gleicht. → 5
Allgemein gilt also: Wenn sich zwei Flüssigkeiten in ihrem Bau ähnlich sind, lösen sich die beiden Flüssigkeiten. Wenn sie unterschiedlich sind, lösen sie sich nicht.
Will man also eine fetthaltige Verunreinigung von einem Material entfernen, ist es wichtig, ein dem Fleck entsprechendes Lösungsmittel, z. B. einen Alkoholreiniger, zu verwenden.

Ähnliche Flüssigkeiten lösen sich. „Gleiches löst sich in Gleichem gern.“

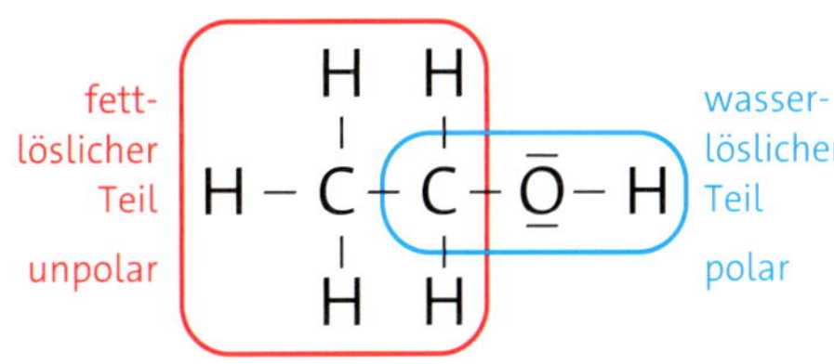

5 Ethanolmolekül

Aufgaben

1 ○ Nenne mehrere Eigenschaften der Stoffgruppe Alkohole.

2 ◐ Erkläre, was eine funktionelle Gruppe ist.

3 ◐ Ethanol und Hexan werden vermengt. Gib an, um welche Art von Gemisch es sich handelt.

4 ● Begründe, warum Alkohole sowohl in Wasser als auch in Öl löslich sind.

5 ● Beim Mittagessen tropft dir Mayonnaise auf dein Shirt. Überlege, welche Eigenschaften ein Waschmittel haben muss, um den Fleck zu lösen.

Die Alkohole

Material A

Aufbau der Alkohole

Alkohole leiten sich von den entsprechenden Alkanen ab. Sie enthalten zusätzlich die Hydroxygruppe als funktionelle Gruppe und bilden ebenfalls eine homologe Reihe.

1 ▢ Zeichne und benenne die ersten fünf Alkohole der homologen Reihe. Markiere jeweils die funktionelle Gruppe farbig.

2 ◐ Berechne die Formel der Alkohole Hexanol, Heptanol und Octanol und zeichne sie.

3 ◐ Zeichne einen zweiwertigen und einen sekundären Alkohol. Erkläre, worin die Unterschiede liegen.

4 ◐ Zeichne den Alkohol mit der Formel $C_{10}H_{21}OH$ als primären, als sekundären und als tertiären Alkohol.

Material B

Löslichkeit in Fett und Wasser

Wenn man zwei Flüssigkeiten vermengt, mischen sie sich oder es bilden sich zwei getrennte Phasen. → 1

1 Mischung und Phasenbildung

Materialliste: Ethanol (GHS02), Speiseöl, Wasser, 3 Reagenzgläser, 3 Stopfen, Reagenzglasständer, Pipette, Becherglas

Fülle (ohne Pipette!) in das erste Reagenzglas ca. 1 cm hoch Speiseöl ein. Gib genauso viel Wasser hinzu und setze den Stopfen auf.
Schüttle das Reagenzglas kräftig, indem du den Daumen auf den Stopfen hältst.
Beobachte die Mischung.
Gib in das zweite Reagenzglas 1 cm hoch Speiseöl und in das dritte 1 cm hoch Wasser. Füge jeweils mithilfe der Pipette die gleiche Menge Ethanol hinzu. Verschließe und schüttle.

1 ▢ Notiere deine Versuchsbeobachtungen in einer Tabelle. Um welche Art von Gemischen handelt es sich jeweils?

2 ◐ Erkläre das Lösungsverhalten von Ethanol in Wasser und in Öl.
Nimm dazu auch die Seiten 146 und 147 zu Hilfe.

RG-Nr.	Mischung	Art des Gemischs	
		homogen	heterogen
1			
2			
3			

2 Tabellenvorlage für Versuchsergebnis

Material C

Bestimmung der Dichte von Ethanol

Die Dichte eines Stoffs ist der Quotient von Masse und Volumen.
So hat 1 Liter Wasser, das 1 kg wiegt, eine Dichte von 1 kg/L. Aber welche Dichte hat Ethanol?

Materialliste: Ethanol (GHS02), Glasschale, Pipette, Waage

Ermittle die Masse von 10 mL Ethanol. Wiege dazu zuerst die leere Glasschale. Gib danach mithilfe der Pipette exakt 10 mL in die Schale. Wiege nun die Schale erneut.
Bestimme aus der Gewichtsdifferenz die Masse von 10 mL Ethanol.

1 ● Berechne die Dichte von Ethanol und vergleiche sie mit dem offiziellen Wert von 0,79 g/mL.

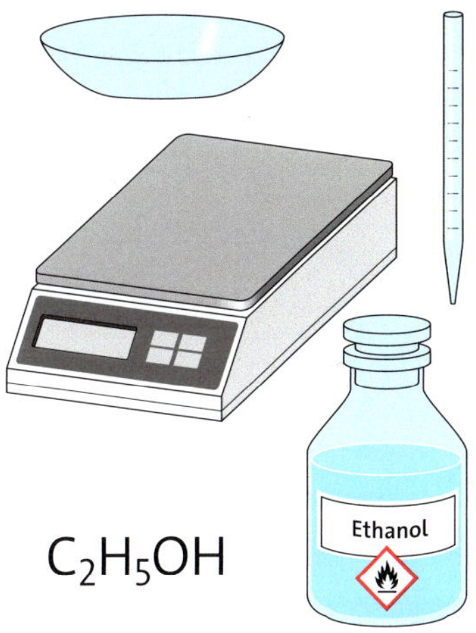

C_2H_5OH

3 Versuchsmaterial und Formel

Material D

Alkohol ganz alltäglich? Chemikalie und Genussmittel

Alkohol findet man in vielen Produkten, z. B. in Arzneimitteln, Parfüms oder Putzmitteln. Am häufigsten begegnet er uns jedoch in alkoholischen Getränken. Wegen seiner berauschenden und teilweise auch entspannenden Wirkung wird er seit Jahrtausenden oft konsumiert. Die Auswirkungen auf den Körper werden dabei meistens übersehen.
In geringen Mengen gilt Alkohol als Genussmittel. In größeren Mengen wirkt er aber als Zellgift. Die Wirkungen von Alkohol auf den Körper können vielfältig sein. → 4
Die größte Gefahr ist die körperliche und psychische Abhängigkeit.
Der Abbau von Alkohol im Körper dauert mehrere Stunden.

Promille im Blut	Auswirkungen
0,2–0,5	Puls und Atmung beschleunigt, Blutgefäße erweitert, Wärmegefühl, verringerte Schmerzempfindung, Geschmackssinn und Sehfähigkeit etwas verringert
0,5–1,5	Selbstüberschätzung, schlechtere Muskelkoordination, eingeschränktes Reaktions- und Erinnerungsvermögen
1,5–3,0	Hemmungslosigkeit, geweitete Pupillen, rotes Gesicht, Übelkeit, Erbrechen
3,0–4,0	alle Sinne betäubt, völlige Orientierungslosigkeit
über 4,0	Gefahr von Koma, Atemstopp und Herzstillstand

4 Auswirkungen von Alkohol

1 ○ Nenne mögliche Ursachen für den hohen Alkoholkonsum in unserer Gesellschaft.

2 ● „Alkohol ist eine Droge." Nimm begründet Stellung zu dieser Aussage.

Löslichkeit erklärt

1 Wasser – ein Beispiel für einen Dipol

2 Linus Pauling

Sowohl beim Wasser als auch beim Alkohol sind die Atome jeweils über Elektronenpaarbindungen verbunden. Trotzdem zeigen sie unterschiedliches Lösungsverhalten gegenüber Fetten. Wie kann das sein?

Elektronegativität • Der amerikanische Chemiker Linus Pauling beschäftigte sich mit Elektronenpaarbindungen. Dabei stellte er fest, dass die Atome versuchen, das Bindungselektronenpaar möglichst zum eigenen Kern zu ziehen. Je nach Atomsorte ist dies unterschiedlich stark ausgeprägt. Die Elektronegativität ist ein Maß dafür, wie stark ein Atom das Bindungselektronenpaar zu sich zieht.

Dipole • Der Tabelle von Bild 4 kann man die Werte für Sauerstoff (O) und Wasserstoff (H) entnehmen. Demnach zieht Sauerstoff stärker am gemeinsamen Elektronenpaar als Wasserstoff. Dies bedeutet in der Folge, dass die gemeinsamen Elektronenpaare sich näher beim Sauerstoff aufhalten werden. Durch diesen Elektronenüberschuss entsteht beim Sauerstoff eine negative und entsprechend bei den Wasserstoff-Atomen eine positive Polung. Diese werden wie in Bild 1 gekennzeichnet.
Das Wassermolekül hat somit unterschiedliche Pole. Ein solches Molekül wird als Dipol bezeichnet

Wasserstoffbrücken • Treffen zwei Wassermoleküle aufeinander, so kommt es zu Anziehungskräften zwischen einem Wasserstoff-Atom des einen und dem Sauerstoff-Atom des anderen. Der Grund ist leicht einsichtig: Unterschiedliche elektrische Pole ziehen sich an. Diese Anziehungskräfte werden als Wasserstoffbrücken bezeichnet. → 3

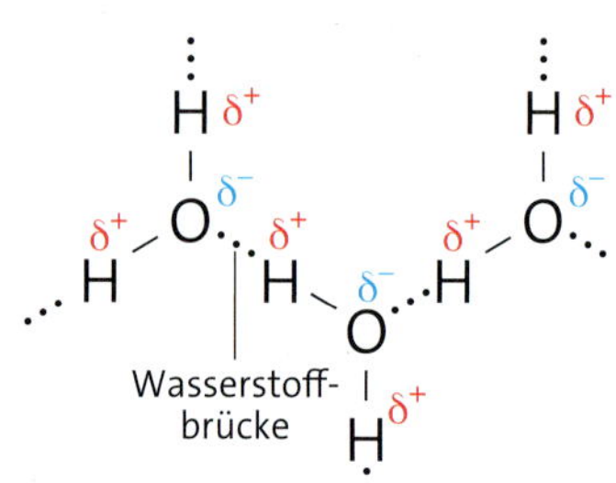

3 Wasserstoffbrücken

die Elektronegativität
der Dipol
die Wasserstoffbrücke

Unterschiedliche Elektronegativitäten führen zu Verschiebungen des Bindungselektronenpaars. Dies kann zu Dipolen führen. Elektrostatische Anziehungen zwischen den Dipolmolekülen des Wassers werden als Wasserstoffbrücken bezeichnet.

Löslichkeit • Versucht man zwei Stoffe zu lösen, so kann man Folgendes feststellen: Ähnliches löst sich in Ähnlichem. Die Ähnlichkeit bezieht sich dabei auf die Polarität der Bindungen. Stoffe, bei denen sich Dipole ausbilden, lösen sich mit anderen Stoffen, die Dipole haben. Unpolare Stoffe lösen sich folglich in anderen unpolaren Stoffen.

Lösungsmittel Alkohol • Alkohole sind sehr gute Lösungsmittel. Der Grund liegt darin, dass sie aufgrund der funktionellen Gruppe einen stark polaren Teil haben. Der Alkanrest hingegegen ist nahezu unpolar. → 5 So kann man in Alkoholen sowohl schwach als auch stark polare Stoffe lösen.
Da Fette unpolar sind, können sie sich in Wasser nicht lösen. In Alkoholen können Fette sich dagegen lösen, da Alkohole neben der polaren Hydroxygruppe auch einen nahezu unpolaren Alkanrest aufweisen.

Das Lösungsverhalten hängt von der Polarität der Stoffe ab: Polare Stoffe lösen sich in polaren Lösungsmitteln – unpolare Stoffe lösen sich in unpolaren Lösungsmitteln.

I	II	III	IV	V	VI	VII	VIII
H 2,1							He –
Li 1,0	Be 1.5	B 2,0	C 2,5	N 3,0	O 3,5	F 4,0	Ne –
Na 0,9	Mg 1,2	Al 1,5	Si 1,8	P 2,1	S 2,5	Cl 3,0	Ar –
K 0,8	Ca 1,0	Ga 1,6	Ge 1,8	As 2,0	Se 2,4	Br 2,8	Kr –
Rb 0,8	Sr 1,0	In 1,7	Sn 1,8	Sb 1,9	Te 2,1	I 2,5	Xe –
Cs 0,7	Ba 0,9	Tl 1,8	Pb 1,8	Bi 1,9	Po 2,0	At 2,2	Rn –

4 Übersicht Elektronegativitätswerte

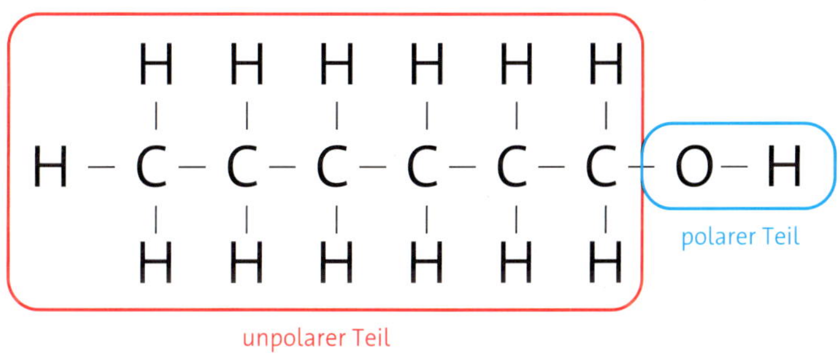

5 Alkoholmolekül mit unpolarem Teil und polarem Teil

Aufgaben

1 ○ Sortiere die folgenden Elemente mithilfe von Bild 4 nach ihrer Elektronegativität: Magnesium (Mg), Natrium (Na), Sauerstoff (O) und Wasserstoff (H). Beginne mit dem geringsten Wert.

2 ◐ Welches der folgenden Moleküle ist unpolar, welches polar: HF, O_2?

3 ● Löst sich das Gas Chlorwasserstoff (HCl) gut oder schlecht in Wasser (H_2O)? Begründe.

Löslichkeit erklärt

Material A

Welches Lösungsmittel?

Alkohole sind gute Lösungsmittel. Aber nicht alle eignen sich gleich gut für jeden Stoff.

1 ○ Übernimm die Formeln von Ethanol und Decanol in dein Heft. Markiere jeweils mit Blau den stark polaren, mit Rot den schwach polaren Teil der Moleküle.

2 ○ Welcher der beiden Alkohole eignet sich besser zum Lösen von unpolarem Speiseöl?

3 ● Wenn man Alkohole und Wasser mischt, so löst sich Wasser nur in den ersten drei Alkoholen der homologen Reihe in jedem Mischungsverhältnis. Ab Butanol lösen sich nur noch geringe Mengen Alkohol im Wasser. Erkläre.

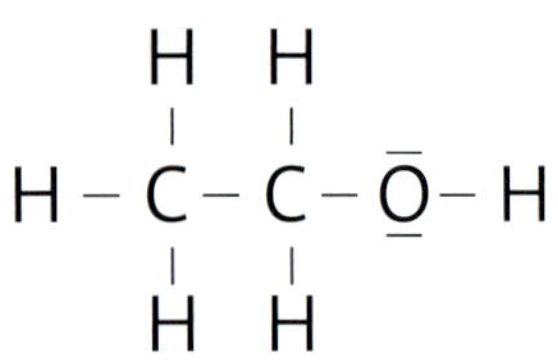

1 Ethanol

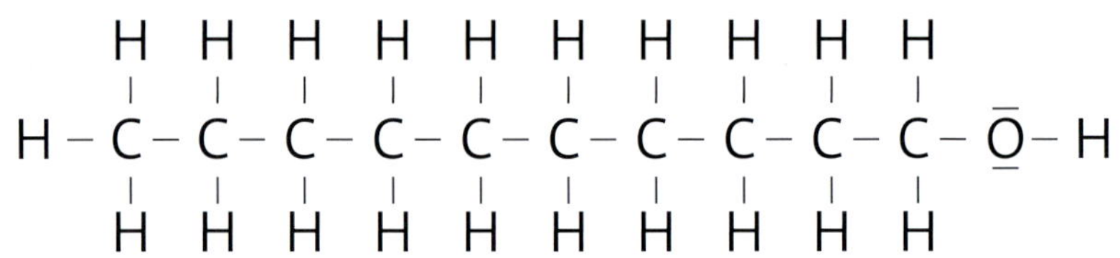

2 Decanol

Material B

Wenn Wasser die Biege macht

Für den Versuch benötigst du einen Kunststoffstab und ein Katzenfell (ersatzweise Mikrofasertuch). Reibe mit dem Katzenfell über den Kunststoffstab hin und her, bis du es knistern hörst.
Drehe einen Wasserhahn leicht auf, sodass du einen dünnen Wasserstrahl erhältst. Halte den Stab an den Strahl und beobachte, was mit dem Strahl passiert.

1 ○ Fertige ein Versuchsprotokoll zum Versuch an.

2 ◑ Beschreibe, was durch die Reibung passiert, und erkläre den Versuch mithilfe der Elektronen.

3 ◑ Dieser Versuch funktioniert nur mit Wasser. Hexan würde nicht abgelenkt werden. Erkläre.

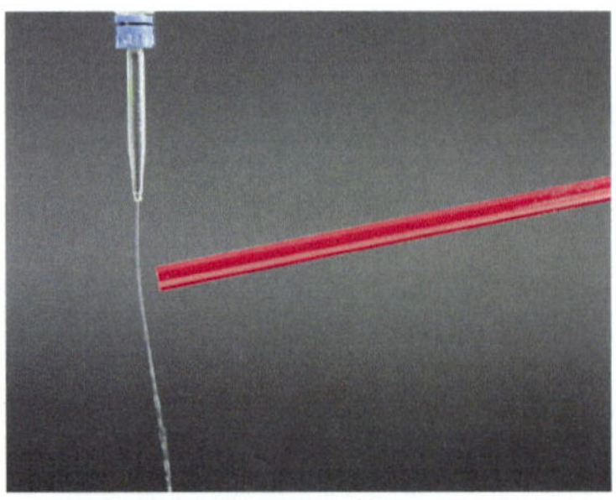

3 Ablenkung eines Wasserstrahls

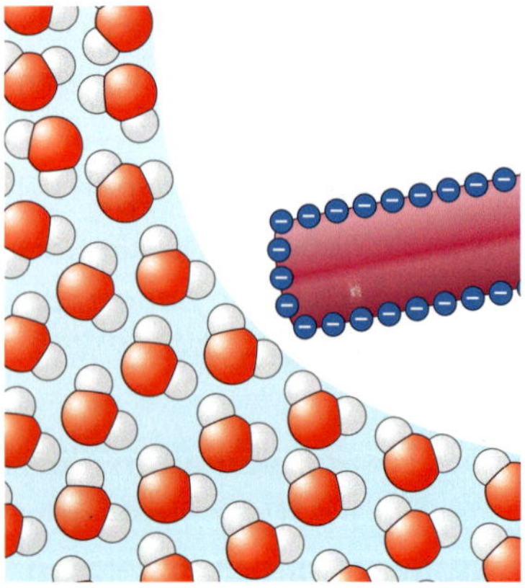

4 Modellvorstellung zum Versuch

Vertiefen

Van-der-Waals-Kräfte

Van-der-Waals-Kräfte • Man denkt immer, dass die Elektronen in Atomen ganz gleichmäßig verteilt sind. → 5
Die Elektronen bewegen sich aber ständig und Atome oder Moleküle stoßen auch gegeneinander. Daher sind Atome oder Moleküle oft für einen kurzen Moment „verformt". → 6
In diesen Momenten gibt es in den Teilchen Bereiche mit mehr positiver und mit mehr negativer Ladung. Dies führt zu Anziehungskräften zwischen den Teilchen.
Diese Anziehungskräfte sind insgesamt schwach. Man nennt sie Van-der-Waals-Kräfte nach dem niederländischen Physiker Johannes Diderik van der Waals, der sie entdeckt hat.
Van-der-Waals-Kräfte sind viel schwächer als die Kräfte zwischen Dipolmolekülen, z. B. die Wasserstoffbrücken. Dennoch sorgen sie dafür, dass es auch zwischen unpolaren Molekülen einen gewissen Zusammenhalt gibt, z. B. zwischen Alkanmolekülen.

Mehr Atome, mehr Van-der-Waals-Kräfte •
Wenn die Kettenlänge größer ist, wirken auch mehr Van-der-Waals-Kräfte zwischen den Molekülen. → 7
Bei Alkanen ist die Siedetemperatur umso höher, je langkettiger das Alkan ist. Der Grund dafür ist, dass es zwischen langkettigen Alkanmolekülen mehr Van-der-Waals-Kräfte gibt.

Van-der-Waals-Kräfte sind schwache Anziehungskräfte zwischen Teilchen.
Je größer die Moleküle sind, desto mehr Van-der-Waals-Kräfte gibt es.

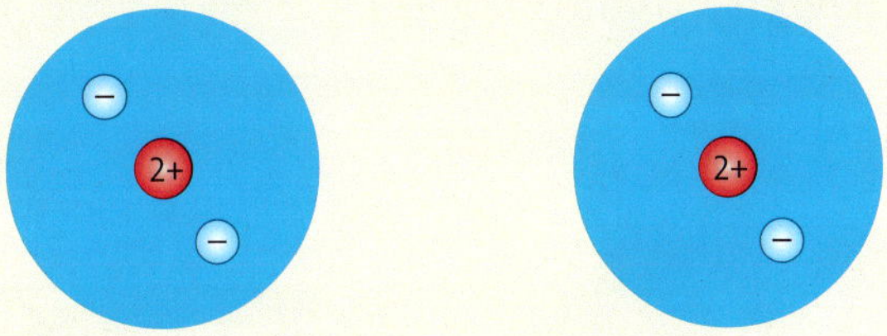

5 „Normale" Helium-Atome

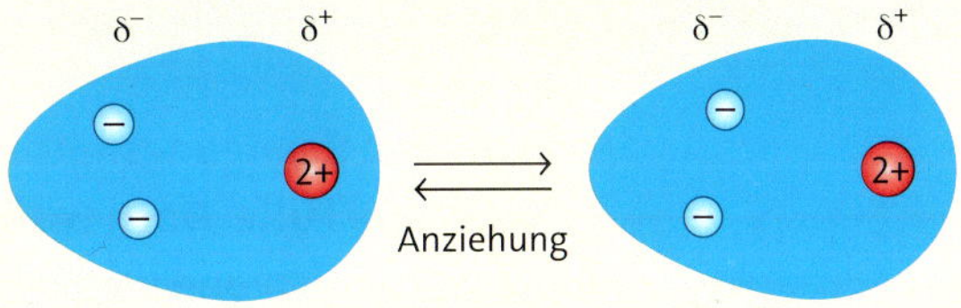

6 „Verformte" Helium-Atome können sich anziehen.

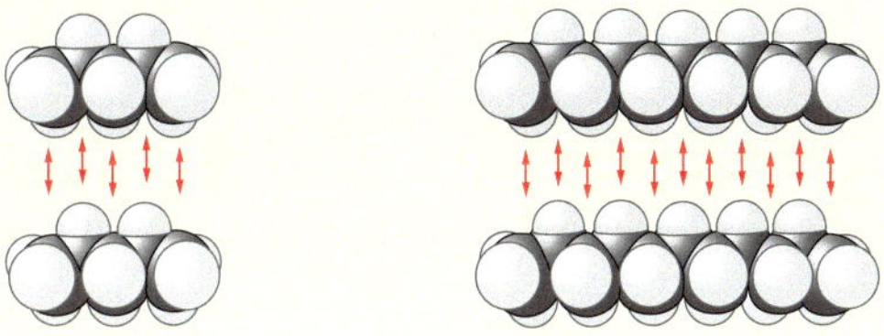

7 Größere Moleküle – mehr Van-der-Waals-Kräfte

Aufgaben

1 ◯ Nenne zwei Arten von Kräften, die zwischen Molekülen wirken können.

2 ◔ Führe folgenden Satz zu Ende: „Im Vergleich zu Pentan sind die Van-der-Waals-Kräfte in Decan ..."

3 ● Hexanmoleküle sind deutlich größer als Wassermoleküle. Erkläre, weshalb Wasser dennoch eine höhere Siedetemperatur hat als Hexan.

Weitere „Fecklöser“

1 Das richtige Reinigungsmittel finden – aber wie?

Wasch- und Reinigungsmittel gibt es in Hülle und Fülle. Doch worin unterscheiden sie sich und welches Mittel eignet sich für die eigenen Bedürfnisse? Dazu muss man die Inhaltsstoffe näher betrachten.

Tensid • Der Hauptinhaltsstoff aller Flüssigprodukte ist Wasser. Es ist meist erforderlich, um die anderen Inhaltsstoffe zu lösen. Die eigentlichen waschaktiven Substanzen sind die sogenannten Tenside. Sie sind für das Schäumen verantwortlich. Tenside sind langkettige lipophile Moleküle mit einem hydrophilen „Köpfchen“. → 2
Der fettliebende Teil kann wasserunlösliche Schmutzteilchen an sich binden, der wasseranziehende Teil ist für die Wasserlöslichkeit verantwortlich.

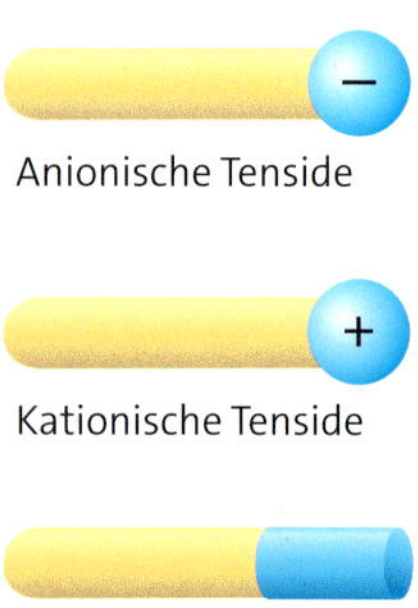

2 Tenside

An ein Schmutzteilchen können sich so viele Tensidmoleküle binden, bis es vollständig umhüllt ist. Dadurch können Verschmutzungen abgelöst, zerteilt und emulgiert werden. → 3
Zusätzlich setzen Tenside die Oberflächenspannung des Wassers herab. Manche Tenside, besonders Seifen, können mit Wasserbestandteilen reagieren. Dabei flocken sie aus und bilden unlösliche Beläge. In Gebieten mit kalkhaltigem Wasser (hartes Wasser) sollten deshalb Reinigungsmittel mit sogenannten nichtionischen Tensiden bevorzugt werden. Diese sind unempfindlich gegenüber der Wasserhärte.

Reinigungsmittel enthalten neben anderen Bestandteilen Tenside als waschaktive Substanzen.

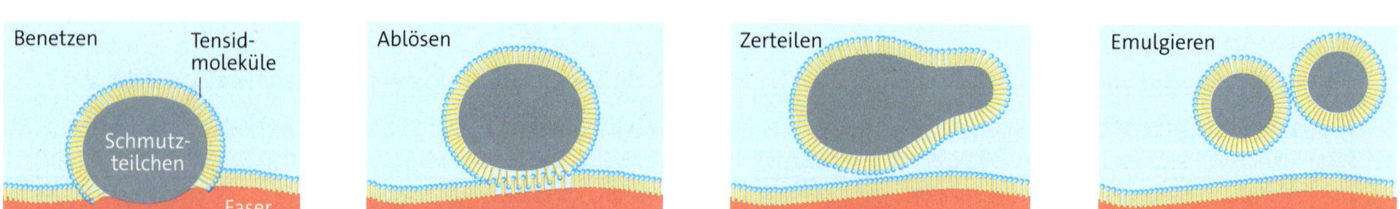

3 Der Reinigungsprozess im Modell

das Tensid

Material A

Auf die Dosierung kommt es an

Materialliste: flüssige Seife, Spatel, 4 Reagenzgläser mit Stopfen, Reagenzglasständer, Lineal, Wasserhärte-Teststäbchen, dest. Wasser, Leitungswasser, Mineralwasser, Kalkwasser

Fülle ca. 4 cm hoch dest. Wasser, Leitungswasser, Mineralwasser und Kalkwasser in je ein Reagenzglas. Teste den Wasserhärtebereich mit den Teststäbchen.
Gib zu jeder Wassersorte 5 Tropfen flüssige Seife. Setze die Stopfen auf die Reagenzgläser und schüttle, bis sich Schaum gebildet hat.

Wassersorte	Wasserhärte	Höhe der Schaumsäule
dest. Wasser		
Leitungswasser		
Mineralwasser		
Kalkwasser		

4 Tabelle zum Versuch

Miss mit dem Lineal die Höhe der entstandenen Schaumsäule und notiere die Werte.

1 ▢ Übernimm die oben stehende Tabelle in dein Heft und notiere dir darin deine Versuchsergebnisse.

2 ◔ Wie lassen sich die Beobachtungen zur unterschiedlichen Höhe der Schaumsäulen erklären?

3 ◔ Welches Fazit ziehst du aus den Versuchsergebnissen hinsichtlich der Dosierung von Waschmitteln?

4 ▢ Wiederhole den Versuch mit dem Leitungswasser bei dir zu Hause. Leite die optimale Dosierung für die flüssige Seife ab.

5 ▢ Wiederhole Aufgabe 4 mit verschiedenen Seifen.

Material B

Waschmittel in Zahlen

Im nebenstehen Säulendiagramm sind die Zusammensetzungen verschiedener Waschmittel dargestellt.

1 ▢ Entnimm dem Diagramm die prozentualen Werte der Tenside in den Waschmitteln. Wie hoch sind die prozentuellen Werte für die Aufbaustoffe?

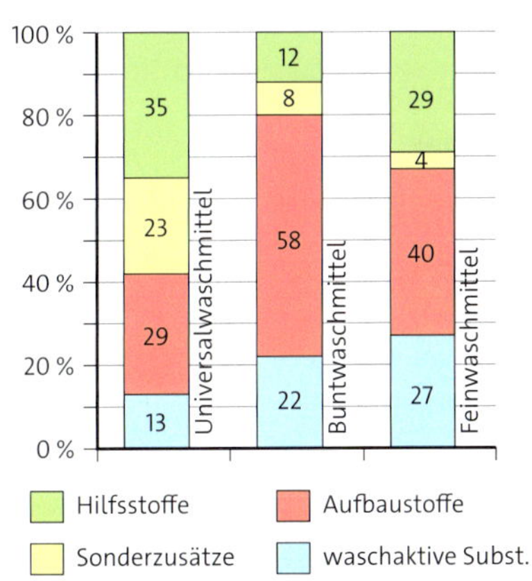

5 Waschmittelzusammensetzungen

2 ◔ Erstelle ein Kreisdiagramm der Inhaltsstoffe für das Buntwaschmittel.

3 ● Recherchiere die Funktion der Inhaltsstoffe von Waschmitteln. Bewerte die Waschmittel hinsichtlich ihrer Zusammensetzung.

4 ● Recherchiere die Inhaltsstoffe von Flüssigwaschmitteln. Vergleiche.

Zusammenfassung

Kohlenwasserstoffe • Kohlenstoff-Atome sind 4-bindig. Das bedeutet, dass sie vier Elektronenpaarbindungen eingehen müssen, um den Edelgaszustand zu erreichen. Dabei bilden sie häufig Bindungen zu weiteren Kohlenstoff-Atomen oder zu Wasserstoff-Atomen aus. Durch die Bindungen zu weiteren Kohlenstoff-Atomen entstehen Ketten. Kohlenwasserstoffketten ohne Doppelbindungen nennt man Alkane. Treten Doppelbindungen auf, so hat man Alkene; sind Dreifachbindungen vorhanden, so spricht man von Alkinen.

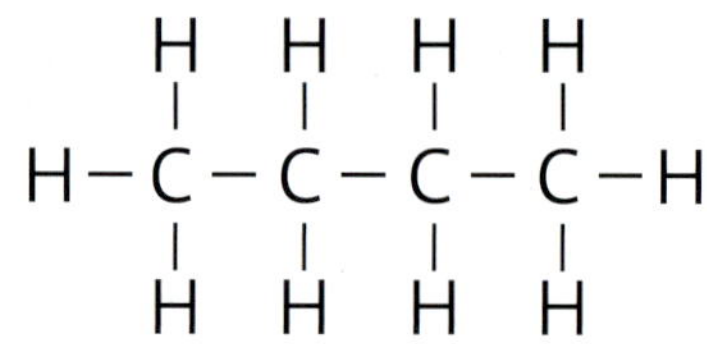

1 Butan – das Alkan mit vier Kohlenstoff-Atomen

Alkohole • Verbindungen können auch funktionelle Gruppen haben. Diese haben Einfluss auf die Eigenschaften des Moleküls.
Eine Hydroxygruppe besteht aus einem Sauerstoff- und einem Wasserstoff-Atom. Ist eine solche Hydroxygruppe im Molekül vorhanden, so handelt es sich um einen Alkohol.
Eine Eigenschaft der Hydroxygruppe ist es, „wasserliebend" zu sein. Dadurch sind kurzkettige Alkohole hervorragend wasserlöslich, während die entsprechenden Alkane nicht wasserlöslich sind.

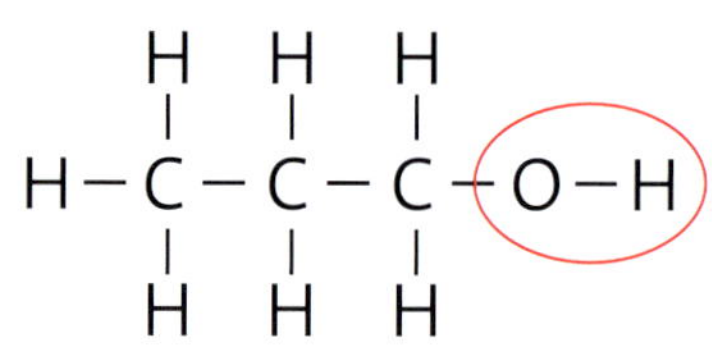

2 Propanol – aufgrund der Hydroxygruppe ein Alkohol

Kräfte zwischen Molekülen • Bei Elektronenpaarbindungen kann es zu Verschiebungen des Elektronenpaars kommen. Grund hierfür sind unterschiedliche Elektronegativitäten. Die Elektronegativität gibt an, wie stark ein Atom am Bindungselektronenpaar zieht.
Bei einem gewinkelten Molekül, z. B. dem Wasser, führt dies zur Ausbildung elektrischer Pole. Es liegt ein Dipol vor.
Bei zwei Wassermolekülen kommt es folglich zur Anziehung der Dipole. Diese Anziehungskräfte bezeichnet man als Wasserstoffbrücken.

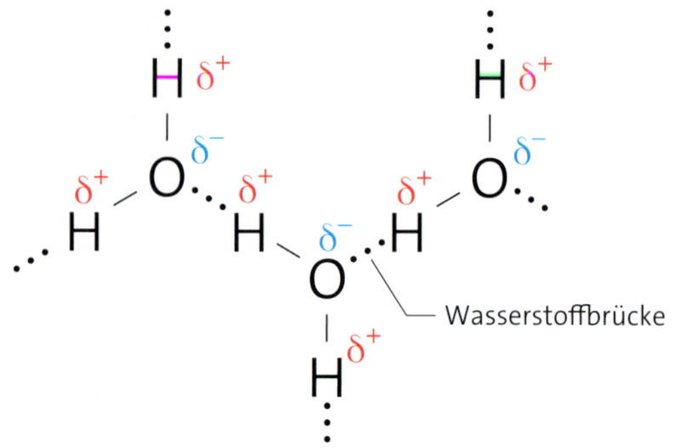

3 Wasserstoffbrücken zwischen Wassermolekülen

Teste dich! (Lösungen im Anhang)

1 ▢ In Bild 4 sind Namen und Formeln verschiedener Kohlenwasserstoffe aufgeführt. Erstelle in deinem Heft eine dreispaltige Tabellen mit folgenden Spaltenüberschriften: Alkane, Alkene, Alkine.
Sortiere die Kohlenwasserstoffe aus Bild 4 in die Tabelle ein.

2 ◪ Die allgemeine Formel für die Alkane lautet: C_nH_{2n+2}. Übernimm folgende unvollständige Formeln von Alkanen in dein Heft und ergänze sie:
$C_{17}H_{\_}$, $C_{35}H_{\_}$, $C_{\_}H_{40}$, $C_{\_}H_{138}$.

3 ◪ Ammoniak ist ein stechend riechendes Gas. Die chemische Formel dieses Stoffs siehst du in Bild 6. Übernimm diese Formel in dein Heft und versuche durch Angabe von δ^+ oder δ^- die Ladungsverschiebungen im Molekül zu kennzeichnen.

4 ● Bei folgenden Stoffen handelt es sich um Alkene: C_4H_8, C_9H_{18}, $C_{14}H_{28}$, $C_{39}H_{78}$.
Hier nun einige Formeln von Alkinen:
C_7H_{12}, $C_{14}H_{26}$, $C_{22}H_{40}$, $C_{58}H_{114}$.
Gib die allgemeinen Formeln für die Alkene und die Alkine an.

5 ● Wasser und Ethanol sind in jedem beliebigen Verhältnis mischbar. Dies liegt daran, dass sich zwischen beiden Molekülen Wasserstoffbrücken ausbilden.
Zeichne die genauen Formeln beider Stoffe in dein Heft. Gib die sich bildenden Pole durch die Kennzeichnung von δ^+ oder δ^- an.
Zeichne dann ein, zwischen welchen Atomen der Moleküle sich die Wasserstoffbrücken bilden.

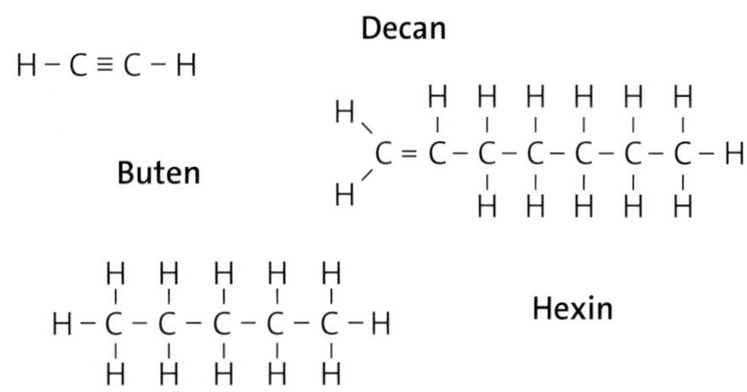

4 Namen und Formeln verschiedener Kohlenwasserstoffe

I	II	III	IV	V	VI	VII	VIII
H 2,1							He –
Li 1,0	Be 1.5	B 2,0	C 2,5	N 3,0	O 3,5	F 4,0	Ne –
Na 0,9	Mg 1,2	Al 1,5	Si 1,8	P 2,1	S 2,5	Cl 3,0	Ar –
K 0,8	Ca 1,0	Ga 1,6	Ge 1,8	As 2,0	Se 2,4	Br 2,8	Kr –
Rb 0,8	Sr 1,0	In 1,7	Sn 1,8	Sb 1,9	Te 2,1	I 2,5	Xe –

5 Einige Elektronegativitätswerte

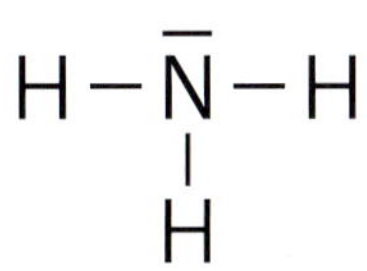

6 Formel von Ammoniak

Säuren und Laugen

Zitronen enthalten Citronensäure. Ist Citronensäure also keine ätzende Säure?

Laugenbrötchen werden mit Natronlauge gebacken. Sind sie völlig ungefährlich?

Und wenn sich im Klärwerk Säuren und Laugen aus unseren Abwässern treffen …?

Säuren und Laugen – zwei Stoffgruppen

1 Säuren als Reinigungsmittel

2 Laugen als Reinigungsmittel

Schmutz wegätzen – das geht mit Säuren und auch mit Laugen.

Säuren • Es gibt sehr viele Säuren: Citronensäure, Salzsäure, Ameisensäure ... Auch Essig oder Sprudelwasser enthalten Säuren. Trotz dieser Vielfalt gibt es Eigenschaften, die bei allen Säuren gleich sind:
Alle Säuren reagieren mit Kalk. Die Kalkränder am Waschbecken sind dann weg. Dies ist ein Beispiel dafür, dass Säuren Stoffe „wegätzen" können. Tatsächlich ist dies eine chemische Reaktion. Die Teilchen aus dem Kalk sind auch nach der Reaktion noch vorhanden.
Alle Säuren reagieren mit unedlen Metallen. Die Metalle sind dann „weggeätzt". Aber auch bei dieser Reaktion bleiben die Teilchen aus den Metallen erhalten. Als zusätzliches Reaktionsprodukt entsteht hier Wasserstoff.
Alle Säurelösungen leiten den elektrischen Strom. Dies spricht dafür, dass sie bewegliche Ionen enthalten.
Alle Säuren sind, wenn sie sehr stark verdünnt sind, ungefährlich. Das ist aber kein Grund zur Entwarnung: Ohne Verdünnung sind viele Säuren sehr gefährlich!
Alle Säuren schmecken sauer. Gefährliche Säuren darf man aber nicht auf ihren Geschmack testen.

Laugen • Auch die Laugen bilden eine große Stoffgruppe: Natronlauge, Kalilauge, Seifenlauge ... Kalkwasser und Ammoniakwasser sind ebenfalls Laugen. Auch die Laugen haben gemeinsame Eigenschaften: Alle Laugen sind ätzend – es sei denn, sie sind sehr stark verdünnt. Alle Laugen leiten den elektrischen Strom, enthalten also bewegliche Ionen.
Alle Laugen fühlen sich seifig an.

die Säure
die Lauge
alkalisch
der Indikator
der pH-Wert

pH-Wert • Der pH-Wert ist die entscheidende Maßzahl für Säuren und Laugen:
Reines Wasser hat einen pH-Wert von 7. Lösungen mit pH = 7 nennt man neutral.
Säuren haben einen pH-Wert unter 7. Ein pH-Wert von 0 bedeutet, dass es sich um eine sehr stark saure Lösung handelt.
Laugen nennt man auch alkalische Lösungen. Sie haben einen pH-Wert über 7. Auch hier gilt: Je weiter der pH-Wert von 7 entfernt ist, desto gefährlicher ist die Lösung. Eine Seifenlauge mit pH = 9 brennt nur ein wenig in den Augen. Eine alkalische Lösung mit pH = 14 ist dagegen äußerst gefährlich und stark ätzend, ganz ähnlich wie eine Säure mit pH = 0.

Indikatoren • Säuren und Laugen reagieren auch mit vielen Farbstoffen. Manche Farbstoffe ändern dabei ihre Farbe.
Rotkohlsaft ist dafür ein Beispiel. Der Farbstoff ist rot, wenn er mit Säuren reagiert hat. Er wird gelb, wenn alle seine Moleküle mit Laugen reagieren. Solche Farbstoffe kann man als Indikator (= „Anzeiger“) für Säuren oder Laugen nutzen.
Indikatoren zeigen also durch ihre Farbe an, ob die untersuchte Flüssigkeit eine Säure oder eine Lauge ist.

Säuren und Laugen reagieren mit vielen Stoffen, z. B. mit Indikatoren. Der pH-Wert gibt an, wie sauer oder wie alkalisch eine Lösung ist.

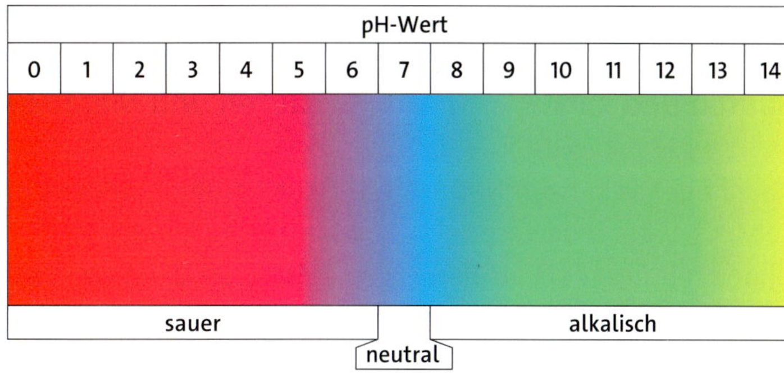

3 Die pH-Skala und die Farben des Rotkohlindikators

4 Rotkohlsaft – von pH = 0 (links) bis pH = 14 (rechts)

Aufgaben

1 ▢ Nenne einige Säuren und einige Laugen.

2 ▢ Liste gemeinsame Eigenschaften von Säuren und von Laugen auf.

3 ◪ Erkläre an einem Beispiel, wie Indikatoren funktionieren.

4 ◪ Erläutere, was der pH-Wert über eine Lösung aussagt.

Säuren und Laugen – zwei Stoffgruppen

Material A

Säuren und Kalk

Kalk findet sich in der Natur sehr oft. Viele Lebewesen bilden nämlich Kalk als Baumaterial.
Mit Säuren kannst du Kalk nachweisen: Kalk reagiert mit Säuren – und weil eines der Reaktionsprodukte ein Gas ist (Kohlenstoffdioxid), stellt man dann ein Aufschäumen fest.

Materialliste: Pipette, säurefeste Unterlage, Eierschalen, Muscheln, Marmor, Kalkstein, Calciumcarbonat, verschiedene Gesteinsproben vom Schulgelände, verdünnte Salzsäure (GHS07)

Tropfe mit der Pipette etwas Säure auf die verschiedenen Probestücke.

1 ○ Beobachte genau und notiere deine Ergebnisse.

1 Muschelschalen bestehen aus Kalk.

Material B

Säuren und Metalle

Alle Säuren reagieren mehr oder weniger gut mit unedlen Metallen. Eines der Reaktionsprodukte ist Wasserstoff.

Materialliste: Pipette, 6 Reagenzgläser, Reagenzglasständer, Gasbrenner, Dreifuß, Abdampfschale, Magnesiumband, Eisenpulver (GHS02), Zinkpulver (GHS02|09), verdünnte Schwefelsäure (GHS05), 25%ige Essigsäure (GHS05)

Gib in 3 Reagenzgläser jeweils etwas von einem Metall und 1 cm hoch verdünnte Schwefelsäure.
Gib in 3 Reagenzgläser jeweils etwas von einem Metall und 1 cm hoch von der verdünnten Essigsäure.

1 ◐ Beobachte und halte die Ergebnisse tabellarisch fest.

Gib nach Ende der Reaktion den flüssigen Rest eines Reagenzglases in die Abdampfschale. Erhitze, bis die Flüssigkeit verdampft ist.

2 ● Erkläre, warum nach dem Abdampfen ein Rückstand vorhanden ist.

Material C

Laugen und Teig

Verdünnte Natronlauge reagiert beim Backen mit Brezelteig. Die Reaktionsprodukte geben dem Gebäck einen besonderen Geschmack.

Achtung • Versuch nicht im Fachraum durchführen!

Brezelteig zubereiten

7 g Trockenhefe und 3 g Zucker in 450 mL lauwarmem Wasser lösen. 700 g Mehl in eine Schüssel geben. Die Hefe-Wasser-Lösung in die Mitte des Mehls mischen und 15 min an einem warmen Ort gehen lassen. Dann 75 g Butter und 10 g Salz zugeben, durchkneten und erneut 45 min gehen lassen. Wieder durchkneten und dann den Teig in 12 Stücke teilen.

Forme Brezeln und tauche sie (mit Handschuhen!) in 4%ige Natronlauge (GHS05). Backe die Brezeln dann bei 200 °C auf Dauerbackpapier.

1 ● Begründe, warum die Natronlauge nach dem Backen nicht mehr gefährlich ist.

Material D

Indikatoren

Manche Indikatoren kann man sich selbst zubereiten, z. B.:

Rotkohlindikator

Kleingeschnittenen Rotkohl mit wenig Wasser kochen. Nach deutlicher Färbung (5 min Kochzeit) die Blätter aus dem Wasser nehmen.

Materialliste: Reagenzgläser, Reagenzglasständer, Rotkohlindikator, Universalindikator, Phenolphthalein, Bromthymolblau, Stoffe aus dem Haushalt (Essig, Kernseife, WC-Reiniger, Essigreiniger, Spülmaschinentabs) und aus dem Labor (verdünnte Säuren und Laugen, GHS05|07)

Untersuche die Stoffe aus dem Haushalt und die verdünnten Säuren und Laugen aus dem Labor auf ihren pH-Wert. Benutze dazu den selbst gemachten Rotkohlindikator und die drei anderen Indikatoren.

1 ○ Protokolliere deine Ergebnisse in einer Tabelle.

2 ● Erläutere, wie man am besten den pH-Wert von Orangensaft bestimmen könnte.

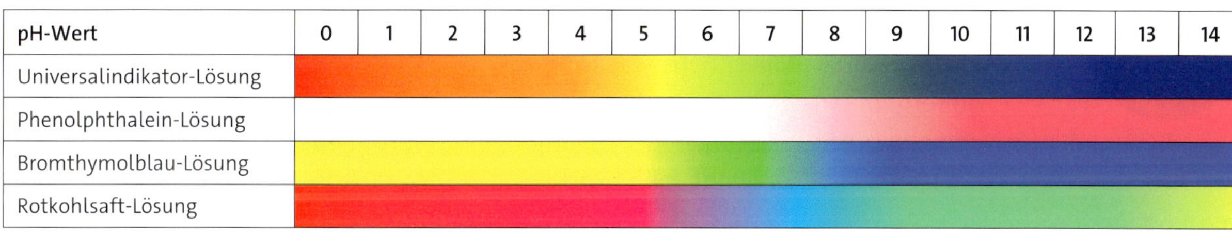

2 Farben von Indikatoren

Material E

Der pH-Wert

Angenommen, du hast eine starke Säure mit pH = 0. Nun verdünnst du diese Säure mit der 10-fachen Menge an Wasser.
Ändert dies den pH-Wert völlig? Liegt der pH-Wert nun in der Nähe von pH = 7?

Materialliste: Messzylinder, Pipette, 3 große Reagenzgläser, Reagenzglasständer, Universalindikator, 10%ige Salzsäure (GHS07), destilliertes Wasser

Gib etwas Säure in Reagenzglas 1. Miss und notiere den pH-Wert.
Gib dann genau 2 mL Säure in Reagenzglas 2. Fülle mit 18 mL destilliertem Wasser auf und miss erneut den pH-Wert.
Gib anschließend genau 2 mL der verdünnten Säure in Reagenzglas 3. Fülle erneut mit genau 18 mL destilliertem Wasser auf. Miss wieder den pH-Wert.

1 ◐ Gib an, wie stark die Säure insgesamt verdünnt wurde und wie sich der pH-Wert geändert hat.

2 ● Erkläre, warum pH = 6 für viele Fischarten noch erträglich, pH = 5 aber tödlich ist.

Die entscheidenden Teilchen

Name der Säure	Formel	ergibt in Wasser
Salzsäure	HCl	H_3O^+ und Cl^-
Flusssäure	HF	H_3O^+ und F^-
Salpetersäure	HNO_3	H_3O^+ und NO_3^-
Schwefelsäure	H_2SO_4	$2\ H_3O^+$ und SO_4^{2-}

1 Beispiele für Säuren

Name der Lauge	Formel	ergibt in Wasser
Natronlauge	$NaOH$	Na^+ und OH^-
Kalilauge	KOH	K^+ und OH^-
Kalkwasser	$Ca(OH)_2$	Ca^{2+} und $2\ OH^-$
Barytwasser	$Ba(OH)_2$	Ba^{2+} und $2\ OH^-$

2 Beispiele für Laugen

Es gibt viele Gemeinsamkeiten zwischen den Säuren – und auch zwischen den Laugen. Woran liegt das?

H_3O^+-Ionen • Wenn man sich die Formeln von Säuren anschaut, stellt man eine Gemeinsamkeit fest: Alle Säuren haben ein „H" in ihrer Formel. → 1
Außerdem leiten alle Säurelösungen den elektrischen Strom. In der Lösung müssen also bewegliche Ionen vorliegen. Inzwischen weiß man, dass alle Säuren H^+-Ionen an Wasser abgeben. Dadurch entstehen H_3O^+-Ionen. → 4
Die Abgabe von H^+-Ionen wird durch eine starke Elektronenverschiebung (EN-Werte s. S. 150/151) weg vom Wasserstoff-Atom ermöglicht. → 3

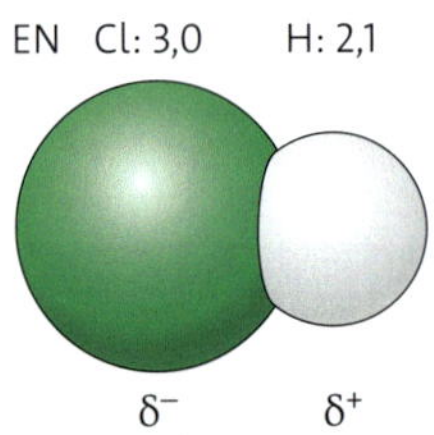

3 Elektronenverschiebung im Chlorwasserstoffmolekül

OH^--Ionen • Auch bei Laugen gibt es eine Gemeinsamkeit: Alle Laugen haben ein „OH" in ihrer Formel. → 2
Laugen leiten den elektrischen Strom, sind also aus Ionen aufgebaut: Alle Laugen enthalten OH^--Ionen.

> H_3O^+-Ionen bzw. OH^--Ionen bewirken die sauren bzw. alkalischen Eigenschaften von Säuren und Laugen.

Säurerest-Ionen • Säurelösungen können nicht nur aus positiven H_3O^+-Ionen bestehen. Es muss zum Ausgleich auch negativ geladene Ionen geben.
Daher besteht jede Säure auch aus sogenannten Säurerest-Ionen. Beispielsweise ist das Chlorid-Ion (Cl^-) das Säurerest-Ion von Salzsäure.
Es liegt an den Säurerest-Ionen, dass die verschiedenen Säuren manche unterschiedliche Eigenschaften haben.
Einige Säuren haben Säurerest-Ionen, die mehrfach geladen sind. Ein Beispiel ist die Schwefelsäure. Dort gibt es zwei negative Ladungen beim Säurerest-Ion und zum Ausgleich zwei H^+-Ionen, die in Wasser H_3O^+-Ionen ergeben. → 1

Metall-Ionen • Laugen bestehen neben den negativen OH^--Ionen auch aus positiven Ionen. Dies sind meistens Metall-Ionen. So enthält Natronlauge Ionen des Metalls Natrium: Na^+-Ionen.

> Säuren bestehen aus Teilchen, die H^+-Ionen an andere Teilchen abgeben können. Im Wasser entstehen so H_3O^+-Ionen. Laugen bestehen aus Metall-Ionen und OH^--Ionen.

das H_3O^+-Ion
das OH^--Ion
das **Säurerest-Ion**
die **Neutralisation**

Neutralisation • Wenn Säuren und Laugen zusammentreffen, treffen H_3O^+-Ionen und OH^--Ionen aufeinander. Dabei reagieren diese beiden Ionen zu neutralen Wassermolekülen. Die Lösung enthält dann keine H_3O^+-Ionen und keine OH^--Ionen mehr:

$$H_3O^+ + OH^- \rightarrow 2\,H_2O$$

Das entstandene Wasser ist neutral (pH = 7). Daher wird diese chemische Reaktion Neutralisation genannt. → 5

Salzbildung • Bei einer Neutralisation bleiben in der Lösung noch das Säurerest-Ion und das Metall-Ion der Lauge übrig. Diese beiden Ionen ergeben zusammen ein Salz.
Dazu ein Beispiel: Salzsäure wird mit Natronlauge neutralisiert. Die Na^+-Ionen aus der Lauge und die Cl^--Ionen aus der Säure ergeben dann NaCl, also Kochsalz (Natriumchlorid):

$$H_3O^+ + Cl^- + Na^+ + OH^- \rightarrow 2\,H_2O + Na^+ + Cl^-$$

Wenn man genau die passenden Mengen an Salzsäure und Natronlauge zusammengibt, erhält man ganz normales Salzwasser.
Wenn man anschließend dieses Salzwasser eindampft, kann man das Salz auch sehen. Die Ionen lagern sich zu Ionengittern zusammen und bilden Salzkristalle. Diese bleiben in der Abdampfschale zurück, wenn das Wasser verdampft ist.

Bei einer Neutralisation entsteht Wasser und ein Salz.

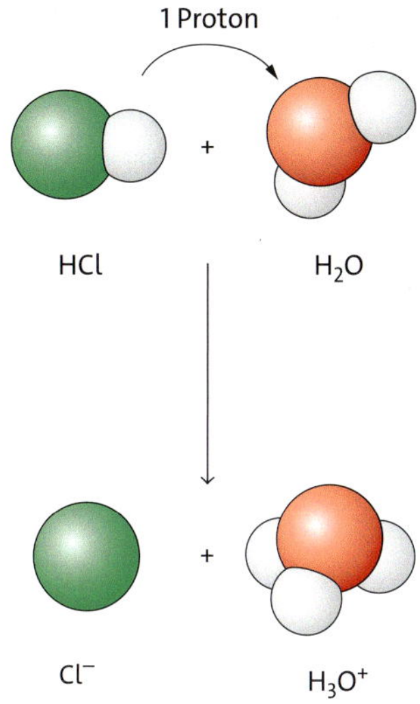

4 Chlorwasserstoff bildet in Wasser H_3O^+-Ionen.

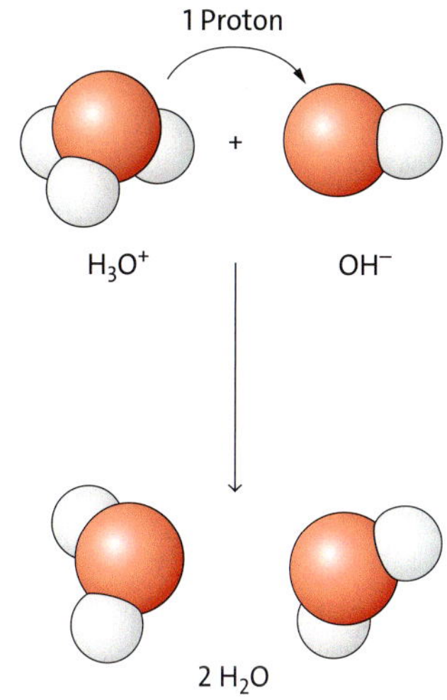

5 Neutralisiation: Aus H_3O^+-Ionen und OH^--Ionen entsteht Wasser.

Aufgaben

1 ○ Nenne jeweils das Ion, das in jeder Säure bzw. in jeder Lauge enthalten ist.

2 ○ Erkläre an einem Beispiel den Begriff „Säurerest-Ion".

3 ○ Erkläre die Neutralisation an einem Beispiel.

4 ◐ Nenne das Salz, das bei der Neutralisation von Salzsäure mit Kalkwasser entsteht.

5 ● Jemand gibt Salzsäure und Natronlauge zusammen. Trotzdem liegt der pH-Wert nachher nicht bei 7, sondern bei 4. Gib mögliche Gründe dafür an.

Die entscheidenden Teilchen

Material A

Die gemeinsamen Teilchen

Hier kannst du die Ionen identifizieren, die allen Säuren bzw. Laugen gemeinsam sind.

Materialliste: 3 Reagenzgläser, Reagenzglasständer, Kochsalz, verdünnte Salzsäure (GHS07), verdünnte Natronlauge (GHS05), Universalindikator

Gib in das erste Reagenzglas etwas Kochsalzlösung, in das zweite etwas Salzsäure und in das dritte etwas Natronlauge. Füge jeweils 2 Tropfen Universalindikator zu.

1 ○ Übertrage Tabelle 1 in dein Heft und notiere deine Beobachtungen darin.

2 ◔ Überlege mithilfe der Tabelle, welches Ion für die Eigenschaften der Säure bzw. der Lauge verantwortlich sein muss. Markiere es rot (Säure) bzw. blau (Lauge).

	Reagenzglas 1	**Reagenzglas 2**	**Reagenzglas 3**
Im Reagenzglas enthaltene Ionen			
Farbe des Indikators			

1 Auswertung des Versuchs

Material B

Neutralisationen

Neutralisationen sind im Labor wichtig, aber auch z. B. in Klärwerken.

Im Klärwerk

Unsere Abwässer sind oft deutlich sauer oder alkalisch. Dann müssen sie im Klärwerk neutralisiert werden, und zwar entweder mit Salzsäure oder mit Kalkwasser. Denn nur Wasser mit einem neutralen pH-Wert darf anschließend in die Umwelt entlassen werden.

Materialliste: kleines Becherglas, Rührstab, Pipette, Brenner mit Dreifuß, Porzellanschale, verdünnte Salzsäure (GHS07), verdünnte Natronlauge (GHS05), Universalindikator

Gib in das Becherglas ca. 10 mL Säure und 2 Tropfen Indikator. Füge dann ca. 5 mL Lauge hinzu. Tropfe nun tropfenweise Lauge dazu. Rühre jeweils gut, bis du eine deutliche Farbveränderung bemerkst.
Gib danach die neutralisierte Lösung in die Porzellanschale und dampfe die Lösung sehr langsam und ganz vorsichtig ein.

Achtung • Zum Schluss des Eindampfens können die Reste spritzen!

1 ◔ Formuliere ein Versuchsprotokoll mit Reaktionsgleichungen.

2 ◔ Erkläre, aus welchem Stoff der Rückstand in der Porzellanschale bestehen muss.

3 ● Formuliere eine Reaktionsgleichung für den Fall, dass saure Abwässer in ein Klärwerk eingeleitet und mit Kalkwasser neutralisiert werden.

Material C

Magensäure neutralisieren

Wenn Magensäure (HCl) aus dem Magen hochsteigt, spürt man das sogenannte Sodbrennen. Wie können Medikamente dagegen helfen?

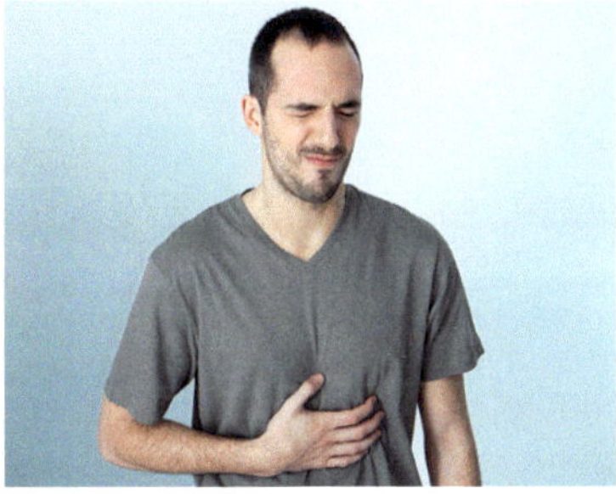

2 Schmerzhaftes Sodbrennen

Materialliste: kleines Becherglas, verdünnte Salzsäure (GHS07), Universalindikator, mehrere Magentabletten (Rennie®, Talcid® oder Riopan®)

Fülle verdünnte Salzsäure 1–2 cm hoch in das Becherglas und gib 2 Tropfen Universalindikator dazu.
Füge dann eine Magentablette zu, rühre um und beobachte die Flüssigkeit.

1 Erkläre die Wirkung des Medikaments im Magen.

Material D

Kleine, flinke Ionen

Lösungen, die bewegliche Ionen enthalten, leiten den elektrischen Strom. H_3O^+- und OH^--Ionen leiten den Strom besonders gut, weil sie gut beweglich sind.

1 „Wenn man Lauge zu einer Säure tropft, sinkt die Leitfähigkeit. Wenn die Säure neutralisiert ist, leitet die Flüssigkeit den Strom überhaupt nicht mehr." Begründe, ob diese Aussage richtig oder falsch ist.

Material E

Rallye zu den Salzen

Bei Neutralisationsreaktionen können viele verschiedene Salze entstehen.

1 Übertrage die Tabelle in dein Heft und ergänze sie. Dazu musst du überall im Buch nach Informationen suchen. Nutze auch das Stichwortverzeichnis im Anhang.
Ergänze die Tabelle, wenn du noch weitere Salze findest.

Name des Salzes	Formel des Salzes	entstanden aus folgender Säure	Säurerest-Ion
Natriumchlorid	$NaCl$	Salzsäure (HCl)	Chlorid-Ion (Cl^-)
...	$MgCl_2$	...	...
Calciumsulfat	...	...	Sulfat-Ion (SO_4^{2-})
...	$KHSO_4$	...	Hydrogensulfat-Ion (HSO_4^-)
...	Li_2CO_3	...	Carbonat-Ion (CO_3^{2-})
Aluminiumhydrogencarbonat	...	...	...
Natriumacetat	...	Essigsäure (CH_3COOH)	...

3 Salze und ihre Namen

Die Schwefelsäure

1 Konzentrierte Schwefelsäure reagiert z. B. mit Baumwolle, mit Zucker und mit Papier.

Schwefelsäure spielt nicht nur in der Industrie eine wichtige Rolle, sondern auch im Haushalt und in der Natur.

Konzentrierte Schwefelsäure • Reine, also 100%ige Schwefelsäure ist eine farblose, ölige Flüssigkeit mit einer hohen Dichte (1,8 g/mL). Sie besteht aus H_2SO_4-Molekülen.

Reaktion mit Wasser • Konzentrierte Schwefelsäure reagiert sehr heftig mit Wasser. Daher ist sie auch stark wasseranziehend (hygroskopisch). Man muss sie gut verschlossen aufbewahren. Sonst zieht sie Luftfeuchtigkeit an und verdünnt sich selbst. Viele Stoffe zerstört sie so, dass dabei Wassermoleküle entstehen, mit denen sie dann reagieren kann. → 1 Daher ist konzentrierte Schwefelsäure sehr gefährlich.

Verdünnte Schwefelsäure • Erst nach dem Verdünnen hat Schwefelsäure die typischen Eigenschaften einer Säure. Denn erst beim Verdünnen mit Wasser spalten sich H^+-Ionen von den H_2SO_4-Molekülen ab:

$$H_2SO_4 + H_2O \rightarrow H_3O^+ + HSO_4^-$$

Neben einem H_3O^+-Ion entsteht dabei als Säurerest-Ion ein HSO_4^--Ion, das Hydrogensulfat-Ion. Dieses Ion kann ein weiteres H^+-Ion abgeben:

$$HSO_4^- + H_2O \rightarrow H_3O^+ + SO_4^{2-}$$

Dabei entstehen SO_4^{2-}-Ionen als Säurerest-Ionen. Sie heißen Sulfat-Ionen. Die Schwefelsäure gehört zu den sogenannten starken Säuren, da sie in Wasser ihre H^+-Ionen sehr leicht und fast vollständig abgibt. Eine Schwefelsäurelösung enthält also fast ausschließlich Ionen (H_3O^+, HSO_4^- und SO_4^{2-}).

die Schwefelsäure
hygroskopisch
dissoziieren
das Hydrogensulfat-Ion
das Sulfat-Ion

Vorsicht beim Verdünnen • Wenn konzentrierte Schwefelsäure mit Wasser reagiert, wird sehr viel Energie frei. Die Säure wird dabei sehr heiß. Daher muss man beim Verdünnen die schwere Säure ins Wasser gießen. Wenn man es umgekehrt macht, bleibt das Wasser oben auf der Säure und erwärmt sich sehr stark. Es kann dann heftig verdampfen und Säuretröpfchen mitreißen.

Verwendung • Sulfate und Hydrogensulfate kommen vielfach in der Natur vor. Oft haben sie in ihrem Ionengitter zusätzlich auch Wassermoleküle eingelagert. Das schreibt man dann beispielsweise so:

$CuSO_4 \cdot 5\,H_2O$

Hier sind fünf Wassermoleküle im Ionengitter von Kupfersulfat einbaut.

Gips • Das bekannteste Sulfat ist Gips (Calciumsulfat). Nach der Gewinnung, z. B. im Bergwerk, wird der Gips auf 130 °C erhitzt. Dabei wird ein Teil des Kristallwassers entfernt. Man sagt, der Gips ist jetzt „gebrannt". Gebrannter Gips wird als Stuck- oder Modellgips verkauft. Beim Anrühren mit Wasser nimmt er wieder Kristallwasser auf und härtet aus. Dabei nimmt sein Volumen zu, sodass er sich beim Modellieren dem Modell genau anpasst.

Konzentrierte Schwefelsäure besteht aus H_2SO_4-Molekülen. Sogar ihr Verdünnen ist gefährlich.

2 Schwefelsäure ist zur Produktion zahlreicher Dinge notwendig, z. B. von Kunstdüngern, Waschmitteln oder Farbstoffen.

3 Ein Kupfersulfat-Kristall

Aufgaben

1 ○ Nenne die Säurerest-Ionen der Schwefelsäure mit Namen und mit Formel.

2 ◔ Beschreibe Vorsichtsmaßnahmen beim Umgang mit Schwefelsäure.

3 ◔ Nenne Vorkommen und Verwendung von Schwefelsäure und ihrer Salze.

Die Schwefelsäure

Material A

Schwefelsäure auf der Waage

Ein Becherglas mit konzentrierter Schwefelsäure wurde offen auf einer Waage stehen gelassen. → 1 2

1 ○ Erkläre, warum die Masse im Lauf der Zeit zunimmt.

1 Zu Beginn

2 Ein Tag später

Material B

Temperaturverlauf beim Verdünnen

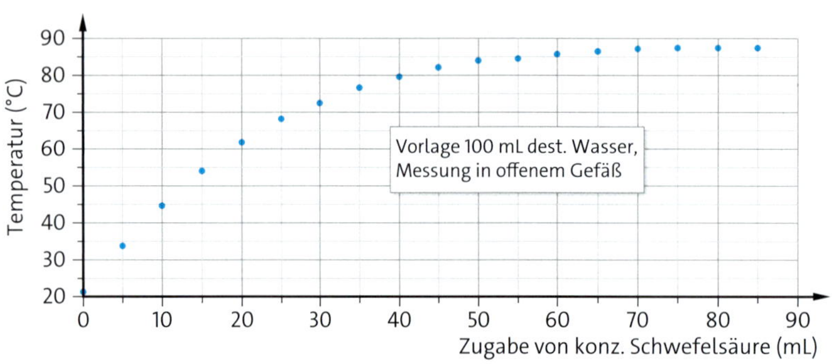

3 Temperaturverlauf bei Zugabe von Schwefelsäure zu Wasser

Du weißt bereits, dass sich konzentrierte Schwefelsäure beim Verdünnen mit Wasser erwärmt. Das soll hier genauer untersucht werden.
Dazu wurde Wasser mit vielen kleinen Portionen konzentrierter Schwefelsäure versetzt. Kurz nach jeder Zugabe von Säure wurde die Temperatur gemessen. → 3

1 ◐ Beim Verdünnen von konzentrierter Schwefelsäure mit Wasser kommt es zu einer chemischen Reaktion. Formuliere die Reaktionsgleichung.

2 ● Erkläre, warum die Temperaturzunahme bei dem Versuch nicht unendlich weitergeht.

Material C

Wie wirken WC-Reiniger?

Löse eine Spatelspitze WC-Reiniger in Wasser und untersuche die Lösung mit Universalindikator.

1 ○ Erkläre, wie der Reiniger Kalkablagerungen entfernt.

2 ◐ Erkläre, warum Kaliumhydrogensulfat ein saures Salz ist.

4 Stoffe in einem WC-Reiniger

Erweitern

Vielfach nützlich

Für Schwefelsäure und ihre Salze gibt es viele nützliche Anwendungen.

Zum Trocknen • Manche Stoffe im Chemielabor würden sofort mit Wasser reagieren. Man muss sie so aufbewahren, dass sie nicht einmal mit Luftfeuchtigkeit in Kontakt kommen. Dabei hilft konzentrierte Schwefelsäure: Ein Exsikkator ist ein verschließbares Glasgefäß. → 5 Unten gibt man konzentrierte Schwefelsäure in das Gefäß. Sie nimmt die Luftfeuchtigkeit auf. Weiter oben ist eine Siebplatte als Abstellfläche für die Stoffe, die trocken gehalten werden sollen.

In Batterien • Jede Batterie hat einen Plus- und einen Minuspol. Damit aus Batterie und Kabeln ein geschlossener Stromkreis wird, muss der Strom auch innen in der Batterie fließen können. Daher enthalten viele Batterien Salze oder Säuren, also auch Ionen. Autobatterien enthalten Blei-Atome und Blei-Ionen. → 6 Diese reagieren miteinander, tauschen dabei Elektronen aus und setzen so den Stromfluss in Gang. Außerdem enthalten Autobatterien Schwefelsäure – weil in der Batterie Bleisulfat entstehen soll.

Zum Wassernachweis • Kupfersulfat gibt es in zwei Formen – mit oder ohne Kristallwasser. Ohne Kristallwasser ist Kupfersulfat weiß, mit Kristallwasser ist es blau. → 7 Mit weißem Kupfersulfat kann man daher selbst kleine Tröpfchen Wasser nachweisen – durch Blaufärbung.

Beim Röntgen • Auf normalen Röntgenbildern ist unser Magen ziemlich unsichtbar. Das ändert sich, wenn man etwas Bariumsulfat im Magen verteilt. Bariumsulfat ist also ein Röntgenkontrastmittel. Außerdem ist Bariumsulfat in Wasser fast unlöslich. Daher wird dieses eigentlich ungesunde Salz vom Körper nicht aufgenommen.

Aufgaben

1 Begründe, warum man den Rand des Exsikkatordeckels vorher mit Fett einschmiert. → 1

2 Wenn eine Kerze brennt, entsteht nicht nur Kohlenstoffdioxid, sondern auch Wasser. Schlage einen Versuchsaufbau vor, wie man das beweisen könnte.

5 Exsikkator

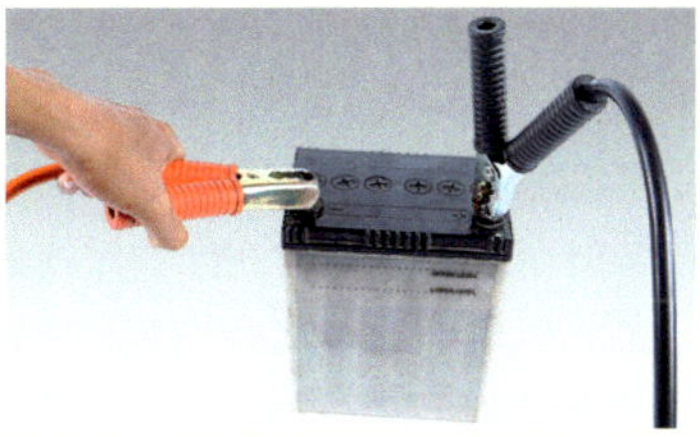

6 Autobatterie

7 Wasser auf Kupfersulfat

Salzsäure und andere Säuren

1 Der „Springbrunnenversuch“: Hier zieht Chlorwasserstoffgas bei der Reaktion sogar Wasser nach oben.

2 Auf einem Ameisenhügel: Ameisensäure färbt Indikatorpapier rot.

Salzsäure heißt so, weil man sie aus Salz herstellen kann.

Chlorwasserstoff • Wenn man konzentrierte Schwefelsäure auf Kochsalz tropft, entsteht ein Gas: Chlorwasserstoff. Es ist farblos und stark ätzend. In Wasser ist es extrem gut löslich und bildet dabei Salzsäure.
Salzsäure reagiert wie andere Säuren mit Kalk und mit Metallen. Dabei bilden sich ihre Salze, die Chloride. Eine Mischung von konzentrierter Salzsäure mit konzentrierter Schwefelsäure wird „Königswasser“ genannt, weil sie sogar Gold, die „Königin der Metalle“, auflöst, also mit Gold reagiert.
In der Natur kommt Salzsäure außer in vulkanischen Seen vor allem im Magen von Menschen und Wirbeltieren vor. In der chemischen Industrie ist sie eine der wichtigsten Grundchemikalien.

Chlorwasserstoff löst sich gut in Wasser. Dabei entsteht Salzsäure.

Andere Säuren in der Natur und im Haushalt • In der Natur kommen weitere wichtige Säuren vor: Ameisensäure dient nicht nur Ameisen zur Verteidigung, sondern spielt auch bei anderen Tieren und Pflanzen eine Rolle, z. B. bei Brennnesseln. Essigsäure ist als Essigessenz oder in starker Verdünnung als Haushaltsessig bekannt. Da Ameisensäure und Essigsäure sehr gut biologisch abbaubar sind, nutzt man sie in vielen Reinigungsmitteln.

Viele Säuren finden wir in Nahrungsmitteln • Kohlensäure bewirkt den sprudeligen Geschmack in vielen Getränken. Saure Gurken werden durch Essigsäure konserviert. Im Brot wird Sorbinsäure eingesetzt, um Verschimmeln zu verhindern. Fleisch- und Fischprodukten wird oft Benzoesäure zugesetzt.

die Salzsäure
der Chlorwasserstoff
die Essigsäure
die Kohlensäure
das Nichtmetalloxid

Eine weitere Säure, die zur Konservierung eingesetzt wird, ist die Propionsäure. Da die Propionsäure die Lebensmittel aber geschmacklich verändert, wird sie zunehmend durch die Sorbinsäure ersetzt.
Fruchtsäuren wie Citronensäure, Weinsäure oder Äpfelsäure geben Fruchtgetränken ihren typischen Geschmack. Milchsäure findet man in Joghurt, Quark oder Käse. Sie ist aber auch für die „Übersäuerung" im Muskel bei intensivem Sport verantwortlich.

Saurer Regen • In den 1980er Jahren stellte man mit Erschrecken fest, dass der Regen immer mehr Säure enthielt. Der pH-Wert des Regens lag immer weiter unter pH = 7. Dies bedrohte vor allem die Umwelt; man befürchtete ein allgemeines „Waldsterben". Was war geschehen?

Nichtmetalloxide • Wenn man Kohlenstoff verbrennt, entsteht Kohlenstoffdioxid. Kohlenstoffdioxid kann mit Wasser eine Säure bilden: Kohlensäure. Ähnlich ist es, wenn man Schwefel verbrennt. Dann entsteht Schwefeldioxid und daraus später z. B. Schwefelsäure. Allgemein gilt: Die Oxide von Nichtmetallen (Kohlenstoff, Schwefel, Stickstoff ...) bilden mit Wasser Säuren. In der Industrie oder in Automotoren werden Nichtmetalle verbrannt, z. B. Kohlenstoff in Treibstoffen oder Schwefel als Verunreinigung von Kohle. Die Abgase enthalten also viele Nichtmetalloxide. Zusammen mit dem Wasser des Regens ergibt das den sauren Regen.

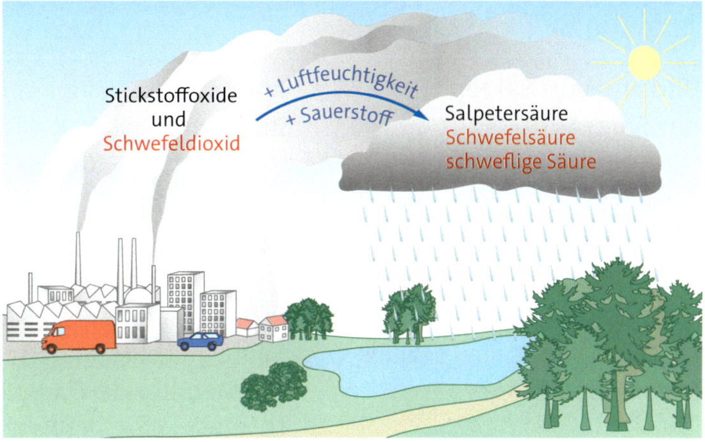

3 Entstehung von saurem Regen

Heutzutage aber hat man das Problem des sauren Regens weitgehend in den Griff bekommen. Man verwendet jetzt z. B. Treibstoffe mit geringerem Schwefelanteil, es gibt Entschwefelungsanlagen in Kraftwerken und die Autos sind nun mit Abgaskatalysatoren ausgerüstet. Der pH-Wert des Regens liegt heute wieder deutlich näher an pH = 7.

Die Oxide von Nichtmetallen reagieren mit Wasser zu Säuren.

Aufgaben

1 ○ Nenne Eigenschaften von Salzsäure.

2 ◐ Erkläre, warum Wasser nach dem Einleiten von Chlorwasserstoffgas den elektrischen Strom leitet.

3 ◐ Beschreibe mit eigenen Worten, wie Abgase zu saurem Regen führen können.

Salzsäure und andere Säuren

Material A

Bildung von Salzen der Salzsäure

Materialliste: Magnesiumband (GHS02), Zinkgranulat (GHS09), Kupferpulver (GHS02|09), verdünnte Salzsäure (GHS07), 3 Reagenzgläser, Reagenzglasständer, Spatel

Gib in je ein Reagenzglas 2 cm Säure und 2 cm Magnesiumband, ein Korn Zink bzw. eine Spatelspitze Kupferpulver. Beobachte. Dampfe die Lösungen nach der Reaktion ein.

1 Benenne die entstandenen Salze.

Materialliste: Magnesiumoxid, Zinkoxid (GHS09), Kupferoxid (GHS07|09), verdünnte Salzsäure (GHS07), 3 Reagenzgläser, Reagenzglasständer, Spatel

Gib in je ein Reagenzglas 2 cm Säure und eine Spatelspitze der Metalloxide. Dampfe die Lösungen nach der Reaktion ein.

2 Benenne auch hier die entstandenen Salze.

3 Formuliere einen Merksatz, auf welchen verschiedenen Wegen Salze entstehen können.

Material B

Geschwefelte Früchte

Viele Früchte, z. B. Aprikosen, sind nur ein paar Tage lang haltbar. Durch Trocknen und durch Behandlung mit dem Gas Schwefeldioxid kann man ihre Haltbarkeit verlängern. Untersuche verschiedene Trockenfrüchte mit feuchtem Indikatorpapier.

1 Versuche zu erklären, wieso Schwefeldioxid die Haltbarkeit erhöht.

2 Erkläre, weshalb das Schwefeln von Früchten umstritten ist.

1 Haltbar durch Schwefeldioxid

Material C

Feststoffe als Säuren

Bei Säuren denkt man immer an Flüssigkeiten. Aber auch Gase können Vorläufer von Säuren sein, z. B. Chlorwasserstoff oder Schwefeldioxid. Dies gilt auch für Feststoffe.

Materialliste: Citronensäure (GHS07), Ascorbinsäure (Vitamin C), Indikatorpapier

Untersuche die beiden Säuren zuerst mit trockenem, dann mit feuchtem Indikatorpapier.

1 Zitronensaft besteht zu etwa 6 % aus Citronensäure. Erkläre, weshalb man ihn trotzdem trinken kann.

2 Versuche zu erklären, warum das trockene Indikatorpapier keine Säuren anzeigt.

2 Citronensäure – ein Feststoff

Material D

Kohlensäure – eine unbeständige Säure

Kohlenstoffdioxid entweicht leicht aus Sprudelwasser, vor allem bei Unterdruck und beim Erwärmen.

Materialliste: Kolbenprober, Sprudelwasserflasche, Stück Gummischlauch, Becherglas, Kalkwasser

Verbinde die offene Flasche über das Schlauchstück mit dem Kolbenprober. Die Verbindung muss luftdicht sein. → 3 Bewege dann den Kolbenprober nach oben und wieder nach unten. Beobachte genau. Ziehe dann den Kolbenprober wieder hoch und drücke das aufgefangene Gas in Kalkwasser.

1 ▢ Beschreibe und erkläre deine Beobachtungen.

3 Unterdruck anlegen

Materialliste: Becherglas, Brenner mit Dreifuß, Sprudelwasser, Universalindikator

Gib ca. 100 mL Sprudelwasser mit einigen Tropfen Indikator in das Becherglas. Erhitze bis zum Kochen und beobachte genau.

2 ▢ Erkläre das Versuchsergebnis.

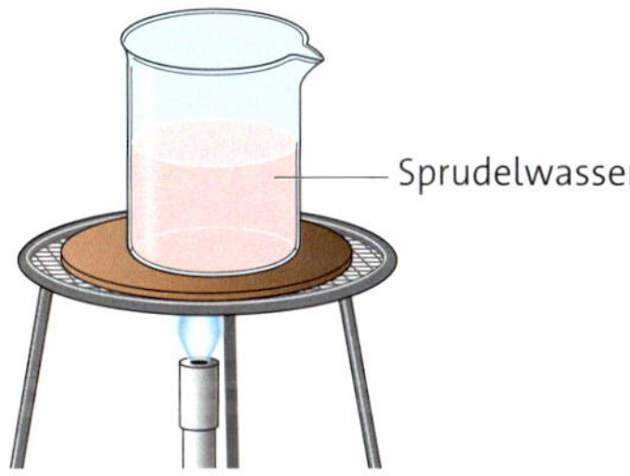

4 Sprudelwasser erwärmen

Material E

Sprudelwasser herstellen

Materialliste: Becherglas, Kohlenstoffdioxid (GHS04), Universalindikator

Gib in das Becherglas Wasser und etwas Indikator. Lass dann die Lehrkraft Kohlenstoffdioxid in das Wasser geben. Du kannst den Versuch auch mit Indikatorpapier und einem Sprudler zu Hause machen.

1 ◑ Erstelle ein Versuchsprotokoll.

2 ◑ Beschreibe die Anlage in Bild 5 und erkläre, auf welche Weise dort Sprudelwasser hergestellt wird.

3 ● Vergleiche die industrielle Herstellung von Sprudelwasser in Bild 5 mit der Funktionsweise eines haushaltsüblichen Sprudlers.

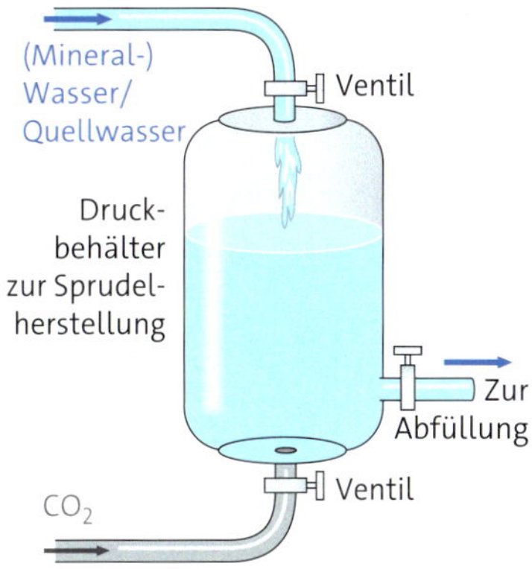

5 Herstellung von Sprudelwasser in der Industrie

Die Laugen

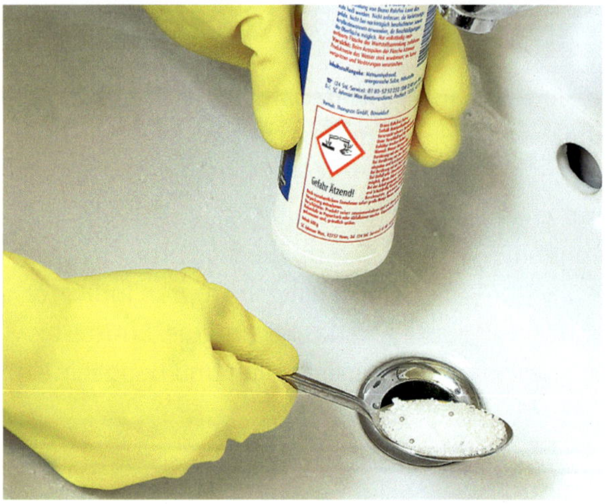

1 Rohrreiniger zersetzen Schmutz.

2 Auch Backofensprays zersetzen Schmutz.

Wenn man Rohrreiniger oder Backofensprays mit einem Indikator untersucht, stellt man fest, dass sie gar keine Säuren enthalten, sondern stark alkalisch reagieren.

Hydroxid-Ionen • Laugen enthalten OH^--Ionen. Diese Ionen nennt man auch Hydroxid-Ionen.
Festes Natriumhydroxid (NaOH) ist z. B. in Rohrreinigern enthalten. Wenn man dieses in Wasser gibt, bildet sich Natronlauge.

Laugen sind aggressiv • Laugen greifen viele Stoffe an. Auf diese Weise können sie z. B. die Rückstände im Abflussrohr auflösen.
In Backofensprays helfen sie, hartnäckige Verschmutzungen zu beseitigen. Sogar alte Farben und Lacke kann man mit Abbeizmitteln entfernen. Diese enthalten meist starke Laugen. Daher heißt dieser Vorgang auch „Ablaugen".

Laugen aus Alkalimetallen • Laugen entstehen auch, wenn Alkalimetalle (Elemente der 1. Hauptgruppe) mit Wasser reagieren. Diese Reaktion verläuft unterschiedlich stark. Die Reaktion von Lithium mit Wasser verläuft recht langsam. Natrium reagiert schon stärker. Bei Kalium sieht man meist eine Feuererscheinung durch brennenden Wasserstoff. Dieser entsteht bei der Reaktion und kann sich bei starker Wärmeentwicklung entzünden.

Laugen aus Erdalkalimetallen • Auch die Elemente der 2. Hauptgruppe, die Erdalkalimetalle, reagieren mit Wasser ähnlich, aber nicht so heftig. Die bekannteste Lauge der Erdalkalimetalle ist die Calciumlauge (Kalkwasser). Sie dient z. B. zum Nachweis von Kohlenstoffdioxid.

Laugen entstehen z. B. bei der Reaktion von Metallen mit Wasser.

das Hydroxid

Laugen aus Metalloxiden • Laugen kann man auch aus den Oxiden von Metallen gewinnen. So lässt sich z. B. Calciumlauge gut aus Calciumoxid herstellen, das man in Wasser gibt.

Calciumoxid + Wasser
→ Calciumhydroxid (gelöst)

Hydroxide • Wenn man Laugen eindampft, sieht man feste, salzartige Rückstände. Diese entstehen, weil sich die Ionen der Laugen zu einem Ionengitter zusammenlagern. → 3

Wasserlösliche Hydroxide • Viele Hydroxide sind wasserlöslich. Wenn man sie in Wasser gibt, wird das Ionengitter gelöst und es entstehen Laugen.
In vielen Fällen sind diese Hydroxide auch hygroskopisch: Wenn man sie nicht geschützt aufbewahrt, nehmen sie Luftfeuchtigkeit auf und lösen sich darin. → 4

Schwer lösliche Hydroxide • Es gibt aber auch Hydroxide, die sich nur schlecht in Wasser lösen.
Ein Beispiel ist Calciumhydroxid. Wenn man also Calciumlauge aus Calcium oder aus Calciumoxid herstellen will, entsteht erst einmal ein trübes Gemisch. Dieses muss man filtrieren. Erst dann erhält man die klare Calciumlauge.

Laugen entstehen auch bei der Reaktion von Metalloxiden mit Wasser oder beim Lösen von Metallhydroxiden in Wasser.

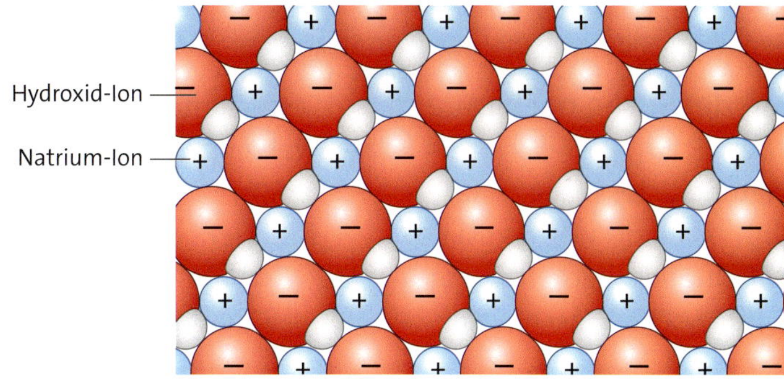

3 Modelldarstellung von festem Natriumhydroxid

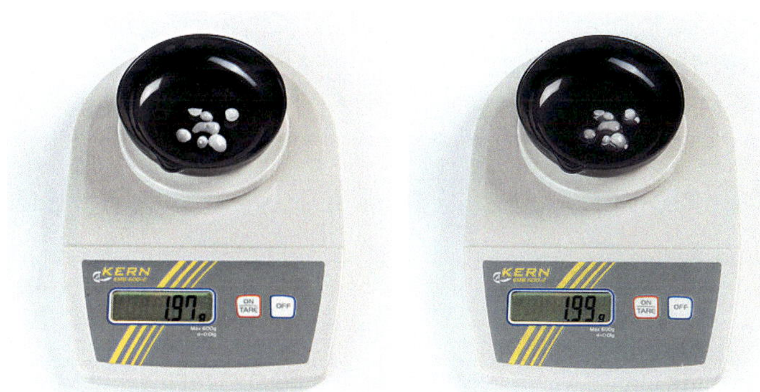

4 Natriumhydroxid – zu Beginn und zwei Stunden später

Aufgaben

1 ○ Nenne den Bestandteil von Rohrreinigern, der die Rückstände im Abflussrohr angreift.

2 ○ Nenne mehrere Reaktionen, bei denen Laugen entstehen.

3 ◐ Erläutere, was Hydroxide sind. Wie entstehen sie?

4 ● Was geschieht beim „Ablaugen" von alten Farben? Welche Eigenschaften der Lauge macht man sich hier zunutze?

Die Laugen

Material A

Auf der Suche nach Laugen

Materialliste: Reagenzglas, Universalindikator, Kernseife, Waschlotion, Backofenspray, Schmierseife, Waschmittel

Untersuche die einzelnen Stoffe im Reagenzglas mit je 2 Tropfen Indikator. Nach jeder Untersuchung muss das Reagenzglas gut gespült werden. Feste Stoffe müssen vorher in Wasser gelöst werden.

1 Nenne die Stoffe, die (in Wasser gelöst) Laugen enthalten.

2 Erkläre, warum Seifenwasser im Auge brennt. Gib auch den Grund dafür an, weshalb sich Laugen seifig anfühlen.

Name des Hydroxids	Name der Lauge	Ionen in der Lösung
Natriumhydroxid (Ätznatron)	Natronlauge (Natriumlauge)	Na^+, OH^-
Kaliumhydroxid (Ätzkali)	Kalilauge (Kaliumlauge)	K^+, OH^-
Calciumhydroxid	Kalkwasser (Calciumlauge)	Ca^{2+}, 2 OH^-
Bariumhydroxid	Barytwasser (Bariumlauge)	Ba^{2+}, 2 OH^-

1 Übersicht über einige Hydroxide und Laugen

Material B

Einen Rohrreiniger untersuchen

Materialliste: Reagenzglas, Pinzette, Universalindikator, Rohrreiniger

Trenne mit der Pinzette die einzelnen Bestandteile des Rohrreinigers. → 2
Untersuche diese dann jeweils durch Lösen in Wasser und mit dem Indikator.

1 Erkläre, wie die einzelnen Bestandteile wirken.

2 Stoffe in einem Rohrreiniger

Material C

Kalkwasser selbst herstellen

Materialliste: Becherglas (ca. 200 mL), Filterpapier, Trichter und passender Erlenmeyerkolben, Trinkhalm, Spatel, Calciumoxid (GHS05|07)

Löse eine Spatelspitze Calciumoxid im Becherglas in ca. 100 mL Wasser. Filtriere das entstandene Gemisch in den Erlenmeyerkolben. Das Filtrat ist eine klare Lösung.

Blase mehrmals vorsichtig mit dem Trinkhalm ausgeatmete Luft in das selbst hergestellte Kalkwasser.

Achtung • Nicht am Trinkhalm saugen!

1 Erkläre, warum das Filtrieren beim Herstellen von Kalkwasser notwendig ist.

3 Trübung von Kalkwasser

Material D

Laugen herstellen

Materialliste: 4 Reagenzgläser, Reagenzglasständer, Gasbrenner, Pinzette, Schleifpapier, Spatel, Magnesiumband, Magnesiumoxid, Calcium (GHS02), Universalindikator

Gib 2 cm gut angeschliffenes Magnesiumband im Reagenzglas in 2 mL Wasser. Füge 2 Tropfen Indikator hinzu und beobachte. Erwärme dann das Reagenzglas leicht und beobachte erneut.
Wiederhole den Versuch mit ein wenig Magnesiumoxid.
Stelle dann ein Reagenzglas mit 4 mL Wasser und etwas Indikator in das Reagenzglasgestell. Gib 2 Körnchen Calcium mit der Pinzette hinein.
Fange das entstehende Gas auf, indem du ein weiteres Reagenzglas auf das abgestellte Reagenzglas stellst. Mache damit die Knallgasprobe.

1 Protokolliere und vergleiche die Ergebnisse der Teilversuche.

2 Erkläre, warum es hier zur Entstehung von Laugen kommt.

Material E

Trockene Hydroxide

Materialliste: Leitfähigkeitsmessgerät, Becherglas, Uhrglas, Indikatorpapier, Natriumhydroxid-Plätzchen (GHS05)

Untersuche ein Natriumhydroxid-Plätzchen auf Leitfähigkeit. Löse es dann in Wasser und miss erneut.
Untersuche außerdem ein Natriumhydroxid-Plätzchen zuerst mit trockenem, dann auch mit feuchtem Indikatorpapier.

1 Erkläre die Beobachtungen.

Material F

Der technische Kalkkreislauf

Calciumhydroxid ist in Kalkmörtel enthalten. Kalkmörtel reagiert beim Hausbau allmählich zu Kalkstein, der die Mauersteine fest verbindet.

1 Bild 4 stellt dar, wie Calciumhydroxid in der Technik gewonnen wird. Erkläre die Zusammenhänge in dem Bild mit Wortgleichungen. Versuche auch Symbolgleichungen zu erstellen.

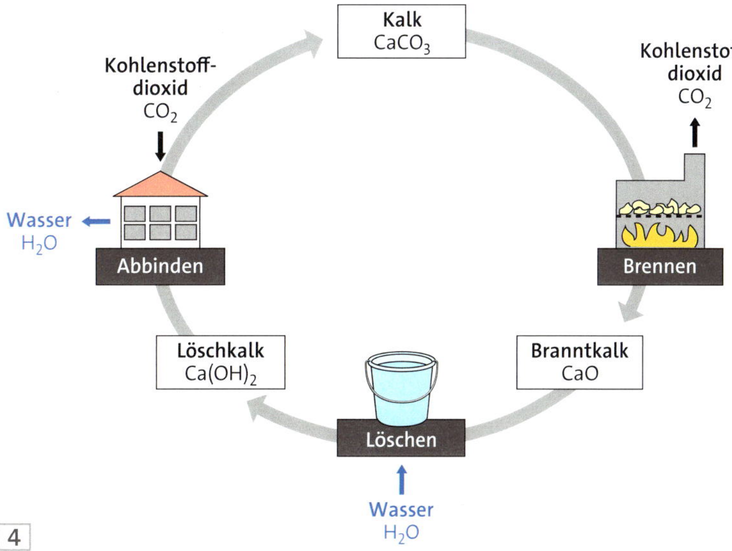

4

Die Laugen

Erweitern

Ammoniak

Alkalische Reaktion • Ammoniak ist in manchen Reinigern enthalten. Es hat einen typisch stechenden Geruch.
Die Formel von Ammoniak lautet NH_3. Es gibt also kein „OH“ in der Formel und Ammoniak dürfte somit also keine Lauge bilden.
Trotzdem reagiert Ammoniak alkalisch. Ammoniak reagiert nämlich mit Wasser.

$$NH_3 + H_2O \rightarrow NH_4^+ + OH^-$$

Bei dieser Reaktion entstehen OH^--Ionen. Die entstehende Lauge nennt man Ammoniakwasser.

Eigenschaften • Ammoniak ist bei Raumtemperatur ein Gas. Es ist gut wasserlöslich, aber nur ein kleiner Teil reagiert mit Wasser zur Lauge. Als „Salmiakgeist“ bezeichnet man ca. 10%iges Ammoniakwasser.
Ammoniak sollte nicht eingeatmet werden. Auf der Haut verursacht es starke Reizungen.

Ammoniak bildet Salze • In Bild 1 steht konzentriertes Ammoniakwasser neben konzentrierter Salzsäure. Das aufsteigende Ammoniak reagiert mit den Salzsäuredämpfen.

$$NH_3 + HCl \rightarrow NH_4Cl$$

Das entstehende Ammoniumchlorid ist ein Feststoff und bildet hier einen sichtbaren weißen Rauch. → 1 So lässt sich Ammoniak leicht nachweisen.
Ammoniumchlorid ist ein Salz. Es besteht aus Ammonium-Ionen NH_4^+ und Chlorid-Ionen Cl^-.

Verwendung von Ammoniumsalzen • Ammoniumchlorid ist oft in Lakritz als Geschmacksverstärker enthalten. In Salmiakpastillen wirkt es schleimlösend.
Hirschhornsalz ist ein Gemisch aus Ammoniumhydrogencarbonat und Ammoniumcarbonat. Es wird im Handel als Backtreibmittel verkauft.

1 Konzentriertes Ammoniakwasser und konzentrierte Salzsäure nebeneinander

Vertiefen

Geben und Nehmen von Protonen

Protonen aufnehmen • Was genau geschieht, wenn Ammoniak mit Wasser reagiert? Das Ammoniakmolekül nimmt dann ein H^+-Ion, ein Proton, auf. → 2
Das Ammoniakmolekül ist also ein Protonenakzeptor, ein „Protonenaufnehmer". Dies ist typisch für Teilchen, die alkalisch reagieren. Auch das Hydroxid-Ion (OH^-), das typische Teilchen der Laugen, kann Protonen aufnehmen. Dies geschieht z. B. bei Neutralisationsreaktionen. Dann nimmt das OH^--Ion ein Proton auf und wird zu einem Wassermolekül. → 3

Protonen abgeben • Natürlich muss es auch Teilchen geben, die Protonen abgeben.
Das ist typisch für Säuren. In Bild 3 ist es das Oxonium-Ion (H_3O^+), also das typische Säureteilchen, das ein Proton abgibt.
Säureteilchen sind Protonendonatoren, also „Protonengeber". Sie übertragen Protonen auf ihre Gegenspieler, die Protonenakzeptoren.

Wasser in der Mitte • Auch Wassermoleküle können Protonen abgeben. Dies geschieht, wenn ein Protonenakzeptor als Reaktionspartner vorhanden ist, z. B. in Bild 2.
Wassermoleküle können aber auch Protonen aufnehmen. Dies ist dann der Fall, wenn ein Protonendonator in der Nähe ist, z. B. ein Chlorwasserstoffmolekül.
Wassermoleküle stehen in ihren Reaktionen also in der Mitte zwischen sauren und alkalischen Teilchen. Daher ist Wasser neutral.

Aufgaben

1 ○ Erkläre die Begriffe Protonendonator und Protonenakzeptor.

2 ● Ammonium-Ionen können Protonen abgeben. Beschreibe so wie in Bild 3 die Reaktion von Ammoniumchlorid mit Kalilauge.

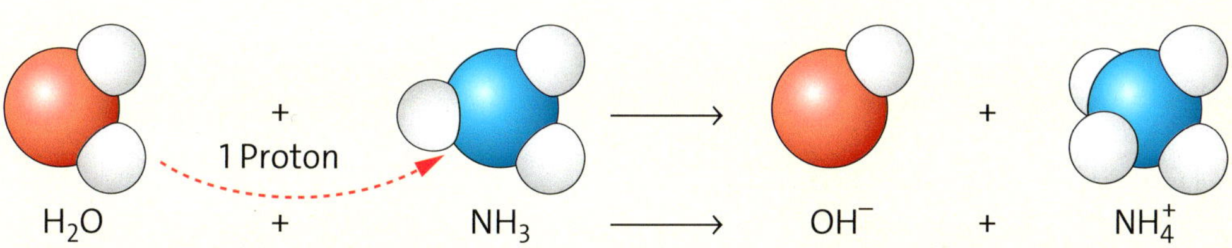

2 Ein Wassermolekül überträgt ein Proton auf ein Ammoniakmolekül.

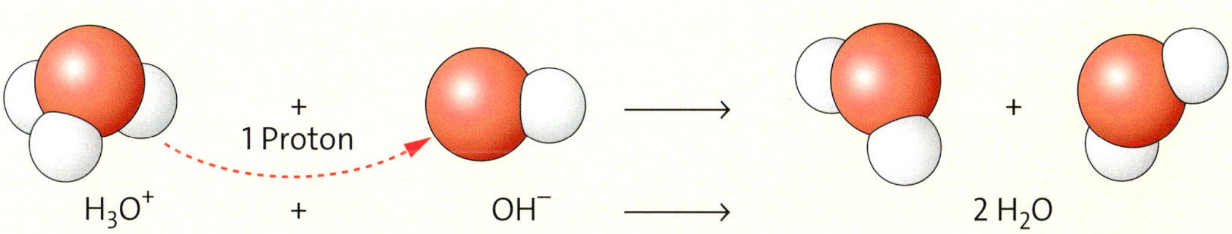

3 Ein Oxonium-Ion überträgt ein Proton auf ein Hydroxid-Ion.

Säuren und Laugen

Zusammenfassung

Eigenschaften • Säuren haben ebenso wie die Laugen eine Reihe von gemeinsamen Eigenschaften. → 1

Die H_3O^+-Ionen sind für die gemeinsamen Eigenschaften der Säuren, die OH^--Ionen für die gemeinsamen Eigenschaften der Laugen verantwortlich.

Unterschiede • Verschiedene Säuren unterscheiden sich im negativ geladenen Säurerest-Ion. Verschiedene Laugen unterscheiden sich in einem positiv geladenen Ion (oft Metall-Ion).

Eigenschaft	Säuren	Laugen
Ionen in Lösung	H_3O^+	OH^-
leiten elektrischen Strom	ja	ja
Färbung Universalindikator	rot bis gelb	blau bis blaugrün
pH-Wert	0 bis fast 7	über 7 bis 14
reagieren mit	unedlen Metallen und Kalk	
Besonderheiten	schmecken sauer	fühlen sich seifig an

1 Eigenschaften von Säuren und Laugen

Die Neutralisation • Wenn Säuren und Laugen zusammentreffen, lagern sich die H_3O^+-Ionen der Säure und die OH^--Ionen der Lauge zusammen. Dabei bildet sich neutrales Wasser.

Salzbildung bei der Neutralisation • Die negativ geladenen Rest-Ionen der Säure und die positiv geladenen Ionen der Lauge bilden ein Salz. Bei der Neutralisation entsteht also eine Salzlösung. Wird diese eingedampft, lagern sich die Ionen zu Ionengittern (= Salzkristallen) zusammen.

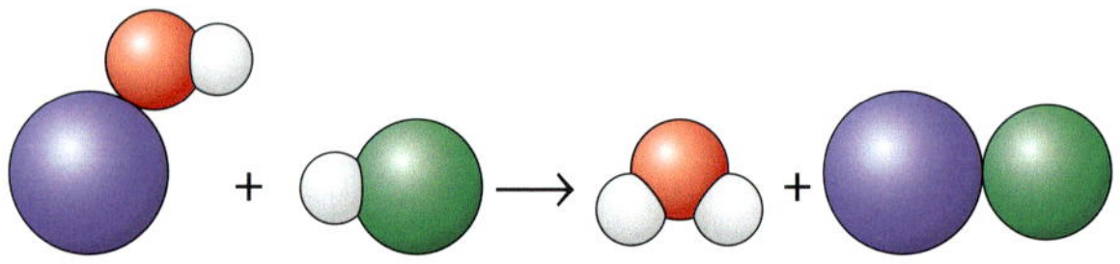

NaOH + HCl ⟶ H_2O + NaCl

$Na^+ + OH^-$	+	$H_3O^+ + Cl^-$	→	$2\,H_2O$	+	$Na^+ + Cl^-$
Natronlauge	+	Salzsäure	→	Wasser	+	Kochsalz

2 Neutralisation von Salzsäure und Natronlauge

Schwefelsäure und Wasser • Konzentrierte Schwefelsäure besteht aus H_2SO_4-Molekülen. Erst wenn diese mit Wasser reagieren, entstehen die H_3O^+-Ionen der Säure. Dabei können zwei Säurerest-Ionen entstehen: HSO_4^- und SO_4^{2-}.
Die aus ihnen entstehenden Salze heißen Hydrogensulfate und Sulfate.
Konzentrierte Schwefelsäure ist auch deshalb gefährlich, weil sie aus sehr vielen Stoffen Wasser zur Verdünnung abspaltet und die Stoffe dadurch völlig zerstört.

3 Calciumsulfat (= Gips) ist ein Salz der Schwefelsäure, das 2 Wassermoleküle pro $CaSO_4$ einlagern kann. Dies wird als Formel so ausgedrückt: $CaSO_4 \cdot 2\,H_2O$

Salzsäure • Das Chlorwasserstoffgas (HCl) löst sich gut in Wasser. Dabei entsteht die Salzsäure. Ihre Salze sind die Chloride mit dem Säurerest-Ion Cl^-.

Andere wichtige Säuren • In der Natur und im Haushalt begegnen wir weiteren Säuren: Kohlensäure in saurem Sprudel, Essigsäure in Reinigern, in Haushaltsessig und Konserven. Propionsäure, Benzoesäure und Sorbinsäure werden als Konservierungsmittel verwendet und verschiedene Fruchtsäuren wie Citronensäure oder Äpfelsäure kommen in Früchten vor.

Name der Säure	Säurerest-Ion	Name ihrer Salze
Salzsäure	Cl^-	Chloride
Schwefelsäure	HSO_4^- SO_4^{2-}	Hydrogensulfate Sulfate
Kohlensäure	HCO_3^- CO_3^{2-}	Hydrogencarbonate Carbonate
Essigsäure	H_3CCOO^-	Acetate

4 Säuren und ihre Salze

Wie entstehen Säuren? • Die Oxide von Nichtmetallen reagieren mit Wasser zu Säuren.

Ein Beispiel • Die Bildung von schwefliger Säure im „sauren Regen".
Oxidbildung bei der Verbrennung:

$$S + O_2 \rightarrow SO_2$$

Bildung der Säure:

$$SO_2 + H_2O \rightarrow H_2SO_3$$

5 Der saure Regen schädigt Bäume.

Wie entstehen Laugen? • Laugen bilden sich bei der Reaktion von Wasser mit Metallen oder auch mit Metalloxiden. Laugen entstehen außerdem beim Lösen von festen Hydroxiden in Wasser.

Beispiele:
Natrium + Wasser → Natronlauge + Wasserstoff

Calciumoxid + Wasser → Calciumlauge

Natriumhydroxid + Wasser → Natronlauge

Name der Lauge	Name des festen Hydroxids	Ionen in der Lösung
Natronlauge	Natriumhydroxid	Na^+ und OH^-
Calciumlauge (Kalkwasser)	Calciumhydroxid (Löschkalk)	Ca^{2+} und OH^-
Kalilauge	Kaliumhydroxid (Ätzkali)	K^+ und OH^-

6 Einige wichtige Laugen

Teste dich! (Lösungen im Anhang)

1 ○ Nenne gemeinsame Eigenschaften von Säuren.

2 ○ Nenne gemeinsame Eigenschaften von Laugen.

3 ○ Welche Ionen sind für die gemeinsamen Eigenschaften von Säuren, welche für die gemeinsamen Eigenschaften von Laugen verantwortlich?

4 ○ Was gibt der pH-Wert an?

5 ○ Welche pH-Werte haben Säuren, welche Laugen?

6 ○ Bei welchem pH-Wert ist eine Lösung neutral?

7 ◐ Welche Säure ist stärker: Konzentrierte Essigsäure (pH 2,5) oder die Magensäure (ca. pH 1,5)?

8 ○ Wie kann man den pH-Wert einer Lösung bestimmen?

9 ◐ Wofür stehen die Buchstaben A, B und C in der Zeichnung? → 1

10 ◐ Was ist ein Säurerest-Ion?

11 ◐ Übertrage die Tabelle von Bild 2 in dein Heft und fülle sie aus.

12 ◐ Erkläre den Begriff „Neutralisation".

13 ◐ Welche Stoffe entstehen bei einer Neutralisation?

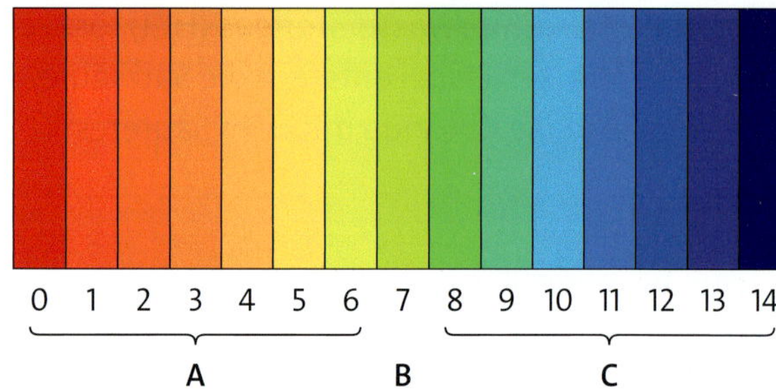

1 pH-Skala

Name der Säure	Ionen in Lösung	Name der Salze
Salzsäure		
	H_3O^+ und SO_4^{2-}	
		Hydrogen-carbonate
Essigsäure		
	H_3O^+ und HSO_4^-	

2 Säuren und ihre Salze

3 Maßnahme gegen das Waldsterben

14 ● Das Salz Natriumsulfat entstand bei einer Neutralisation. Welche Säure und welche Lauge haben reagiert?

15 ● Das Flugzeug im Bild 3 wurde als Maßnahme gegen den sauren Regen eingesetzt. Erkläre, was es verteilt haben könnte.

16 Erkläre, warum konzentrierte Schwefelsäure schwere Verletzungen verursachen kann. → 4

17 Nenne Stoffe, die mit Schwefelsäure produziert werden.

18 Erkläre die folgende Formel: $CuSO_4 \cdot 5\ H_2O$. Beschreibe den Aufbau dieses Stoffs.

19 Welche Ionen finden wir in einer Flasche Salzsäure?

20 Nenne einige Säuren, die in der Natur vorkommen.

21 Was macht die Berührung mit Brennnesseln so unangenehm? → 5

22 Wie können Säuren hergestellt werden?

23 Erkläre die Entstehung des sauren Regens.

24 Nenne Möglichkeiten, um Laugen herzustellen.

25 Im Bild rechts reagiert Natrium mit Wasser. Der Indikator Phenolphthalein zeigt einen pH-Wert oberhalb von 9.
Erkläre die Reaktion und schreibe sie als Symbolgleichung. → 6

26 Was ist ein Hydroxid?

27 Beschreibe die Herstellung von Kalkwasser.

28 Nenne Anwendungen von Laugen.

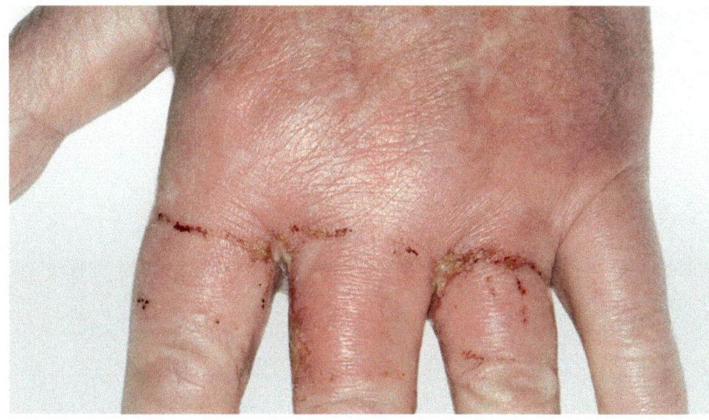

4 Verätzung der Haut durch konzentrierte Schwefelsäure

5 Brennnessel

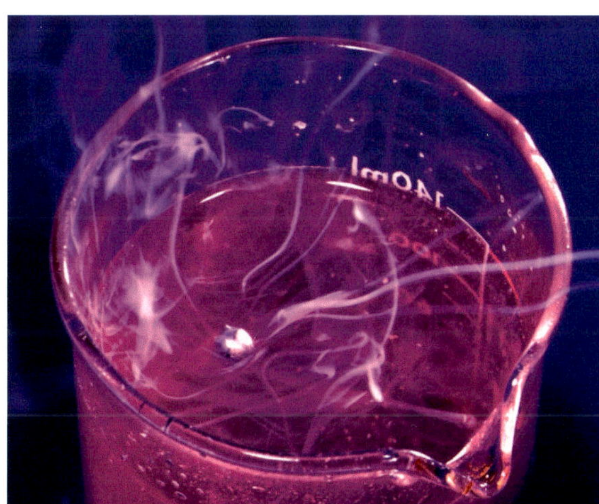

6 Natrium reagiert mit Wasser.

Schöne neue Kunststoffwelt

Ob als Massenware oder maßgeschneiderter technischer Werkstoff – Kunststoffe sind aus unserem Leben nicht mehr wegzudenken.

Oft werden verschiedene Kunststoffe miteinander kombiniert, z. B. bei Sportgeräten oder bei Sportbekleidung.

Die Chemie stellt Kunststoffe mit gewünschten Eigenschaften her. So lassen sich auch große Herausforderungen bewältigen.

Was bedeutet „Kunststoff"?

1 Früher: Aus Celluloid wurden Puppen und Filme hergestellt.

2 Heute: Tischtennisbälle aus Celluloid

Kunststoffe haben die Welt in den letzten 100 Jahren stark verändert. Sie sind heute in allen Lebensbereichen zu finden und lassen sich für fast alle Anwendungsbereiche passend herstellen.

Der erste Kunststoff • Früher wurden Billardkugeln aus Elfenbein hergestellt. 1870 ärgerte sich ein reicher Billardspieler darüber, dass die Kugeln nicht perfekt rund waren. Er bot 10 000 Dollar für die Entwicklung eines besseren Materials. John Wesley Hyatt gelang es, das gewünschte Material herzustellen. Durch chemische Behandlung von Baumwolle stellte er den ersten Kunststoff her: Celluloid. Celluloid diente auch als Material für Filme in der Fotografie und im Kino.

3 Kunststoffverpackungen

Da Celluloid sehr leicht brennt, wurde es später durch andere Kunststoffe ersetzt. Heute werden nur noch wenige Gegenstände aus Celluloid hergestellt, z. B. Schreibgeräte und Tischtennisbälle. → 2

Was sind Kunststoffe? • Kunststoffe sind Stoffe, die aus Makromolekülen bestehen. Makromoleküle sind sehr große Moleküle, die mehrere Tausend Atome enthalten. Kunststoffe werden industriell hergestellt.

Wozu nutzt man Kunststoffe? • Kunststoffe können fast überall eingesetzt werden. Ein großer Anteil wird für die Herstellung von Verpackungsmaterial genutzt. → 3 Im Bauwesen braucht man Kunststoffe für die Herstellung von Fenstern, Wasserrohren und Dämmmaterial. Moderne Hochleistungskunststoffe werden im Fahrzeugbau, in der Medizintechnik und für die Herstellung von Sportartikeln genutzt. Die Textilindustrie fertigt aus Kunststofffasern moderne Funktionsbekleidung.

das **Makromolekül**
das **Monomer**
das **Polymer**
die **Polymerisation**

Wie stellt man Kunststoffe her? • Wenn man sich den Aufbau von Polyvinylchlorid (PVC) anschaut, erkennt man, dass immer gleiche Atomgruppen aufeinanderfolgen. → 4 Ausgangsstoff für die Herstellung eines solchen Kunststoffs sind einzelne Moleküle, die sogenannten Monomere. Beim PVC ist dies Vinylchlorid. → 5 Bei der Herstellung des Kunststoffs wird durch den Einsatz eines Hilfsstoffs die Doppelbindung gespalten und die Vinylchloridmoleküle lagern sich aneinander. → 6
Einen solchen Vorgang nennt man Polymerisation, die Produkte Polymere. Polymerisationen sind typisch für die Herstellung vieler Kunststoffe.

Wie entsorgt man Kunststoffe? • In Deutschland werden Abfälle aus Kunststoffverpackungen gesondert gesammelt und wiederverwertet. Ungefähr die Hälfte dieser Kunststoffabfälle wird in Kraftwerken oder Müllverbrennungsanlagen zur Gewinnung von Strom und Wärme verbrannt. Die andere Hälfte der Kunststoffabfälle wird zur Herstellung neuer Kunststoffprodukte benutzt. Dazu werden die Kunststoffabfälle sortiert, gereinigt und eingeschmolzen. Ein solches Verfahren nennt man werkstoffliches Recycling.

Kunststoffe bestehen aus Makromolekülen. Sie werden aus einzelnen Molekülen durch Polymerisation hergestellt.

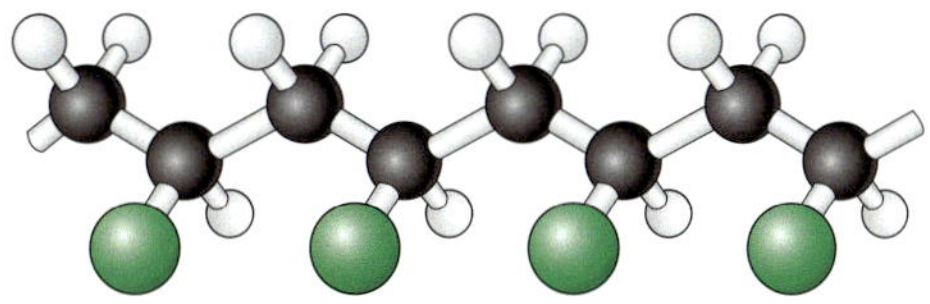

4 Polyvinylchlorid (PVC)

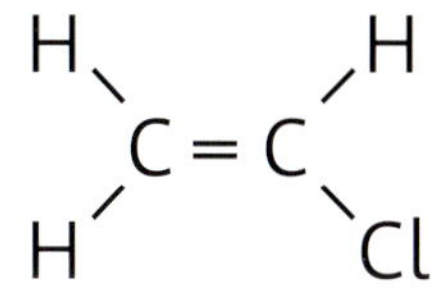

5 Vinylchlorid

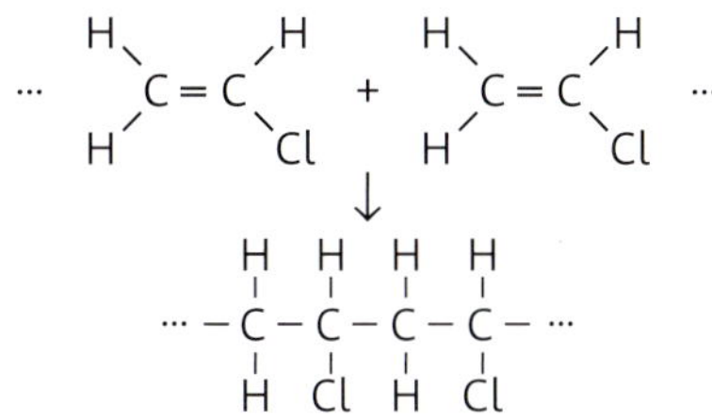

6 Reaktion von Vinylchlorid zu Polyvinylchlorid (PVC)

Aufgaben

1 ○ Gib an, welche Gegenstände in deinem Zimmer alle aus Kunststoff bestehen.

2 ◐ Beschreibe mithilfe von Bild 6 die Herstellung von Polyvinylchlorid (PVC).

3 ◐ Gib an, welches Strukturmerkmal ein Molekül braucht, damit es zu langen Kettenmolekülen reagieren kann.

4 ● Erkläre mit eigenen Worten und mit einem Beispiel die Fachbegriffe „Monomer“, „Polymer“ und „Makromolekül“.

5 ● Informiere dich über die Bedeutung des „Grünen Punkts“ auf den Kunststoffverpackungen.

Was bedeutet „Kunststoff“?

Material A

Kennzeichnung wichtiger Kunststoffe

Kunststoffe sind durch Abkürzungen und die Recyclingnummer gekennzeichnet. → 1 Die Abkürzung gibt das Makromolekül an, aus dem der Kunststoff besteht. Die Recyclingnummer dient dazu, die verschiedenen Kunststoffe in den Recyclingzentren richtig zu sortieren und optimal zu recyceln.

1 ○ Suche auf Kunststoffverpackungen nach den Abkürzungen oder Recyclingnummern. Gib an, aus welchem Kunststoff die jeweilige Verpackung besteht.

Kunststoff	Abkürzung	Recyclingnummer
Polyethen – hohe Dichte	PE-HD	02 PE-HD
Polyethen – niedrige Dichte	PE-LD	04 PE-LD
Polystyrol	PS	06 PS
Polyvinylchlorid	PVC	03 PVC
Polyethylenterephthalat	PET	01 PET

1 Abkürzungen und Recyclingnummern verschiedener Kunststoffe

Material B

Plastiktüten aus Polyethen

Plastiktüten bestehen aus Polyethen. Polyethen wird aus Ethen hergestellt. → 2

1 ○ Gib den Fachbegriff für die Reaktion von Ethen zu Polyethen an.

2 ◐ Zeichne einen Ausschnitt eines Polyethenmoleküls.

3 ● Beschreibe die Reaktion von Ethen zu Polyethen.

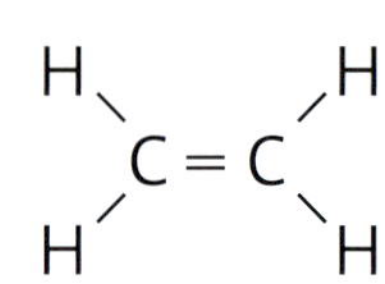

2 Ethenmolekül

Material C

Styropor®

Styropor entsteht durch Aufschäumen von Polystyrol (PS). → 3

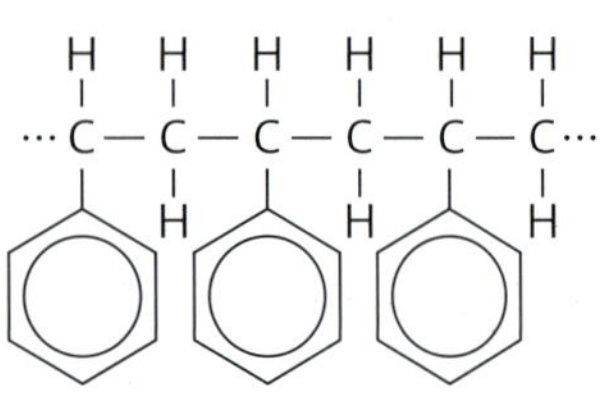

3 Ausschnitt Polystyrolmolekül

Materialliste: kleines Becherglas, Teelichtbecher, Nagellackentferner, Styroporstücke

Fülle ca. 10 mL Nagellackentferner in das Becherglas und gib einige Styroporstücke dazu. Gieße die entstandene Lösung in den Teelichtbecher und stelle diesen in den Abzug oder auf die Fensterbank. Warte, bis das Lösungsmittel verdampft ist.

1 ○ Führe das Experiment durch und protokolliere deine Beobachtungen.

2 ● Vergleiche das Styropor mit deinem Produkt. Erkläre die Unterschiede.

3 ◐ Zeichne das Monomer, aus dem Polystyrol hergestellt wird, und gib die Reaktionsgleichung an.

Material D

Herstellung eines Kunststoffs

Materialliste: Becherglas, Gasbrenner, Tiegelzange, Teelichthülle, Citronensäure (GHS05)

In ein Becherglas wird etwa 2 cm hoch Citronensäure gegeben. Die Säure wird mit einem Gasbrenner so lange erhitzt, bis die Gasentwicklung geringer wird und die Schmelze sich dunkelgelb färbt. → 4

1 ○ Führe den Versuch wie beschrieben durch. Gieße die Schmelze mithilfe einer Tiegelzange in eine Teelichthülle. Beschreibe den entstandenen Kunststoff.

2 ○ Tauche ein Streichholz in die Schmelze und versuche Fäden zu ziehen. Wiederhole den Versuch nach 15 Minuten.

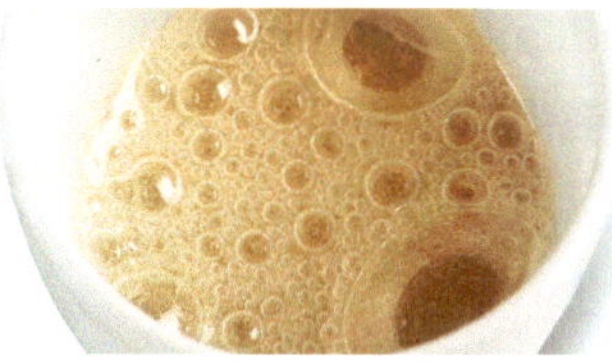

4 Verfärbung der Schmelze

Material E

Kunststoffmüll im Meer

5 Ein Vogel mit Plastikring um den Kopf

Im Meer sammeln sich Unmengen von Kunststoffmüll. Das Bundesumweltamt schätzt, dass es ca. 80 Millionen Tonnen Plastik in den Weltmeeren gibt. Davon lagern rund 70 % auf dem Meeresgrund, 15 % schwimmen auf dem Meer und 15 % werden an die Strände gespült. Vögel und andere Tiere nehmen den Müll auf und sterben daran.

1 ◐ Berechne, welche Mengen an Kunststoffmüll sich am Meeresgrund, auf dem Meer und an den Stränden befinden. Stelle die Ergebnisse in einem Diagramm dar.

2 ◐ Beschreibe, wie der Müll ins Meer gelangen konnte.

3 ● In Irland gibt es eine Steuer von 19 Cent auf Einwegplastiktüten. Sollte diese Steuer in der ganzen EU eingeführt werden?

Material F

Weichmacher im PVC

PVC ist ein wichtiger Kunststoff. Es wird z. B. für die Herstellung von Verpackungsmaterial, Fußböden, Spielwaren und vieles mehr genutzt. Durch den Zusatz von Weichmachern wird es weich und elastisch.
Weichmacher sind nur locker in den Kunststoff eingelagert und können im Lauf der Zeit entweichen. Die Weichmacher können gesundheitsschädlich sein. Sie wirken ähnlich wie Sexualhormone und sind als fruchtschädigend und fruchtbarkeitsschädigend eingestuft.

1 ○ Erkläre mit eigenen Worten die Funktion eines Weichmachers.

2 ◐ Beschreibe, wie sich ein Gegenstand aus Weich-PVC im Lauf der Zeit verändert.

3 ● Der BUND empfiehlt, in Kindergärten Gegenstände aus Weich-PVC (Spielzeug, Turnmatten, Brotdosen u. Ä.) zu meiden. Wie ist deine Meinung? Begründe.

Genau passende Eigenschaften

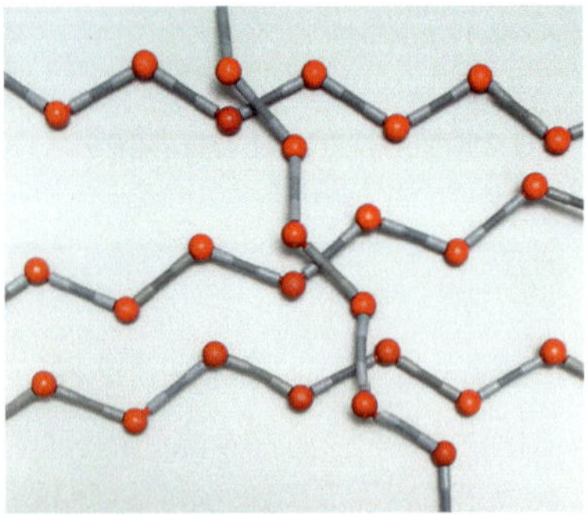
1 Modell eines Thermoplasts

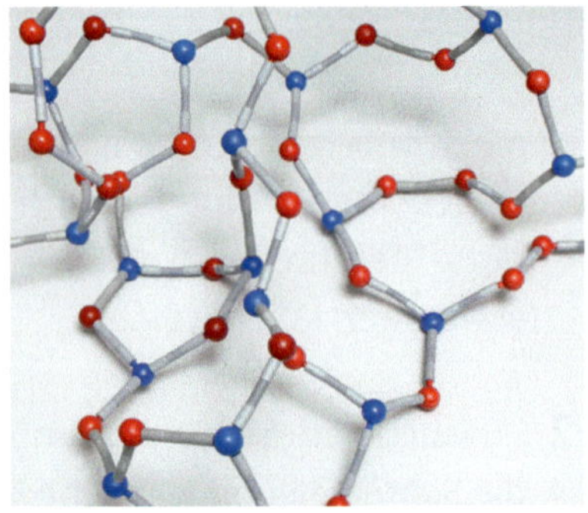
2 Modell eines Duroplasts

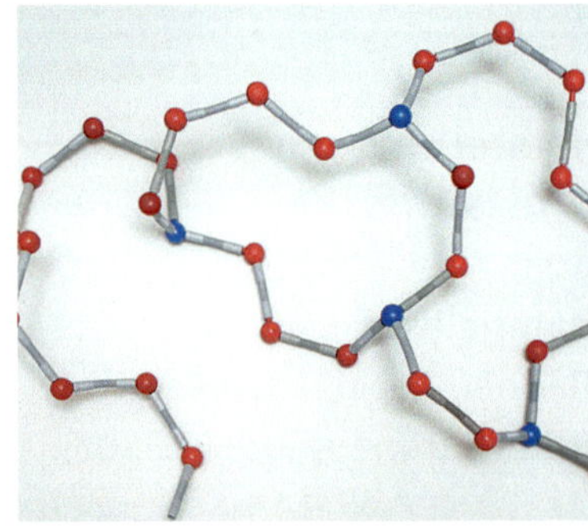
3 Modell eines Elastomers

4 Ein Thermoplast

5 Ein Duroplast

6 Ein Elastomer

Aufgrund ihrer unterschiedlichen Eigenschaften lassen sich die Kunststoffe in drei Gruppen einteilen: Thermoplaste, Duroplaste und Elastomere.

Thermoplaste • sind Kunststoffe, die beim Erwärmen weich werden und sich dann verformen lassen. Sie bestehen aus langen Molekülketten, die nebeneinander liegen und nicht miteinander verbunden sind. → 1 Beim Erwärmen gleiten die Molekülketten aneinander vorbei – der Thermoplast wird weich. Wird der Thermoplast stark erhitzt, so werden die Molekülketten gespalten. Der Kunststoff wird zerstört.

Duroplaste • sind Kunststoffe, die hart und spröde sind. Sie werden beim Erwärmen nicht weich und lassen sich nicht verformen. Duroplaste bestehen aus langen Molekülketten, die miteinander netzartig verbunden sind. → 2 Die netzartige Struktur bleibt auch beim Erhitzen erhalten. Bei sehr hohen Temperaturen wird der Duroplast ebenfalls zerstört.

Elastomere • sind elastische Kunststoffe. Sie lassen sich auseinanderziehen oder zusammendrücken und gehen danach wieder in ihre ursprüngliche Form zurück. Elastomere bestehen aus langen Molekülketten, die an wenigen Stellen miteinander verbunden sind. Dadurch entsteht ein weitmaschiges Netzmolekül. → 3
Wirkt von außen eine Kraft auf den Elastomer, so werden die Maschen auseinandergezogen oder zusammen gedrückt. Nach der Krafteinwirkung kehrt das Netzmolekül in seine ursprüngliche Form zurück.

Kunststoffe haben unterschiedliche mechanische und thermische Eigenschaften. Sie werden aufgrund dieser Eigenschaften in Thermoplaste, Duroplaste und Elastomere eingeteilt.

Aufgabe

1 ▢ Nenne die drei Gruppen von Kunststoffen und beschreibe ihre Eigenschaften.

der Thermoplast
der Duroplast
das Elastomer

Material A

Kunststoffe untersuchen

Nimm Proben von:
- Polyethylenterephthalat (PET), z. B. Getränkeflasche
- Polyethen (PE), z. B. Plastiktüte
- Polypropen (PP), z. B. Joghurtbecher
- Polyamid (PA), z. B. Dübel
- Aminoplast (UF), z. B. alte Steckdose oder Lichtschalter

1 ○ Untersuche das Bruchverhalten und die Kratzfestigkeit der verschiedenen Kunststoffe. Ritze dazu die Kunststoffproben mit einem Stahlnagel. Bearbeite sie anschließend mit einem Hammer.

2 ○ Untersuche das Verhalten beim Erwärmen. Erwärme dazu die verschiedenen Proben vorsichtig mit einem Heißluftföhn.

3 ◐ Bestimme die Dichte der Kunststoffproben. Zur Verfügung hast du eine Waage, einen Messzylinder, Wasser und ein Überlaufgefäß.

4 ◐ Stelle die Ergebnisse deiner Untersuchungen übersichtlich in einer Tabelle dar.

5 ● Gib an, ob es sich bei den Kunststoffproben um Thermoplaste oder Duroplaste handelt. Begründe deine Meinung.

Material B

Brennbare Tischtennisbälle

Tischtennisbälle bestehen aus Celluloid. Celluloid war der erste Kunststoff, der technisch hergestellt wurde. → S. 188

1 ○ Lege einen Tischtennisball so auf eine feuerfeste Unterlage, dass er nicht wegrollen kann. Entzünde den Ball mit einem Feuerzeug und beschreibe deine Beobachtungen.

2 ◐ Früher wurden auch Kinofilme aus Celluloid hergestellt. Erkläre, welche Probleme dadurch auftreten konnten.

Material C

7 PET-Flaschen

8 Fleecepullover aus recycelten PET-Flaschen

Fäden ziehen aus PET-Flaschen

Getränkeflaschen bestehen aus Polyethylenterephthalat (PET). Aus PET-Flaschen lassen sich Fleecepullover herstellen. Deswegen ist PET-Müll ein begehrter Rohstoff.

Materialliste: Gasbrenner, PET-Einwegflasche, Tiegelzange, Schere

1 ◐ Schneide einen Streifen aus der PET-Flasche. Halte ihn mit einer Tiegelzange in den heißen Luftstrom über der Brennerflamme. Drücke das geschmolzene Ende des PET-Streifens auf den Flaschenhals und ziehe einen möglichst langen Faden.

2 ◐ Beschreibe die Eigenschaften des Fadens (Dicke, Reißfestigkeit, Elastizität).

Genau passende Eigenschaften

Erweitern

Hightechanwendungen

Durch bestimmte Herstellungsverfahren lassen sich die Eigenschaften der Kunststoffe gezielt beeinflussen. Sie können deshalb für ganz spezifische Anwendungen hergestellt werden.

Anwendungsgebiete • In der Automobilindustrie und im Flugzeugbau nutzt man besonders stabile Kunststoffe zum Bau von leichten Fahr- und Flugzeugen. Sportschuhe mit hochelastischen Kunststoffsohlen und Schwimmanzüge mit einer Oberfläche wie Haifischhaut führen zu immer besseren sportlichen Leistungen. Kunststoffe mit antibakteriellen Eigenschaften werden in der Medizin für die Herstellung von künstlichen Blutgefäßen, Herzklappen oder Hautimplantaten genutzt. Biologisch abbaubare Kunststoffe werden als Schrauben bei Knochenbrüchen eingesetzt.

Elektrisch leitfähige Kunststoffe • Eigentlich sind Kunststoffe gute Isolatoren. Durch spezielle Verfahren können Kunststoffe hergestellt werden, die den elektrischen Strom genauso gut leiten wie Metalle. Sie werden zur Herstellung von Batterien, Akkus, Solarzellen und Leuchtdioden (OLEDs) benutzt. → 1

1 Display aus elektrisch leitenden Kunststoffen

2 Windeln mit saugfähigem Kunststoff

Wasserabweisende und Wasser aufsaugende Kunststoffe • Moderne Funktionsbekleidung soll atmungsaktiv und wasserdicht sein. Sie besteht deshalb aus wasserabweisenden Kunststoffen. Babywindeln dagegen sollen möglichst viel Wasser aufnehmen. → 2 Sie enthalten einen Kunststoff, der sehr viel Wasser aufsaugen kann.

Aufgaben

1 ○ Untersuche die wasserabweisende Wirkung einer Regenjacke. Gib dazu einen Tropfen Wasser auf die Oberfläche. Wiederhole das Experiment mit einem Baumwoll-T-Shirt. Beobachte.

2 ◔ Plane ein Experiment, mit dem du die Wasser aufsaugende Wirkung des Kunststoffs in Babywindeln untersuchen kannst. Wie viel Wasser saugt eine Windel auf?

3 ◔ Erstelle eine Übersichtstabelle über die verschiedenen Anwendungsgebiete von Kunststoffen. Ordne den Anwendungen jeweils eine passende Stoffeigenschaft der verwendeten Kunststoffe zu.

Vertiefen

Der Natur abgeschaut

Naturstoffe • In der Natur gibt es viele Stoffe, die wie Kunststoffe aus großen Molekülen (Makromolekülen) bestehen. Dazu gehören Stärke, Cellulose und Eiweiße. Sie werden in den Zellen der Lebewesen hergestellt und erfüllen dort viele Funktionen.

Biokunststoffe aus Stärke • Biokunststoffe sind biologisch abbaubar und werden aus pflanzlichen Rohstoffen hergestellt. Wichtigster Rohstoff für die Herstellung ist Stärke. Sie wird aus Kartoffeln, Mais und Weizen gewonnen. Stärke kann mithilfe von Treibmitteln geschäumt werden. Aus der geschäumten Stärke können z. B. Verpackungschips hergestellt werden. → 4 Durch den Zusatz von Weichmachern werden aus Stärke Folien produziert. Diese können zu Tüten und Müllbeuteln weiterverarbeitet werden, die sich bei Feuchtigkeit schnell zersetzen.
Stärke kann mit synthetischen Kunststoffen, die biologisch abbaubar sind, gemischt werden. Aus diesen Biokunststoffen werden z. B. Verpackungsmaterialien, Einweggeschirr, Blumentöpfe und Abdeckfolien hergestellt.

3 Trinkbecher aus Biokunststoff

4 Verpackungschips aus Stärke

Vor- und Nachteile von Biokunststoffen • Biokunststoffe werden aus nachwachsenden Rohstoffen (Pflanzen) hergestellt. Die Verpackungen können kompostiert werden. Dadurch entsteht ein natürlicher Stoffkreislauf. Es wird im Vergleich zu den synthetischen Kunststoffen weniger Energie benötigt und weniger CO_2 in die Luft abgegeben.
Biokunststoffe aus Stärke sind nicht sehr stabil und zersetzen sich in Wasser. Um viel Kunststoff herzustellen, muss intensiv Landwirtschaft mit Düngemittel und Pestiziden betrieben werden. Kunststoffe aus Stärke sind nicht recycelbar. Biokunststoffe sind nicht für alle Anwendungen geeignet.

Aufgaben

1 ○ Untersuche Verpackungschips auf Stärke. Tropfe dazu 2 Tropfen Lugol-Lösung auf die Chips. Wenn sie Stärke enthalten, färbt sich die Lösung dunkelblau.

2 ◐ Recherchiere im Internet nach weiteren Biokunststoffen. Aus welchen Naturstoffen werden sie hergestellt?

3 ● Beurteile die Umweltverträglichkeit von Verpackungsmaterial aus Biokunststoffen.

Erweitern

PVC – Fluch oder Segen?

PVC gehört zu den am meisten verwendeten Kunststoffen. Die Nutzung von PVC wird jedoch sehr kontrovers diskutiert.

Ein PVC-Hersteller informiert über den Nutzen von PVC (Text 1):
PVC ist ein kostengünstiger Werkstoff, der sich sehr gut verarbeiten lässt. Durch Zusatzstoffe kann PVC mit verschiedenen Eigenschaften hergestellt werden und eignet sich für viele Anwendungsbereiche, z. B. Verpackungen, Baumaterialien, Fahrzeug- und Elektronikbauteile. Die Produkte aus PVC sind leicht, langlebig, witterungsbeständig und unempfindlich gegen Reinigungsmittel. PVC brennt schlecht und ist deswegen ein sicherer Werkstoff. Für die Herstellung von PVC werden vergleichsweise wenig fossile Rohstoffe und Energie benötigt. Für größere PVC-Produkte wie Fensterprofile oder Bodenbeläge gibt es Recyclingmöglichkeiten. Die PVC-Industrie schafft und sichert viele Arbeitsplätze.

Ein Umweltverband informiert über die Risiken von PVC (Text 2):
PVC verursacht von der Herstellung bis zur Entsorgung Gesundheits- und Umweltprobleme. Bei der Herstellung entsteht der ätzende Chlorwasserstoff und als Zwischenprodukt das krebserregende Vinylchlorid. Das Weich-PVC gibt gesundheitsschädliche Weichmacher ab. Bei der Verbrennung von PVC entstehen giftige Gase. PVC ist nicht biologisch abbaubar. Das Recycling von PVC ist sehr problematisch, weil PVC viele Zusatzstoffe enthält.

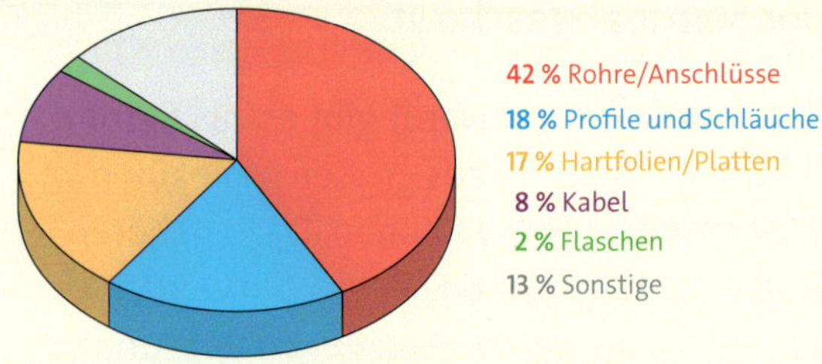

1 Einsatzgebiete für PVC weltweit im Jahr 2012

Durchführung der Diskussion

1 Bildet Gruppen von je vier Schülerinnen und Schülern. Einigt euch in jeder Gruppe auf zwei Expertenpaare: ein Pro-Expertenpaar und ein Kontra-Expertenpaar.

2 Informiert euch zunächst in Einzelarbeit mithilfe der Texte 1 (Pro-Expertenpaar) und 2 (Kontra-Expertenpaar) über die Vor- und Nachteile von PVC. Erstellt jeweils eine Liste mit Pro- und Kontra-Argumenten.

3 Tauscht euch mit eurem Expertenpartner aus und erarbeitet eine gemeinsame Argumentation.

4 Präsentiert euch ohne zu diskutieren in eurer Gruppe gegenseitig eure Argumente. Diskutiert anschließend die genannten Argumente aus Sicht der Experten. Beachtet dabei die Diskussionsregeln (siehe S. 109).

5 Einigt euch auf eine gemeinsame Position. Begründet euren Standpunkt.

6 Präsentiert den Verlauf und die Ergebnisse eurer Diskussion euren Mitschülern.

Teste dich! (Lösungen im Anhang)

1 ○ Gib an, wo im Alltag Kunststoffe verwendet werden. Welche Stoffeigenschaften spielen dafür eine wichtige Rolle?

2 ○ Gib an, welche Kunststoffe zur Verpackung von Lebensmitteln genutzt werden. Wie werden diese Kunststoffe entsorgt?

3 ◐ Kunststoffe werden auch Polymere genannt. Begründe.

4 Kunststoffe lassen sich in die drei Gruppen Thermoplaste, Duroplaste und Elastomere einteilen.

a ○ Nenne die Stoffeigenschaften, in denen sich die Kunststoffe der drei Gruppen unterscheiden.

b ◐ Plane ein Experiment, mit dem du zwischen einem thermoplastischen und einem duroplastischen Kunststoff unterscheiden kannst.

c ● Erkläre das unterschiedliche Verhalten von Duroplasten und Thermoplasten beim Erwärmen.

d ● Begründe, warum man die Gehäuse von elektrischen Geräten aus Duroplasten herstellt.

5 Jährlich werden weltweit ca. 1 Billion Plastiktüten verbraucht. 90 % davon landen auf Mülldeponien. Sie sind nicht biologisch abbaubar und lagern dort sehr lange, bis sie völlig zerfallen sind.

a ◐ Erstelle eine Liste mit Gründen für und gegen die Nutzung von Plastiktüten.

b ○ Nenne Möglichkeiten, wie man Abfall von Plastiktüten vermeiden kann.

c ● Sollte man Plastiktüten verbieten? Begründe deine Meinung.

6 Polypropen (PP) ist ein Kunststoff, der vielseitig genutzt werden kann. Er wird aus dem Monomer Propen hergestellt. → 2

a ◐ Zeichne einen Ausschnitt aus einem Polypropen-Kettenmolekül.

b ◐ Gib die Reaktionsgleichung für die Reaktion von Propen zu Polypropen an.

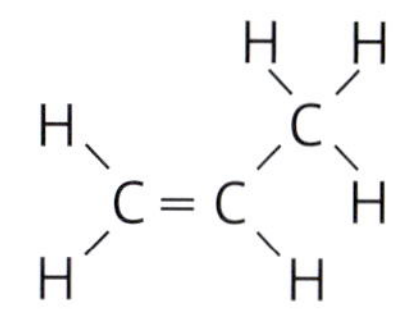

2 Propen

7 Teflon® ist ein thermoplastischer Kunststoff, der z. B. zum Beschichten von Bratpfannen benutzt wird. → 2

Teflon® ist reaktionsträge, hat eine Schmelztemperatur von 327 °C und löst sich in keinem Lösungsmittel. Es ist nicht brennbar, zersetzt sich aber ab Temperaturen über 400 °C.

a ◐ Zeichne das Monomer, aus dem Teflon® (Polytetrafluorethen) hergestellt wird. → 3

b ◐ Überprüfe, ob Teflon eine wasserabweisende Oberfläche hat.

c ● Erkläre, warum man Teflon zum Beschichten von Bratpfannen nutzt.

3 Teflon und mit Teflon beschichtete Pfanne

Vom Reagenzglas zum Reaktor

In der chemischen Industrie geht es um riesige Mengen von Chemikalien. Das bedeutet auch ein viel größeres Risiko als bei der Arbeit im kleinen Reagenzglas.

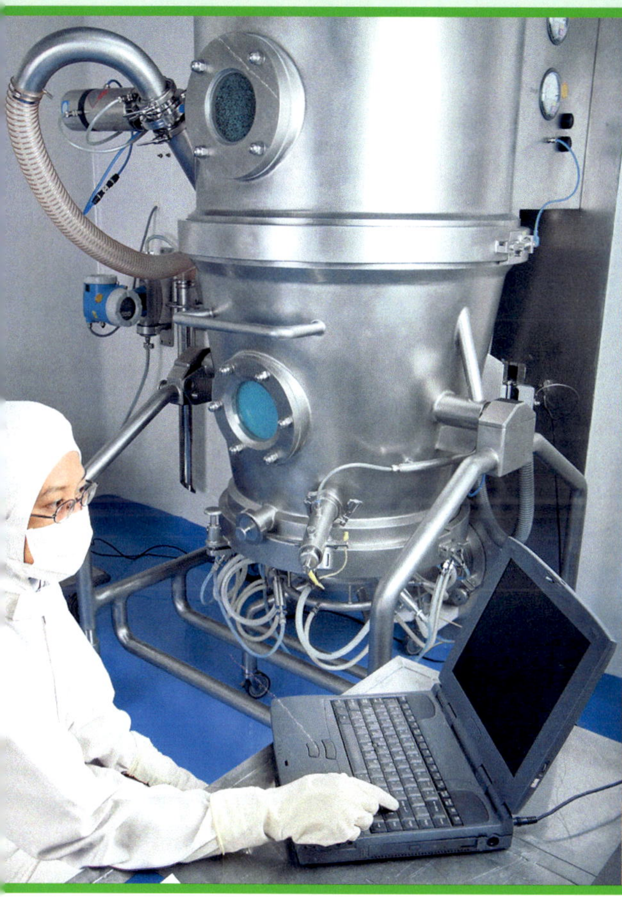

In der chemischen Industrie lässt man Reaktionen oft in geschlossenen Gefäßen ablaufen. Das hat bestimmte Vorteile gegenüber einem offenen Reagenzglas.

In der chemischen Industrie muss man z. B. den Druck und die Temperatur bei Reaktionen ganz genau steuern. Das ist in einem Reagenzglas nicht möglich.

Chemie im großen Maßstab

1 In großen Chemiefabriken arbeitet man nicht mit Reagenzgläsern ...

Viele chemische Produkte sind aus dem heutigen Leben nicht mehr wegzudenken. Von manchen Chemikalien werden täglich Tausende Tonnen benötigt. Solche Mengen können mit einfachen Laborgeräten nicht hergestellt werden. Sie sind ein Fall für die chemische Industrie.

Vom Labor zur Anlage • Chemisch erzeugte Stoffe finden sich fast überall: als Aromastoff in der Tiefkühlpizza, als Kunststoffgehäuse in der Fernbedienung oder z. B. als Putzmittel im Badezimmer.
Um den gewaltigen Bedarf an Chemikalien zu decken, ist es nötig, diese im großen Maßstab herzustellen.
Für Reaktionen, die im Schullabor im Reagenzglas ablaufen, gibt es in der Industrie haushohe Anlagen. Dabei ergeben sich aber einige Probleme:

Energie ist teuer • Wenn man im Labor einmal kurz vergisst, den Brenner auszumachen, kostet das verbrauchte Gas nur ein paar Cent. Im industriellen Maßstab geht solch eine Verschwendung aber schnell in die Millionen. Daher versucht die chemische Industrie alles, um sparsam und effizient mit Energie umzugehen.

Energie sparen durch Katalyse • Eine Kerze beginnt nicht von alleine zu brennen. Sie muss zunächst entzündet werden. Es muss also Aktivierungsenergie zugeführt werden.
Auch die chemischen Reaktionen in der Industrie brauchen zu Beginn Aktivierungsenergie, um in Gang zu kommen. Es gibt in der Chemie aber Hilfsmittel, die die Aktivierungsenergie absenken: die sogenannten Katalysatoren. Durch sie können chemische

Reaktionen bei deutlich niedrigeren Temperaturen ablaufen. → 2 Der Katalysator ist zwar an der Reaktion beteiligt, geht aber unverändert aus der Reaktion hervor. Somit steht er für die nächste Reaktion direkt wieder zur Verfügung. Katalysatoren sind heute aus der chemischen Industrie nicht mehr wegzudenken. Erst sie ermöglichen die Herstellung großer Mengen an Chemikalien zu bezahlbaren Preisen.

Das Haber-Bosch-Verfahren • Die wohl wichtigste katalysierte Reaktion der chemischen Industrie ist das nach seinen Erfindern benannte Haber-Bosch-Verfahren. Bei diesem Prozess reagieren Stickstoff und Wasserstoff mithilfe eines Katalysators zu Ammoniak. → 3 Ammoniak dient vor allem als Ausgangsprodukt für Kunstdünger, die nötig sind, um die wachsende Weltbevölkerung zu ernähren.

Wohin mit dem Rest? • Wenn ein Experiment in der Schule beendet ist, landen die Abfälle oft im Ausguss. Viele Jahrzehnte war das in der chemischen Industrie ähnlich. Das Ableiten von schädlichen Abfallstoffen in die Luft oder in Gewässer führte aber zu Umweltproblemen. Heute wird daher darauf geachtet, dass gefährliche Abfallstoffe gefiltert oder recycelt werden.

Bei der großindustriellen Chemieproduktion müssen mehrere technische Probleme gelöst werden.

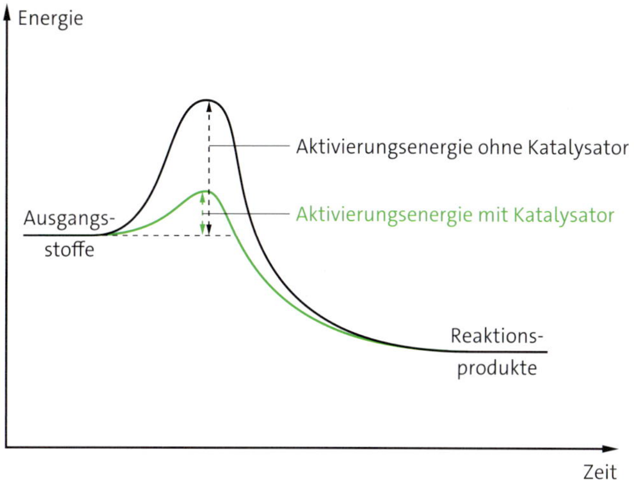

2 Energiediagramm ohne und mit Katalysator

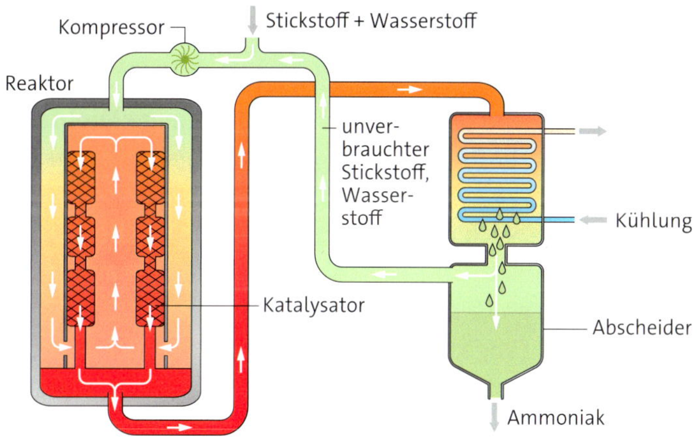

3 Haber-Bosch-Verfahren

Aufgaben

1 ○ Nenne Probleme, die sich bei der Herstellung von Chemikalien im großen Maßstab ergeben.

2 ◐ Beschreibe die Wirkung von Katalysatoren bei chemischen Reaktionen. Welche Vorteile ergeben sich daraus?

Chemie im großen Maßstab

Material A

Zucker verbrennen – schwerer als gedacht

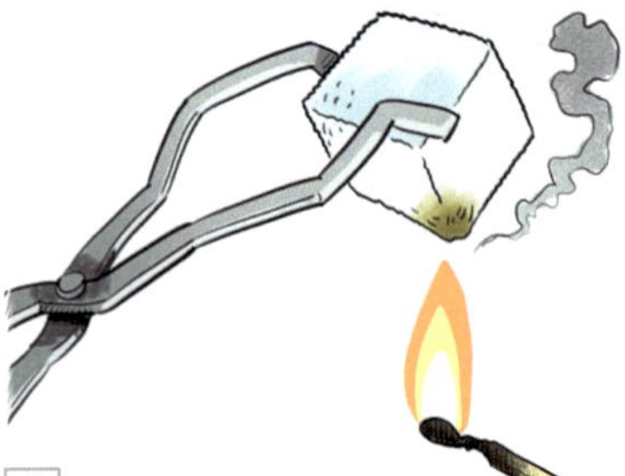
1

2

3

Materialliste: 1 Stück Zucker, Tabak, Keramikschale, Tiegelzange, Streichhölzer oder Feuerzeug

Achtung • Während des Versuchs Schutzbrille tragen!

Führt diesen Versuch in Zweiergruppen durch.
Einer von euch greift das Stück Zucker mit der Zange, während der andere eine Streichholzflamme daran hält. → 1

Gebt nun etwas von dem Tabak in die Keramikschale. Stellt die Schale unter den Abzug und entzündet den Tabak mit einem Streichholz. → 2
Wartet einige Minuten, bis der Tabak vollständig zu Asche verbrannt ist.
Gebt nun mit dem Finger etwas von der Asche auf das Stück Zucker. → 3
Greift das Stück Zucker wieder mit der Zange und haltet erneut eine Streichholzflamme daran.

1 ☐ Beschreibt eure Beobachtungen.

2 ☐ Vergleicht eure Beobachtungen aus den einzelnen Versuchsschritten miteinander.

3 ◐ Erklärt in wenigen Sätzen, was im letzten Schritt passiert ist. Nutzt hierzu die Begriffe Zucker, Asche, Aktivierungsenergie und Katalysator.

Material B

Das Haber-Bosch-Verfahren

1 ◐ Beschreibe in wenigen Sätzen das nebenstehende Flussdiagramm zum Haber-Bosch-Verfahren.
Beachte dabei besonders die Rolle des Katalysators.

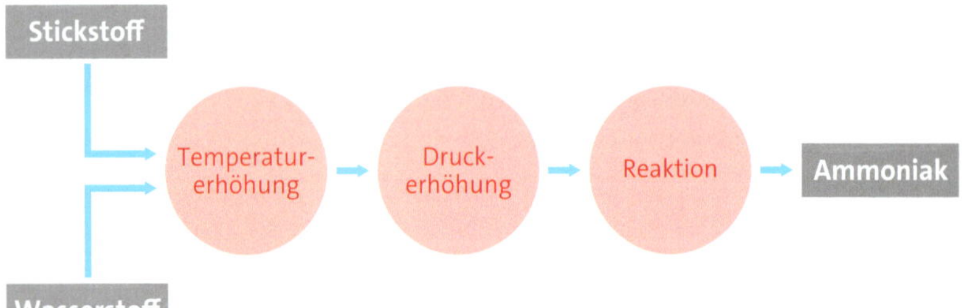

4 Flussdiagramm zum Haber-Bosch-Verfahren

Erweitern

Chemische Industrie in Rheinland-Pfalz

Kurze Geschichte der chemischen Industrie in Rheinland-Pfalz • Die Anfänge der chemischen Industrie in Rheinland-Pfalz liegen über 100 Jahre in der Vergangenheit. Ab etwa 1850 wurden entlang des Rheins, der als Transportweg und Wasserspender diente, die ersten chemischen Industrieanlagen errichtet. Dabei wurden zunächst die Abfallprodukte anderer Industrien, z. B. der Steinkohlenteer, der bei der Steinkohlenumwandlung abfällt, zur Herstellung neuer Produkte genutzt. Auch wurden schon früh große Erfolge durch die Entwicklung neuer Verfahren zur Farbstoffsynthese erzielt. Weitere Bereiche, wie die Leder- und Schuhindustrie, sorgten schließlich dafür, dass sich die chemische Industrie entlang des Rheins gut entwickeln konnte.

Die chemische Industrie heute • Rund ein Drittel des Umsatzes im verarbeitenden Gewerbe macht in Rheinland-Pfalz heute die chemische Industrie aus. → 5 Damit ist sie in diesem Gebiet der mit Abstand wichtigste Wirtschaftszweig. Etwa 67 000 Menschen in Rheinland-Pfalz arbeiten in der chemischen Industrie. Eine besondere Stellung nimmt dabei die Badische Anilin- & Sodafabrik in Ludwigshafen ein. 1865 gegründet, wurde die BASF zum heute weltweit größten Chemiekonzern.

Das breite Spektrum der Chemie • In Rheinland-Pfalz wird eine Vielzahl an chemischen Produkten hergestellt. Das Spektrum reicht von Kunst- und Farbstoffen über pharmazeutische Produkte bis hin zu Dünge- und Waschmitteln.
Ob Informatikkaufmann, Bürofachkraft, Mechatroniker oder Chemielaborant, die chemische Industrie bietet viele attraktive Berufe. Vielleicht ist auch für dich etwas dabei?

Aufgaben

1 Beschreibe die Entwicklung der chemischen Industrie in Rheinland-Pfalz mit eigenen Worten.

2 Recherchiere nach Chemieunternehmen in deiner Umgebung und ihren Produkten. Notiere deine Ergebnisse in einer Tabelle.

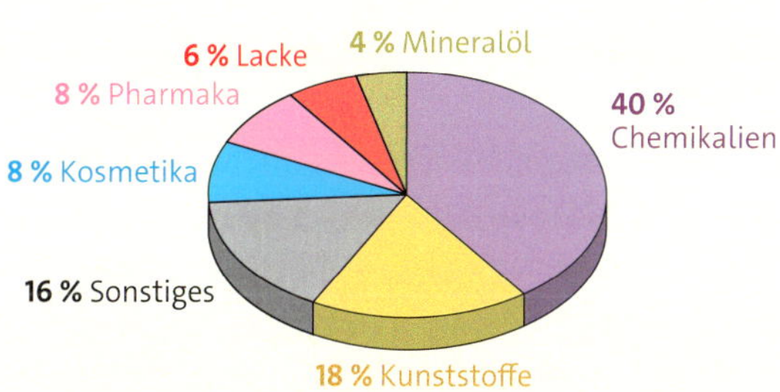

5 Produktionsanteile in Rheinland-Pfalz

6 Chemische Industrie in Rheinland-Pfalz

Reaktionen professionell steuern

1 Industrieller Reaktionsreaktor

In dem blauen Reaktionsgefäß oben herrscht ein Druck von 80 bar – das Achtzigfache des normalen Luftdrucks. Ein Thermometer zeigt zudem eine Temperatur von 450 °C an. Wozu braucht man so hohe Drücke und Temperaturen?

Ausbeute • Wenn man eine Orange mit der Hand auspresst, erhält man nur wenig Saft. Mit einer Entsaftermaschine ist die Ausbeute besser: Man erhält deutlich mehr Saft.
In der chemischen Industrie spielt die Ausbeute, also die Menge des erzeugten Produkts, eine große Rolle. Die Ausbeute lässt sich durch die Reaktionsbedingungen Druck und Temperatur beeinflussen.

2 Schnellkochtopf

Bei Überdruck • Wasser kocht schneller, wenn ein Deckel auf dem Topf liegt. Die zugeführte Energie geht dann nicht so leicht verloren.
Noch wirkungsvoller ist ein Schnellkochtopf. → 2 Er lässt sich luftdicht verschließen. Beim Erhitzen können keine heißen Gase entweichen – es entsteht ein Überdruck.
Wasser siedet bei Überdruck aber erst bei höheren Temperaturen. Man kann das Essen also auf über 100 °C erhitzen. Dadurch wird das Essen schneller gar. In der chemischen Industrie nutzt man dieses Prinzip, um Reaktionen zu beschleunigen.

Nutzung von Abwärme • Bei vielen industriellen Prozessen entstehen hohe Temperaturen. Dabei werden oft große Wärmemengen frei. Man spricht von Abwärme. Die Abwärme kann zu Problemen führen, z. B. wenn erwärmtes Kühlwasser in einen See gelangt. Da sich in warmem Wasser weniger Sauerstoff löst, kann es zu einem Sauerstoffmangel im See kommen. Daher versucht man, die Abwärme anders zu

die Ausbeute
das Gegenstromprinzip
kontinuierlich
diskontinuierlich

nutzen. Eine Möglichkeit ist das Vorwärmen der Ausgangsstoffe der chemischen Reaktion. Dann ist der Energieaufwand insgesamt geringer. Eine ähnliche Möglichkeit ist das Gegenstromprinzip. Dabei fließen zwei Stoffströme in entgegengesetzter Richtung aneinander vorbei, wobei ein Austausch von Stoffen oder von Wärme möglich ist. → 3
Ein Beispiel wäre kalte Frischluft, die zur Belüftung angesaugt wird und dabei an warmer Abluft vorbeiströmt. Die Abluft überträgt einen Teil ihrer Wärme an die Frischluft, sodass diese kaum mehr erwärmt werden muss.

Pausenlos produzieren • Angenommen, du willst zu Hause drei Brote backen und der Backofen ist nicht besonders groß. Dann kannst du immer nur einen Teig in den Ofen geben und musst die Brote in getrennten Schritten backen.
Dies ist eine Beispiel für eine diskontinuierliche Produktion, also eine Produktion mit Unterbrechungen.
In einigen industriellen Großbäckereien werden Brötchen dagegen nicht mehr in normalen Backöfen gebacken. Stattdessen durchlaufen sie auf einem Fließband einen viele Meter langen Ofen. Ohne Unterbrechung fahren vorne die rohen Teiglinge hinein, während hinten die frisch gebackenen Brötchen zum Vorschein kommen.
Ein solcher Prozess, bei dem die Produktionsvorgänge ohne Unterbrechung ablaufen, ist ein Beispiel für eine kontinuierliche Produktion.

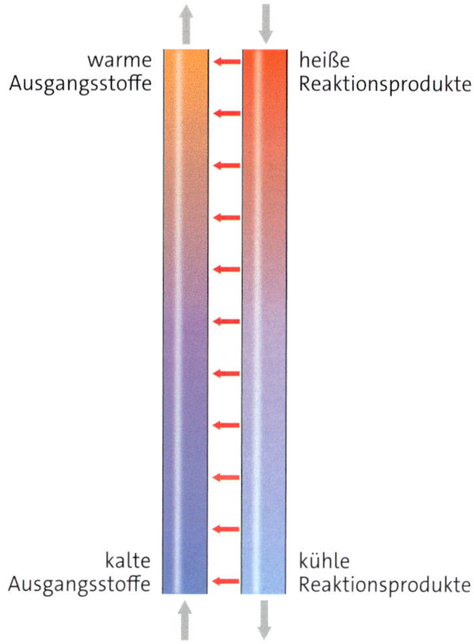

3 Gegenstromprinzip

Mithilfe des Drucks und der Temperatur lässt sich eine chemische Reaktion steuern. Das Ziel dabei ist immer eine möglichst hohe Ausbeute.
Außerdem nutzt man z. B. das Gegenstromprinzip, um die Abwärme einer Reaktion effizient zu nutzen.

Aufgaben

1 Erkläre in eigenen Worten, wie Energie mithilfe des Gegenstromprinzips eingespart werden kann.

2 Vergleiche die diskontinuierliche und die kontinuierliche Produktion miteinander. Nenne mögliche Vor- und Nachteile der beiden Produktionsarten.

Reaktionen professionell steuern

Material A

Schneller reagieren

1 Ohne Hitze geht es beim Kochen nur sehr, sehr langsam voran ...

Welchen Einfluss hat die Temperatur auf chemische Reaktionen?

Materialliste: Becherglas (250 mL), Thermometer, Glasstab, Stoppuhr, Süßstofftabletten, Heizplatte

Führt diesen Versuch zu zweit durch. Jede Zweiergruppe ist für eine der folgenden Temperaturen zuständig: 40 °C, 50 °C, 60 °C, 70 °C, 80 °C, 90 °C, 100 °C. Wenn es mehr als sieben Gruppen gibt, können sich einzelne Temperaturen doppeln.

1 Füllt das Becherglas mit 200 mL Wasser und erhitzt es auf der Heizplatte so lange, bis sich eure vorgegebene Temperatur eingestellt hat. Einer von euch gibt nun eine Süßstofftablette hinzu, während der andere die Stoppuhr startet.
Rührt mit einem Glasstab und notiert die Zeit, die zur vollständigen Auflösung der Tablette benötigt wird.

a Sammelt die Werte der einzelnen Gruppen an der Tafel oder am Smartboard.

b Tragt die Werte in ein Koordinatensystem ein und beschreibt die Kurve.

c Vergleicht eure Ergebnisse mit der Aussage der RGT-Regel. Könnt ihr die Regel mit dem Versuch bestätigen?

RGT-Regel

Die Reaktionsgeschwindigkeit-Temperatur-Regel („RGT-Regel“) besagt, dass sich die Geschwindigkeit einer chemischen Reaktion etwa verdoppelt, wenn man die Temperatur um 10 Grad erhöht.

Material B

Die Ausbeute berechnen

1 Aus 100 g Eisen und 100 g Schwefel soll Eisensulfid erzeugt werden. Die Reaktionsgleichung dazu ist einfach:

$Fe + S \rightarrow FeS$

Man muss aber auch die Atommassen von Eisen (56 u) und von Schwefel (32 u) beachten.

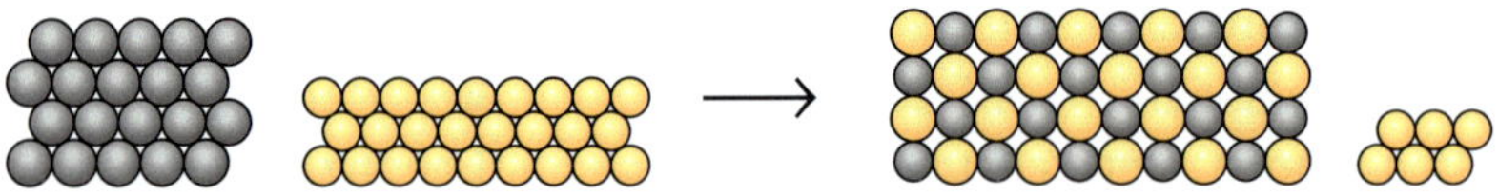

2 Hier reagierte Eisen mit Schwefel. Aber für einige Schwefel-Atome fehlte ein Reaktionspartner.

a Berechne die maximale theoretische Ausbeute.

b Die Reaktion wurde mit den angegebenen Mengen durchgeführt. Man erhielt 154 g Eisensulfid. Wie viel Prozent der maximalen Ausbeute sind das?

Vertiefen

Das Haber-Bosch-Verfahren

Ein wichtiges Verfahren • Das Haber-Bosch-Verfahren dient der Herstellung von Ammoniak (NH_3) aus Wasserstoff und Stickstoff. → 3 Ammoniak ist für die Erzeugung von Düngemitteln zur Ernährung der Weltbevölkerung nötig. Daher zählt das Haber-Bosch-Verfahren zu den wichtigsten chemischen Verfahren.

Aller Anfang ist schwer • Die Erfinder des Verfahrens standen zunächst vor großen Problemen. Die Reaktion von Wasserstoff und Stickstoff zu Ammoniak verläuft exotherm, d. h. unter Freisetzung von Energie, und sollte daher freiwillig ablaufen. Allerdings muss der Stickstoff, der in der Luft als reaktionsträges N_2 vorliegt und eine stabile Dreifachbindung besitzt, erst in seine Atome zerlegt werden. Hierzu werden hohe Temperaturen benötigt, was der exothermen Reaktion entgegenwirkt. Hinzu kommt, dass drei Raumteile Wasserstoff mit einem Raumteil Stickstoff zu nur zwei Raumteilen Ammoniak reagieren, d. h., das Volumen verkleinert sich. Ein hoher Druck fördert daher den Reaktionsablauf. → 4

$$N_2 + 3\,H_2 \rightarrow 2\,NH_3$$

3 Reaktionsgleichung der Ammoniakherstellung

Aufgaben

1 Beschreibe den Verlauf der Kurven im Diagramm zur Ausbeute des Haber-Bosch-Verfahrens bei unterschiedlichen Drücken und Temperaturen. → 4

2 Das Haber-Bosch-Verfahren wird bei einem Druck von etwa 250 bar und einer Temperatur von etwa 450 °C durchgeführt. Stelle Vermutungen an, warum diese zunächst ungünstig erscheinenden Bedingungen in der Industrie verwendet werden.

3 Beim Haber-Bosch-Verfahren kommt ein Katalysator zum Einsatz, der die Temperatur herabsetzt, die zur Spaltung der Dreifachbindung des Stickstoffs nötig ist. Erkläre, auch mit Blick auf die Art der Reaktion, welche Vorteile das hat.

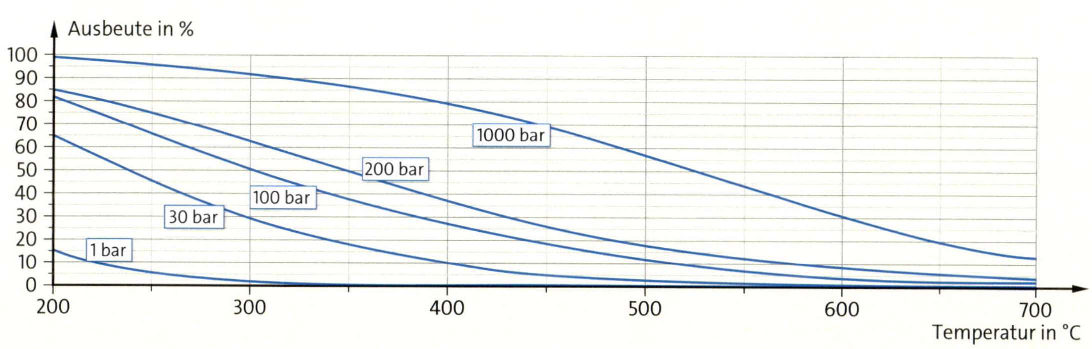

4 Ausbeute des Haber-Bosch-Verfahrens bei unterschiedlichen Drücken und Temperaturen

Methode

Eine Betriebsbesichtigung planen

Ob Kraftwerk, Pharmaunternehmen oder Schokoladenfabrik: Um sich ein Bild davon zu machen, wie die Arbeit in einem chemischen Betrieb aussieht, bietet sich ein Ausflug dorthin an. Solch eine Besichtigung kann spannende Einblicke in die verschiedensten Berufsfelder ermöglichen. Wichtig ist dabei vor allem eine gute Planung der Exkursion.

1. Einen Betrieb auswählen Es gibt viele Betriebe, die direkt oder indirekt mit Chemikalien arbeiten. Erkundige dich im Internet oder in Fachzeitschriften über derartige Betriebe in deiner Umgebung. Vielleicht arbeitet auch ein Bekannter oder Verwandter in diesem Bereich. Wähle einen Betrieb, der dir interessant erscheint.

2. Kontakt aufnehmen Um herauszufinden, ob ein Ausflug in den Betrieb möglich ist, nimmst du am besten direkt Kontakt auf. Die Kontaktinformationen in Form von E-Mail-Adressen und Telefonnummern sind meistens auf der Website des Betriebs zu finden. Auf diese Weise kannst du auch bereits in Erfahrung bringen, was der Betrieb genau macht, wann ein Besuch möglich und ob dieser mit Kosten verbunden ist.

3. Arbeitsaufträge verteilen Bildet kleinere Gruppen, die jeweils einen besonderen Arbeitsauftrag erhalten. Während Gruppe A z. B. Notizen macht, ist Gruppe B für das Fotografieren zuständig. Eine weitere Gruppe führt ein Interview durch.

1 Zu Besuch in einer Schokoladenfabrik

4. Den Ausflug nachbereiten Bildet auch hierzu kleinere Gruppen, die sich jeweils einem Aspekt des Betriebs widmen, z. B. dem hergestellten Produkt und dessen Verwendung oder den verschiedenen Berufen, die im Betrieb ausgeübt werden. Erstellt zu eurem Thema eine Präsentation in Form eines Plakats.

Aufgaben

1 Diskutiert in der Klasse mögliche Ziele für einen Betriebsausflug und einigt euch auf einen Betrieb.

2 Formuliert gemeinsam ein Anschreiben an den Betrieb.

3 Führt den Betriebsausflug mithilfe der vorgegebenen Schritte 3 und 4 durch.

Teste dich! (Lösungen im Anhang)

1 ▢ Erkläre, weshalb es nötig ist, Chemikalien im industriellen Maßstab herzustellen.

2 ▢ Beschreibe die beiden Kurvenverläufe in Bild 2 und vergleiche sie miteinander. Begründe, welche Kurve in Bild 2 der katalysierten Reaktion zuzuordnen ist.

3 ▢ Nenne die zwei Faktoren, die in der chemischen Industrie zur Steuerung von chemischen Reaktionen oft gezielt verändert werden.

4 ◐ Beschreibe in wenigen Sätzen das Haber-Bosch-Verfahren und dessen Bedeutung für die Menschheit.

5 ◐ Vergleiche den Umgang mit chemischen Industrieabfällen vor 100 Jahren und heute.

6 ◐ Erkläre die Funktionsweise eines Schnellkochtopfs. In welcher Weise wird dieses Prinzip in der chemischen Industrie angewandt?

7 ◐ Erkläre den Begriff „Ausbeute" im chemischen Zusammenhang.

8 ◐ Beschreibe das Gegenstromprinzip und nenne die Vorteile, die es bei der Produktion von Chemikalien mit sich bringt.

9 ◐ Ordne den Bildern 3 und 4 die Bezeichnungen „kontinuierliche Produktion" und „diskontinuierliche Produktion" zu. Beschreibe jede Produktionsweise in wenigen Sätzen.

10 ● Erläutere, weshalb die Ableitung von Abwärme in die Umwelt der Natur schaden kann.

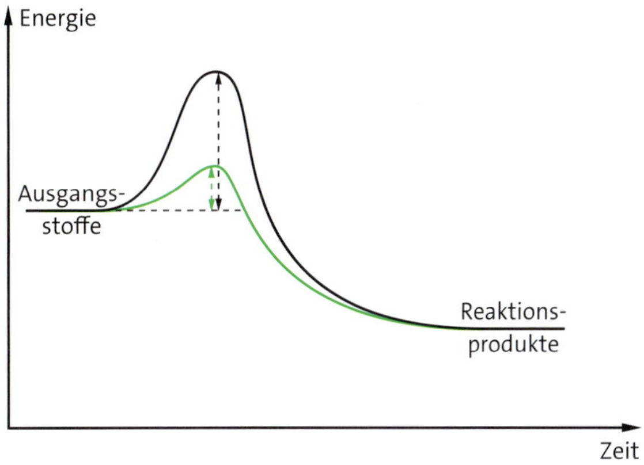

2 Energiediagramm ohne und mit Katalysator

3 Donut-Produktion am Fließband

4 Ausgießen des fertigen Metalls

Den Stoffen auf der Spur

Wie kann man kleinste Spuren von Stoffen nachweisen?

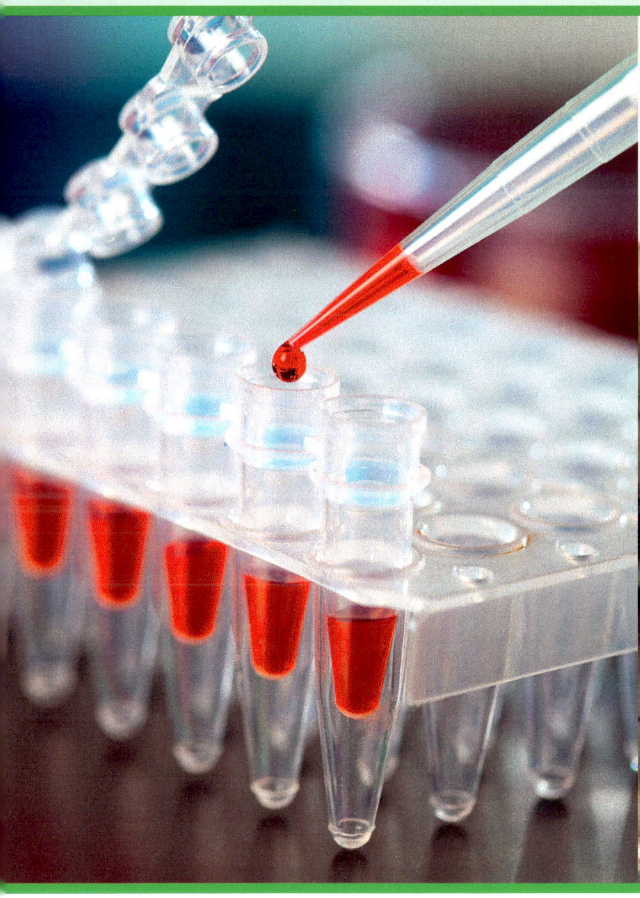

Wie bestimmt man die genaue Farbigkeit von Stoffen?

Wie misst man den exakten Säuregehalt von Lösungen?

Analytische Chemie

1 Bei Lebensmitteln will man genau wissen, was sie enthalten.

Die Analytik ermittelt z. B. bei Nahrungsmitteln, welche Stoffe in welchen Mengen enthalten sind.

Analytik • Viele Chemiker arbeiten in der analytischen Chemie. Sie können herausfinden, ob ein Stoff in einem Gemisch enthalten ist (qualitative Analytik). Meistens lässt sich auch bestimmen, wie viel des Stoffs enthalten ist (quantitative Analytik).
Dazu hier zwei Beispiele:

Ausfällungen • Wasser enthält oft gelöste Salze, also Ionen. Sichtbar sind die Ionen aber nicht – und Geschmacksproben scheiden aus.
Eine Möglichkeit, den Ionen auf die Spur zu kommen, sind Ausfällungen. Darunter versteht man die Überführung der Ionen in eine schwer lösliche Verbindung, die sich nach einer Weile am Boden absetzt.
Ein schönes Beispiel sind die Halogenid-Ionen, die zusammen mit Silber-Ionen ausfallen. Diese Ausfällungen sind unterschiedlich gefärbt. Wenn man die Ausfällungen wiegt, kann man z. B. ausrechnen, wie viel Chlorid im Wasser enthalten war.

Farbreaktionen • Viele Flüssigkeit im Labor sehen harmlos aus, können aber z. B. eine Säure enthalten. Säuren kann man durch Indikatoren nachweisen. Es zeigt sich eine typische Farbreaktion. An den verschiedenen Farbstufungen kann man sogar mithilfe einer Tabelle ablesen, wie viel Säure enthalten ist.

Aufgaben

1 ○ Nenne den Unterschied zwischen qualitativer und quantitativer Analytik.

2 ◔ Silbernitrat-Lösung ist eine farblose Lösung. Beschreibe, was passiert, wenn man etwas Silbernitrat-Lösung in einen Erlenmeyerkolben mit Meerwasser tropft.

die analytische Chemie
die qualitative Analytik
die quantitative Analytik
die Ausfällung
die Farbreaktion

Material A

Unsichtbare Ionen nachweisen

Meerwasser enthält viel Salz. Das Wasser in den Flüssen dagegen gilt als Süßwasser. Kann es trotzdem sein, dass Flusswasser Salz enthält?

Materialliste: Reagenzgläser, Reagenzglasständer, 3 Tropfpipetten, Spatel, Waage, Natriumchlorid, Natriumbromid, Natriumiodid (GHS09), Silbernitrat-Lösung (GHS07), heißes Wasser, dest. Wasser, Flusswasser

Gib jeweils eine Spatelspitze der drei Natriumsalze in ein Reagenzglas und löse sie mit dest. Wasser auf. Gib dann mit einer Tropfpipette zwei Tropfen Silbernitrat-Lösung hinzu.

1 ○ Halte deine Beobachtungen in einem Versuchsprotokoll fest.

2 ◐ Diese Nachweismethode ist nicht eindeutig, wenn alle drei Ionenarten in einer Probe enthalten sind. Gib dafür eine Begründung an.

3 ◐ Gieße die überstehende Lösung ab. Versetze dann die Ausfällungen mit heißem Wasser. Was beobachtest du?

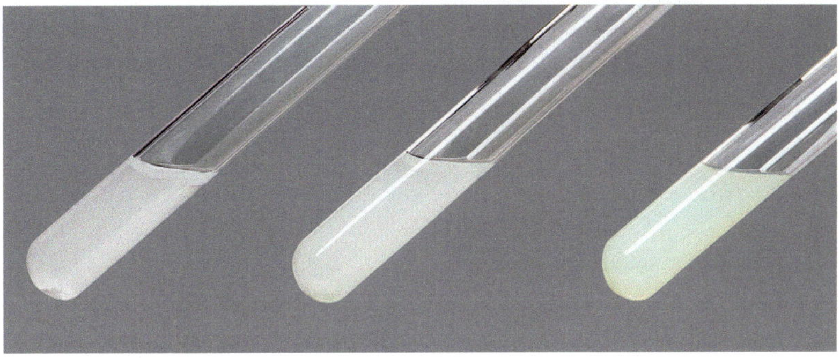

2 Ausfällungen von Silberchlorid, Silberbromid und Silberiodid

4 ◐ Eine Laboratin filtriert eine Silberchlorid-Ausfällung sorgfältig ab. Über Nacht trocknet sie die Ausfällung in einem Trockenschrank. Beim Auswiegen stellt sie am nächsten Tag eine Masse von 8,08 g fest. Gib an, wie viel Gramm Chlorid in der ursprünglichen Lösung enthalten waren. → 3

5 ● Ein Gruppenmitglied löst eine geheime Menge an Kochsalz in Wasser auf. Dabei möglichst mit einer empfindlichen Waage arbeiten! Nun hast du die Aufgabe, die Menge an Salz in der Lösung genau zu bestimmen. → 3 Beschreibe dein Vorgehen. Wie exakt ist dein Ergebnis?

6 ● Die Chlorid-Analytik misslingt manchmal oder ist nicht ganz exakt. Gib dafür mögliche Gründe an.

Aus dem PSE

Die Atommasse von Chlorid Cl^- beträgt 35,5 u. Bei Silberchlorid AgCl liegt dieser Wert mit 143,4 u viel höher. Das ausgefällte Silberchlorid ist also 4,04-mal so schwer wie das ursprüngliche Chlorid.

3 Quantitative Chlorid-Analytik

7 ● Untersuche eine Probe Flusswasser darauf, ob es Halogenid-Salze enthält. Führe möglichst auch eine quantitative Bestimmung durch.
Ein Liter Meerwasser enthält durchschnittlich etwa 19,3 g Chlorid. Vergleiche diesen Wert mit deinem Analyseergebnis.
Gib mögliche Gründe dafür an, weshalb auch Flusswasser Salze enthalten kann.

Angeregte Atome

1 Beim Feuerwerk leuchten Atome.

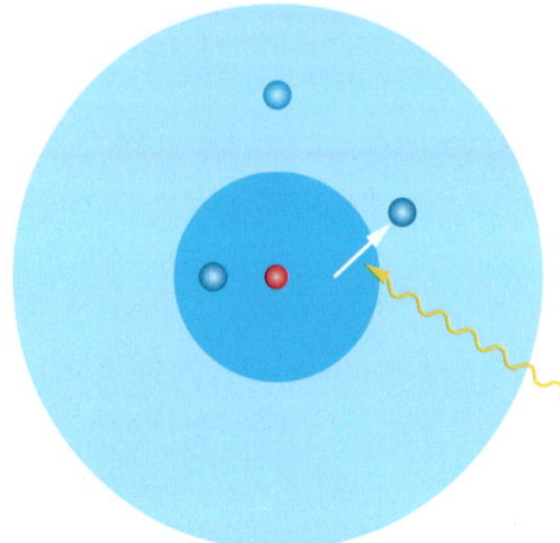

2 Elektron hat Energie aufgenommen.

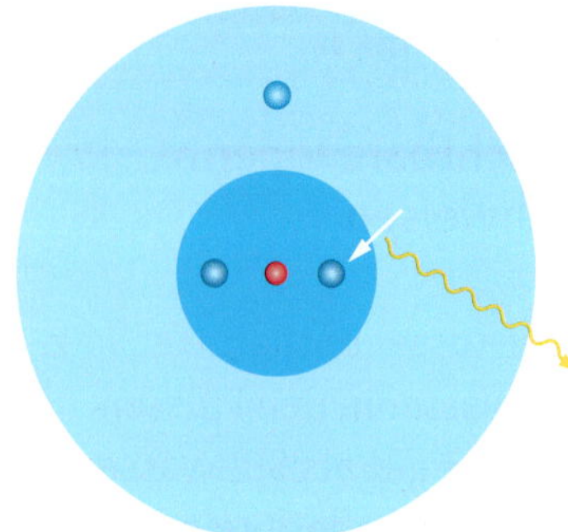

3 Elektron strahlt die Energie wieder ab.

Atome können zum Leuchten gebracht werden. Die Farbe des abgestrahlten Lichts gibt wertvolle Hinweise, welche Atome im Spiel sind.

Der angeregte Zustand • Atome können durch Energiezufuhr in einen angeregten Zustand gebracht werden. Dies geschieht z. B. bei einem Feuerwerk. Die brennenden Raketen setzen viel Wärmeenergie frei. Diese Energie verändert die beteiligten Atome: Elektronen springen aus ihrer ursprünglichen Schale auf eine weiter außen liegende, leere Schale. Jetzt handelt es sich um angeregte Atome, die energiereicher sind als zuvor.

Die Lichtabgabe • Atome im angeregten Zustand sind wegen der höheren Energie sehr instabil. Rasch versuchen sie, die aufgenommene Energie wieder abzugeben. Dies geschieht, indem das Elektron wieder seinen alten Platz einnimmt und die zuvor aufgenommene Energie in Form von Licht abgibt. → 3

Die Lichtfarbe • Wie viel Energie bei dem „Herunterspringen" in Bild 3 frei wird, ist bei jedem Atom unterschiedlich. Deshalb leuchtet jedes Atom in einer bestimmten Farbe: Kupfer-Atome z. B. leuchten immer in der Farbe Grün.

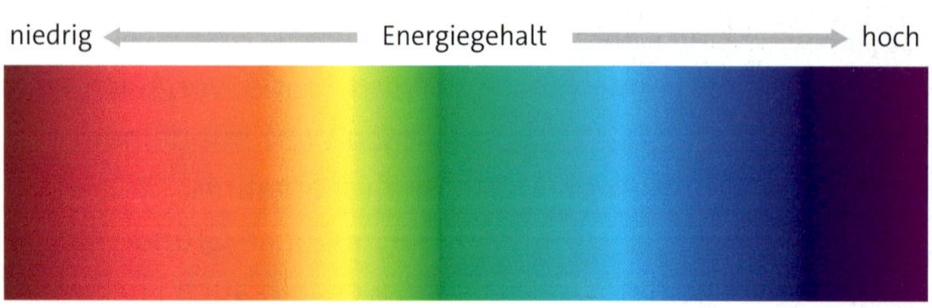

4 Zusammenhang zwischen Farbe und Energiegehalt des Lichts

Aufgaben

1 ▢ Erläutere, wodurch das Elektron in Bild 2 dazu gebracht wird, seine Schale zu verlassen.

2 ▢ Nenne die Energieart, die freigesetzt wird, wenn Atome leuchten.

3 ◩ Wie würdest du erklären, dass z. B. Natrium-Atome gelb leuchten, Kalium-Atome jedoch ausschließlich in der Farbe Violett?

die Flammenfärbung
der angeregte Zustand

Material A

Atome verraten sich durch ihr Leuchten

Die rauschende Flamme des Gasbrenners reicht aus, um Atome und deren Ionen zum Leuchten zu bringen. Welche Farben entstehen durch welche Elemente?

Materialliste: Uhrgläser, Bunsenbrenner, Stativmaterial, Magnesiastäbchen, Spatel, Kobaltglas, destilliertes Wasser, Natriumchlorid, Kaliumchlorid, Calciumchlorid (GHS07), Strontiumchlorid (GHS07)

Gib jeweils eine Spatelspitze der Salze auf ein Uhrglas und versetze sie mit einem Tropfen destilliertem Wasser. Beschrifte die Uhrgläser entsprechend. Montiere den Bunsenbrenner schräg an ein Stativ. → 5
Glühe ein frisches Magnesiastäbchen gründlich in der rauschenden Flamme aus. Achte darauf, dass du die Spitze nicht vorher mit den Fingern berührt hast.
Nimm dann eine feuchte Salzportion mit dem noch glühenden Magnesiastäbchen auf und halte es in die Flamme, wie es in Bild 5 zu sehen ist. Brich für jede weitere Untersuchung mit dem Spatel die alte Salzportion ab und wiederhole den Versuch mit den anderen Salzen.

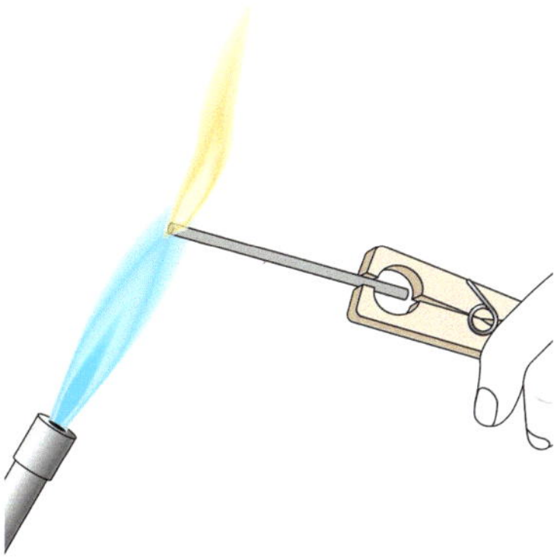

5 Versuchsaufbau zur Untersuchung von Flammenfärbungen

1 ▢ Halte deine Beobachtungen in einem Versuchsprotokoll fest.

2 ◔ Gib an, welche Elemente bei dem Feuerwerk in Bild 1 verwendet worden sein könnten.

3 ◔ Entscheide, ob die Untersuchung von Flammenfärbungen eine qualitative oder eine quantitative Analysemethode ist.

4 ◔ Flammenfärbungen sind nicht eindeutig, wenn mehrere Elemente in einer Probe enthalten sind. Gib dafür eine Begründung an.

5 ● Wiederhole den Versuch zur Flammenfärbung
- mit Natriumchlorid
- mit Kaliumchlorid
- mit einer Mischung beider Salze.

Betrachte dabei die Flammenfärbungen durch ein Kobaltglas.
Welche Veränderungen stellst du fest? Erläutere, welchen Zweck die Verwendung eines Kobaltglases haben könnte.

6 ● Begründe, warum es bei der Versuchsdurchführung wichtig ist, die Spitze des Magnesiastäbchens nicht vorher mit den Fingern zu berühren.

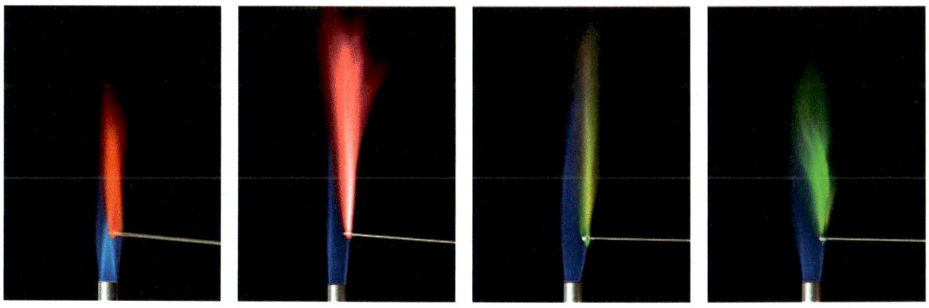

6 Flammenfärbungen von Lithium, Rubidium, Bor und Kupfer

Wie viel ist drin?

1 Gold mit 999,9

2 Müsli mit 56 %

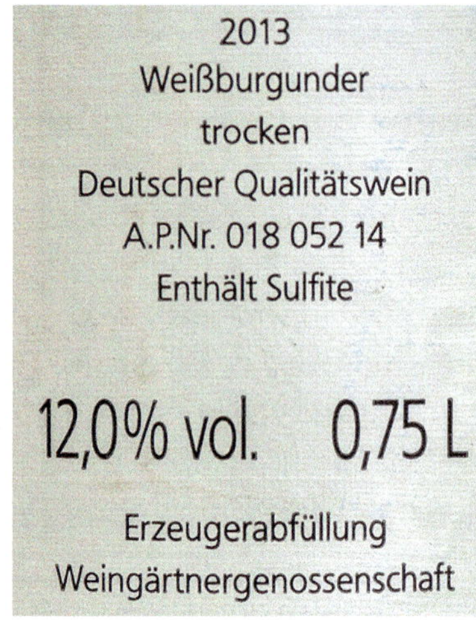

3 Wein mit 12 %

Im Alltag haben wir fast nie mit Reinstoffen zu tun, sondern meistens mit Stoffgemischen. Bei Stoffgemischen sind Gehaltsgrößen sehr wichtig.

Der Massenanteil • Der Massenanteil wird verwendet, wenn man verschiedene Feststoffe abwiegt und miteinander mischt.
Beispiel: Eine Bronzemedaille enthält 7 g Kupfer und 7 g Zinn. Somit beträgt der Massenanteil des Kupfers in der Legierung 50 %.

Der Volumenanteil • Diese Gehaltsgröße verwendet man, wenn man verschiedene Flüssigkeiten oder Gase abmisst und miteinander mischt. Ein Beispiel ist der Wein in Bild 3. Er enthält 12 mL Alkohol in 100 mL Wein.

Der Mengenanteil • Der Mengenanteil wird verwendet, wenn man die Teilchen der Mischungen abzählt und miteinander mischt.
Beispiel: Ein Sack Getreide enthält 2 000 Roggenkörner und 8 000 Weizenkörner. Somit beträgt der Mengenanteil der Roggenkörner im Sack 20 %.

Die Konzentration • Die Konzentration wird verwendet, wenn man Feststoffe mit Flüssigkeiten mischt.
Beispiel: 3 g Kochsalz werden in 100 mL Wasser gelöst. Somit beträgt die Konzentration des Salzes im Salzwasser 0,03 g pro mL (0,03 g/mL).

Aufgaben

1 Berechne den Massenanteil von Zucker in einer Lösung aus 20 g Zucker und 180 g Wasser.

2 Ein Getränkeabfüller stellt Limonade in 1-Liter-Flaschen her. Er verwendet pro Flasche 125 g Zucker. Wie groß ist die Konzentration an Zucker in der Limonade?

der Massenanteil
der Volumenanteil
der Mengenanteil
die Konzentration

Methode

Von der Messung zur Eichkurve

Jeder Stoff hat bestimmte Eigenschaften. Durch Hinzumischen eines anderen Stoffs können die Eigenschaften gezielt verändert werden. Die neuen Eigenschaften lassen sich oft nicht mit dem bloßen Auge erkennen – dazu sind Messgeräte erforderlich.
In Messreihen kann ermittelt werden, wie stark der Einfluss der zugesetzten Menge auf die Eigenschaftsänderung ist.

Beispiel: Ein Laborant tropft Salzsäure in Wasser. Mit einem pH-Meter misst er, wie stark sich dadurch der pH-Wert ändert.

Wertetabelle anfertigen

Volumenanteil Säure in %	0	1	2	3	4	5
pH-Wert	7,0	2,9	2,5	2,3	2,2	2,1

Diagramm zeichnen Beachte, dass
- die unabhängige Größe, in diesem Fall der Volumenanteil der Säure, auf die *x*-Achse eingetragen wird;
- die abhängige Größe, in diesem Fall der pH-Wert, auf die *y*-Achse eingetragen wird.

Trage die Wertepaare aus der Wertetabelle als Kreuzchen in das Diagramm ein und verbinde sie. Dies liefert oft eine Gerade oder eine Kurve. Zeichne die Linie so, dass möglichst viele Kreuzchen in der Nähe liegen. Es soll aber keine Zickzacklinie entstehen. → 4 5
Die so erhaltene Kurve nennt man auch Eichgerade oder Eichkurve.

Zusammenhang formulieren Beschreibe den Zusammenhang in dem Diagramm mit einem Ergebnissatz, z. B. so:
- Nach unserem Versuch besteht (k)ein Zusammenhang zwischen ... und ...
- Je größer ..., desto größer ...
- Je größer ..., desto kleiner ...
- Es besteht ein proportionaler/antiproportionaler Zusammenhang zwischen ... und ...

Aufgaben

1 ◐ Entscheide, ob in den Bilder 4 und 5 die blauen oder die schwarzen Verbindungslinien richtig sind.

2 ● Formuliere Ergebnissätze für die Zusammenhänge in Bild 4 und 5.

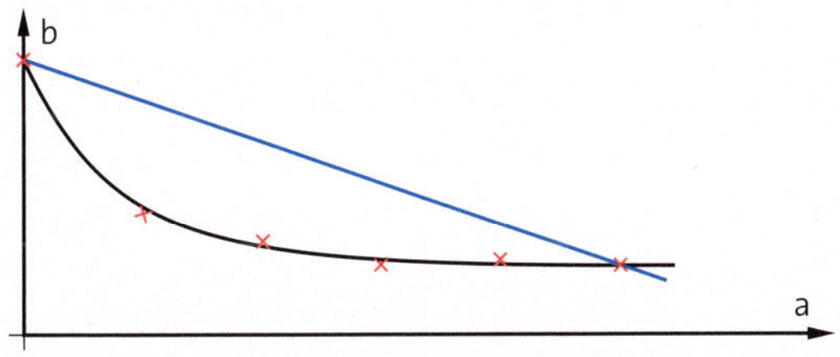

4 Ein Diagramm mit Eichkurve

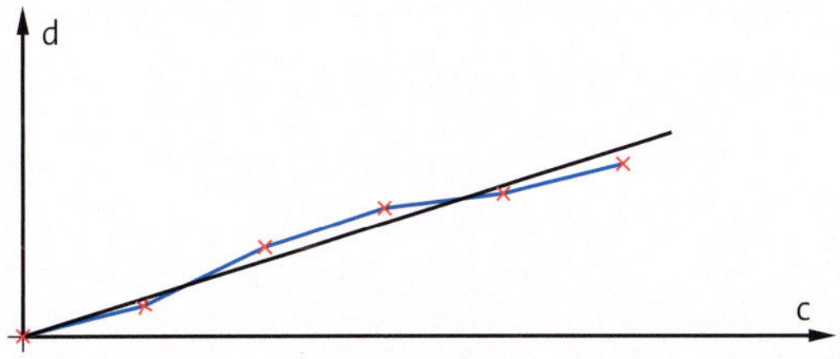

5 Ein Diagramm mit Eichgerade

Wie viel ist drin?

Material A

Den Salzgehalt anhand der Dichte messen

Salz verändert die Dichte von Wasser. Wie stark ist dieser Einfluss?

Materialliste: Kochsalz, Spatel, Waage, Spritzflasche mit Wasser, Messkolben (100 mL) mit Stopfen, Trichter, Spindel (Aräometer), Standzylinder, Papiertücher, Millimeterpapier

Maßlösungen herstellen

Stelle mithilfe des Messkolbens sechs Kochsalzlösungen der Konzentration 0,01 g/mL bis 0,06 g/mL her.
Dazu wiegst du z. B. 1 g Salz ab und schüttest es über einen Trichter in den Messkolben. Dann wird mit Wasser nachgespült, bis der Kolben etwa zur Hälfte gefüllt ist. Mit kreisenden Bewegungen löst du das Salz auf. Erst wenn keine Salzkristalle am Boden zurückbleiben, wird bis zum Eichstrich aufgefüllt. Dabei muss der Messkolben so gehalten werden, dass der Eichstrich auf Augenhöhe zu sehen ist.

Messungen durchführen

Fülle die verschiedenen Maßlösungen in einen Standzylinder und lass das Aräometer in die Flüssigkeit eintauchen. An der Skala kannst du die Dichte der jeweiligen Salzlösung ablesen und in einer Tabelle eintragen.
Achte darauf, dass das Aräometer beim Ablesen nicht an der Glaswand anliegt.

1 ○ Fertige ein Versuchsprotokoll mit einem Diagramm auf Millimeterpapier an. Formuliere einen Je-desto-Satz als Ergebnis und erstelle auch eine Fehlerbetrachtung.

2 ◔ Begründe, warum es wichtig ist, nach jeder Messung den Standzylinder auszuspülen und zu trocknen.

3 ◔ Welche Dichte hätte eine Salzlösung der Konzentration 0,035 g/mL? Lies den Wert aus Bild 2 ab.

4 ● Jetzt umgekehrt: Eine Laborantin hat mithilfe des Aräometers eine Dichte von 1,025 g/cm³ gemessen. Mithilfe des Diagramms soll nun die Konzentration dieser Salzlösung ermittelt werden. Beschreibe, wie man das macht, und gib den Wert an.

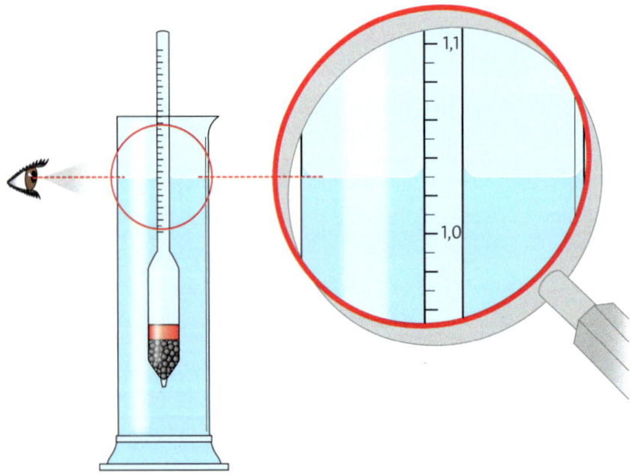

1 Dichtemessung mithilfe eines Aräometers

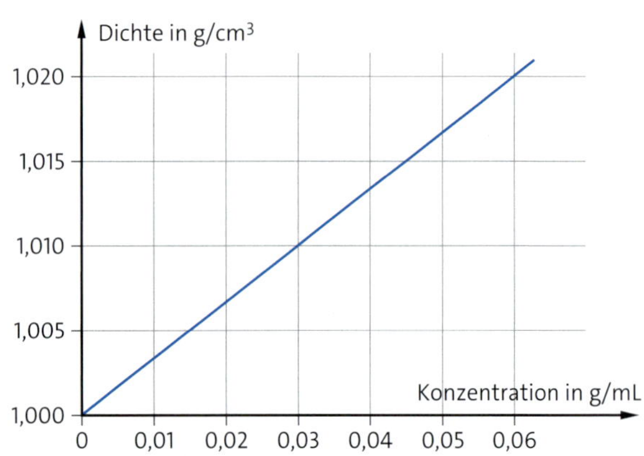

2 Zusammenhang zwischen Salzgehalt und Dichte

Material B

Den Salzgehalt anhand der Leitfähigkeit messen

Salz verändert die elektrische Leitfähigkeit von Wasser. Wie stark ist dieser Einfluss?

Materialliste: Kochsalz, Spatel, Waage, Spritzflasche mit Wasser, Messkolben (100 mL) mit Stopfen, Trichter, Elektroden, Elektrodenhalter, Stativ, Muffe, Kabel, Spannungsquelle, Amperemeter, Becherglas

Stelle sechs Kochsalzlösungen der Konzentration 0,01 g/mL bis 0,06 g/mL her.
Überprüfe dann jeweils die elektrische Leitfähigkeit in einer Leitfähigkeitsmessapparatur. Notiere die Wertepaare aus Konzentration und zugehöriger Stromstärke in einer Wertetabelle.

1 ▢ Fertige ein Versuchsprotokoll mit einem Diagramm auf Millimeterpapier an. Formuliere einen Je-desto-Satz als Ergebnis.
Notiere mögliche Fehlerquellen, die die Messgenauigkeit verschlechtern können.

2 ◐ Welchen Einfluss könnte es haben, wenn die Eintauchtiefe der Elektroden bei den einzelnen Messungen verändert würde?

3 ◐ Zwei Schülergruppen (A und B) haben die gleiche Messreihe durchgeführt, dabei aber unterschiedliche Messwerte erhalten. → 4
Beschreibe den unterschiedlichen Verlauf der ermittelten Kurven A und B und nenne mindestens vier mögliche Ursachen dafür.

4 ● Ein Laborant hat mithilfe des Amperemeters eine Stromstärke von 170 mA gemessen. Wie groß war die Konzentration der Salzlösung?
Verwende die Kurve B in Bild 4 zur Ermittlung der Werte.

5 ● Stelle dir vor, ein Fluss ist durch illegale Salzeinleitungen stark verschmutzt worden. Ein großer Teil der Fische in dem Fluss sind verendet.
Begründe, ob die elektrische Leitfähigkeit als Beweis für eine Umweltverschmutzung durch ein nahe gelegenes Salzbergwerk dienen könnte.
Erläutere auch, worauf man beim Experimentieren besonders achten müsste.

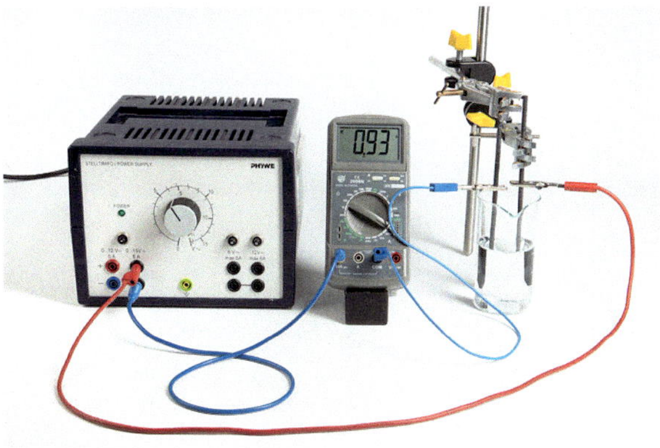

3 Stromstärkemessung mit einem Amperemeter

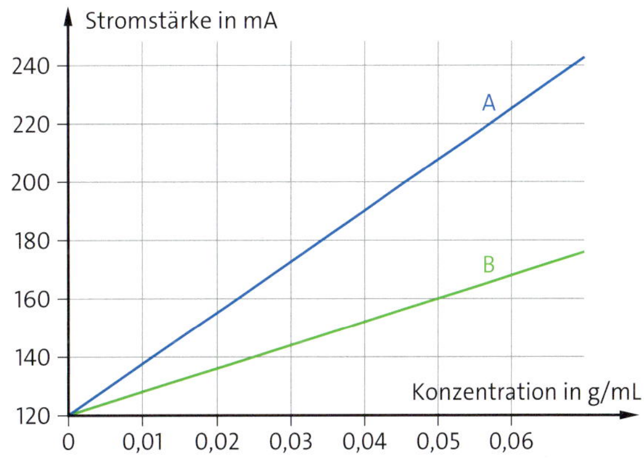

4 Salzgehalt und Leitfähigkeit

Material C

Den Glykolgehalt anhand der Viskosität messen

Glykol ist eine zähfließende Flüssigkeit, die im Auto als Frostschutzmittel dem Kühlwasser zugesetzt wird. Die Zähigkeit einer Flüssigkeit bezeichnet man auch als Viskosität. Durch Verdünnen mit Wasser wird die Viskosität verändert.

Materialliste: 3 Bechergläser, 10 Reagenzgläser mit Stopfen, Reagenzglasgestell, Messpipetten, Peleusball, Messkolben, Pasteurpipette, Spritzflasche, Stativmaterial, Stoppuhr, Papier, Frostschutzmittel [Glykol (GHS08|07)]

Maßlösungen herstellen

Stelle verschiedene Glykol-Wasser-Lösungen mit einem Volumenanteil von 10 bis 100 % her. Verwende ein Pipette für das Glykol und eine Pipette für das Wasser sowie den Peleusball. Für die 10%ige Lösung brauchst du z. B. 1 mL Glykol und 9 mL Wasser, die du beide in ein Reagenzglas abfüllst. Verschließe danach das Reagenzglas mit einem Stopfen und mische die Lösung durch Schütteln.

Messungen durchführen

Markiere auf der Pasteurpipette eine Start- und eine Stopplinie mit einem wasserunlöslichen Stift. Fülle die Glykollösungen ohne Luftblasen in die Pasteurpipette und bestimme bei allen Lösungen die unterschiedlichen Laufzeiten. Die Laufzeit ist ein Maß für die Viskosität.

1 ○ Fertige ein Versuchsprotokoll mit einem Diagramm auf Millimeterpapier an. Formuliere einen Je-desto-Satz als Ergebnis und erstelle auch eine Fehlerbetrachtung. Formuliere eine Erklärung für den Verlauf der Kurve.

2 ◐ Begründe, warum eine Start- und eine Ziellinie festgelegt wurden.

3 ◐ Um Honigreste aus einem Honigglas zu entfernen, kann man das Glas erwärmen. Formuliere einen Je-desto-Satz, der diesen Zusammenhang beschreibt.

4 ● Lies aus der von dir ermittelten Kurve ab, welchen Volumenanteil an Glykol eine Lösung hat, die für das Herunterfließen 1,5 s benötigt.

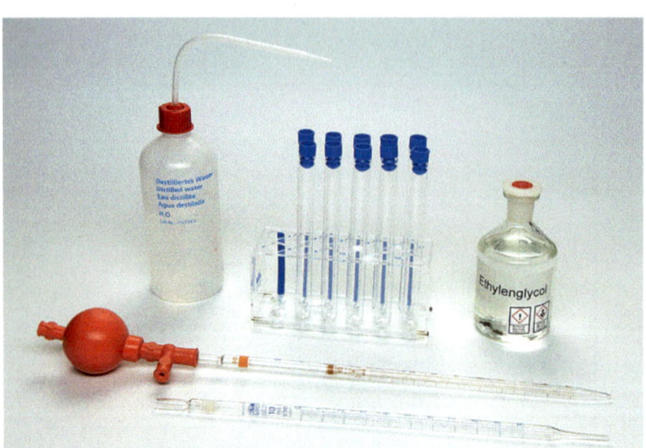

1 Material zur Herstellung der Maßlösungen

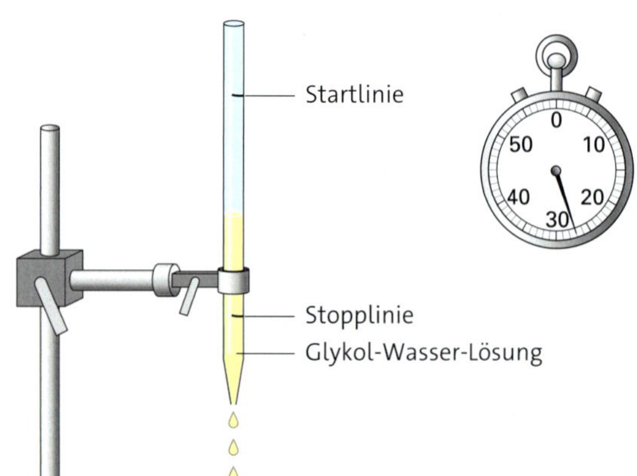

2 Viskositätsmessung durch Messung der Laufzeit

Material D

Den Farbstoffgehalt anhand der Farbe messen

Gefärbte Lösungen werden beim Verdünnen immer blasser. Durch ein Fotometer kann diese Veränderung gemessen werden: Man schickt Licht durch die Farblösung, das auf der anderen Seite geschwächt austritt und dort auf einen lichtabhängigen Widerstand (LDR) trifft.
Mit der einfallenden Lichtmenge verändert sich der elektrische Widerstandswert des LDR und demzufolge auch die gemessene elektrische Stromstärke.

Materialliste: Lebensmittelfarbstofflösung (1 L), 2 Messzylinder, 10 Messkolben (100 mL), Leuchtdiode als Lichtquelle, lichtabhängiger Widerstand, Amperemeter, Spannungsquelle, Kabel, Küvette (100 mL)

Maßlösungen herstellen
Stelle verschiedene Farbstoff-Wasser-Lösungen mit einem Volumenanteil von 10 bis 100 % her. Verwende dazu einen Messzylinder für die Farblösung und einen Messzylinder für das Wasser. Für die 10%ige Lösung benötigst du z. B. 10 mL Farblösung und 90 mL Wasser. Mische jede Maßlösung gründlich.

Messungen durchführen
Baue einen Stromkreis aus Spannungsquelle, Amperemeter und LDR auf. Fülle jeweils die Maßlösungen in eine Küvette. Durchstrahle die Flüssigkeit mit einer Leuchtdiode und bringe den LDR an die Austrittsstelle des Lichts. Bevor du die Stromstärke misst, sollte deine Versuchsanordnung oder der ganze Raum abgedunkelt werden.

1 ▢ Fertige ein Versuchsprotokoll mit einem Diagramm auf Millimeterpapier an.
Formuliere einen Je-desto-Satz als Ergebnis und erstelle auch eine Fehlerbetrachtung.

2 ◪ In diesem Versuch kann man mehrere Je-desto-Sätze formulieren. Versuche es mit diesen Begriffen: Farbstoffanteil – Lichtdurchlässigkeit – Widerstandswert des LDR – elektrische Stromstärke.

3 ● Schlage Veränderungen vor, um die Qualität der Messungen zu verbessern.

4 ● Beschreibe, wie ein Fotometer als Gerät aufgebaut sein müsste.

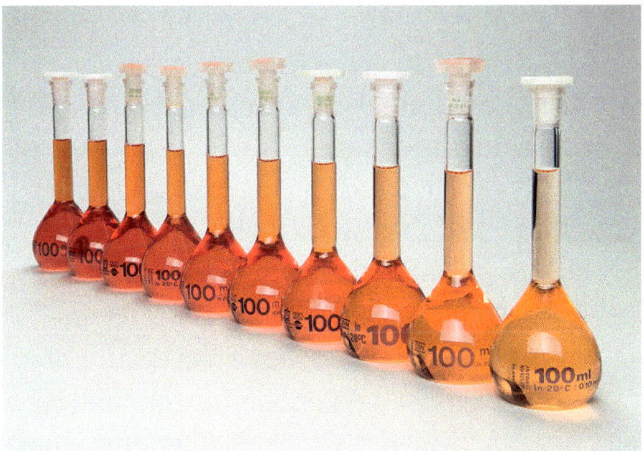

3 Maßlösungen mit 10 bis 100 % Farbstoffanteil

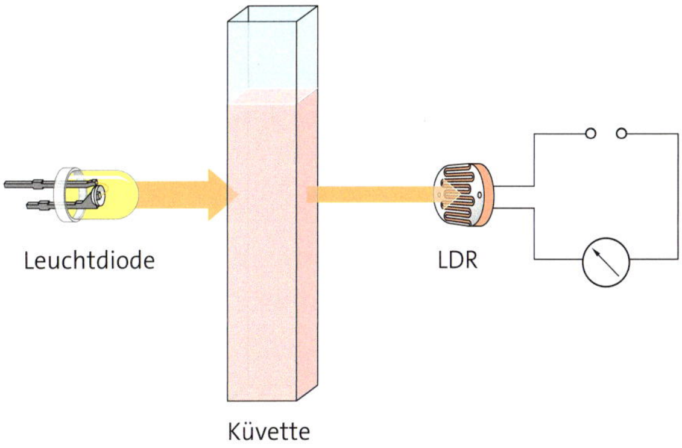

4 Messung der Lichtdurchlässigkeit

Säure – Lauge – Titration

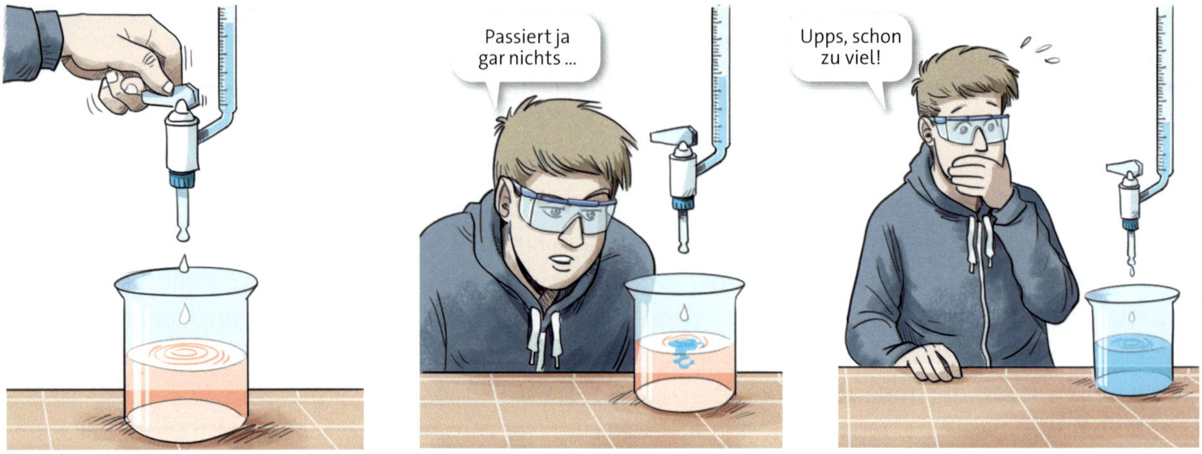

1 Hier wird eine Titration durchgeführt: Zu einer Säure wird Lauge zugetropft – genau bis zur Neutralisation.

Bei einer Neutralisation reagieren Säuren und Laugen miteinander zu einem meistens harmlosen Salz und zu Wasser. Aber die Menge macht's! Ein Tropfen zu viel oder zu wenig – und die Flüssigkeit ist wieder ätzend.

Gesetz der konstanten Mengenverhältnisse • Bei jeder Neutralisation reagieren die Teilchen immer in bestimmten Mengenverhältnissen. Im Fall von Salzsäure und Natronlauge ist das Mengenverhältnis „eins zu eins“:

$HCl + NaOH \rightarrow NaCl + H_2O$

Das heißt:

- 1 Säureteilchen reagiert mit 1 Laugeteilchen.
- 8 Säureteilchen reagieren mit 8 Laugeteilchen.
- 1 Dutzend Säureteilchen reagieren mit 1 Dutzend Laugeteilchen.

Bei dieser Neutralisation reagieren also immer genauso viele Säureteilchen wie Laugeteilchen miteinander.

Wie wiegt man Atome? • Atome haben eine so kleine Masse, dass sie mit keiner Waage direkt abgewogen werden können. Nimmt man aber sehr viele davon, dann schlägt auch der Zeiger einer einfachen Küchenwaage aus. Um die Massen verschiedener Atome vergleichen zu können, muss jedenfalls eine immer gleichbleibende Anzahl abgewogen werden.
Man hat sich dabei auf die Menge von 602 200 000 000 000 000 000 000 geeinigt. Das sind 602 Trilliarden. Diese Menge nennt man ein Mol.
Im Beispiel der Neutralisation von Salzsäure mit Natronlauge kann man also auch sagen:

- 1 Mol Säureteilchen reagieren mit 1 Mol Laugeteilchen.

Molmasse • Die Molmasse gibt an, wie schwer ein Mol eines bestimmten Stoffs ist. Im Periodensystem findest du diesen Wert rechts über dem jeweiligen Elementsymbol.

die Titration
das Mol
die Stoffmengenkonzentration
die Maßlösung

Für Verbindungen wie HCl oder NaOH muss man die Zahlen nur addieren, um die Masse eines Mols der Verbindungsteilchen herauszubekommen: Die Molmasse beträgt bei HCl 36,5 g und bei NaOH 40,0 g.
Das heißt:

- 36,5 g HCl reagieren mit genau 40,0 g NaOH.

Nur wenn man HCl und NaOH in diesem Massenverhältnis zur Reaktion bringt, bleibt nichts übrig. Bei der Titration in Bild 1 wurde dagegen ein Tröpfchen Säure zu viel zugegeben.

Stoffmengenkonzentration *c* • Die Stoffmengenkonzentration wird verwendet, wenn es sich um Lösungen handelt.
Diese Konzentrationsangabe findet sich besonders oft bei Maßlösungen. Das sind z. B. Säuren oder Laugen mit einem sehr genauen Gehalt. Sie sind erforderlich für eine genaue Analyse.
In unserem Beispiel gilt:

- Wenn man ein Mol HCl in Wasser löst, hat man eine Stoffmengenkonzentration von 1 Mol pro Liter (1 mol/L). Dazu wären 36,5 g HCl nötig.
- Wenn ein Mol NaOH in Wasser gelöst wird, erhält man eine Stoffmengenkonzentration von 1 Mol pro Liter (1 mol/L). Dazu bräuchte man 40,0 g NaOH.

Wenn man eine Säure oder Lauge exakt neutralisieren will, muss man die Mengenverhältnisse, in denen sie reagieren, genau kennen.

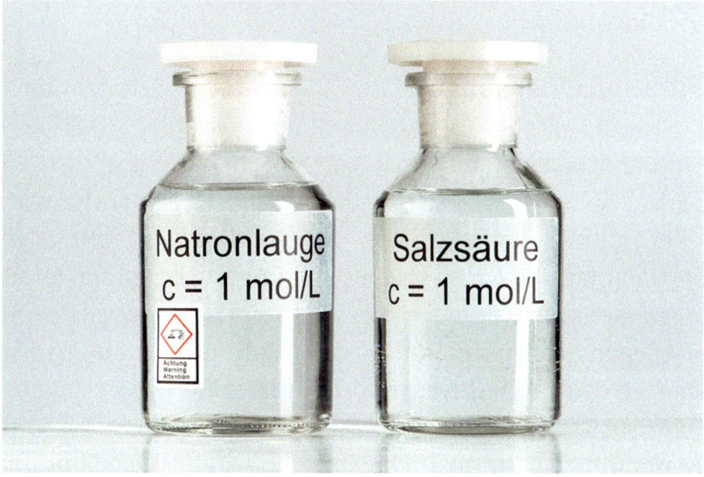

2 Maßlösungen von Salzsäure und Natronlauge mit jeweils $c = 1\,mol/L$

Aufgaben

1 ○ Gib die Masse von 1 Mol Eisen-Atomen an. Schaue dazu im Periodensystem im Anhang nach.

2 ◐ Berechne die Masse von 4 Mol Wassermolekülen.

3 ◐ Du kaufst dir 100 g Aluminiumfolie. Berechne, wie viel Mol das sind.

4 ◐ Gib an, was mit „1 Mol Reiskörner“ gemeint ist.

5 ◐ Ein Liter Nordseewasser enthält ungefähr 34 g Kochsalz. Berechne, wie viel Mol NaCl das sind.

6 ● Eine Laborantin soll 500 mL einer Kalilauge (KOH) mit $c = 1\,mol/L$ herstellen. Berechne, wie viel Kaliumhydroxid sie dazu abwiegen muss.

Säure – Lauge – Titration

Material A

Titration einer Lauge

Unsere Abwässer sind durch Seife, WC-Reiniger, Duschgel oder Spülmittel oft alkalisch. In Kläranlagen müssen solche Abwässer zuerst einmal möglichst genau analysiert und danach neutralisiert werden.

Materialliste: Bürette, Trichter, Magnetrührer, 3 Erlenmeyerkolben, Natronlauge (GHS05), Salzsäure-Maßlösung (1 mol/L), Universalindikator

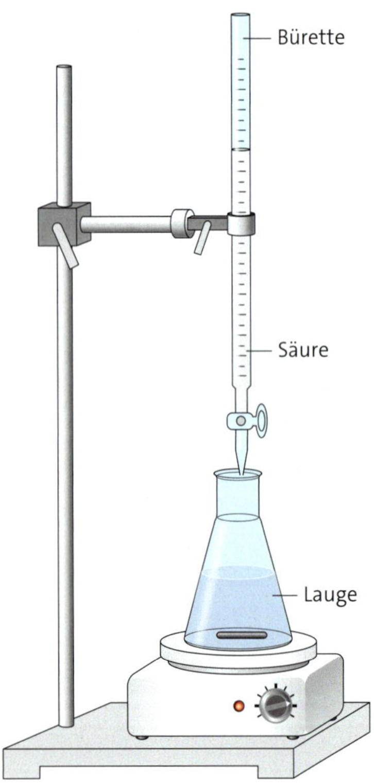

1 Versuchsaufbau

Achtung • Schutzbrille nicht vergessen!

Baue die Apparatur wie in Bild 1 auf. Deine Lehrerin oder dein Lehrer gibt dir drei Erlenmeyerkolben mit jeweils 25 mL einer Natronlauge. Das ist die Probe, deren Stoffmengenkonzentration du bestimmen sollst.
Die dreifache Ausführung hat den Sinn, dass du nicht nur einen Versuch hast, die Analyse durchzuführen.

Nimm einen Erlenmeyerkolben und versetze die Lauge darin mit etwas Universalindikator. Die Färbung zeigt dir die Lauge an.
Fülle nun die Bürette bis zum oberen Eichstrich mit der Salzsäure-Maßlösung (1 mol/L). Verwende einen Trichter und achte darauf, dass nichts danebengeht.

Dosiere nun vorsichtig mit der Bürette unter ständigem Rühren so viel Säure hinzu, bis der Indikator durch den Farbumschlag den Neutralpunkt anzeigt. Notiere dir den Verbrauch beim ersten Durchgang und wiederhole den Versuch noch zweimal. Aus den ermittelten drei Volumina an Säure berechnest du den Mittelwert.

1 ○ Schreibe ein Versuchsprotokoll.

2 ● Berechne die unbekannnte Stoffmengenkonzentration der Natronlauge nach der Musterrechnung unten. Rechne dabei mit dem tatsächlich von dir ermittelten Verbrauch.

Musterrechnung

Angenommen, der gemittelte Verbrauch (V) an Salzsäure wäre 12,5 mL. Dann muss der Wert in folgende Formel eingesetzt werden:

$$V_{\text{Säure}} \cdot c_{\text{Säure}} = V_{\text{Lauge}} \cdot c_{\text{Lauge}}$$

Wenn man alle bekannten Werte einsetzt, kann man die Gleichung nach c_{Lauge} umstellen und die gesuchte Stoffmengenkonzentration der Lauge ausrechnen.

$$12{,}5\,\text{mL} \cdot 1\,\text{mol/L} = 25\,\text{mL} \cdot c_{\text{Lauge}}$$

$$c_{\text{Lauge}} = \frac{12{,}5\,\text{mL} \cdot 1\,\text{mol/L}}{25\,\text{mL}}$$

$$c_{\text{Lauge}} = 0{,}5\,\text{mol/L}$$

In diesem Fall hätte die Natronlauge eine Stoffmengenkonzentration von 0,5 mol/L gehabt.

Material B

Titration einer Säure

Durch Titration mit einer Säure bekannter Konzentration kann man die Konzentration einer unbekannten Lauge ermitteln. Dies gilt auch umgekehrt.

Dazu ein Beispiel:
Eine Säure ist aus einem Eisenbahnwagon ausgelaufen und muss neutralisiert werden. → 2
Es handelt sich um 500 Liter Salpetersäure (HNO_3). Zur Neutralisation wurden drei Proben von jeweils 20 mL entnommen und analysiert. Als Maßlösung wurde Kalilauge (KOH) mit einer Stoffmengenkonzentration von 2 mol/L verwendet. Der durchschnittliche Verbrauch lag bei 18 mL.

2 Hier ist eine Säure ausgetreten.

1 Werte das Beispiel aus.
a Formuliere die Reaktionsgleichung der Neutralisation.
b Berechne die Stoffmengenkonzentration der Salpetersäure.
c Berechne, wie viel Kalilauge erforderlich ist, um die 500 Liter Salpetersäure zu neutralisieren.

Material C

Die Ionenwertigkeit

Auch die Ionenwertigkeit *z* von Säuren und Laugen ist zu beachten. Wenn diese nicht gleich 1 ist, muss man bei Titrationen folgende Formel verwenden:

$$V_{\text{Säure}} \cdot c_{\text{Säure}} \cdot z_{\text{Säure}} = V_{\text{Lauge}} \cdot c_{\text{Lauge}} \cdot z_{\text{Lauge}}$$

1 Lies die Beispiele im nebenstehenden Kasten. Formuliere mit eigenen Worten, was mit Ionenwertigkeit gemeint ist.

Beispiele

Schwefelsäure hat die Formel H_2SO_4. Sie gibt bei einer Neutralisation zwei Wasserstoff-Atome ab. Ihre Ionenwertigkeit beträgt 2.
Phosphorsäure hat die Formel H_3PO_4 und kann 3 Protonen abgeben. Ihre Ionenwertigkeit beträgt 3.
Calciumlauge hat die Formel $Ca(OH)_2$. Ihre Ionenwertigkeit beträgt 2.

2 55 mL Phosphorsäure werden mit Calciumlauge titriert.
Die Calciumlauge hat eine Stoffmengenkonzentration von 0,5 mol/L.
Der durchschnittliche Verbrauch bei den Titrationen betrug 165 mL.
a Schreibe die Reaktionsgleichung zur Neutralisation auf.
b Berechne die Stoffmengenkonzentration der Phosphorsäure.

Den Stoffen auf der Spur

Zusammenfassung

Ziele • Die analytische Chemie hat vor allem zwei Ziele:
Oft will man wissen, *ob* Stoff X in einem Gemisch vorhanden ist (qualitative Analytik). Man testet z. B. bei Mordverdacht, ob Zyankali in der Leiche nachweisbar ist.
In anderen Fällen will man wissen, *wie viel* von Stoff X enthalten ist (quantitative Analytik). Man könnte z. B. mehrere Energydrinks auf ihren Koffeingehalt vergleichen.

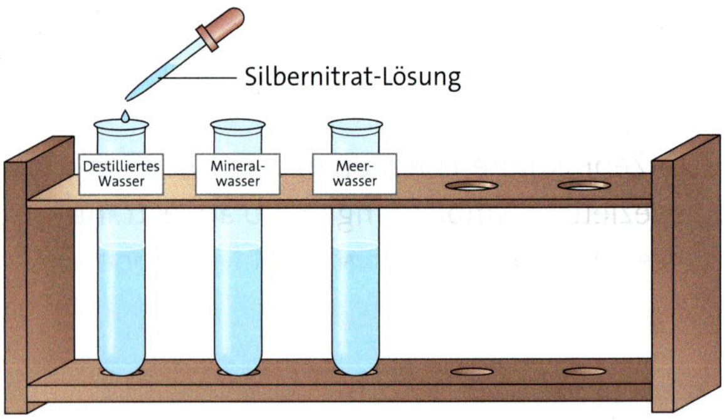

1 Qualitative Untersuchung (auf Chlorid)

Methoden • Die analytische Chemie setzt sehr viele Methoden ein, z. B.:
Ausfällungen: Stoff X wird in einen schwer löslichen Stoff überführt und dadurch sichtbar (qualitatives Ergebnis). Eventuell kann der Niederschlag auch ausgewogen werden (quantitatives Ergebnis).
Farbreaktionen: Wenn Stoff X vorhanden ist, kommt es bei Zugabe einer Reagenzlösung zu einer Verfärbung (qualitatives Ergebnis). Die Intensität der Verfärbung lässt auf den Gehalt schließen (quantitatives Ergebnis).
Eigenschaftsmessungen: Der Gehalt an Stoff X wirkt sich z. B. auf die Dichte oder die Leitfähigkeit der Lösung aus (quantitatives Ergebnis).

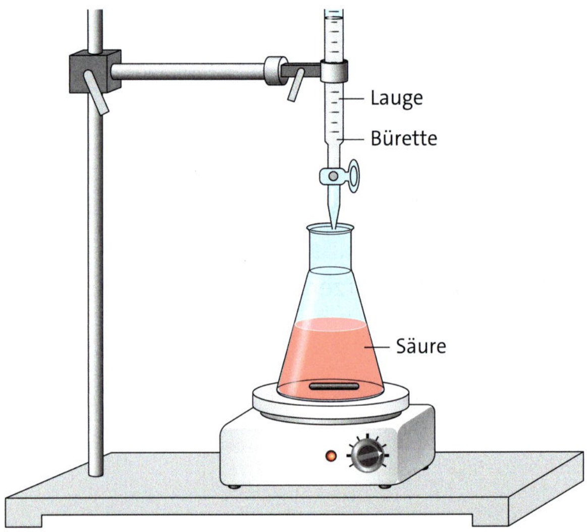

2 Quantitative Untersuchung (auf Säuregehalt)

Handwerkszeug • Die analytische Chemie nutzt oft Gehaltsgrößen, z. B.:
- den Volumenanteil in Volumenprozent (%)
- die Konzentration in Gramm pro Liter (g/L)
- die Stoffmengenkonzentration in Mol pro Liter (mol/L)

Außerdem braucht man Messgeräte, Maßlösungen, Millimeterpapier, Eichkurven und ein genaues Auge ...

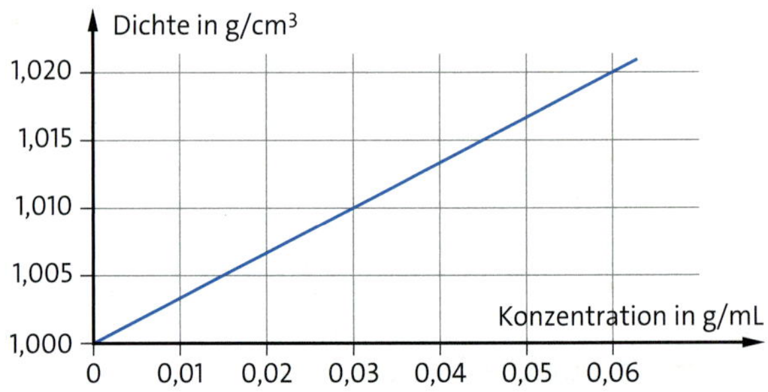

3 Eichgeraden kann man immer wieder nutzen.

Teste dich! (Lösungen im Anhang)

1 ▢ Begründe, warum die analytische Chemie für unsere Lebensmittel so wichtig ist.

2 ▢ Zebrastreifen werden nachts mit einer speziellen Lampe orange-gelb angestrahlt. Welches Alkalimetall wird in der Lampe verwendet?

3 ▢ Bei einem Feuerwerk siehst du eine grüne Leuchtkugel. Nenne ein Element, das für diese Farbe verantwortlich sein kann.

4 ▢ Beim Zutropfen von Sibernitrat-Lösung in eine Salzlösung bildet sich ein Niederschlag mit deutlich gelber Farbe. Nenne das Halogenid, das in der Salzlösung enthalten war.

5 ● Beim Einleiten von Schwefelwasserstoff (H_2S) in eine eisenhaltige Lösung bildet sich ein braun-schwarzer Niederschlag aus Eisensulfid (FeS). Nach dem Trocknen ergibt sich eine Masse von 108 g. Berechne, wie viel Gramm Eisen die Lösung enthielt.

6 ◐ Auf Bild 4 misst eine Winzerin mit einem Refraktometer den Zuckergehalt ihres Traubensafts. Dazu gibt sie etwas Saft auf den Glaskörper des Refraktometers. Das einfallende Licht wird an der Grenze Glas/Saft reflektiert. Der Reflexionswinkel ist abhängig vom Zuckergehalt des Traubensafts und wird in °Oechsle gemessen.
Welchen Massenanteil Zucker hätten die Säfte mit den Oechsle-Graden 65, 100 und 130?

7 ● Ein Suppe gilt als versalzen, wenn die Konzentration an Kochsalz 0,012 g/mL überschreitet. Der geheime Ermittler Louis nimmt 150 mL der Suppe mit nach Hause und versetzt sie mit Silbernitrat. Der Niederschlag aus Silberchlorid wiegt nach dem Trocknen 8,2 g. War die Suppe versalzen?

8 ● Eine Kaliumbromid-Lösung hat die Konzentration 238 g/L. Berechne die Stoffmengenkonzentration dieser Lösung in mol/L.

9 ● Welche Konzentration in g/L haben folgende Maßlösungen:
- Natronlauge mit einer Stoffmengenkonzentration von 2,5 mol/L
- Lithiumiodid mit einer Stoffmengenkonzentration von 1 mol/L

4 Eine Winzerin benutzt ein Refraktometer.

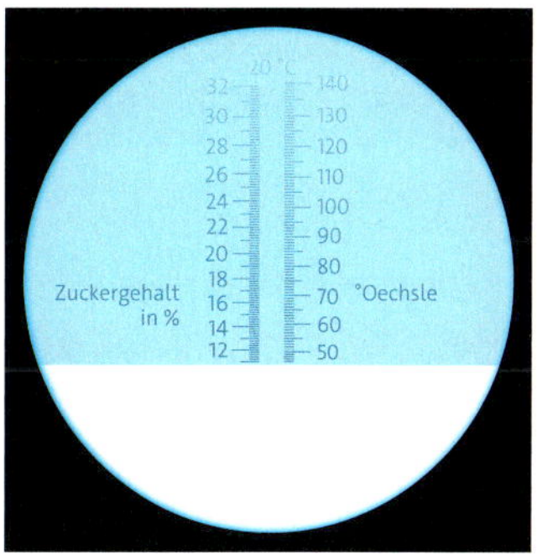

5 Anzeige im Refraktometer

Gefährliche Stoffe

Manche chemische Reaktionen können heftig bis explosiv verlaufen. Hier bilden sich zum Glück nur Funken. Kennst du dich mit Gefahrstoffen aus?

Schön und giftig! Manche Stoffe schaden schon in ganz kleinen Mengen der Gesundheit oder wirken sogar tödlich.

Was im Reagenzglas verheerende Folgen haben kann, wird in dieser Form zum gewünschten Spektakel.

Giftstoffe

1 Roter Fingerhut

Der Rote Fingerhut wurde 2007 zur Giftpflanze des Jahres gewählt. Wie kommt es, dass seine Inhaltsstoffe dennoch in Herzmedikamenten eingesetzt werden?

Die Dosis macht's • Alle Pflanzenteile des Roten Fingerhuts sind extrem giftig. Sie enthalten Wirkstoffe, die das Herz beeinflussen. Schon der Verzehr von zwei Blättern kann bei einem erwachsenen Menschen zu einem tödlichen Herzinfarkt führen. Mediziner haben aber erkannt, dass sich die Wirkstoffe des Roten Fingerhuts auch positiv nutzen lassen. Bei sehr geringer Dosierung stärken sie das Herz und können zur Behandlung von Menschen mit einem schwachen Herzen eingesetzt werden.
Die Erkenntnis, dass unterschiedliche Mengen eines Stoffs verschiedene Wirkungen auf die Gesundheit haben können, ist nicht neu. Schon im Spätmittelalter erklärte der Arzt und Alchemist Paracelsus: „Allein die Dosis macht das Gift."
Allerdings gibt es auch Stoffe, die sich im Körper anreichern. So können kleine Mengen Gift über lange Zeiträume unbemerkt aufgenommen werden, bevor sie die Gesundheit schädigen.

Letale Dosis • Jeder Stoff ist in einer bestimmten Menge tödlich. Diese Menge wird in Milligramm pro Kilogramm Körpergewicht angegeben und als letale Dosis (LD) bezeichnet. Beispielsweise bedeutet die Angabe LD_{50}, dass 50 % der Lebewesen, die diese Dosis aufgenommen haben, daran gestorben sind. → 2 3

Natürliche Gifte • Viele Lebewesen produzieren Giftstoffe, um sich gegen Feinde zu verteidigen oder ihre Beute zu betäuben. In Europa finden sich starke Gifte vor allem in Pflanzen oder in Pilzen wie dem Knollenblätterpilz. Eines der gefährlichsten europäischen Tiere ist die Portugiesische Galeere. Das Gift dieser Qualle gelangt über die Haut in den Körper und kann zu einem Kreislaufzusammenbruch führen.

die letale Dosis

Umweltgifte • Seit Beginn der Industrialisierung gibt es eine ständig steigende Anzahl an Stoffen, die giftig für uns und unsere Umwelt sind. Dazu gehören z. B. Schwermetalle aus der Batterieentsorgung, Medikamentenrückstände oder Giftstoffe aus Kunststoffmüll.
Heute werden Maßnahmen ergriffen, um die schädlichen Auswirkungen der Umweltgifte zu vermindern. Der Einsatz von Schwermetallen wird eingeschränkt, Trinkwasser wird in speziellen Anlagen aufbereitet und Kunststoffe werden durch umweltverträglichere Materialien ersetzt.

Wirkung • Giftstoffe unterscheiden sich in der Art, wie sie wirken. Während das Gift der Brennnessel für Menschen relativ harmlos ist, kann der Kontakt mit der gleichen Menge aus einem giftigen amerikanischen Efeu schon deutlich unangenehmer ausgehen.
Die Symptome einer Vergiftung können unter anderem Schmerzen, Übelkeit oder Halluzinationen sein. Je kürzer ein Gift einwirkt, desto weniger Schaden richtet es an. Deshalb ist so schnell wie möglich ein Facharzt aufzusuchen.
Einige Gifte zeigen ihre Wirkung jedoch sehr spät. Sie hemmen Zellfunktionen oder verändern das Erbgut. Die Folgen können missgebildete Embryos oder Krebserkrankungen sein.

Für jeden Stoff gibt es eine Dosis, in der er als Gift wirkt. Manche Stoffe reichern sich unbemerkt im Körper an und wirken so erst nach Jahren.

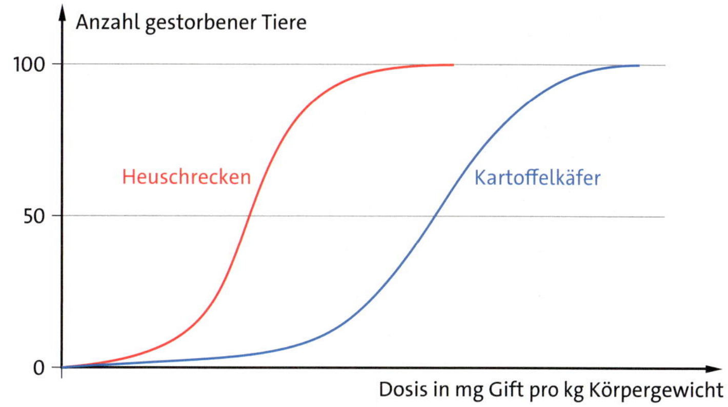

2 Lebewesen reagieren unterschiedlich auf Gift.

Giftstoff	Lebewesen	LD_{50}
Arsenoxid	Ratte	14,6 mg/kg
Natriumchlorid	Maus	4 000,0 mg/kg
Nicotin	Maus	3,3 mg/kg
Digitoxin	Ratte	23,8 mg/kg

3 LD_{50}-Werte verschiedener Stoffe

Aufgaben

1 ○ Erkläre, unter welchen Bedingungen die Inhaltsstoffe des Roten Fingerhuts in Medikamenten genutzt werden können.

2 ◐ Das Gift des Knollenblätterpilzes heißt Amanitin. Seine tödliche Dosis liegt bei 0,1 mg/kg Körpergewicht. Berechne die tödliche Dosis für eine Person mit 57 kg Körpergewicht.

3 ● Informiere dich, auf welche Weise der Körper durch das Schwermetall Blei geschädigt werden kann.

Giftstoffe

Material A

Dünger für die Kresse

Düngemittel unterstützen das Wachstum von Pflanzen. Kann zu viel Dünger aber auch giftig sein?

Materialliste: 5 Petrischalen, Wasser, Watte, Kressesamen, Flüssigdünger, Pipetten

Bereite 5 Proben vor, indem du die Petrischalen so wie in der Tabelle angegeben füllst und danach vorsichtig schwenkst.

Probe	Wasser	Dünger
1	20 mL	0 mL
2	19 mL	1 mL
3	18 mL	2 mL
4	17 mL	3 mL
5	16 mL	4 mL

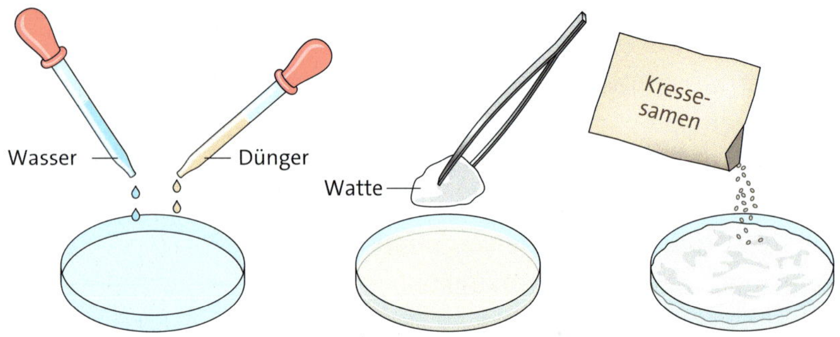

1 Wie wirken sich unterschiedliche Mengen Dünger auf das Wachstum aus?

Gib die Watte auf die Flüssigkeit, warte und drücke die Watte etwas fest. Streue dann jeweils die gleiche Menge an Kressesamen auf die Watte.

1 ○ Bewahre die Proben an einem nicht zu warmen Ort auf und beobachte sie mehrere Tage. Beschreibe, wie sich die Proben verändern.

2 ◐ Erstelle eine Tabelle, die deine Versuchsdaten enthält. Notiere Beobachtungen zu Quellung, Wurzelbildung und Blattbildung. Vergleiche die Ergebnisse.

3 ◐ Erkläre, warum auch eine Vergleichsprobe untersucht wurde, die keinen Dünger enthält.

Material B

Gift am Arbeitsplatz

Beim Arbeiten mit sehr gefährlichen Stoffen muss der Arbeitsplatzgrenzwert (AGW) beachtet werden. Dabei handelt es sich um die Konzentration eines festen oder flüssigen Stoffs pro Kubikmeter Luft. Dieser Wert darf am Arbeitsplatz nicht überschritten werden.

Stoff	AGW-Wert (mg/m³)
Quecksilber	0,02
Calciumhydroxid	1
Kohlenstoffdioxid	9100
Chlor	1,5
Ethanol	960
Kupfersulfat	0,01
Schwefeldioxid	2,5

1 ◐ Erkläre den AGW.

2 ◐ Übertrage die Tabelle in dein Heft und ordne die Stoffe sinnvoll an.

3 ◐ Berechne die Menge Chlor, die in einem Labor mit einem Rauminhalt von 210 m^3 nicht überschritten werden darf.

Erweitern

Schönes Gift

Im Periodensystem verbirgt sich hinter der Ordnungszahl 33 ein besonders vielseitiges Element: Arsen. Obwohl es vor allem für seine Giftigkeit bekannt ist, nutzen die Menschen Arsen und seine Verbindungen seit jeher für viele unterschiedliche Zwecke.

Breites Spektrum • Von der Antike bis zum Beginn des 19. Jahrhunderts wurden arsenhaltige Mittel bei den unterschiedlichsten Beschwerden, z. B. bei Fieber oder Zahnschmerzen, eingesetzt. Auch heute gibt es noch einige Medikamente und Heilmittel, die Arsenverbindungen enthalten. Sie finden sich in der Krebstherapie zur Behandlung von Leukämie, in der Chinesischen Medizin und in der Homöopathie.

Brillante Farben • Giftige Arsensulfide wie das goldgelbe Auripigment (As_2S_3) wurden schon im alten Ägypten als Pigmente zur Herstellung von Farben verwendet. → 2 Im 19. Jahrhundert kam das sogenannte Schweinfurter Grün als Künstler- und Wandfarbe in Mode. → 2 Dieser Trend hielt sich nur einige Jahrzehnte, da die Farben giftige Arsenverbindungen bilden können. Der Stoff wurde danach als Schädlingsbekämpfungsmittel verwendet.

2 Auripigment und Schweinfurter Grün

3 Arsenoxid – in hoher Verdünnung ein Heilmittel

Spurloses Gift • Besonders bekannt ist das geruch- und geschmacklose Arsenoxid (As_2O_3), vor allem unter dem Namen Arsenik. Da es sich lange Zeit nicht nachweisen ließ, war es bei Giftmördern sehr beliebt. Auch in der Literatur und später im Film wurde gern mit Arsenik gemordet, so beispielsweise in dem noch heute aufgeführten Theaterstück „Arsen und Spitzenhäubchen“.
Dieses Treiben fand ein Ende, als der britische Chemiker James Marsh im Jahr 1836 entdeckte, dass Arsenik mit Wasserstoff zu Arsenwasserstoff reagiert. Der Arsenwasserstoff zerfällt sofort in Wasserstoff und Arsen, das sich als schwarzer, spiegelnder Niederschlag auf einem Stück Porzellan nachweisen lässt. Diese Nachweisreaktion heißt Marsh'sche Probe.

Aufgaben

1 ○ Nenne Beispiele für die Verwendung von Arsenverbindungen.

2 ◔ Beschreibe, wie sich mit der Marsh'schen Probe Arsenik nachweisen lässt.

Explosivstoffe

1 Ein Bergwerksstollen

2 Ein Straßentunnel

Mit Tunneln lassen sich Hindernisse, z. B. ganze Berge, durchqueren. Wie werden sie in das Gestein getrieben?

Wegbereiter • Mitte des 19. Jahrhunderts wurden die ersten künstlichen Sprengstoffe hergestellt. Bei ihrem Einsatz werden enorme Kräfte freigesetzt. Sie erlaubten große Fortschritte beim Tunnel- und Straßenbau, brachten aber auch neue Gefahren mit sich: Sprengstoffe gehören wie Feuerwerkskörper zu den Explosivstoffen und müssen mit großer Sorgfalt verwendet werden.

Nitroglycerin • 1846 entdeckte der Chemiker Ascanio Sobrero eine leicht gelbe, ölige Flüssigkeit, die schon bei kleinsten Erschütterungen explodierte. Es handelte sich um Nitroglycerin – ein Stoff, der auch Trisalpetersäureglycerinester oder Glycerintrinitrat genannt wird. Da pures Nitroglycerin als Sprengstoff viel zu gefährlich ist, suchte man nach Möglichkeiten, es zu stabilisieren.

Dynamit • Der schwedische Chemiker Alfred Nobel entdeckte 1867, dass sich Nitroglycerin stabil in Kieselgur einlagern lässt. Er erfand außerdem die Initialzündung, bei der sich der Sprengstoff mit einer kleinen Menge eines Hilfssprengstoffs aus sicherer Entfernung zünden lässt. Alfred Nobel ließ sich seine Erfindung unter dem Namen Dynamit patentieren. Mittlerweile wird Dynamit oft durch Ammoniumnitrat-Sprengstoffe ersetzt.

Explosivstoffe • Als Explosivstoffe bezeichnet man feste oder flüssige Verbindungen, die in äußerst kurzer Zeit sehr große Mengen Energie freisetzen können. Dabei entstehen große Mengen heißer Gase.
Viele Explosivstoffe enthalten die Elemente Sauerstoff, Stickstoff, Kohlenstoff und Wasserstoff. Beim Zerfall des Explosivstoffs, der stark exotherm verläuft, entstehen schlagartig gasförmige Verbindungen wie Stickstoff, Kohlenstoffdioxid, Sauerstoff und Wasserdampf.

der Explosivstoff
das Ammoniumnitrat

Aktivierung • Damit der Explosivstoff seine Energie freisetzen kann, muss er zunächst aktiviert werden. Dies kann mechanisch, z. B. durch Reibung oder Schlagen, oder durch das Zuführen von Wärme erreicht werden.

Zerfall • Sobald der Explosivstoff aktiviert wurde, kommt es zu einer äußerst heftigen chemischen Reaktion. Bei dieser zerfällt die feste oder flüssige Ausgangsverbindung augenblicklich in gasförmige Produkte.

Gesamtvolumen • Beim Zünden zerfällt Ammoniumnitrat (NH_4NO_3) in Wasserdampf, Stickstoff und Sauerstoff.

$$2\ NH_4NO_3 \rightarrow 4\ H_2O + 2\ N_2 + O_2$$

Ammoniumnitrat ist ein Feststoff. Die Reaktionsprodukte sind Gase. Sie nehmen viel mehr Raum ein als der Feststoff: Beim Zünden entstehen aus z. B. 100 cm^3 Feststoff schlagartig 170 000 cm^3 Gase. Diese Volumenvergrößerung ist die Ursache der Druckwelle. Die Reaktionsgleichung oben zeigt auch, warum gerade Ammoniumnitrat ein starker Explosivstoff ist: Aus 2 Molekülen Explosivstoff entstehen bei der Zündung sehr viele Moleküle Gase, nämlich 7. Dieser Zerfall in viele Gasmoleküle ist typisch für wirkungsvolle Explosivstoffe.

Explosivstoffe sind energiereiche Verbindungen. Wenn sie aktiviert werden, entstehen in sehr kurzer Zeit große Mengen gasförmiger Produkte.

Einer der größten Chemieunfälle aller Zeiten

Am 21.09.1921 ging man in der Stickstofffabrik der Gemeinde Oppau der täglichen Arbeit nach. Ein wichtiges Standbein der Firma war die Verarbeitung von Ammoniumnitrat. Dieser Stoff zieht Wasser stark an und lagert es ein, wodurch er steinhart wird. Obwohl Ammoniumnitrat auch selbst als Sprengstoff dient, kann es mithilfe kleinerer Mengen Dynamit aufgelockert werden. Am 21.09. wurde die zulässige Menge jedoch überschritten. Oppau wurde fast dem Erdboden gleichgemacht und die Druckwelle war noch im 25 km entfernten Heidelberg zu spüren.

3 Bericht über eine Explosion in einer Stickstofffabrik.

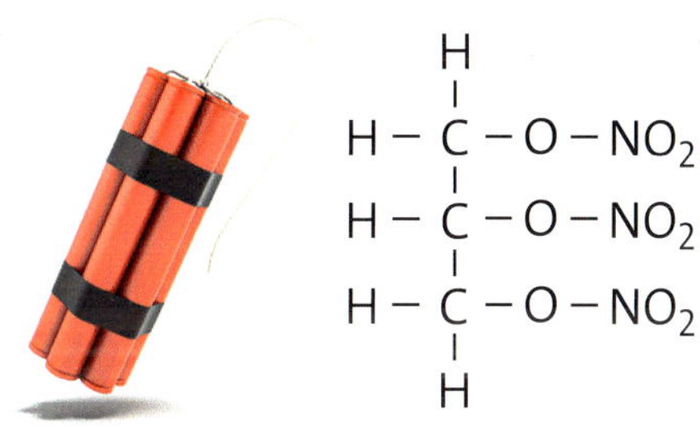

4 Nitroglycerin ist in Dynamit enthalten.

Aufgaben

1 ○ Erkläre, was man unter einem Explosivstoff versteht.

2 ◔ Erläutere, wie bei einer Explosion eine Druckwelle entsteht.

3 ◔ Beschreibe, wie Nitroglycerin in Dynamit umgewandelt wird.

4 ● Am 21.09.1921 explodierten in der Gemeinde Oppau 15 000 000 cm^3 Ammoniumnitrat. Berechne das Gesamtvolumen der Gase.

Explosivstoffe

Material A

Wunderkerzen

Ob zu Silvester, zum Geburtstag oder zur Familienfeier: Wunderkerzen bieten immer einen festlichen Rahmen.

Materialliste: Porzellanschale, Rührstab, Spatel, 11 g Bariumnitrat (GHS03|07), 1 g Aluminiumpulver (GHS03), 5 g grobes Eisenpulver (GHS03), 3 g Stärke, entfettete Eisenstäbe

Gib Bariumnitrat, Eisenpulver, Aluminiumpulver und Stärke in die Porzellanschale und stelle ein homogenes Gemisch her. Verrühre die Mischung mit 2–3 mL heißem Wasser zu einem steifen Brei. Bringe diesen Brei mit dem Spatel auf einen halben Eisenstab auf. Lass die Wunderkerzen einen Tag trocknen, bevor du sie entzündest.

1 ▢ Entzünde eine Wunderkerze und beobachte, wie sie abbrennt. Beschreibe deine Beobachtungen.

2 ● Beim Abbrennen der Wunderkerze findet eine chemische Reaktion statt. Welcher Reaktionstyp könnte vorliegen? Begründe deine Meinung.

3 ● Nenne die Bestandteile der Wunderkerzenmischung, die an der chemischen Reaktion teilnehmen.

4 ● Stelle die Reaktionsgleichungen auf, die die chemischen Reaktionen beschreiben.

5 ● Welcher Stoff ist nicht an der Reaktion beteiligt? Was ist seine Funktion?

1 Wunderkerzen machen die Törtchen festlich.

Material B

Wehrhafter Käfer

2 Bombardierkäfer

Der Bombardierkäfer weiß sich imposant zur Wehr zu setzen. Bei Gefahr stellt er in seiner eigenen Explosionskammer aus flüssigem Wasserstoffperoxid (H_2O_2) Wasser und Sauerstoff her. Dabei entstehen Temperaturen von circa 100 °C, sodass das Wasser verdampft. Das Gasgemisch, das noch eine ätzende Zutat enthält, entlässt der Käfer dann mit einem lauten Knall in Richtung seines Feindes.

1 ● Formuliere die Reaktionsgleichung für die Bildung von Wasser und Sauerstoff aus Wasserstoffperoxid.

2 ● Erkläre, warum es beim Herstellen von Wasser und Sauerstoff zu einer Explosion kommt.

Erweitern

Mehl – ein Explosivstoff?

Im Jahr 1979 kam es in der Bremer Rolandmühle, einer Getreidemühle, zu einem Kabelbrand. Durch das damit verbundene kleine Feuer wurde eine gewaltige Explosion ausgelöst, durch die die Mühle beinahe komplett zerstört wurde und 14 Menschen ihr Leben verloren. → 3 Wie kam es dazu?

Große Oberfläche • Mehlstaub ist brennbar und hat, wie alle besonders fein zerteilten Stoffe, eine sehr große Oberfläche. Über diese Oberfläche kann der Staub mit dem Sauerstoff der Luft in Kontakt treten. Ab einem bestimmten Verhältnis von Mehlstaub und Luft liegt schließlich ein Gemisch vor, das schon durch einen kleinen Funken zur Explosion gebracht werden kann.

Folgereaktionen • Bei einem Brand, der durch ein solches explosives Staub-Luft-Gemisch ausgelöst worden ist, kann das Aufwirbeln von Staub zu neuen Explosionen führen. Dies muss unbedingt vermieden werden, da dadurch das Feuer weiter verbreitet werden würde. Aus diesem Grund dürfen solche Brände nur durch die Feuerwehr gelöscht werden.

3 Aufräumarbeiten in der Rolandmühle

Kein Wasser ins brennende Fett!

Auch im Haushalt können Explosionen auftreten. Dies kann beispielsweise dann passieren, wenn man versucht, einen Fettbrand mit Wasser zu löschen.

Stoffeigenschaften • Eine Fettexplosion lässt sich auf zwei Stoffeigenschaften zurückführen: Wasser hat eine größere Dichte als Fett und verdampft bei den Temperaturen, die bei einem Fettbrand herrschen, sehr schnell.

Fettexplosion • Sobald Wasser in brennendes Fett gelangt, sinkt es unter das Fett und verdampft dort in Sekundenschnelle. Das gasförmige Wasser reißt das brennende Fett mit sich und verteilt es im Raum. → 4 Fettbrände löscht man durch Unterbrechen der Luftzufuhr.

Aufgaben

1 Erkläre, unter welchen Voraussetzungen Mehlstaub eine heftige Explosion auslösen kann.

2 Begründe, warum brennendes Fett nicht mit Wasser gelöscht werden darf.

4 Kein Wasser in den Fettbrand!

Gefährliche Stoffe

Zusammenfassung

Gefahrstoffe • Als Gefahrstoffe bezeichnet man Stoffe oder Stoffgemische, von denen eine Gefahr für Menschen, Tiere und Umwelt ausgeht. Einige Gefahrstoffe schädigen die Gesundheit bei Hautkontakt oder beim Verschlucken. Andere Gefahrstoffe fördern Brände oder explodieren unter Freisetzung großer Energiemengen.
Nach der Art der Gefahr, die von ihnen ausgeht, lassen sich Gefahrstoffe z. B. in Giftstoffe und Explosivstoffe einteilen.

1 Gefahrstoffe mit Gefahrensymbolen

Giftstoffe • Alle Stoffe und Stoffgemische wirken ab einer bestimmten Dosis tödlich. Gifte schaden der Gesundheit jedoch schon in kleinen Mengen. Andererseits wirken einige Gifte bei ausreichend geringer Dosierung auch positiv auf die Gesundheit, sie werden in Medikamenten eingesetzt.
In der Natur produzieren Tiere oder Pflanzen Gifte, um sich gegen Fressfeinde zu schützen. Der Mensch setzt Gifte unter anderem bei der Entsorgung von Batterien frei. Dies gefährdet die Umwelt und sollte verhindert werden.

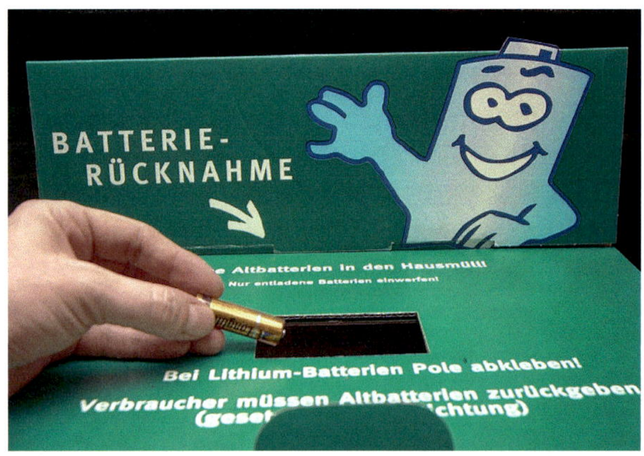

2 Batterien gehören in spezielle Sammelbehälter.

Explosivstoffe • Manche energiereiche Verbindungen, z. B. die Sprengstoffe in Feuerwerkskörper, gehören zu den Explosivstoffen. Dabei handelt es sich um flüssige oder feste Verbindungen, die bei ihrer Aktivierung große Mengen Energie freisetzen. Diese Energie wird beispielsweise dazu genutzt, Tunnel in Berge zu sprengen oder alte Gebäude zum Einsturz zu bringen.
Auch brennbare Stoffe wie Mehl, die eine besonders große Oberfläche haben, können bei einem bestimmten Verhältnis mit Luft explosionsfähige Gemische bilden.

3 Feuerwerkskörper enthalten Explosivstoffe.

Teste dich! (Lösungen im Anhang)

1 ▢ Nenne verschiedene Symptome, die bei einer Vergiftung auftreten können.

2 ◐ Für eine Chemikalie findet sich auf der Verpackung die Angabe LD_{50} = 1,7 mg/kg. Erläutere, was diese Angabe für einen Menschen mit 50 kg Körpergewicht bedeutet.

3 Es ist nicht immer möglich, einen LD_{50}-Wert zu ermitteln. Deshalb gibt es auch den LD_{Lo}-Wert. Er gibt die niedrigste bekannte Dosis an, bei der ein Mensch ums Leben gekommen ist. → 4

a ◐ Ermittle mit der LD_{Lo} die maximale Menge Kochsalz, die ein 75 kg schwerer Mann zu sich nehmen dürfte.

b ◐ Erkläre den Unterschied zwischen dem LD_{50}-Wert und dem LD_{Lo}-Wert.

c ● Überlege, ob der LD_{Lo}-Wert tatsächlich für jeden Menschen die kleinste tödliche Dosis angibt, und begründe deine Antwort.

4 ◐ Nenne Quellen für Umweltgifte und Möglichkeiten zu ihrer Vermeidung.

5 ◐ Zum Auffinden versteckter Sprengstoffe werden Sprengstoffspürhunde ausgebildet. Sie erkennen die Sprengstoffe an ihrem Geruch. Begründe, warum der Hund den Sprengstoff unbedingt durch Stillhalten anzeigen muss. → 5

6 ● Feuerwerksraketen enthalten den Explosivstoff Schwarzpulver. Überlege, welchen Zweck das Schwarzpulver beim Abfeuern der Feuerwerksrakete erfüllt, und begründe deine Antwort. → 6

Stoff	LD_{Lo}-Wert (mg/kg)
Natriumchlorid (Kochsalz)	1000,00
Kaliumcyanid (Zyankali)	0,14
Arsenoxid (Arsenik)	0,07
Nicotin	0,04

4 LD_{Lo}-Werte verschiedener Stoffe

5 Sprengstoffspürhunde spüren Sprengstoff auf.

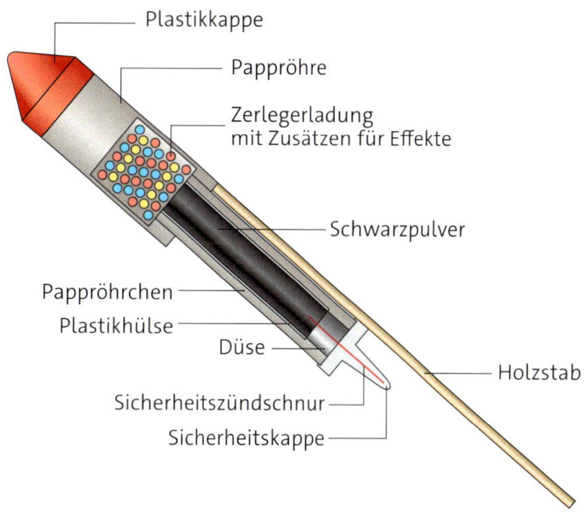

6 Raketen enthalten Schwarzpulver.

Stoffe im Fokus von Umwelt und Klima

Weltweit werden ständig Abgase produziert. Verschmutzen wir unseren Planeten immer mehr, z. B. mit Treibhausgasen?

Wir atmen ständig Kohlenstoffdioxid aus. Trägt damit wirklich jeder Einzelne ernsthaft zum Treibhauseffekt bei?

Das Leben verläuft oft in Kreisen. Kann die Natur vielleicht die Treibhausgase auch wieder beseitigen oder „verdauen“?

Quellen von Kohlenstoffdioxid

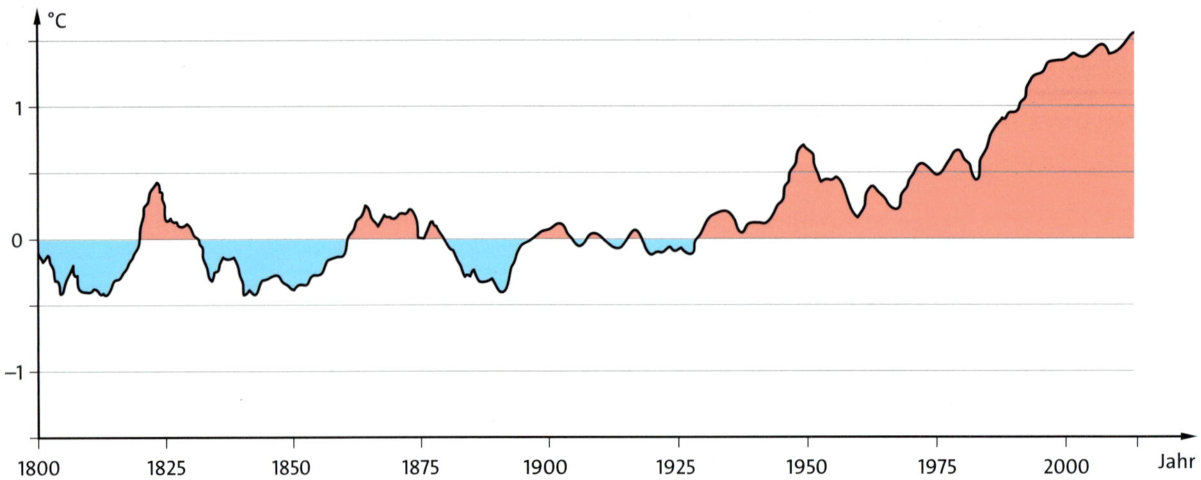

1 Änderung der Jahresmitteltemperatur in Frankfurt gegenüber dem Jahr 1800

Was sind Treibhausgase – und wo kommen sie her?

Treibhausgase • Wenn unsere Luft nur aus Stickstoff und Sauerstoff bestehen würde, wäre unser Planet sehr kalt. Die Wärmestrahlung, die von der Sonne kommt, würde schnell wieder in das Weltall entweichen. Es gibt aber Gase, die Wärmestrahlung aufnehmen können. Dies hält die gesamte Atmosphäre wärmer. Wichtige Treibhausgase sind Kohlenstoffdioxid, Wasserdampf, Methan und Lachgas (N_2O).

Quellen • Man spricht oft von den Quellen eines Treibhausgases. Damit sind die verschiedenen Möglichkeiten gemeint, wie das Gas entstehen kann.

Fossile Brennstoffe • Kohle, Erdgas und Erdöl nennt man fossile Brennstoffe, weil sie vor Jahrmillionen entstanden sind. Immer wenn sie verbrannt werden, entsteht Kohlenstoffdioxid.

Kohle • Kohle besteht größtenteils aus Kohlenstoff. Wenn Kohle z. B. bei der Stromerzeugung, im Hochofen oder bei der Produktion von Zement verbrannt wird, entsteht Kohlenstoffdioxid:

$$C + O_2 \rightarrow CO_2$$

Erdgas • Erdgas besteht hauptsächlich aus der Kohlenstoffverbindung Methan. Wenn es in Kraftwerken oder Heizungen verbrannt wird, entsteht Kohlenstoffdioxid:

$$CH_4 + 2\,O_2 \rightarrow CO_2 + 2\,H_2O$$

Erdöl • Erdöl ist ein Gemisch verschiedener Kohlenwasserstoffe. Es wird zu Folgeprodukten wie Benzin oder Diesel verarbeitet, die bei der Nutzung meistens verbrannt werden. Auch dabei entsteht Kohlenstoffdioxid.

Zellatmung • Unsere Nahrung besteht aus Kohlenstoffverbindungen. Beispielsweise hat Haushaltszucker die Formel $C_{12}H_{22}O_{11}$. In den Zellen des

das Treibhausgas
die Kohlenstoffquelle
der fossile Brennstoff
die Zellatmung
die Absorption

Körpers werden die Nahrungsstoffe mit Sauerstoff zur Reaktion gebracht, sozusagen „verbrannt". Das ist der Grund, warum wir Sauerstoff einatmen und Kohlenstoffdioxid ausatmen. Dabei handelt es sich in den Zellen aber nicht um eine normale Verbrennung, sondern um kompliziertere Reaktionswege, die man Zellatmung nennt. Nicht nur Menschen, sondern fast alle Lebewesen betreiben Zellatmung, um Energie für ihr Leben zu gewinnen. Wenn also z. B. Pilze in altem Holz leben und es zersetzen, wird dabei Kohlenstoffdioxid freigesetzt.

Treibhauseffekt • Um den Treibhauseffekt zu verstehen, muss man folgendes wissen: Jeder Gegenstand, der nicht völlig kalt ist, gibt Wärmestrahlung ab. Auch der Planet Erde gibt ständig Wärmestrahlung in Richtung Weltall ab. Teilweise wird diese Strahlung von den Treibhausgasen absorbiert (= aufgenommen), was die Atmosphäre warm hält. Treibhausgase hat es immer schon gegeben. Bei den alten Römern enthielt die Atmosphäre schätzungsweise 0,028 % Kohlenstoffdioxid. Durch menschliche Aktivitäten ist dieser Anteil aber auf jetzt 0,040 % gestiegen. Dadurch haben sich die Temperaturen weltweit bereits messbar erhöht. → 1

Kohlenstoffdioxid ist ein sehr wichtiges Treibhausgas. Es gelangt aus natürlichen Quellen, vor allem aber durch menschliche Aktivitäten in die Atmosphäre.

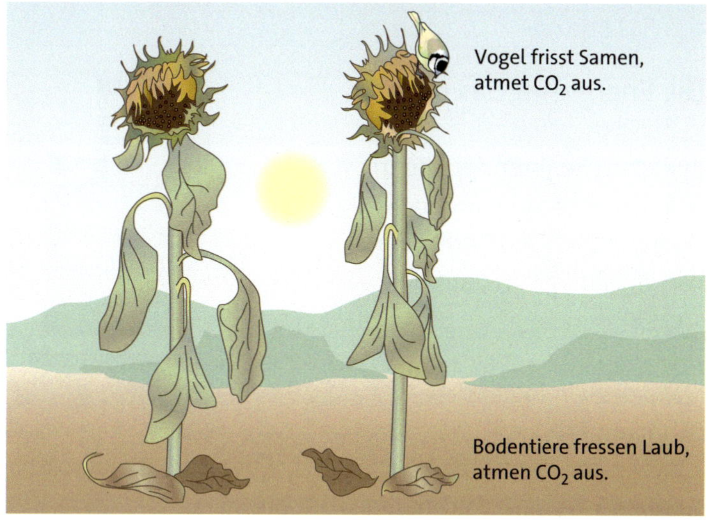

2 Sonnenblumen im Herbst – eine Quelle von Kohlenstoffdioxid

Aufgaben

1 ◯ Gib an, was mit „Absorption von Strahlung" gemeint ist.

2 ◯ Erläutere, weshalb eine sterbende Sonnenblume im Herbst eine Quelle von Kohlenstoffdioxid ist. → 2

3 ◐ „Unser Hunger nach Energie ist schuld am Klimawandel." Erläutere, wie dieser Satz zu verstehen ist.

4 ◐ Erdöl enthält z. B. Octan. Stelle für die Verbrennung von Octan die Reaktionsgleichung auf.

5 ● „Ein rennendes Pferd und ein fahrendes Auto gewinnen ihre Energie auf ziemlich ähnliche Weise." Erläutere, was mit diesem Satz gemeint ist.

Quellen von Kohlenstoffdioxid

Material A

Die Energie im Gas messen

In Kartuschenbrennern befindet sich unter dem Brenner verflüssigtes Gas. Finde heraus, wie viel Energie in dem Gas steckt.

Gehe dazu in folgenden Schritten vor:
- Wiege den Kartuschenbrenner. Notiere das Ergebnis.
- Fülle 400 mL Wasser ab und miss die Temperatur. Notiere diesen Messwert.
- Erhitze das Wasser mithilfe des Kartuschenbrenners für 90 Sekunden und miss erneut die Temperatur des Wassers. Notiere auch diesen Wert.
- Wiege zum Abschluss den Brenner erneut. Notiere den Wert.

1 Wiegen des Kartuschenbrenners

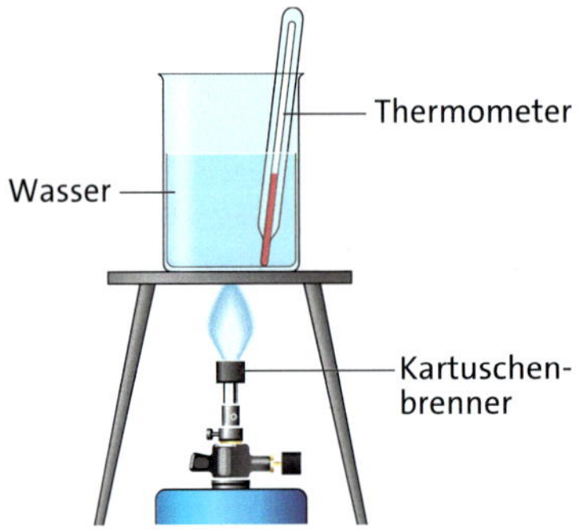

2 Erhitzen des Wassers

1 ▢ Gib an, wie viel Gas verbrannt wurde. Gib außerdem an, um wie viel Grad das Wasser erwärmt wurde.

2 Um 1 mL Wasser um 1 Grad zu erwärmen, braucht man 4,2 Joule Energie.

a ◔ Berechne, wie viel Energie dem Wasser zugeführt wurde.

b ● Berechne, wie viel Energie in 100 g Gas enthalten sind.

Die Einheit Joule

In Joule werden Energiemengen angegeben. Ein Joule entspricht z. B. ungefähr der Energie, die man braucht, um eine Tafel Schokolade (100 g) um einen Meter hochzuheben.

Material B

Wie viel Kohlenstoffdioxid lässt sich einsparen?

3 Duschen oder baden?

Wenn man 1 Liter Wasser mit Erdgas um 1 Grad erwärmt, entstehen ungefähr 0,23 g Kohlenstoffdioxid.

1 ▢ Berechne, wie viel Kohlenstoffdioxid entsteht, wenn du 10 Liter um 5 Grad erwärmst.

2 Angenommen, beim Duschen braucht man 25 Liter Wasser, beim Baden 120 Liter. Das Wasser wird jeweils von 16 auf 35 °C erwärmt.

a ◔ Berechne, wie viel Kohlenstoffdioxid bei einem einmaligen Duschen bzw. Baden entsteht.

b ◔ Schätze ab, wie viel Kohlenstoffdioxid du pro Jahr einsparen könntest, wenn du auf Baden verzichtest.

Material C

Modellversuch zum Treibhauseffekt

Führt eine Atmosphäre mit viel Kohlenstoffdioxid tatsächlich zu einer Erwärmung?

1 Baue den Versuch wie in Bild 4 auf. Ordne den Begriffen Sonne, Wolken, Atmosphäre und Erdboden zu, welche Teile des Versuchsaufbaus ihnen entsprechen.

2 Miss 15 Minuten lang alle 60 Sekunden die Temperatur in dem Styroporgefäß, das mit Luft gefüllt ist. Stelle die Messergebnisse tabellarisch und grafisch dar, vielleicht auch mit einem Tabellenkalkulationsprogramm.

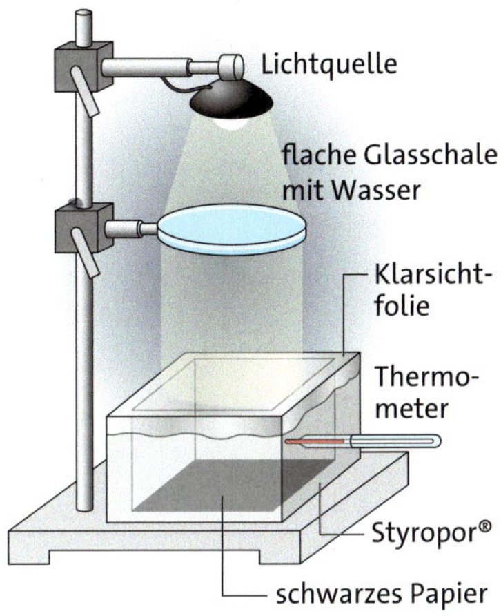

4 Treibhauseffekt simulieren

3 Wiederhole den Versuch. Fülle aber diesmal das Styroporgefäß mit Kohlenstoffdioxid. Trage deine Messergebnisse in ein Diagramm ein. Welche Schlussfolgerungen kannst du ziehen?

4 Es gibt auch andere Treibhausgase, z. B. Methan (GHS02). Methan ist der Hauptbestandteil von Erdgas. Untersuche die Treibhauswirkung dieses Gases. Vergleiche die Treibhauswirkung von Methan mit der von Kohlenstoffdioxid.

Material D

Steigende Meeresspiegel?

Seit einer Reihe von Jahren schmilzt immer mehr von dem Eis, das in der Arktis auf dem Meer schwimmt. Gleichzeitig steigen die Meeresspiegel weltweit langsam an. Besteht da ein Zusammenhang?

1 Gib 5 Eiswürfel in ein Glas mit Wasser. Markiere den Pegelstand mit einem Folienschreiber. Lass das Eis schmelzen und vergleiche den Pegelstand mit dem zu Beginn.

2 Begründe, ob das Schmelzen von Gletschereis in den Gebirgen den Meeresspiegel erhöhen kann. Fülle dazu als Modellversuch ein Glas etwa zur Hälfte mit Wasser. Markiere den Pegelstand. Gib nun 5 Eiswürfel hinzu. Vergleiche den Pegelstand mit dem zuvor.

3 Beschreibe den Zusammenhang in Bild 5. Begründe, ob er ein Grund für den Anstieg des Meeresspiegels sein könnte.

Temperatur	Volumen
5 °C	1,00003 Liter
10 °C	1,00030 Liter
15 °C	1,00090 Liter
20 °C	1,00180 Liter
25 °C	1,00296 Liter

5 Volumen von 1 kg Wasser bei verschiedenen Temperaturen

4 Was würde passieren, wenn der Meeresspiegel durch den Klimawandel um 2 m steigt? Beantworte diese Frage mithilfe eines Atlas.

Senken von Kohlenstoffdioxid

1 Hier wachsen Pflanzen – also wird hier Kohlenstoffdioxid aus der Atmosphäre entfernt.

Immer wenn Pflanzen wachsen – dann sinkt der Kohlenstoffdioxidgehalt der Atmosphäre.

Senken • Es gibt viele Wege, wie Kohlenstoffdioxid auch wieder aus der Atmosphäre entnommen werden kann. Solche Wege nennt man Senken von Kohlenstoffdioxid.

Fotosynthese • Pflanzen nehmen Kohlenstoffdioxid auf. Sie können daraus Nährstoffe herstellen, z. B. Traubenzucker $C_6H_{12}O_6$:

$$6\,CO_2 + 6\,H_2O \rightarrow C_6H_{12}O_6 + 6\,O_2$$

Diese Reaktion, genannt Fotosynthese, findet aber nur statt, wenn die Sonne scheint. Die Pflanzen nutzen dann die Sonnenenergie, um Nährstoffe aufzubauen. Pflanzenwachstum ist also eine Senke für Kohlenstoffdioxid.

Ozean als Senke • Die Moleküle von Gasen fliegen ständig in großer Geschwindigkeit hin und her. Wenn sie dabei auf eine Flüssigkeit treffen, schieben sie sich auch zwischen die Moleküle der Flüssigkeit. Nach einiger Zeit ist dann ein Teil des Gases in der Flüssigkeit verteilt.
Das Kohlenstoffdioxid der Atmosphäre verteilt sich ebenfalls in den Meeren. Und zwar gilt dabei: Je höher der Gehalt an Kohlenstoffdioxid in der Atmosphäre ist, desto mehr Kohlenstoffdioxid verteilt sich auch im Wasser. Ein Teil unserer Abgase wird also tatsächlich von den Ozeanen aufgenommen.

Bildung von Kalk • Manche Tiere, z. B. Muscheln und Schnecken, bilden Gehäuse aus Kalk ($CaCO_3$). Dazu nehmen sie Kohlenstoffdioxid auf:

$$CO_2 + Ca^{2+} + H_2O \rightarrow CaCO_3 + 2\,H^+$$

Wenn sich Reste dieser Tiere im Lauf von Jahrmillionen in großen Mengen am Meeresboden sammeln, können daraus später ganze Gebirge aus

die Kohlenstoffsenke
die Fotosynthese
der Kalkstein
die Kohlensäure

Kalkstein entstehen. Muschelkalk ist also eine Kohlenstoffsenke.

Verwitterung von Gesteinen • Kohlenstoffdioxid bildet zusammen mit Wasser Kohlensäure H_2CO_3:

$$CO_2 + H_2O \rightarrow H_2CO_3$$

Regenwasser enthält deshalb immer etwas Kohlensäure.
Kohlensäure ist nur eine schwache Säure. Trotzdem reagiert sie, wie alle Säuren, mit Kalk. Daher zersetzt der Regen ganz langsam manche Gesteinssorten, vor allem Kalkstein.
Durch diese Verwitterung von Steinen wird das Kohlenstoffdioxid ganz langsam aus der Atmosphäre entfernt.

Kohlenstoffkreislauf • Kohlenstoffdioxid wird also auf mehreren Wegen der Atmosphäre entnommen, z. B. wenn im Sommer die Pflanzen wachsen. Umgekehrt gelangt es dann aber auch wieder in die Atmosphäre, etwa wenn im Winter die Pflanzen zersetzt werden. Insgesamt ergibt dies einen Kreislauf.
Dies gilt auch für andere Kohlenstoffverbindungen in unserer Umwelt, z. B. Kohlensäure, Kalk oder Zucker. Auch sie werden ständig aufgebaut und anderswo abgebaut. Daher spricht man insgesamt von einem Kohlenstoffkreislauf in unserer Umwelt.

Es gibt in unserer Umwelt mehrere wichtige Kohlenstoffverbindungen, die in einem ständigen Kreislauf ineinander umgewandelt werden.

2 Sonnenblumen im Sommer – eine Senke von Kohlenstoffdioxid

Aufgaben

1 ○ Erkläre, weshalb das Wachstum von Pflanzen im Sommer den Gehalt an Kohlenstoffdioxid in der Atmosphäre senkt. → 2

2 ◐ Nenne vier Senken von Kohlenstoffdioxid.

3 ◐ Erläutere, wie sich die Brandrodung eines Walds auf den Kohlenstoffdioxidgehalt der Atmosphäre auswirkt.

4 ● Schreibe eine kurze Fantasiegeschichte von einem Kohlenstoff-Atom, das sich im Lauf der Jahre immer wieder in anderen Verbindungen befindet.

5 ● Man könnte den Klimawandel bremsen, indem man die Fotosynthese auf unserem Planeten steigert. Schlage dazu Maßnahmen vor.

Senken von Kohlenstoffdioxid

Material A

Ergänzung oder Gegenteil?

Lisa sagt: „Fotosynthese und Zellatmung sind das Gegenteil.“ Tom antwortet: „Ich finde, dass sie sich toll ergänzen.“

1 ▢ Beschreibe das in Bild 1 gezeigte Schema mit eigenen Worten.

2 ◐ Begründe, ob du Lisa oder Tom zustimmen würdest.

3 ◐ Erkläre, warum die Energie in einem Hühnerei letztlich von Pflanzen stammt.

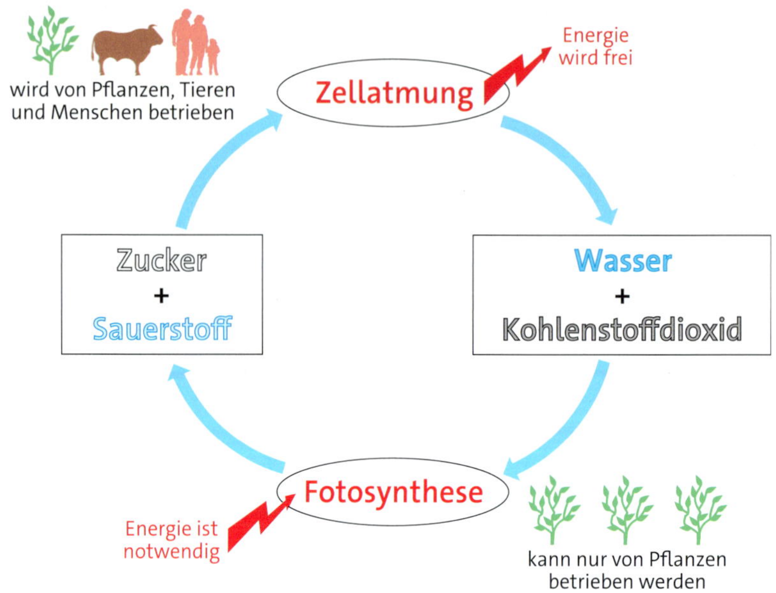

1 Zusammenhang von Zellatmung und Fotosynthese

Material B

Ich und der Klimawandel

Der Klimawandel lässt sich kaum rückgängig machen. Aber jeder hat einen Einfluss darauf, wie stark er sein wird.

1 ◐ Übertrage die Tabelle von Bild 2 in dein Heft und fülle sie aus.

2 ◐ Ergänze die Tabelle um mehrere Zeilen und trage weitere Tätigkeiten ein. Tausche deine Tabelle mit der deines Tischnachbarn aus. Besprecht eure Lösungsideen.

Tätigkeit	Verstärkt den Klimawandel	Bremst den Klimawandel	Kein Einfluss auf den Klimawandel	Begründung
Abschalten von Stand-by				
Eine Wanderung unternehmen				
In den Urlaub fliegen				
Glühlampen durch LED ersetzen				
Roden von Wäldern				
Fußball spielen				

2 Einflüsse auf den Klimawandel

Vertiefen

Keine einfachen Wahrheiten

Die Themen rund um Klimawandel und Kohlenstoffkreislauf sind nicht einfach. Schon allein deswegen gibt es viele Missverständnisse. Außerdem gibt es in diesem Bereich auch Menschen, Gruppen oder Firmen, die aus eigenem Interesse absichtlich die Wahrheit etwas verzerren.

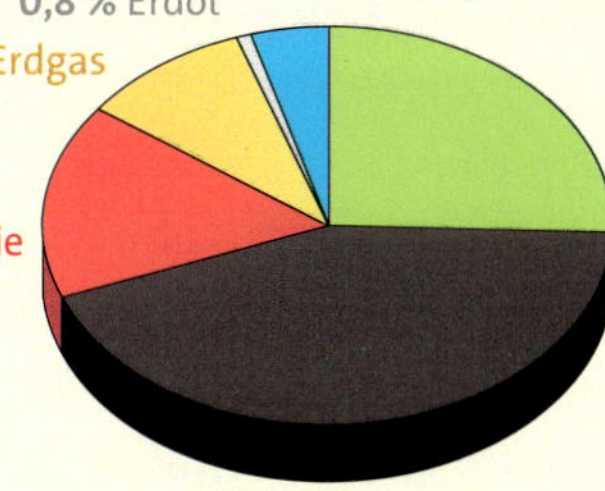

4 Strommix in Deutschland 2014

Rodungen • Man kann sagen: „Wenn ein Wald gerodet wird, ist das schlimm für die Natur. Außerdem gibt es dann keine Bäume mehr, die CO_2 aufnehmen könnten.“
Andererseits gilt: Ein alter Wald lebt im Gleichgewicht. Er nimmt im Sommer so viel Kohlenstoffdioxid auf, wie er im Winter abgibt. Wenn er gerodet wird, kann dort ein junger Wald wachsen. Das ist gut, denn ein junger Wald nimmt jahrelang beim Wachsen Kohlenstoffdioxid auf. Aus dem Holz des alten Walds kann man Möbel machen, die sich nie zersetzen und die kein Kohlenstoffdioxid freisetzen.

Elektroautos • Elektroautos tanken kein Benzin und stoßen kein Kohlenstoffdioxid aus. Die Frage ist aber, wo der Strom herkommt, der die Elektroautos antreibt. Immer noch wird viel Strom durch Verbrennung von fossilen Brennstoffen erzeugt. → 2 Dann ist die Kohlenstoffdioxidbilanz von Elektroautos nicht so gut.

3 Verbrenne nie deine Möbel!

Solarstrom • „Solarzellen produzieren Strom und setzen dabei überhaupt kein CO_2 frei.“ Auch dies stimmt nur auf den ersten Blick. Herstellung und Transport der Solarzellen sind aufwendig. Dabei wird durchaus Kohlenstoffdioxid freigesetzt. Wenn man dann die Solarzellen an einem sonnenarmen Ort aufstellt oder nach wenigen Jahren wegwirft, sieht die Bilanz insgesamt nicht besonders gut aus.

Aufgaben

1 ○ Begründe, weshalb man sagen kann: „Ein ausgewachsener Wald hilft gar nicht gegen den Klimawandel.“

2 ● „Unser Planet reguliert sich selbst. Mehr CO_2 – das ist wie Dünger für Pflanzen. Sie wachsen dann besser. Das senkt dann den CO_2-Gehalt wieder.“ Nenne weitere Beispiele für oder gegen diese Behauptung.

Stoffe im Fokus von Umwelt und Klima

Zusammenfassung

Treibhausgase • Die Erde strahlt ständig Wärmestrahlung ins Weltall ab. Einige Bestandteile der Luft absobieren aber diese Strahlung und halten die Atmosphäre warm.
Diese Treibhausgase (vor allem Kohlenstoffdioxid, Wasserdampf, Methan und Lachgas) bewirken so einen eigentlich ganz natürlichen Treibhauseffekt. Durch menschliche Aktivitäten nehmen aber die Anteile dieser Gase an der Luft zu. Dies führt zu einem verstärkten Treibhauseffekt.

Gas	Anteil an der Luft im Jahr 1800 (geschätzt)	Anteil an der Luft im Jahr 2015 (gemessen)
CO_2	0,028000 %	0,040000 %
CH_4	0,000060 %	0,000183 %
N_2O	0,000027 %	0,000033 %

1 Drei wichtige Treibhausgase und ihr Anstieg

Quellen von Kohlenstoffdioxid • Kohlenstoffdioxid stammt aus vielen Quellen, auch aus ganz natürlichen Quellen, z. B. aus der Zellatmung von Lebewesen.
Heutzutage gelangt es aber überwiegend durch menschliche Aktivitäten in die Atmosphäre. Es entsteht vor allem bei Verbrennungsvorgängen, nämlich bei der Nutzung von fossilen Brennstoffen oder bei Brandrodungen. Der Klimawandel, der sich allmählich abzeichnet, liegt also vor allem an unserer Art der Energiegewinnung.

2 Hier entsteht Kohlenstoffdioxid.

Senken von Kohlenstoffdioxid • Durch viele Vorgänge wird Kohlenstoffdioxid auch wieder teilweise aus der Atmosphäre entfernt. Es wird von Pflanzen bei der Fotosynthese aufgenommen und von manchen Tieren zur Kalkbildung genutzt. Außerdem verteilt es sich allmählich in den Meeren und reagiert auch mit manchen Gesteinen.
Insgesamt ergeben die verschiedenene Quellen und Senken einen weltweiten Kohlenstoffkreislauf. Das einzelne Kohlenstoff-Atom geht dabei nie verloren – es befindet sich aber im Lauf der Zeit immer wieder in anderen Verbindungen.

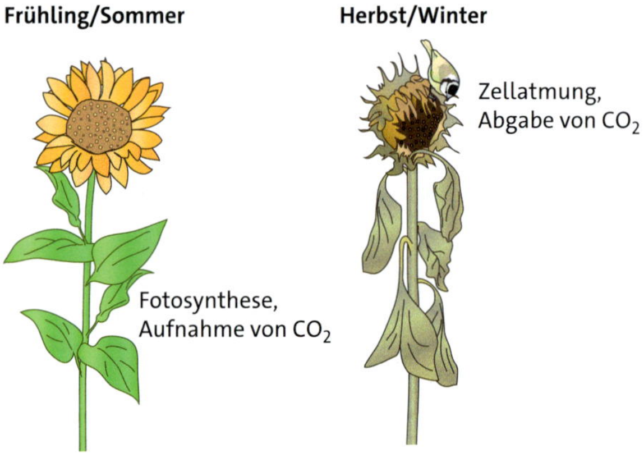

3 Ausschnitt aus dem weltweiten Kohlenstoffkreislauf

Teste dich! (Lösungen im Anhang)

1 ◯ Begründe, weshalb Stickstoff und Sauerstoff nicht als Treibhausgase gelten.

2 ◯ Erläutere, was die Fotosynthese der Pflanzen mit dem Gehalt der Atmosphäre an Kohlenstoffdioxid zu tun hat.

3 ◯ Nenne Möglichkeiten, wie du in deinem Alltag einen Beitrag gegen den Klimawandel leisten könntest.

4 ◐ Auf der Zugspitze gibt es eine Messstelle für Kohlenstoffdioxid. Es zeigt sich, dass der Anteil von Kohlenstoffdioxid an der Luft zwar insgesamt steigt. In der Zeit von April bis September fällt er aber jedes Jahr. → 4
Erkläre diese Beobachtung.

5 ◐ Lies den nebenstehenden Text.
Notiere dann eine mögliche Begründung für die Versauerung der Meere. Erkläre außerdem, weshalb die Versauerung die Kalkbildung bei Meerestieren erschwert.

6 ● Ein Kilogramm Methan hat eine 20-mal größere Treibhauswirkung als ein Kilogramm Kohlenstoffdioxid. Trotzdem trägt Methan viel weniger zum Treibhauseffekt bei als Kohlenstoffdioxid. Erkläre diesen Widerspruch mithilfe von Tabelle 1 auf der linken Seite.

7 ● Bild 5 beschreibt die sogenannte Wasserstoffwirtschaft – eine Möglichkeit, wie unsere Energieversorgung in der Zukunft aussehen könnte.
Beschreibe die Wasserstoffwirtschaft in eigenen Worten. Erläutere ihre Vorteile, gehe aber auch auf mögliche Nachteile ein.

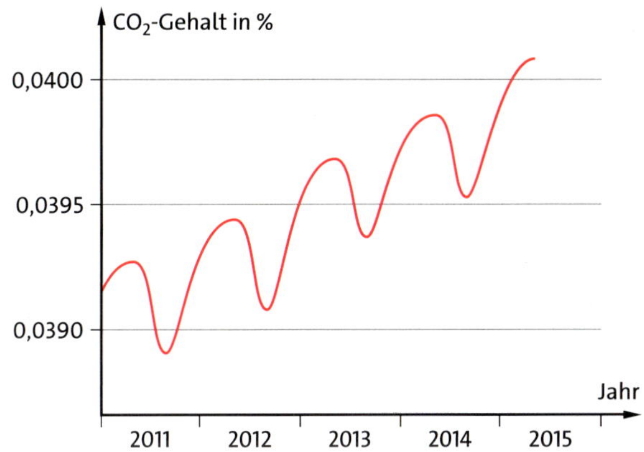

4 CO_2-Gehalt der Luft, gemessen auf der Zugspitze

Versauerung der Meere

Zahllose Messungen an vielen Messstellen zeigen, dass der pH-Wert der Meere seit Jahrzehnten langsam sinkt. Das Wasser wird also allmählich ein wenig saurer. Dies kann vor allem für viele Schnecken- und Korallenarten ein Problem werden. Sie können dann nämlich nicht mehr so einfach Kalk bilden.

5 Wasserstoff – Treibstoff der Zukunft?

Mobile Energieträger

Moderne Kommunikation und die Internetnutzung von überall basieren auf einer zuverlässigen und leistungsstarken Technik mit Stromspeichern. Nur so reißt der Datenstrom nicht ab.

Millionen Pkws sind mit elektrischer Power ausgestattet. So groß wie eine Schuhschachtel, erreichen sie eine Lebensdauer von mehreren Jahren und Strecken von über hunderttausend Kilometern.

Moderne Unterhaltung ist überall auf der Welt für unterwegs verfügbar. Allerdings geht es nicht ohne die „kleinen Helfer", die zuverlässig, aber nicht unerschöpflich elektrische Energie liefern.

Chemie macht Strom

1 Batterien heute im Jahr 2016

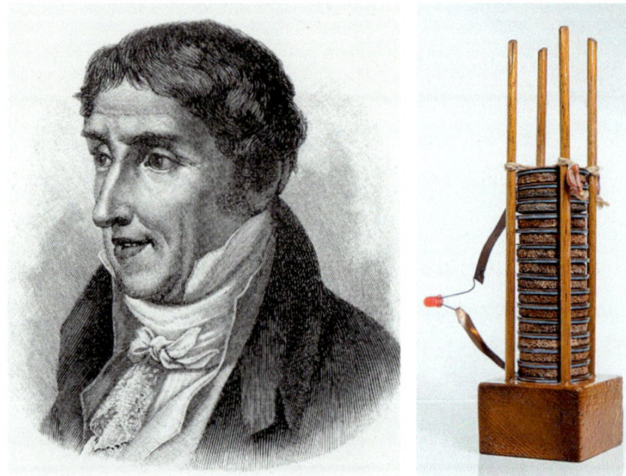

2 Volta und seine Voltasäule (Nachbau) um 1800

Noch vor weniger als 250 Jahren war elektrischer Strom im Alltag der Menschen nicht vorhanden. Seit 1960 nahm die Entwicklung einen so rasanten Verlauf, dass die Menschen elektrischen Strom fast immer mit sich führen. Er wird in „Speichergefäßen" transportiert und eingesetzt.

Galvanismus • Der italienische Professor der Anatomie und Medizin Luigi Galvani machte im Jahr 1780 durch Zufall eine interessante Entdeckung: Ein Froschschenkelnerv löste Muskelzuckungen aus, als er mit Instrumenten aus Kupfer und Eisen bearbeitet wurde. Galvani selbst konnte dies nicht erklären.

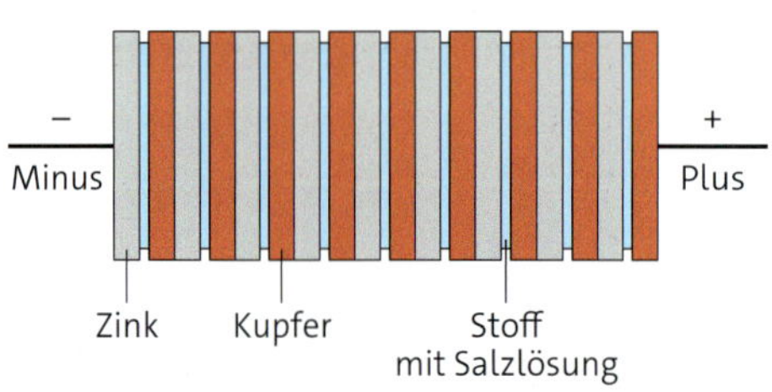

3 Voltasäule aus „galvanischen Zellen"

Erfindung von Volta • Der Physikprofessor Alessandro Volta (Italien) erfuhr 1792 von den „Froschversuchen", forschte ebenfalls und konnte im Jahr 1800 die Voltasäule bauen. → 2
Mehrere Kupfer- und Zinkplatten waren in Schichten abwechselnd übereinandergelegt. Dazwischen lagen mit Wasser, Salzlösung oder Säure angefeuchtete Textilstücke.
Viele gleichartige Schichten sind im Begriff Batterie zusammengefasst.

Batterie • Heute gibt es eine Vielzahl an äußeren Formen bei Batterien. → 1 Sie sind meist auch in ihrem Innern unterschiedlich aufgebaut. Im Prinzip können sie alle auf die „galvanische Zelle" (auch „galvanisches Element") zurückgeführt werden. → 3

Galvanisches Element • In der Voltasäule gehören eine Kupferschicht, eine Zinkschicht und ein Textilstück mit Salzlösung zu einem „galvanischen Element". → 3

Batterien genauer betrachtet • Batterien aus dem Supermarkt haben trotz großer äußerlicher Unterschiede wichtige Gemeinsamkeiten:

- Alle Batterien besitzen zwei Pole: einen Plus- und einen Minuspol. Sie sind die Verlängerungen von metallischen Elektroden oder Kohleelektroden im Innern.
- Batterien funktionieren nur, wenn die Elektroden in eine wässrige Lösung (Elektrolyt) getaucht sind.
- Wenn sich beide Pole berühren oder leitend ohne Verbraucher verbunden werden, entsteht ein Kurzschluss. Die Batterie leert sich dann schnell.
- Bei undichtem Gehäuse kann die auslaufende Lösung das elektrische Gerät zerstören oder beschädigen.

Batterien enthalten zwei Elektroden in einer wässrigen Lösung, dem Elektrolyten. Eine Batterie besitzt immer zwei Pole. Die Pole berühren sich nicht direkt, stehen aber über den Elektrolyten in Verbindung.

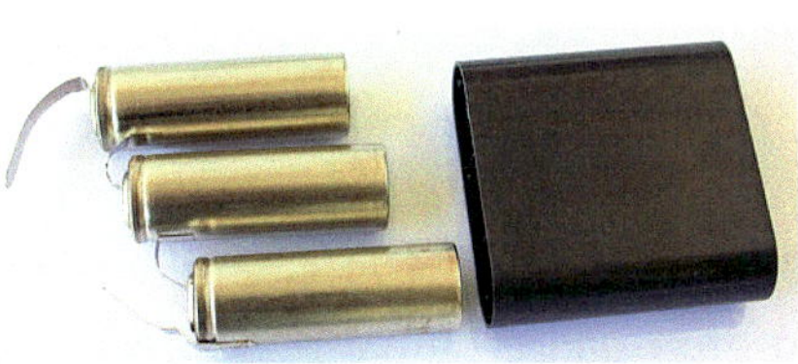

4 Zerlegte 4,5-Volt-Flachbatterie

Batterieformen • Zum vielfältigen Einsatz gibt es im Geschäft viele verschieden große Batterien. In einer Flachbatterie sind 3 galvanische Zellen. → 4 In einem 9-Volt-Block findet man 6 Zellen.

Rundzellen: Mignon, Baby, Mini, Micro	9-Volt-Block-batterie	Flach-batterie	Laternen-batterie

5 Die Vielfalt der Batterien mit Handelsnamen

Aufgaben

1 ○ Schreibe in einer Tabelle auf, welche Wissenschaftler die Entwicklung von Batterien begonnen haben: Name, Jahr, Entdeckung/Erfindung.

2 Alessandro Volta stapelte in seiner „Säule“ galvanische Elemente.

a ○ Schreibe die Namen der Bestandteile dieser Zellen auf.

b ◐ Zeichne ein galvanisches Element aus der Voltasäule und beschrifte die Teile/Stoffe.

3 ● Erkläre den Zusammenhang zwischen den Batterieteilen: Elektroden, Elektrolytflüssigkeit, Pluspol, Minuspol und Gehäuse.

4 ● Bild 4 zeigt dir den Aufbau einer Flachbatterie mit 4,5 Volt. Es ist eine Zink-Kohle-Batterie. Erkläre den Zusammenhang mit galvanischen Zellen.

5 ○ Wie viele Polanschlüsse sind in jeder Batteriehalterung enthalten?

Chemie macht Strom

Material A

Auf dem Weg zum Strom

Die Zitronenbatterie
Im Supermarkt eingekaufte Waren sollen sich angeblich eignen, um Strom herzustellen. Ob das wohl so stimmt? Überprüfe es durch geeignete Versuche.

1 ○ Stecke in eine Zitrone einen Kupfernagel und an einer anderen Stelle einen Zinknagel ein.
Die Nägel dürfen sich in der Frucht nicht berühren. Verbinde dann die beiden Nägel jeweils mithilfe eines Kabels mit einer Glühlampe (1 V) oder einem Spannungsmessgerät. → 2

2 ○ Wiederhole Versuch 1 mit anderen Früchten (Orange, Apfel, Banane, Birne, Grapefruit, Kartoffel). Durch die Messung entsteht eine Rangfolge der Früchte.

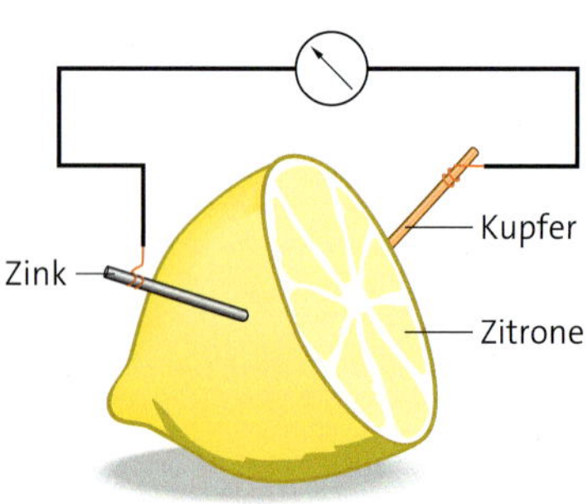

2 Aufbau zu Versuch 1

1 Material und Stoffe für Batterien?

3 ◐ Wiederhole Versuch 1 mit anderen Nägeln. Welche Kombination liefert zusammen mit Kupfer die höchste Spannung? Bilde eine Rangfolge.
Tipp: Du kannst auch Elektrodenstreifen aus der Chemiesammlung nehmen.

4 ○ Gib in ein Becherglas 100 mL Wasser und löse darin einen Teelöffel Citronensäure (GHS05) auf. Stelle nun in die Lösung einen Zink- und einen Kupfernagel. → 3
Die Nägel dürfen sich in der Lösung nicht berühren. Verbinde die beiden Nägel über Kabel mit einem Spannungsmessgerät. Wiederhole den Versuch mit anderen Metallelektroden.

Die Alufolienbatterie

5 ● Du hast eine Petrischale, Alufolie, Holzkohlestücke, Kochsalz, ein Messgerät und Wasser. Das Kochsalz bildet einen Hügel auf der Alufolie und darauf liegt das Holzkohlestück.
Aluminium und Holzkohle bilden die Elektroden.
Kannst du Strom nachweisen, wenn das Salz mit Wasser angefeuchtet wird?

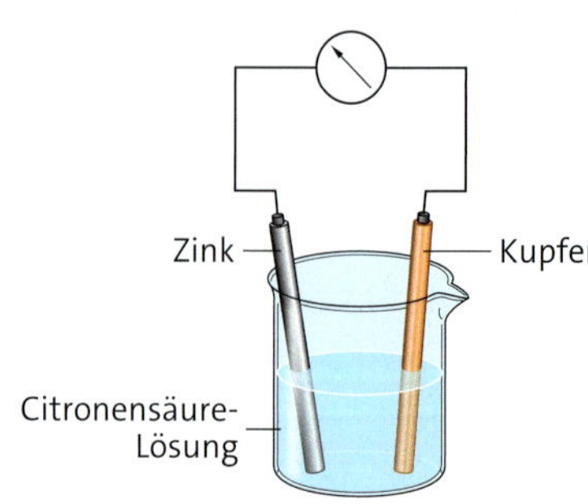

3 Aufbau zu Versuch 4

Material B

Batterien untersuchen

Informationen ablesen

◐ Auf dem Etikett und dem Gehäuse einer Batterie findest du viele Informationen. Ganze Sätze, einzelne Wörter, Kombinationen aus Buchstaben und Ziffern oder kleine Abbildungen sind dabei. → 4
Erstelle eine Liste mit allen Informationen, die du auf einer Batterie findest.

4 Alkaline-Batterien

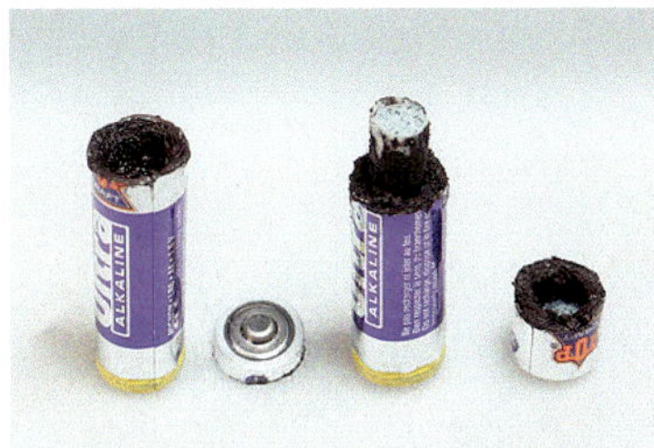

5 Zersägte Alkaline-Batterien

Batterien zersägen

● Spanne eine Alkaline fest in einen Schraubstock ein. Säge sie wie in Bild 2 durch.

a Beschreibe den Aufbau der Batterie. → 5

b Trenne mithilfe einer Pinzette die einzelnen Bauteile der Batterie vorsichtig voneinander. Welche Stoffe findest du wieder? → 6

Batterien entsorgen

○ Der „durchgestrichene Mülleimer" sagt dir, dass Batterien niemals zum Hausmüll dürfen.
Erkläre diese Vorschrift zum Umweltschutz mithilfe von Bild 6.

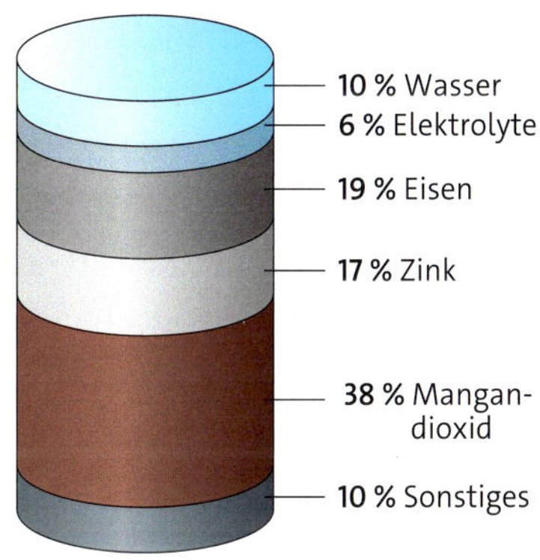

6 Inhaltsstoffe einer Alkaline-Batterie

Material C

Dem Strom auf der Spur

Die Versuche führen dich auf die Spuren von Luigi Galvani.

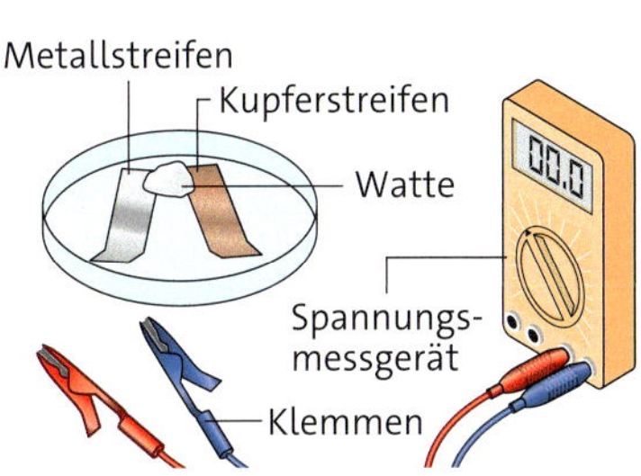

7 Anordnung Versuche 1–4

1 ○ In einer Petrischale liegen 2 Kupferstreifen im Abstand von ca. 1 cm. Miss die Nullspannung. → 7

2 ○ Ersetze einen der Kupferstreifen nacheinander durch Eisenstreifen, Zinkstreifen, Aluminiumstreifen bzw. einen Kohlestab. Miss mit dem Multimeter dabei jeweils die Nullspannung. → 7

3 ○ Verbinde die Metall-/Kohlestreifen in Versuch 2 jeweils mit einem trockenen Wattebausch. Miss dann die Nullspannung. → 7

4 ○ Befeuchte die Watte in Versuch 3 mit Salzlösung. Trage die Werte für die Nullspannung in eine Tabelle ein. Bilde eine Rangfolge der Metalle/Kohle. → 7

Strom aus Zink und Luft

1 Hörgerät mit Batteriefach

Typ 10	Typ 13
Ø: 5,8 mm *h*: 3,5 mm	Ø: 7,8 mm *h*: 5,4 mm
Typ 312	**Typ 675**
Ø: 7,8 mm *h*: 3,5 mm	Ø: 11,6 mm *h*: 5,3 mm

2 Knopfzellen liefern Energie.

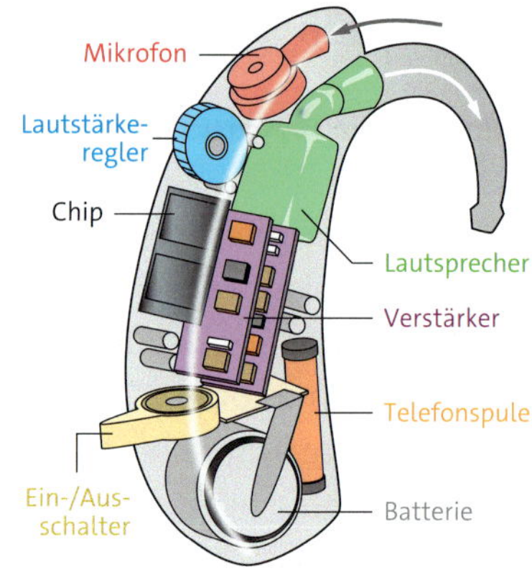

3 Hörgerät, neue Technologie

Hörgeräte sind heute sehr klein und passen gut ins Ohr. Kleine Batterien, Knopfzellen, sorgen für wenig Gewicht. Doch die Funktionsweise von Batterien ist geblieben.

Die Zink-Luft-Batterie arbeitet nach dem Donator-Akzeptor-Prinzip. Zink-Atome liefern Elektronen, also elektrischen Strom. → 4

Die Zink-Luft-Batterie • Bei der exothermen Reaktion „Verbrennen oder Verglühen von Zink" entsteht Wärmeenergie und es bildet sich Zinkoxid. Bei genaueren Untersuchungen hat man bemerkt, dass letztlich Elektronen fließen: Zink-Atome geben Elektronen frei und werden so zum Elektronenspender, dem Donator. Diese Elektronen werden auf Sauerstoff-Atome aus der Luft übertragen, die also die „Aufnehmer" sind, die Akzeptoren.

Die so entstandenen Sauerstoff-Ionen (O^{2-}) verbinden sich dann mit den neu entstandenen Zink-Ionen (Zn^{2+}) und bilden weißes Zinkoxid.

Wenn man den „Weg der Elektronen" verlängert und sie durch ein Kabel fließen lässt, kann ihre Energie auch elektrische Geräte antreiben.

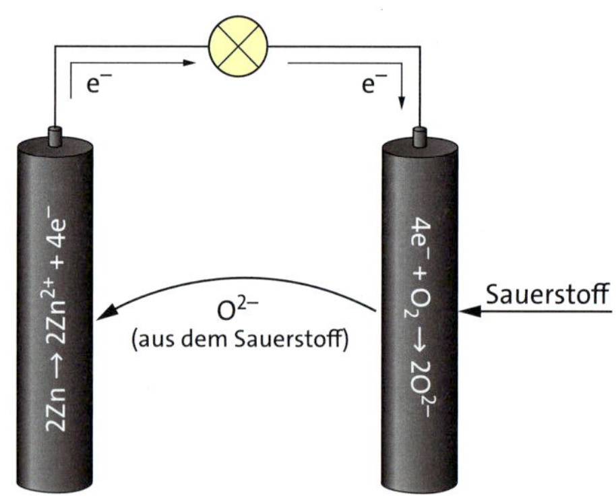

4 Arbeitsprinzip der Zink-Luft-Batterie

Zink-Luft-Knopfzellen • In Zink-Luft-Batterien ist mit Zink nur ein Stoff in der Zelle enthalten. → 6 Deswegen sind sie leichter. Sauerstoff kommt über ein kleines Luftloch in die Zelle. Die Ausgangsstoffe speichern viel Energie auf kleinem Raum.

Diese chemische Energie aus Zink und Sauerstoff wird in elektrische Energie umgewandelt.

die Zink-Luft-Batterie
die Knopfzelle
das Donator-Akzeptor-Konzept

Material A

Der Chemiker und die Zink-Luft-Batterien

1 ◐ Batterien darf man nur dann aufladen, wenn dies auf dem Etikett ausdrücklich vorgesehen ist.
Im Zeitungsbericht findest du zwei konkrete Gefahrenmomente, die durch den Ladeversuch ausgelöst wurden. → 5 Nenne sie.

2 ● Schreibe in einer Reportage über die Zink-Luft-Knopfzelle als großen technischen Fortschritt. Erkläre ihre Funktionsweise und verwende die Begriffe:
Zink, Sauerstoff, Kupferdraht, chemisch gespeicherte Energie, elektrische Energie, Elektronenabgabe, Elektronenaufnahme. Weitere siehe Bild 6.

Ein Hotelgast hatte den Batteriespeicher eines Kollegen in sein eigenes Laptop gesteckt, um die Batterie aufzuladen. Dieser Bedienungsfehler führte dazu, dass das Gerät um 2 Uhr nachts explodierte. Der dabei entstandene Rauch löste die Brandmeldeanlage aus.
Weil das Hotel auf dem Gelände des Flughafens München liegt, musste sogar die Flughafenfeuerwehr ausrücken. Sie konnte aber schnell Entwarnung geben. Das zerstörte Gerät wurde entsorgt und die Hoteletage gründlich gelüftet.

Aus: Ostdeutsche Allgemeine, 20. Mai 2016

5 Batteriespeicher explodiert beim Ladeversuch.

3 ○ Schreibe auf, welche Energieformen in der Zink-Luft-Zelle vorkommen.

4 ◐ Schreibe die Wort- und Symbolgleichungen zur Reaktion von Zink mit Sauerstoff auf.

5 ○ In Herzschrittmachern werden keine Zink-Luft-Batterien eingesetzt. Erkläre.

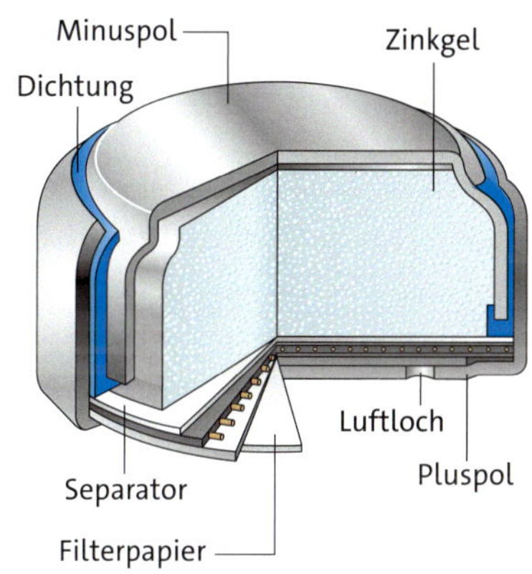

6 Aufbau der Knopfzelle

Material B

Zink-Luft-Batterie im Alltag

In Zink und Sauerstoff gespeicherte chemische Energie wird in Batteriestrom umgewandelt.

1 ◐ Emel fragt: „Ist in der Knopfzelle wirklich kein Strom enthalten?“
Formuliere eine Antwort.

2 ○ Erstelle eine Liste der Teile eines modernen Hörgeräts, die durch die Knopfzelle mit elektrischer Energie versorgt werden müssen. → 3

3 ○ Für Hörgeräte gilt: „Nicht mit Flüssigkeiten reinigen.“
Begründe diese Anleitung.

4 ● Neue Knopfzellen sind mit Folie luftdicht abgeklebt. Begründe, warum die Folie vor Gebrauch entfernt werden muss.

5 ● Ein Rentner „spart Batterie“ und schaltet das Hörgerät oft aus. Bringt diese Idee viel ein?

Alkali-Mangan-Zellen – der Klassiker

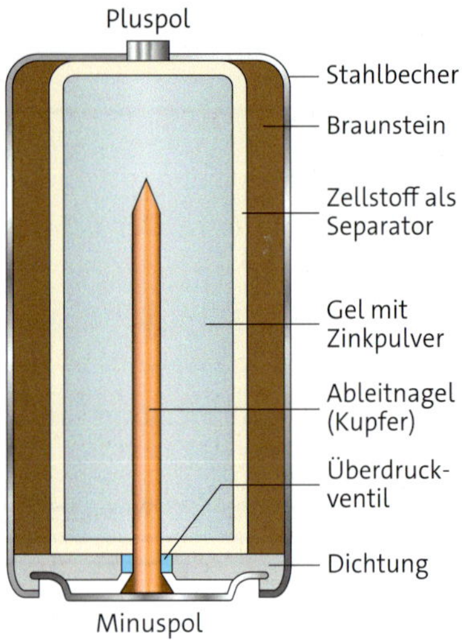

1 Aufbau der Alkali-Mangan-Batterie

2 Die Formen ...

3 ... passen zum Batteriefach.

Die Kamera lässt sich nicht einschalten, der MP3-Player spielt keine Musik mehr ab. Sind die Geräte denn schon nach wenigen Tagen defekt? Sie funktionieren nur mit Batterien. Also erst mal testen, ob eine neue „Alkaline“ schon genügt.

Aufbau der „Alkalines“ • Du hast es schon vermutet, der Name „Alkalines“ hat etwas mit Alkalimetall zu tun. In diesem Fall mit Kalium, genauer mit Kalilauge oder Kaliumhydroxid (KOH). Als Weiterentwicklung der früher weit verbreiteten Zink-Kohle-Batterie wurden in den USA um 1960 leistungsfähige und länger haltbare Alkali-Mangan-Zellen entwickelt. Als Elektrolyt verwendet man hochprozentige Kalilauge, im Separator und in beiden Elektroden. Bei Kurzschluss oder Überhitzung arbeitet das Überdruckventil. Gegen auslaufende Lauge hilft eine Kunststoffdichtung.

Die Funktionsweise • Die in Zink und Mangandioxid (Braunstein) gespeicherte chemische Energie wird in elektrische Energie umgewandelt. Dabei geben die Zink-Atome aus dem Zink-Gel Elektronen ab. Diese wandern zum Braunstein und werden dort von den positiven Mangan-Ionen aufgenommen. → 1

Diese beiden Prozesse finden in separaten Räumen statt. Deshalb kann die elektrische Energie der Elektronen auf dem Weg vom Minus- zum Pluspol Verbraucher versorgen.

In der Alkali-Mangan-Batterie findet eine Elektronenübertragung von Zink auf Mangandioxid statt.

Sind „Alkalines“ aufladbar? • Alkali-Mangan-Batterien können mit geeigneten Ladegeräten ein paarmal regeneriert werden, verlieren dabei aber an Leistungsfähigkeit.

die Alkali-Mangan-Batterie
die „Alkaline“

Material A

Versuche zur Alkali-Mangan-Batterie

In einem ersten Versuch wird untersucht, wie die Energiegewinnung stattfindet.

Versuch 1: Vermische in einem Porzellantiegel 3 g Mangandioxid (GHS03|07) mit 0,5 g Aktivkohle.

a ▢ Mithilfe von 2 %iger Kalilauge (GHS05) stellst du eine zähe Masse her (breiähnlich). Bestimme die Temperatur dieser Masse und schreibe den Wert auf.

b In einem weiteren Mischvorgang werden dann 1,5 g Zinkpulver (GHS09) eingerührt. Kannst du Veränderungen feststellen?

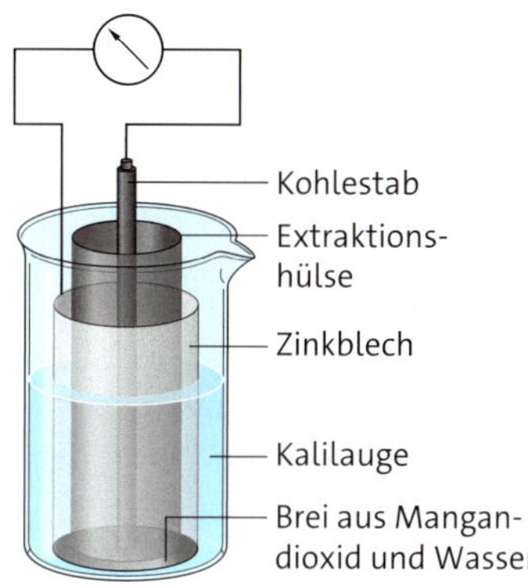

4 Aufbau von Versuch 2

Versuch 2: Vermische 7,5 g Mangandioxid (GHS03|07) mit Wasser zu einem zähflüssigen Brei.
Fülle die zähe Masse in eine Extraktionshülse und stecke einen Kohlestab hinein.
Die Hülse wird mit einem Zinkblech umhüllt und in ein Becherglas gestellt. → 4

Das Becherglas wird dann mit 2 %iger Kaliumhydroxid-Lösung (Kalilauge, GHS05) zur Hälfte gefüllt.

a ▢ Fertige ein Versuchsprotokoll an.

b Überlege dir, wie du auf mehrere Arten überprüfen kannst, ob deine Modellbatterie elektrischen Strom liefert, und führe dann die Versuche durch.

c Wenn die Energieentnahme längere Zeit läuft, kannst du auch Veränderungen im Becherglas beobachten. Schreibe sie auf.

d Wie könntest du einen Ladeversuch aufbauen? Zeichne und stelle deinen Vorschlag der Gruppe/der Klasse vor.

Material B

Wie arbeitet die Alkali-Mangan-Batterie?

Bei den folgenden Aufgaben beschäftigst du dich mit den chemischen Vorgängen in der Alkali-Mangan-Batterie.

1 Schreibe die Symbolgleichung zur chemischen Reaktion in der Alkali-Mangan-Batterie auf.

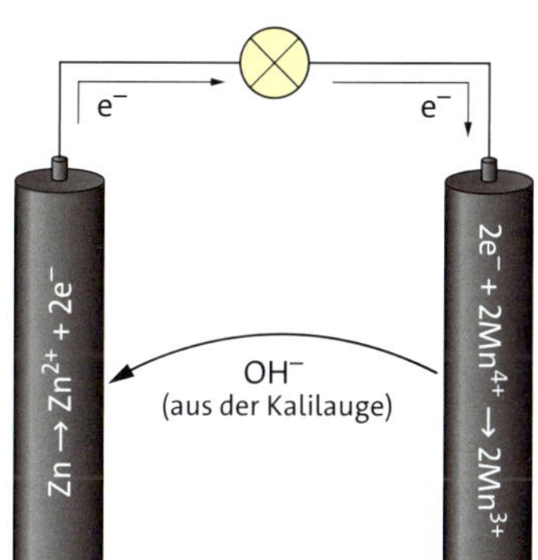

5 Funktionsschema zur Alkali-Mangan-Batterie

2 ▢ Schreibe die technischen Lösungen auf, die das Auslaufen der Batterie verhindern sollen.

3 Kalilauge (Kaliumhydroxid) bildet als wässrige Lösung Ionen. Schreibe dazu eine Ionengleichung auf und erkläre, wie diese Ionen zur Energieumwandlung beitragen. → 5

Immer wieder laden und entladen

1 Eine „Autobatterie“ liefert elektrische Energie für den Start.

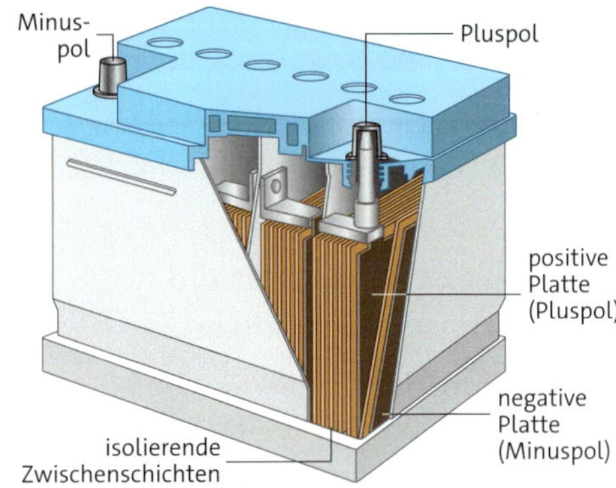

2 Blick in die Autobatterie

Jeder kennt die Autobatterie, die im Motorraum ihren Platz gefunden hat. Lange Zeit steht sie beinahe unbemerkt zur Verfügung, doch wenn sie „leer“ ist, kann das Auto nicht mehr starten. Was da wohl passiert ist? Sie lädt sich doch eigentlich bei laufendem Motor von selbst auf.

Akku oder Batterie • Akku ist eine Kurzform für Akkumulator (lateinisch accumulator = Anhäufer) und bedeutet heute meist „Stromspeicher“ oder „Stromquelle“. Im Gegensatz zur Batterie können Akkus bei günstiger Handhabung bis zu 1000-mal wieder aufgeladen werden. Dabei wird elektrische Energie aufgenommen und in Form von chemischer Energie gespeichert.
Akkus erreichen eine hohe Energiedichte und entladen sich bei Nutzung so, dass die gewünschte Spannung (z. B. 1,5 V) lange erhalten bleibt.

> Im Akku und in der Batterie finden chemische Prozesse mit Elektronenübertragung statt.

Beispiel Autobatterie • Die sogenannte Autobatterie ist eigentlich ein „Bleiakku“ und besteht aus 6 Zellen, die jeweils 2 V Gleichspannung liefern.
Im Innern jeder Zelle befindet sich eine Platte aus reinem Blei und eine weitere Bleiplatte, die mit Bleioxid beschichtet ist. Beide sind in Schwefelsäure eingetaucht. → 2

Entladen • Die beiden Platten sind durch einen Separator aus PVC voneinander getrennt. Durch die chemische Reaktion mit der 30- bis 38 %igen „Batteriesäure“ entsteht an beiden Platten Bleisulfat.
Dabei findet ein Elektronenübergang von Blei auf Bleioxid statt, der die genannte Spannung von 2 Volt liefert.

Laden • Legt man eine Ladespannung an („Lichtmaschine“), wird die chemische Reaktion des Entladevorgangs rückgängig gemacht.
Aus Bleisulfat wird an einer Platte wieder Blei, an der anderen entsteht Bleioxid: Elektrische Energie wird chemisch gespeichert.

der **Akku(mulator)**

Material A

Einen Akku selbst bauen

Mit den richtigen Materialien kannst du einen Akku im Versuch selbst bauen: Doch es erfordert manchmal auch ein wenig Geduld. Ein Zink-Iod-Akku ist gar nicht so schwer!

Materialliste: U-Rohr, zwei Grafitstäbe, Kabel, Klemmen, durchbohrte Stopfen passend zum U-Rohr, 50 mL 5 %ige Zinkiodid-Lösung, Kleinelektromotor (aus der Solartechnik), Gleichspannungsquelle, Messgerät für Gleichspannung

1 Baue den Versuch auf. → 3 An den Grafitelektroden kannst du die Leerlaufspannung messen.

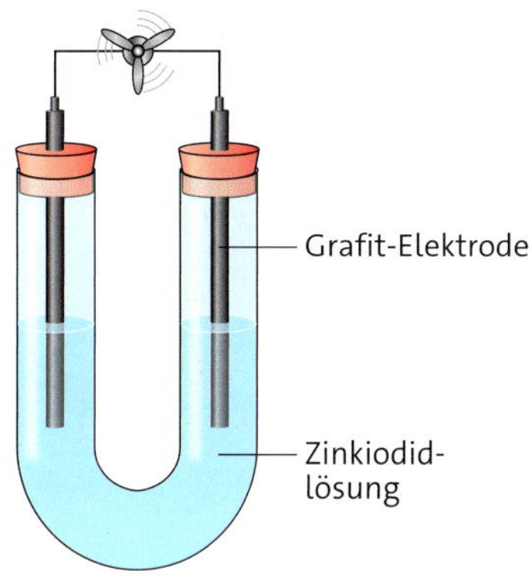

3 Der Zink-Iod-Akku

a Aufladen: Schließe eine Gleichspannungsquelle an die Grafitstäbe an und schalte für ca. 30 Sekunden lang bei 6 V ein. Entferne dann die Spannungsquelle. Schreibe deine Beobachtungen an den Elektroden auf. Beachte die Unterschiede an den Polen.

b Entladen: Jetzt kannst du testen, ob der Kleinmotor zum Laufen kommt.

c Wiederhole das Aufladen und das Entladen mehrere Male. Protokolliere die Veränderungen. Du darfst auch Messungen der Nullspannung mit in die Beobachtungen aufnehmen.

d Einen Zink-Iod-Akku hat man für den praktischen Einsatz nicht entwickelt. Begründe anhand deiner Beobachtungen aus Teil a und b.

e Begründe: „Der Zink-Iod-Akku ist kein echter Akku.“ Es fehlt eine wichtige Eigenschaft, wie du sie von Batterien kennst.

Material B

Der Blei-Akku chemisch betrachtet

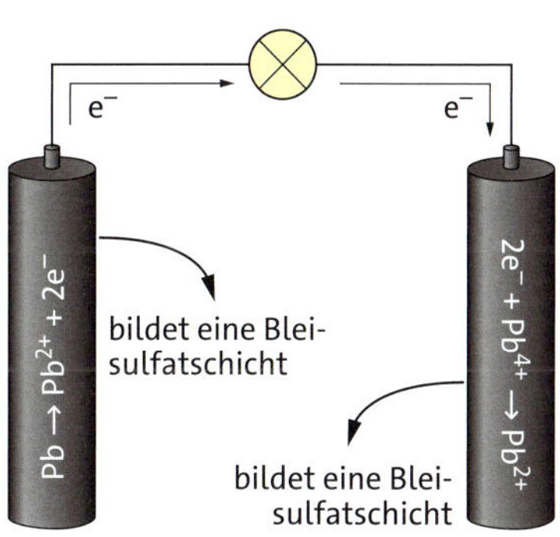

4 Entladen des Blei-Akkus

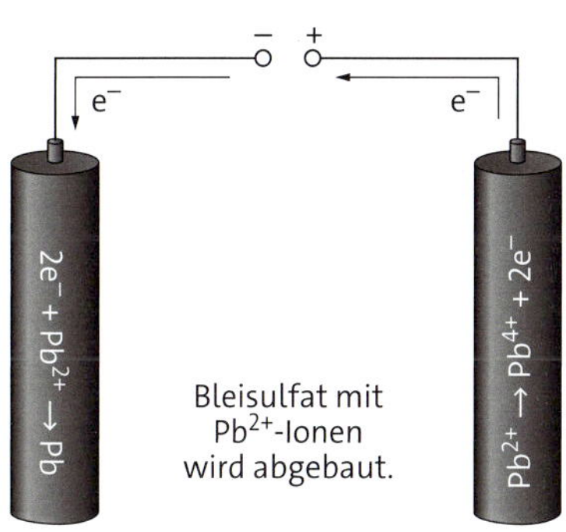

5 Laden des Blei-Akkus

In den Schaubildern siehst du die chemischen Prozesse dargestellt. → 4 5

1 Beschreibe das Laden bzw. das Entladen in deinen eigenen Worten.

2 Schreibe für die chemischen Reaktionen beim Laden und beim Entladen die Symbolgleichungen auf.

Unter der Lupe: Brennstoffzellen

1 Wasserstoff verbrennt ohne Umweltbelastung.

2 Die Brennstoffzelle liefert Strom.

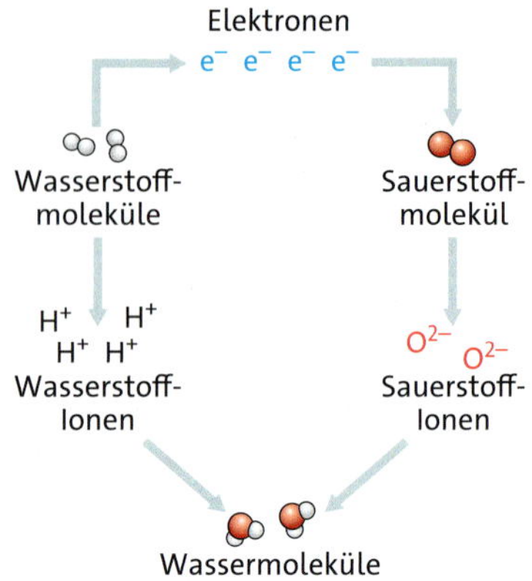

3 Modell zur Energiewandlung in der Brennstoffzelle

Viele Menschen wünschen sich für Autos und andere Fahrzeuge mit Verbrennungsmotor einen Treibstoff, der Umwelt und Klima nicht durch schädliche oder gar giftige Abgase belastet. Gleichzeitig geht die Zeit der Kohlenwasserstoffe allmählich zu Ende, weil z. B. die Erdölvorräte auf der Erde begrenzt sind.

Wasserstoff – der Wundertreibstoff • Wasserstoff ist im Weltraum der häufigste Stoff. Auf der Erde kommt er nicht als Rohstoff vor, ist aber in Wasser enthalten. Mithilfe von elektrischer Energie (Elektrolyse) oder Wärmeenergie (Thermolyse) wird Wasser in Wasserstoff und Sauerstoff zerlegt. In der Brennstoffzelle dient Wasserstoff zur Gewinnung von elektrischer Energie.

Durch Elektrolyse oder Thermolyse gewinnt man aus Wasser das Gas Wasserstoff. Wasserstoff dient als chemischer Energiespeicher.

Die Brennstoffzelle • Was passiert eigentlich in der Brennstoffzelle? Im Prinzip reagiert Wasserstoff mit dem Sauerstoff der Luft. Dabei wird die in den Ausgangsstoffen gespeicherte chemische Energie in elektrische Energie umgewandelt. Als Reaktionsprodukt entsteht einfach nur unschädliches Wasser.

Wasserstoff + Sauerstoff → Wasser

Elektrische Energie wird frei • Wenn du die „chemische Lupe" einsetzt, kannst du dir ein Bild davon machen, wie die elektrische Energie frei wird: Wasserstoff-Atome geben ihr Elektron ab und übertragen es auf Sauerstoff-Atome. Die Abgabe und die Aufnahme der Elektronen finden an verschiedenen Elektroden statt, die durch ein Kabel verbunden sind. So fließt elektrischer Strom, der nutzbar ist. → 3 Die Wasserstoff-Ionen, die durch Elektronenabgabe entstanden sind, verbinden sich mit den Sauerstoff-Ionen (aus der Elektronenaufnahme) zu Wasser.

Material A

Wasserstoff als Energiespeicher

Wasserstoffgas enthält viel chemisch gespeicherte Energie. Die Versuche machen es deutlich.

1 Auf den Seiten 39 und 91 hast du die Knallgasprobe mit Wasserstoffgas (GHS02) kennengelernt. Führe sie jetzt noch einmal durch.

a ▢ Im Reagenzglas sieht man, dass sich Wasser gebildet hat. Erkläre.

b ● Der Knall deutet auf eine starke Reaktion hin. Warum gibt es in der Brennstoffzelle keinen Knall?

2 Bei diesem Lehrerversuch stellt man in einer Petrischale mit Spülmittel und Wasser eine Seifenlösung her. In einem Gasentwickler gibt man 1–2 Körnchen Zink in 10 %ige Salzsäure (GHS07). Der entstehende Wasserstoff (GHS02) wird in die Seifenlösung geleitet. Hat sich genug Schaum gebildet, wird der Gasentwickler in den Abzug gestellt.
Nun kann man vorsichtig (Schutzbrille, Schutzscheibe, Warnung an Schüler, Gehörschutz!) die wasserstoffgefüllten Bläschen entzünden.

Material B

Was passiert in der Brennstoffzelle?

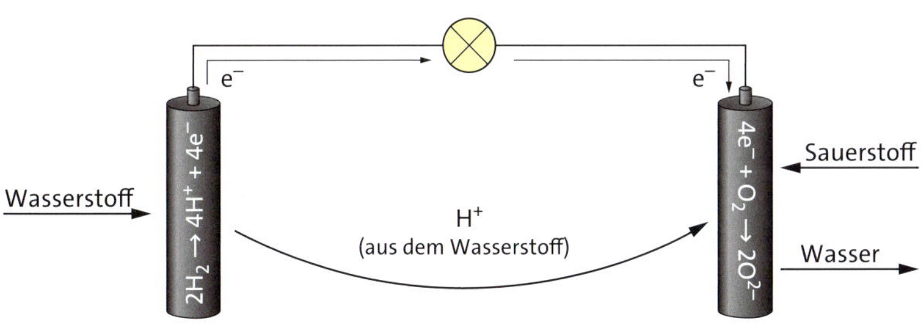

4 Schema zum Reaktionsverlauf in der Brennstoffzelle

Um die Wirkungsweise der Brennstoffzelle zu verstehen, sind Erklärungen auf der Teilchenebene sehr hilfreich.

1 ◐ Bild 4 zeigt, wie die Energieumwandlung von chemischer Energie in elektrische Energie verläuft.
Erkläre mit deinen Worten.

2 ◐ Stelle mithilfe von Bild 4 in zwei Wortgleichungen dar, wie die Energieumwandlung von chemischer in elektrische Energie verläuft.

3 ● Stelle Symbolgleichungen auf, die den Prozess der Energieumsetzung zeigen.

Material C

Die Grove-Zelle

Schon 1839 entdeckte der Engländer William Grove die nach ihm benannte Zelle.

1 ◐ Beschreibe den Aufbau der Grove-Zelle in deinen Worten. → 5

2 ◐ Erkläre die Aufgabe der Schwefelsäure.

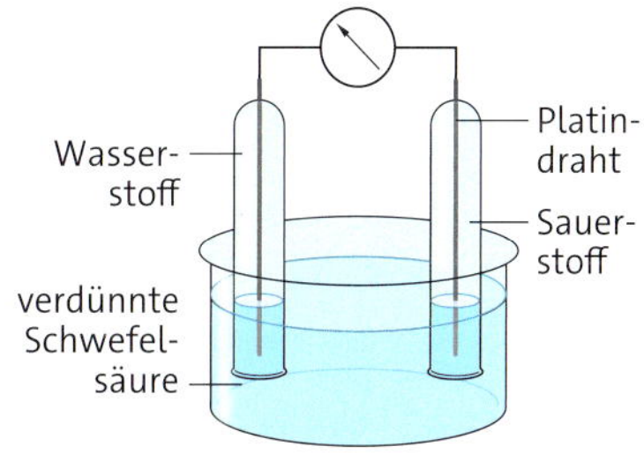

5 Der Aufbau der Grove-Zelle

Ausgedient, aber gefährlich

1 Alter ausgelaufener Akkumulator

2 Nickel-Metallhydrid-Akkus enthalten verschiedene Stoffe.

Batterien und Akkumulatoren haben eine begrenzte „Lebensdauer". Während Batterien in der Regel nach dem Einmalgebrauch weggeworfen werden, können Akkus je nach Bauweise sogar 1000-mal und mehr wieder aufgeladen und eingesetzt werden. Doch was passiert danach?

Umweltsünden • Noch in den 1970er Jahren wurden verbrauchte Batterien mit dem Hausmüll entsorgt. Zunehmende Meldungen über Verschmutzungen des Erdreichs in der Nähe von Mülldeponien mit Quecksilber erforderten gesetzliche Regelungen. Das Trinkwasser in vielen Orten zeigte bedenkliche Schwermetallanteile an, z. B. von Blei.

Das Batteriegesetz • In den 1990er Jahren wurde in der Batterieverordnung festgelegt, dass z. B. bestimmte schadstoffhaltige Batterien nicht mehr verkauft werden durften. Im seit 2009 gültigen Batteriegesetz wurde eine Rücknahmepflicht der Hersteller und des Handels ebenso eingeführt wie ein Pfandsystem für Autobatterien und die Pflicht zum Recycling.
Dazu ist es auch erforderlich, sogenannte Rücknahmesysteme einzurichten. Doch das allein genügt noch nicht, denn auch die Wiederverwertung nach dem Kreislaufwirtschaftsgesetz muss gewährleistet sein.
Jeder Verbraucher ist darüber hinaus zur Abfalltrennung verpflichtet.
Die Hersteller sind aufgefordert, langlebige Batterien und Akkus zu entwickeln und zu verkaufen.

Recycling • Die Wiederverwertung von Wertstoffen aus ausgedienten Altbatterien und Altakkus ist aus zwei Gründen wichtig:

1. Wir vermeiden eine Belastung der Umwelt mit Schadstoffen.
2. Durch Wiederverwendung von Wertstoffen kann der Verbrauch seltener Rohstoffe vermindert werden.

Material A

Schwermetalle – eine Gefahr für die Umwelt

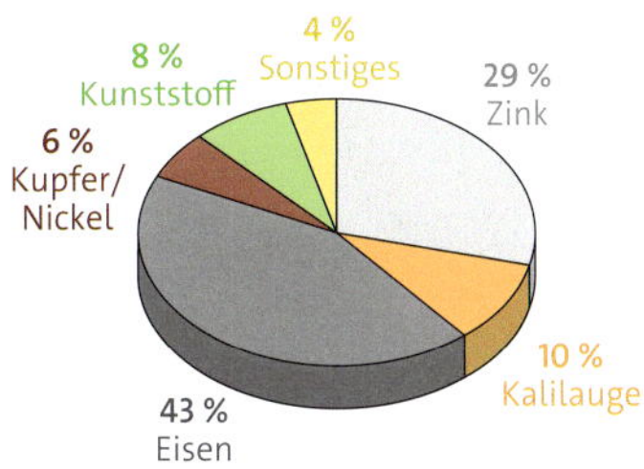

3 Inhaltstoffe in Zink-Luft-Batterie

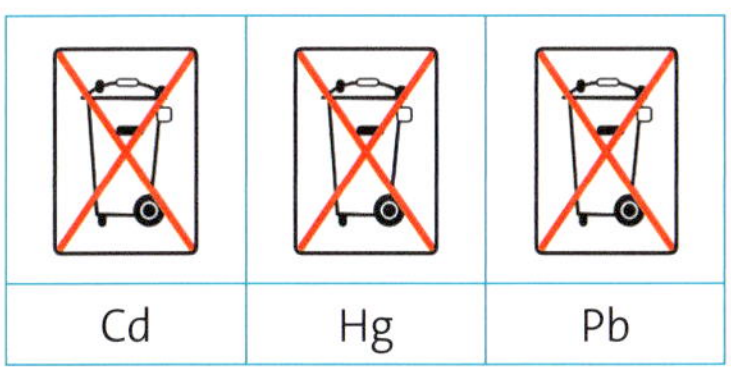

4 Mögliche Schilder auf Batterien oder Akkus

In Batterien sind es oft Schwermetalle wie Zink und Blei, die für eine sichere und stabile Erzeugung von elektrischem Strom gebraucht werden. Doch auch die Elektrolyte wie Kalilauge können als Abfallstoffe anfallen.

1 Erstelle mithilfe der Beschriftungen auf Batterien eine Liste mit den aufgedruckten Informationen. Verwende vorwiegend 9-Volt-Blocks.

2 Auch auf Akkus findest du Informationen. Erstelle ebenfalls eine Liste und vergleiche mit Aufgabe 1.

3 Erstelle zu den Schwermetallen Blei, Cadmium und Quecksilber Steckbriefe.
Erkläre dann, warum sie nicht in den Hausmüll gehören.

4 Durch Mülltrennung wird es leichter, Stoffe wie Eisen, Nickel oder Mangan aus Batterieschrott wiederzugewinnen.
Informiere dich im Internet. Stelle ein Verfahren genauer dar.

5 Erkläre, was mit den Piktogrammen in Bild 4 ausgesagt werden soll.

Material B

Wertstoffe – für eine saubere Umwelt

Die Verwertung von Altbatterien und Altakkus setzt sinnvolle Rücknahmesysteme voraus.

1 Erstelle in einer Schülergruppe einen Fragebogen, um zu untersuchen, wie ernsthaft die Mülltrennung bei Batterien durchgeführt wird.

2 Schreibe auf, welche Schwächen der Sammelbehälter in Bild 5 in Bezug auf sinnvolles Recycling hat.

5 Sammelbehälter für Batterien

3 Arbeiter im Batterie-Recycling müssen besondere Vorsichtsmaßnahmen einhalten. Notiere sie.

6 Wertstoffe für das Batterie-Recycling

Mobile Energieträger

Zusammenfassung

Batterien • Batterien haben chemische Energie gespeichert und wandeln diese in elektrische Energie um. An einer ersten Elektrode werden Elektronen abgegeben. So gibt Zink als „Donator" häufig Elektronen ab. Sie wandern zur zweiten Elektrode, dem „Akzeptor", und werden z. B. von Mangandioxid in der Zink-Mangan-Batterie aufgenommen. Verbindet man beide Elektroden über Kabel, können die Elektronen außerhalb der Batterie genutzt werden. Zum Ladungsausgleich in der Batterie dienen Ionen aus den Elektrolyten.

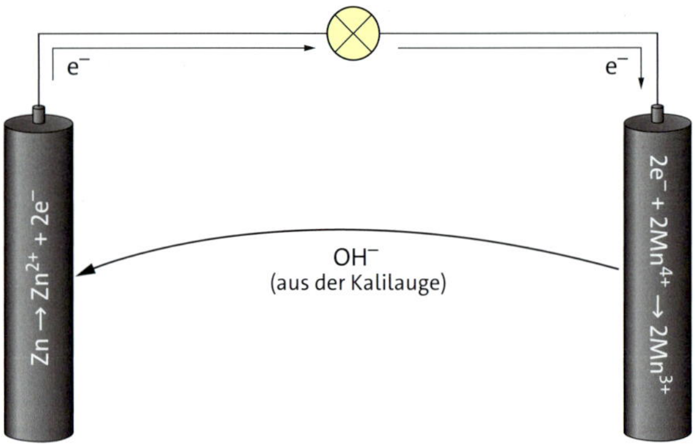

1 Vorgänge in einer Zink-Mangan-Batterie

Akkumulatoren • Batterien und Akkus sind im Aufbau ähnlich: zwei unterschiedliche Elektroden mit einem Elektrolyten im geschlossenen Gefäß. Beim Entladen wird elektrische Energie frei. Im Gegensatz zur Batterie kann man den Akku wieder aufladen: Durch Zufuhr von elektrischer Energie bilden sich die Ausgangsstoffe zurück. Der Ladevorgang kann, je nach Elektrodenmaterial, mehr oder weniger oft wiederholt werden.
Die Abfallprodukte von Akkus bzw. Batterien sind umweltschädlich, aber gleichzeitig Wertstoffe. Durch getrenntes Sammeln und Recycling gelangen sie wieder in den Stoffkreislauf zurück.

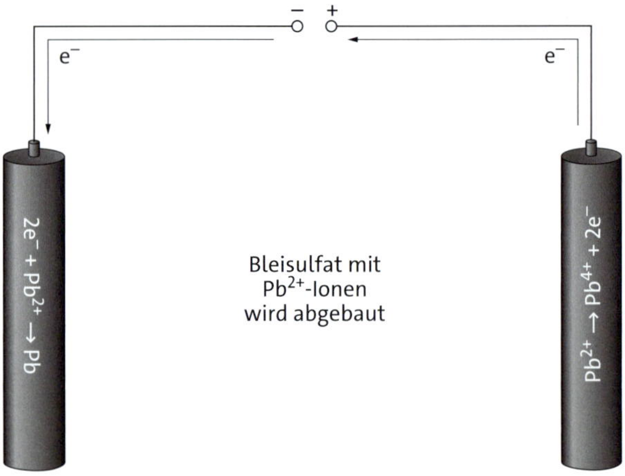

2 Vorgänge in einem Blei-Akku beim Laden

Brennstoffzelle • In Wasserstoff-Brennstoffzellen werden am Minuspol („Donator") Elektronen frei, die zum Pluspol („Akzeptor") fließen.
Der Unterschied zu Batterien und Akkus ist hier: Das energiearme Reaktionsprodukt Wasser fließt aus der Brennstoffzelle heraus. Gleichzeitig werden von außen neue Ausgangsstoffe, in diesem Fall Wasserstoff und Sauerstoff, zugeführt. Deshalb liefert die Brennstoffzelle immer weiter Strom und als Reaktionsprodukt Wasser.

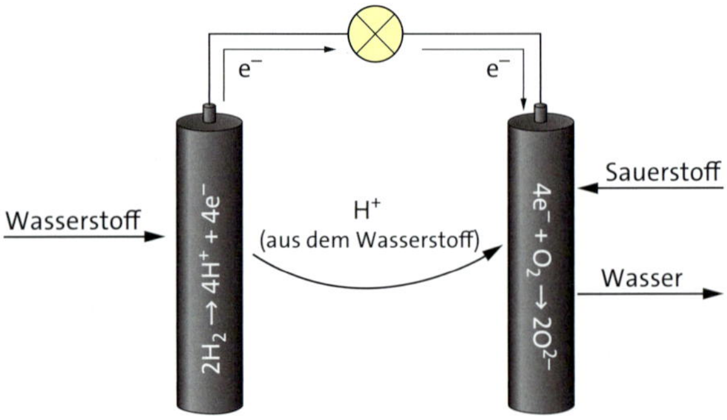

3 Vorgänge in einer Wasserstoff-Brennstoffzelle

Teste dich! (Lösungen im Anhang)

1 ○ Schreibe auf, welche grundsätzlichen Bestandteile von Batterien auch in Akkus enthalten sind .

2 ◐ Erkläre die Entstehung elektrischer Energie in einer Batterie bzw. einem Akku allgemein.

3 ● Stelle für die Reaktionen in der Zink-Luft-Batterie Gleichungen auf (Wort, Symbol).

4 ● Für die Entwicklung von Batterien und Akkus waren z. B. die in Bild 4 genannten Entdeckungen wichtig. Wähle je Schwierigkeitsgrad eine aus und erkläre ihre Bedeutung im Kurzvortrag.

5 ● In Bild 5 siehst du den Zustand eines Akkus, wenn er nicht mehr aufladbar ist. Erkläre deinen Mitschülern anhand der Beobachtungen die Notwendigkeit der Müllsortierung und des Recyclings von Batterien und Akkus.

6 ◐ Formuliere eigene Vorstellungen, wie zukünftige Batterien noch besser werden können.

7 ◐ Immer häufiger gibt es für Akkus Ladegeräte mit Solarstrom. Schreibe dazu deine Meinung unter Berücksichtigung der Vor- und Nachteile der Fotovoltaik auf. → 6

8 ◐ Schreibe den Lückentext in Bild 7 ab und ersetze die ? durch sinnvolle Begriffe.

9 ◐ Stelle in einer Partnerarbeit die Vor- und Nachteile der Brennstoffzellentechnik zusammen und bewerte danach „Chemikers Traum" aus Bild 7.

a ○ Gehäuse ist abgedichtet bzw. auslaufsicher.
b ○ Platz- und gewichtssparende Zellen bauen.
c ◐ Elektroden sind aus verschiedenen Stoffen.
d ◐ Trennschicht im Inneren notwendig.
e ● Umkehrbare chemische Reaktionen finden.
f ● Elektrisch sehr gut leitende Elektrolyte finden.

4 Wichtige Entdeckungen zu Batterien bzw. Akkus

5 Akku nach langjährigem Einsatz

6 Auto-Akku-Ladegerät mit Fotovoltaik

Chemikers Traum im Jahr 2050?
„Ich sehe viele kleine ? , die abgasfrei elektrischen Strom liefern. Der ‚Brennstoff' ? wurde in einer sonnenreichen Gegend hergestellt. Den notwendigen ? erzeugt man dort kostengünstig und umweltfreundlich. Mit Tankern und großen Lkws, die ebenfalls mit ? fahren, gelangt der ? in alle Welt. Er muss zum Transport nur noch ? werden."

7 Lückentext „Chemikers Traum"

Anhang

Einstufung von Gefahrstoffen nach der GHS-Verordnung

Mit dem neuen GHS (Globally Harmonised System of Classification and Labelling of Chemicals) werden die Kriterien für die Einstufung der Gefahrstoffe neu festgelegt und mit international einheitlichen Piktogrammen versehen. Neu ist auch die Verwendung der Signalworte „Gefahr“ und „Achtung“ für das Ausmaß der Gefahr: „Gefahr“ bei hoher Gefährdung oder „Achtung“ bei geringerer Gefährdung.

Gefahrenpiktogramm und Piktogrammcode	Mit dem Gefahrenpiktogramm gekennzeichnete Stoffe und Gemische	Signalwort	Kennzeichnung nach bisheriger Gefahrstoffverordnung	
			Gefahrensymbol	Gefahrenhinweise
GHS01	explosive und sehr gefährliche selbstzersetzliche Stoffe und Gemische sowie sehr gefährliche organische Peroxide	Gefahr oder Achtung	E	R2, R3
GHS02	entzündbare, selbsterhitzungsfähige und gefährliche selbstzersetzliche Stoffe und Gemische, pyrophore Stoffe sowie Stoffe und Gemische, die bei Berührung mit Wasser entzündbare Gase entwickeln	Gefahr oder Achtung	F+ oder F oder –	R12, R11 oder R10; R17; R15
GHS02	gefährliche organische Peroxide	Gefahr oder Achtung	O	R7
GHS03	Stoffe und Gemische mit oxidierender Wirkung	Gefahr oder Achtung	O	R8, R9
GHS04	Gase unter Druck	Achtung	–	
GHS05	Stoffe und Gemische, die korrosiv auf Metalle wirken	Achtung	–	
GHS05	Stoffe und Gemische, die schwere Verätzungen der Haut und/oder schwere Augenschäden verursachen	Gefahr	C oder Xi	R34, R35, R41
GHS06	lebensgefährliche und giftige Stoffe und Gemische	Gefahr	T+ oder T	R26, R27, R28 oder R23, R24, R25
GHS07	gesundheitsschädliche Stoffe und Gemische	Achtung	Xi	R20, R21, R22
GHS07	Stoffe und Gemische, die Haut- und/oder Augenreizungen verursachen und/oder allergische Hautreaktionen, Reizungen der Atemwege und/oder Schläfrigkeit und Benommenheit verursachen können	Achtung	Xi	R36, R37, R38; R43; R67
GHS08	Stoffe und Gemische, die bei Verschlucken und Eindringen in die Atemwege tödlich sein können und/oder eine Gefahr für die Gesundheit darstellen. Diese Stoffe und Gemische schädigen bestimmte Organe und/oder können Krebs erzeugen, die Fruchtbarkeit beeinträchtigen, das Kind im Mutterleib schädigen und/oder genetische Defekte und/oder beim Einatmen Allergien, asthmaartige Symptome oder Atembeschwerden verursachen.	Gefahr oder Achtung	T+ T Xn oder	R45, R49, R40; R60, R62; R61, R63; R46; R39/...; R68/...; R48/...; R42; R33; R65
GHS09	Stoffe und Gemische, die sehr giftig oder giftig für Wasserorganismen sind	Achtung oder –	N	R50, R50/53 R51/53

Gefahrenhinweise, ergänzende Gefahrenmerkmale und ergänzende Kennzeichnungselemente

Gefahrenhinweise (H-Sätze)

Gefahrenhinweise für physikalische Gefahren

H200	Instabil, explosiv
H201	Explosiv, Gefahr der Massenexplosion.
H202	Explosiv; große Gefahr durch Splitter, Spreng- und Wurfstücke.
H203	Explosiv; Gefahr durch Feuer, Luftdruck oder Splitter, Spreng- und Wurfstücke.
H204	Gefahr durch Feuer oder Splitter, Spreng- und Wurfstücke.
H205	Gefahr der Massenexplosion bei Feuer.
H220	Extrem entzündbares Gas.
H221	Entzündbares Gas.
H222	Extrem entzündbares Aerosol.
H223	Entzündbares Aerosol.
H224	Flüssigkeit und Dampf extrem entzündbar.
H225	Flüssigkeit und Dampf leicht entzündbar.
H226	Flüssigkeit und Dampf entzündbar.
H228	Entzündbarer Feststoff.
H240	Erwärmung kann Explosion verursachen.
H241	Erwärmung kann Brand oder Explosion verursachen.
H242	Erwärmung kann Brand verursachen.
H250	Entzündet sich in Berührung mit Luft von selbst.
H251	Selbsterhitzungsfähig; kann in Brand geraten.
H252	In großen Mengen selbsterhitzungsfähig; kann in Brand geraten.
H260	In Berührung mit Wasser entstehen entzündbare Gase, die sich spontan entzünden können.
H261	In Berührung mit Wasser entstehen entzündbare Gase.
H270	Kann Brand verursachen oder verstärken; Oxidationsmittel.
H271	Kann Brand oder Explosion verursachen; starkes Oxidationsmittel.
H272	Kann Brand verstärken; Oxidationsmittel.
H280	Enthält Gas unter Druck; kann bei Erwärmung explodieren.
H281	Enthält tiefkaltes Gas; kann Kälteverbrennungen oder -verletzungen verursachen.
H290	Kann gegenüber Metallen korrosiv sein.

Gefahrenhinweise für Gesundheitsgefahren

H300	Lebensgefahr bei Verschlucken.
H301	Giftig bei Verschlucken.
H302	Gesundheitsschädlich bei Verschlucken.
H304	Kann bei Verschlucken und Eindringen in die Atemwege tödlich sein.
H310	Lebensgefahr bei Hautkontakt.
H311	Giftig bei Hautkontakt.
H312	Gesundheitsschädlich bei Hautkontakt.
H314	Verursacht schwere Verätzungen der Haut und schwere Augenschäden.
H315	Verursacht Hautreizungen.
H317	Kann allergische Hautreaktionen verursachen.
H318	Verursacht schwere Augenschäden.
H319	Verursacht schwere Augenreizung.
H330	Lebensgefahr bei Einatmen.
H331	Giftig bei Einatmen.
H332	Gesundheitsschädlich bei Einatmen.
H334	Kann bei Einatmen Allergie, asthmaartige Symptome oder Atembeschwerden verursachen.
H335	Kann die Atemwege reizen.
H336	Kann Schläfrigkeit und Benommenheit verursachen.
H340	Kann genetische Defekte verursachen *<Expositionsweg angeben, sofern schlüssig belegt ist, dass diese Gefahr bei keinem anderen Expositionsweg besteht>*.
H341	Kann vermutlich genetische Defekte verursachen *<Expositionsweg angeben, sofern schlüssig belegt ist, dass diese Gefahr bei keinem anderen Expositionsweg besteht>*.
H350	Kann Krebs erzeugen *<Expositionsweg angeben, sofern schlüssig belegt ist, dass diese Gefahr bei keinem anderen Expositionsweg besteht>*.
H350i	Kann beim Einatmen Krebs erzeugen.
H351	Kann vermutlich Krebs erzeugen *<Expositionsweg angeben, sofern schlüssig belegt ist, dass diese Gefahr bei keinem anderen Expositionsweg besteht>*.
H360	Kann die Fruchtbarkeit beeinträchtigen oder das Kind im Mutterleib schädigen *<konkrete Wirkung angeben, sofern bekannt> <Expositionsweg angeben, sofern schlüssig belegt ist, dass die Gefahr bei keinem anderen Expositionsweg besteht>*.
H360F	Kann die Fruchtbarkeit beeinträchtigen.
H360D	Kann das Kind im Mutterleib schädigen.
H360FD	Kann die Fruchtbarkeit beeinträchtigen. Kann das Kind im Mutterleib schädigen.
H360Fd	Kann die Fruchtbarkeit beeinträchtigen. Kann vermutlich das Kind im Mutterleib schädigen.
H360Df	Kann das Kind im Mutterleib schädigen. Kann vermutlich die Fruchtbarkeit beeinträchtigen.
H361	Kann vermutlich die Fruchtbarkeit beeinträchtigen oder das Kind im Mutterleib schädigen *<konkrete Wirkung angeben, sofern bekannt> <Expositionsweg angeben, sofern schlüssig belegt ist, dass die Gefahr bei keinem anderen Expositionsweg besteht>*.
H361f	Kann vermutlich die Fruchtbarkeit beeinträchtigen.
H361d	Kann vermutlich das Kind im Mutterleib schädigen.
H361fd	Kann vermutlich die Fruchtbarkeit beeinträchtigen. Kann vermutlich das Kind im Mutterleib schädigen.
H362	Kann Säuglinge über die Muttermilch schädigen.
H370	Schädigt die Organe *<oder alle betroffenen Organe nennen, sofern bekannt> <Expositionsweg angeben, sofern schlüssig belegt ist, dass diese Gefahr bei keinem anderen Expositionsweg besteht>*.
H371	Kann die Organe schädigen *<oder alle betroffenen Organe nennen, sofern bekannt> <Expositionsweg angeben, sofern schlüssig belegt ist, dass diese Gefahr bei keinem anderen Expositionsweg besteht>*.
H372	Schädigt die Organe *<alle betroffenen Organe nennen>* bei längerer oder wiederholter Exposition *<Expositionsweg angeben, wenn schlüssig belegt ist, dass diese Gefahr bei keinem anderen Expositionsweg besteht>*.
H373	Kann die Organe schädigen *<alle betroffenen Organe nennen, sofern bekannt>* bei längerer oder wiederholter Exposition *<Expositionsweg angeben, wenn schlüssig belegt ist, dass diese Gefahr bei keinem anderen Expositionsweg besteht>*.

Gefahrenhinweise für Umweltgefahren

H400	Sehr giftig für Wasserorganismen.
H410	Sehr giftig für Wasserorganismen mit langfristiger Wirkung.
H411	Giftig für Wasserorganismen, mit langfristiger Wirkung.
H412	Schädlich für Wasserorganismen, mit langfristiger Wirkung.
H413	Kann für Wasserorganismen schädlich sein, mit langfristiger Wirkung.

Ergänzende Gefahrenmerkmale

Physikalische Eigenschaften

EUH001	In trockenem Zustand explosionsgefährlich.
EUH006	Mit und ohne Luft explosionsfähig.
EUH014	Reagiert heftig mit Wasser.
EUH018	Kann bei Verwendung explosionsfähige/entzündbare Dampf/Luft-Gemische bilden.
EUH019	Kann explosionsfähige Peroxide bilden.
EUH044	Explosionsgefahr bei Erhitzen unter Einschluss.

Gesundheitsgefährliche Eigenschaften

EUH029	Entwickelt bei Berührung mit Wasser giftige Gase.
EUH031	Entwickelt bei Berührung mit Säure giftige Gase.
EUH032	Entwickelt bei Berührung mit Säure sehr giftige Gase.
EUH066	Wiederholter Kontakt kann zu spröder oder rissiger Haut führen.
EUH070	Giftig bei Berührung mit den Augen.
EUH071	Wirkt ätzend auf die Atemwege.

Umweltgefährliche Eigenschaften

EUH059	Die Ozonschicht schädigend.

Ergänzende Kennzeichnungselemente/Informationen über bestimmte Stoffe und Gemische

EUH201	Enthält Blei. Nicht für den Anstrich von Gegenständen verwenden, die von Kindern gekaut oder gelutscht werden könnten.
EUH201A	Achtung! Enthält Blei.
EUH202	Cyanacrylat. Gefahr. Klebt innerhalb von Sekunden Haut und Augenlider zusammen. Darf nicht in die Hände von Kindern gelangen.
EUH203	Enthält Chrom (VI). Kann allergische Reaktionen hervorrufen.
EUH204	Enthält Isocyanate. Kann allergische Reaktionen hervorrufen.
EUH205	Enthält epoxidhaltige Verbindungen. Kann allergische Reaktionen hervorrufen.
EUH206	Achtung! Nicht zusammen mit anderen Produkten verwenden, da gefährliche Gase (Chlor) freigesetzt werden können.
EUH207	Achtung! Enthält Cadmium. Bei der Verwendung entstehen gefährliche Dämpfe. Hinweise des Herstellers beachten. Sicherheitsanweisungen einhalten.
EUH208	Enthält *<Name des sensibilisierenden Stoffes>*. Kann allergische Reaktionen hervorrufen.
EUH209	Kann bei Verwendung leicht entzündbar werden.
EUH209A	Kann bei Verwendung entzündbar werden.
EUH210	Sicherheitsdatenblatt auf Anfrage erhältlich.
EUH401	Zur Vermeidung von Risiken für Mensch und Umwelt die Gebrauchsanleitung einhalten.

Sicherheitshinweise (P-Sätze)

Sicherheitshinweise – Allgemeines

P101	Ist ärztlicher Rat erforderlich, Verpackung oder Kennzeichnungsetikett bereithalten.
P102	Darf nicht in die Hände von Kindern gelangen.
P103	Vor Gebrauch Kennzeichnungsetikett lesen.

Sicherheitshinweise – Prävention

P201	Vor Gebrauch besondere Anweisungen einholen.
P202	Vor Gebrauch alle Sicherheitshinweise lesen und verstehen.
P210	Von Hitze/Funken/offener Flamme/heißen Oberflächen fernhalten. Nicht rauchen.
P211	Nicht gegen offene Flamme oder andere Zündquelle sprühen.
P220	Von Kleidung/.../brennbaren Materialien fernhalten/entfernt aufbewahren.
P221	Mischen mit brennbaren Stoffen/... unbedingt verhindern.
P222	Kontakt mit Luft nicht zulassen.
P223	Kontakt mit Wasser wegen heftiger Reaktion und möglichem Aufflammen unbedingt verhindern.
P230	Feucht halten mit ...
P231	Unter inertem Gas handhaben.
P232	Vor Feuchtigkeit schützen.
P233	Behälter dicht verschlossen halten.
P234	Nur im Originalbehälter aufbewahren.
P235	Kühl halten.
P240	Behälter und zu befüllende Anlage erden.
P241	Explosionsgeschützte elektrische Betriebsmittel/Lüftungsanlagen/Beleuchtung/... verwenden.
P242	Nur funkenfreies Werkzeug verwenden.
P243	Maßnahmen gegen elektrostatische Aufladungen treffen.
P244	Druckminderer frei von Fett und Öl halten.
P250	Nicht schleifen/stoßen/.../reiben.
P251	Behälter steht unter Druck: Nicht durchstechen oder verbrennen, auch nicht nach der Verwendung.
P260	Staub/Rauch/Gas/Nebel/Dampf/Aerosol nicht einatmen.
P261	Einatmen von Staub/Rauch/Gas/Nebel/Dampf/Aerosol vermeiden.
P262	Nicht in die Augen, auf die Haut oder auf die Kleidung gelangen lassen.
P263	Kontakt während der Schwangerschaft und der Stillzeit vermeiden.
P264	Nach Gebrauch ... gründlich waschen.
P270	Bei Gebrauch nicht essen, trinken oder rauchen.
P271	Nur im Freien oder in gut belüfteten Räumen verwenden.
P272	Kontaminierte Arbeitskleidung nicht außerhalb des Arbeitsplatzes tragen.
P273	Freisetzung in die Umwelt vermeiden.
P280	Schutzhandschuhe/Schutzkleidung/Augenschutz/Gesichtsschutz tragen.
P281	Vorgeschriebene persönliche Schutzausrüstung verwenden.
P282	Schutzhandschuhe/Gesichtsschild/Augenschutz mit Kälteisolierung tragen.
P283	Schwer entflammbare/flammhemmende Kleidung tragen.
P284	Atemschutz tragen.
P285	Bei unzureichender Belüftung Atemschutz tragen.
P231 + P232	Unter inertem Gas handhaben. Vor Feuchtigkeit schützen.
P235 + P410	Kühl halten. Vor Sonnenbestrahlung schützen.

Sicherheitshinweise – Reaktion

P301	BEI VERSCHLUCKEN:
P302	BEI BERÜHRUNG MIT DER HAUT:
P303	BEI BERÜHRUNG MIT DER HAUT (oder dem Haar):
P304	BEI EINATMEN:
P305	BEI KONTAKT MIT DEN AUGEN:
P306	BEI KONTAMINIERTER KLEIDUNG:
P307	BEI Exposition:
P308	BEI Exposition oder falls betroffen:
P309	BEI Exposition oder Unwohlsein:
P310	Sofort GIFTINFORMATIONSZENTRUM oder Arzt anrufen.
P311	GIFTINFORMATIONSZENTRUM oder Arzt anrufen.
P312	Bei Unwohlsein GIFTINFORMATIONSZENTRUM oder Arzt anrufen.
P313	Ärztlichen Rat einholen/ärztliche Hilfe hinzuziehen.
P314	Bei Unwohlsein ärztlichen Rat einholen/ärztliche Hilfe hinzuziehen.
P315	Sofort ärztlichen Rat einholen/ärztliche Hilfe hinzuziehen.
P320	Besondere Behandlung dringend erforderlich (siehe ... auf diesem Kennzeichnungsetikett).
P321	Besondere Behandlung (siehe ... auf diesem Kennzeichnungsetikett).
P322	Gezielte Maßnahmen (siehe ... auf diesem Kennzeichnungsetikett).
P330	Mund ausspülen.
P331	KEIN Erbrechen herbeiführen.
P332	Bei Hautreizung:
P333	Bei Hautreizung oder -ausschlag:
P334	In kaltes Wasser tauchen/nassen Verband anlegen.
P335	Lose Partikel von der Haut abbürsten.
P336	Vereiste Bereiche mit lauwarmem Wasser auftauen. Betroffenen Bereich nicht reiben.
P337	Bei anhaltender Augenreizung:
P338	Eventuell vorhandene Kontaktlinsen nach Möglichkeit entfernen. Weiter ausspülen.
P340	Die betroffene Person an die frische Luft bringen und in einer Position ruhig stellen, die das Atmen erleichtert.
P341	Bei Atembeschwerden an die frische Luft bringen und in einer Position ruhig stellen, die das Atmen erleichtert.
P342	Bei Symptomen der Atemwege:
P350	Behutsam mit viel Wasser und Seife waschen.
P351	Einige Minuten lang behutsam mit Wasser ausspülen.
P352	Mit viel Wasser und Seife waschen.
P353	Haut mit Wasser abwaschen/duschen.
P360	Kontaminierte Kleidung und Haut sofort mit viel Wasser abwaschen und danach Kleidung ausziehen.
P361	Alle kontaminierten Kleidungsstücke sofort ausziehen.
P362	Kontaminierte Kleidung ausziehen und vor erneutem Tragen waschen.
P363	Kontaminierte Kleidung vor erneutem Tragen waschen.
P370	Bei Brand:
P371	Bei Großbrand und großen Mengen:
P372	Explosionsgefahr bei Brand.
P373	KEINE Brandbekämpfung, wenn das Feuer explosive Stoffe/Gemische/Erzeugnisse erreicht.
P374	Brandbekämpfung mit üblichen Vorsichtsmaßnahmen aus angemessener Entfernung.
P375	Wegen Explosionsgefahr Brand aus der Entfernung bekämpfen.
P376	Undichtigkeit beseitigen, wenn gefahrlos möglich.
P377	Brand von ausströmendem Gas: Nicht löschen, bis Undichtigkeit gefahrlos beseitigt werden kann.
P378	... zum Löschen verwenden.
P380	Umgebung räumen.
P381	Alle Zündquellen entfernen, wenn gefahrlos möglich.
P390	Verschüttete Mengen aufnehmen, um Materialschäden zu vermeiden.
P391	Verschüttete Mengen aufnehmen.
P301 + P310	BEI VERSCHLUCKEN: Sofort GIFTINFORMATIONSZENTRUM oder Arzt anrufen.
P301 + P312	BEI VERSCHLUCKEN: Bei Unwohlsein GIFTINFORMATIONSZENTRUM oder Arzt anrufen.
P301 + P330 + P331	BEI VERSCHLUCKEN: Mund ausspülen. KEIN Erbrechen herbeiführen.
P302 + P334	BEI KONTAKT MIT DER HAUT: In kaltes Wasser tauchen/nassen Verband anlegen.
P302 + P350	BEI KONTAKT MIT DER HAUT: Behutsam mit viel Wasser und Seife waschen.
P302 + P352	BEI KONTAKT MIT DER HAUT: Mit viel Wasser und Seife waschen.
P303 + P361 + P353	BEI KONTAKT MIT DER HAUT (oder dem Haar): Alle kontaminierten Kleidungsstücke sofort ausziehen. Haut mit Wasser abwaschen/duschen.
P304 + P340	BEI EINATMEN: An die frische Luft bringen und in einer Position ruhig stellen, die das Atmen erleichtert.
P304 + P341	BEI EINATMEN: Bei Atembeschwerden an die frische Luft bringen und in einer Position ruhig stellen, die das Atmen erleichtert.
P305 + P351 + P338	BEI KONTAKT MIT DEN AUGEN: Einige Minuten lang behutsam mit Wasser spülen. Vorhandene Kontaktlinsen nach Möglichkeit entfernen. Weiter spülen.
P306 + P360	BEI KONTAKT MIT DER KLEIDUNG: Kontaminierte Kleidung und Haut sofort mit viel Wasser abwaschen und danach Kleidung ausziehen.
P307 + P311	BEI Exposition: GIFTINFORMATIONSZENTRUM oder Arzt anrufen.
P308 + P313	BEI Exposition oder falls betroffen: Ärztlichen Rat einholen/ärztliche Hilfe hinzuziehen.
P309 + P311	BEI Exposition oder Unwohlsein: GIFTINFORMATIONSZENTRUM oder Arzt anrufen.
P332 + P313	Bei Hautreizung: Ärztlichen Rat einholen/ärztliche Hilfe hinzuziehen.
P333 + P313	Bei Hautreizung oder -ausschlag: Ärztlichen Rat einholen/ärztliche Hilfe hinzuziehen.
P335 + P334	Lose Partikel von der Haut abbürsten. In kaltes Wasser tauchen/nassen Verband anlegen.
P337 + P313	Bei anhaltender Augenreizung: Ärztlichen Rat einholen/ärztliche Hilfe hinzuziehen.
P342 + P311	Bei Symptomen der Atemwege: GIFTINFORMATIONSZENTRUM oder Arzt anrufen.
P370 + P376	Bei Brand: Undichtigkeit beseitigen, wenn gefahrlos möglich.
P370 + P378	Bei Brand: ... zum Löschen verwenden.
P370 + P380	Bei Brand: Umgebung räumen.
P370 + P380 + P375	Bei Brand: Umgebung räumen. Wegen Explosionsgefahr Brand aus der Entfernung bekämpfen.
P371 + P380 + P375	Bei Großbrand und großen Mengen: Umgebung räumen. Wegen Explosionsgefahr Brand aus der Entfernung bekämpfen.

Sicherheitshinweise – Aufbewahrung

P401 ... aufbewahren.
P402 An einem trockenen Ort aufbewahren.
P403 An einem gut belüfteten Ort aufbewahren.
P404 In einem geschlossenen Behälter aufbewahren.
P405 Unter Verschluss aufbewahren.
P406 In korrosionsbeständigem/... Behälter mit korrosionsbeständiger Auskleidung aufbewahren.
P407 Luftspalt zwischen Stapeln/Paletten lassen.
P410 Vor Sonnenbestrahlung schützen.
P411 Bei Temperaturen von nicht mehr als ... °C aufbewahren.
P412 Nicht Temperaturen von mehr als 50 °C aussetzen.
P413 Schüttgut in Mengen von mehr als ... kg bei Temperaturen von nicht mehr als ... °C aufbewahren.
P420 Von anderen Materialien entfernt aufbewahren.
P422 Inhalt in/unter ... aufbewahren.
P402 + P404 In einem geschlossenen Behälter an einem trockenen Ort aufbewahren.
P403 + P233 Behälter dicht verschlossen an einem gut belüfteten Ort aufbewahren.
P403 + P235 Kühl an einem gut belüfteten Ort aufbewahren.
P410 + P403 Vor Sonnenbestrahlung geschützt an einem gut belüfteten Ort aufbewahren.
P410 + P412 Vor Sonnenbestrahlung schützen und nicht Temperaturen von mehr als 50 °C aussetzen.
P411 + P235 Kühl und bei Temperaturen von nicht mehr als ... °C aufbewahren.

Sicherheitshinweise – Entsorgung

P501 Inhalt/Behälter ... zuführen.

Entsorgungsratschläge (E-Sätze)

E 1 Verdünnen, in den Ausguss geben (WGK 0 bzw. 1)
E 2 Neutralisieren, in den Ausguss geben
E 3 In den Hausmüll geben, gegebenenfalls im Polyethylenbeutel (Stäube)
E 4 Als Sulfid fällen
E 5 Mit Calcium-Ionen fällen, dann E 1 oder E 3
E 6 Nicht in den Hausmüll geben
E 7 Im Abzug entsorgen
E 8 Der Sondermüllbeseitigung zuführen (Adresse zu erfragen bei der Kreis- oder Stadtverwaltung), Abfallschlüssel beachten
E 9 Unter größter Vorsicht in kleinsten Portionen reagieren lassen (z. B. offen im Freien verbrennen)
E 10 In gekennzeichneten Behältern sammeln:
1. „Organische Abfälle – halogenhaltig“
2. „Organische Abfälle – halogenfrei“
dann E 8
E 11 Als Hydroxid fällen (pH = 8), den Niederschlag zu E 8
E 12 Nicht in die Kanalisation gelangen lassen
E 13 Aus der Lösung mit unedlem Metall (z. B. Eisen) als Metall abscheiden (E 14, E 3)
E 14 Recycling-geeignet (Redestillation oder einem Recyclingunternehmen zuführen)
E 15 Mit Wasser vorsichtig umsetzen, frei werdende Gase absorbieren oder ins Freie ableiten
E 16 Entsprechend den speziellen Ratschlägen für die Beseitigungsgruppen beseitigen

Entsorgung von Chemikalienabfällen

Nach dem Experimentieren werden die Reste in die dafür vorgesehenen Sammelbehälter gegeben:

nicht gefährliche und wasserlösliche Chemikalien	nicht gefährliche und feste Chemikalien	Säuren und Laugen	giftige anorganische Chemikalien	halogenfreie organische Chemikalien	halogenhaltige organische Chemikalien
z. B. Natriumchlorid, Natriumcarbonat, Wasserstoffperoxidlösung	z. B. Eisen, Indikatorpapier	z. B. Salzsäure, Natronlauge	z. B. Kupfersulfat	z. B. Petroleumbenzin, Methanol	z. B. Trichlormethan

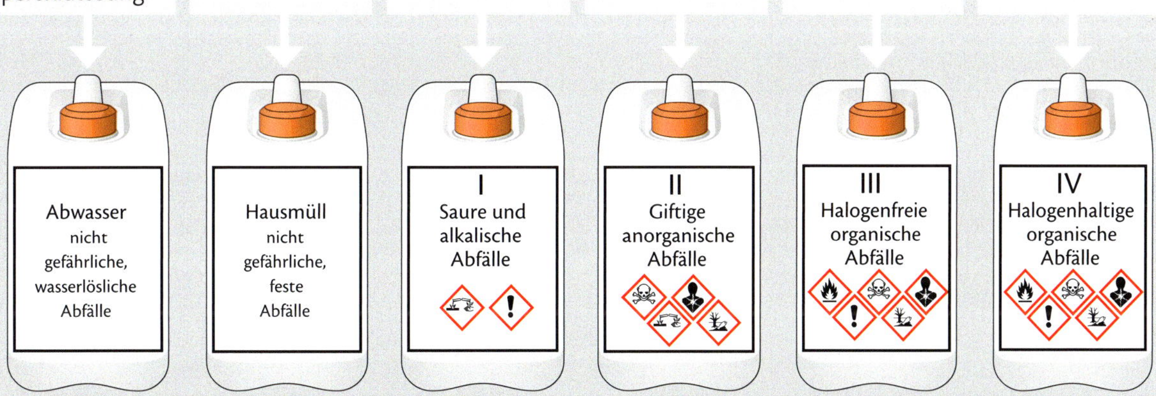

Die weitere Behandlung und Entsorgung bzw. Übergabe der Abfälle zur Sondermüllentsorgung erfolgt durch die Lehrerin bzw. den Lehrer.

Stoff	Signalwort	Piktogramme	H-Sätze und EUH-Sätze	P-Sätze	AGW in mg/m³	Schutzstufe
Aluminium, Grieß o. Pulver (stabilisiert)	Achtung		H228, H261	P210, P370 + P378, P402 + P404	1,5	
Bariumnitrat	Gefahr		H272, H302, H332	P220	0,5	2
Calcium	Gefahr		H261, EUH014	P223, P232, P501, P402 + P404	–	–
Calciumchlorid	Achtung		H319	P305 + P351 + P338	–	2
Calciumoxid	Gefahr		H315, H318, H335	P261, P280, P305 + P351 + P338	1	2
Citronensäure	Achtung		H319	P305 + P351 + P338		
Eisen, Pulver	Achtung		H228	P370 + P378	–	–
Essigsäure (25 % ≤ *w* < 90 %)	Gefahr		H314	P280, P301 + P330 + P331, P305 + P351 + P338	–	2
Glycol (Ethan-1,2-diol)	Achtung		H302		26	2
n-Heptan	Gefahr		H225, H304, H315, H336, H410	P210, P273, P301 + P310, P331, P302 + P352, P403 + P235	2100	2
n-Hexan	Gefahr		H225, H304, H315, H336, H361f, H373, H411	P210, P240, P273, P301 + P 310, P331, P302 + P352, P403 + P235	180	2
Kaliumhydroxidlösung (Kalilauge, 2 % ≤ *w* < 5 %)	Gefahr		H314	P280, P301 + P330 + P331, P305 + P351 + P338	–	2
Kaliumnitrat	Achtung		H272	P210, P221	–	–
Kaliumpermanganat	Gefahr		H272, H302, H410	P210, P273	0,5	2
Kupfer, Pulver	Gefahr		H228, H410	P210, P272, P501	0,1 E	

Stoff	Signalwort	Piktogramme	H-Sätze und EUH-Sätze	P-Sätze	AGW in mg/m³	Schutzstufe
Kupfer(II)-chlorid	Achtung		H302, H315, H319, H410	P260, P273, P302 + P352, P305 + P351 + P338	0,1 E	2
Kupfer(II)-oxid	Achtung		H302, H410	P260, P273	0,1 E	–
Kupfer(II)-sulfat-5-Wasser oder wasserfrei	Achtung		H302, H319, H315, H410	P273, P302 + P352, P305 + P351 + P338	0,1 E	2
Magnesium, Pulver (stabilisiert)	Gefahr		H228, H251, H261	P210, P231 + P232, P241, P280, P420, P501	–	–
Mangan(IV)-oxid (Braunstein)	Gefahr		H272, H302, H332	P221	0,02	2
Methan	Gefahr		H220	P210, P381, P403	–	–
Natriumhydroxid (Ätznatron)	Gefahr		H314, H290	P280, P301 + P330 + P331, P309 + P310, P305 + P351 + P338	–	2
Natriumhydroxidlösung (Natronlauge, $w \geq 2$ %)	Gefahr		H290, H314	P280, P301 + P330 + P331, P305 + P351 + P338	–	2
Natriumhydroxidlösung (Natronlauge, 0,5 % $\leq w <$ 2 %)	Achtung		H315, H319	P302 + P352, P305 + P351 + P338	–	–
Natriumiodid	Achtung		H400	P262, P273	–	–
Natriumnitrat	Achtung		H272, H302	P260	–	2
Salzsäure (10 % $\leq w <$ 25 %)	Achtung		H314, H290, H335	P234, P305 + P351 + P353, P501	–	2
Sauerstoff	Gefahr		H270	P220, P403	–	–
Sauerstoff, Druckgas	Gefahr		H270, H280	P220, P244, P370 + P376, P403	–	–

Stoff	Signal-wort	Piktogramme	H-Sätze und EUH-Sätze	P-Sätze	AGW in mg/m^3	Schutz-stufe
Schwefel	Achtung		H315	P302 + P352	–	–
Schwefeldioxid	Gefahr		H331, H314, EUH071	P260, P280, P304 + P340, P303 + P361 + P353, P305 + P351 + P338, P315, P405, P403	2,5	3
Schwefelsäure ($w \geq 15$ %)	Gefahr		H290, H314	P280, P301 + P330 + P331, P309, P310, P305 + P351 + P338	0,1	2
Schwefelsäure (5 % $\leq w <$ 15 %)	Gefahr		H290, H315, H319	P302 + P352, P305 + P351 + P338	–	2
Silberoxid	Gefahr		H272, H314, EUH044	P210, P301 + P330 + P331, P305 + P351 + P338, P309 + P310	0,01	–
Silbernitratlösung (5 % $\leq w \leq$ 10 %)	Achtung		H319, H315		–	–
Strontiumchlorid-6-Wasser oder wasserfrei	Achtung		H315, H319, H335	P261, P302 + P352, P305 + P351 + P338, P321, P405, P501	–	–
Wasserstoff	Gefahr		H220	P210, P381, P403	–	–
Wasserstoff, Druckgas	Gefahr		H220, H280	P210, P377, P381, P403	–	–
Zink, Pulver (stabilisiert)	Achtung		H410	P273	0,1 E	–
Zink, Pulver (pyrophor)	Gefahr		H260, H250, H410	P222, P223, P231 + P232, P273, P370 + P378, P422	0,1 E	–
Zinkiodid	Gefahr		H314, H410	P260, P301 + P330 + P331, P303 + P361 + P353, P305 + P351 + P338, P405, P501	0,1	2
Zinkoxid	Achtung		H410	P273	–	

Rundgang durch den Fachraum

1
- Die Versuchsanleitung vor jedem Experiment genau durchlesen.
- Immer die Schutzbrille tragen.
- Nicht im Sitzen arbeiten.
- Immer mit kleinen Mengen arbeiten.
- Alle Geräte nach dem Versuch reinigen und wieder aufräumen.

2
1. Stellschrauben für Gas- und Luftzufuhr kontrollieren und gegebenenfalls schließen.
2. Gaszufuhr über einen Schlauch mit dem Gashahn verbinden.
3. Gashahn durch gleichzeitiges Drücken und Drehen öffnen.
4. Feuerzeugflamme an den Flammenaustritt halten und Stellschraube für Gaszufuhr öffnen.
5. Stellschraube für Luftzufuhr öffnen.

3 Pipette – Messzylinder – Becherglas

4 ätzend – verstärkt Feuer – explosiv
Gase unter Druck – organschädigend – umweltgefährlich
entzündlich – giftig – gesundheitsgefährdend

5 Würde man dies nicht tun, so bestünde die Gefahr, dass Schal oder Kordel unbemerkt in die Flamme gelangen und sich entzünden.

6

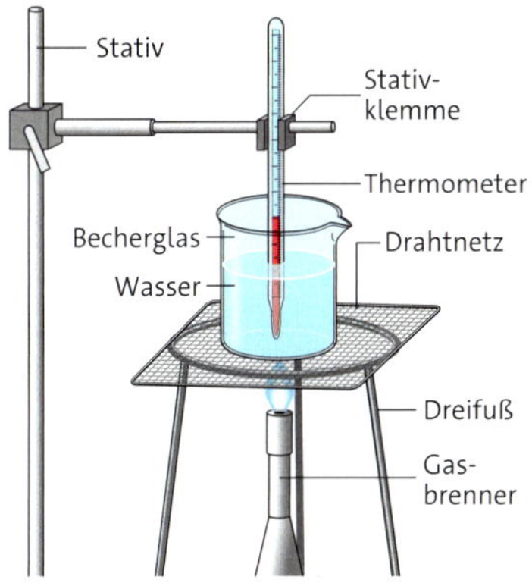

7 a

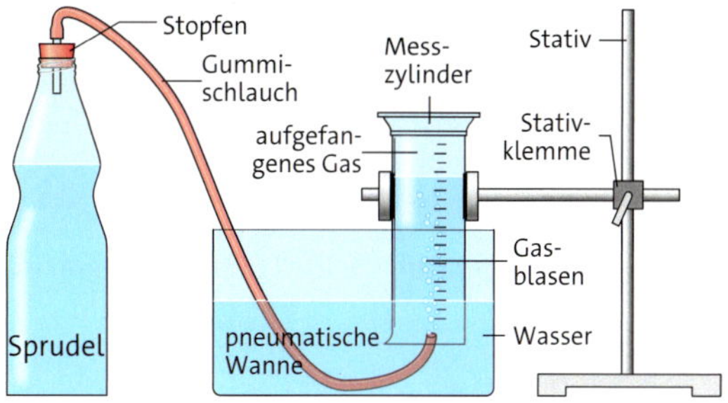

b

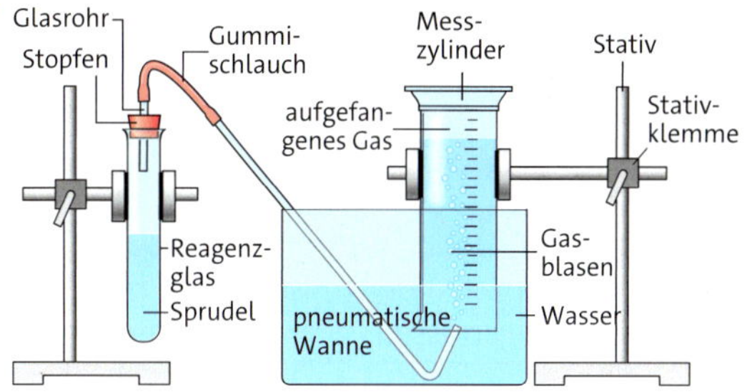

Chemikers Vorstellung von den Stoffen

1 Raumreiniger (Reinigungsmittel): Löslichkeit in Wasser, Aggregatzustand, Brennbarkeit
Elektriker (Kabel): Magnetisierbarkeit, elektrische Leitfähigkeit
Dekorateur (Textilstoff): Brennbarkeit, Löslichkeit, Lichtempfindlichkeit
Parfümeur (Duftstoff): Löslichkeit, Brennbarkeit, Giftigkeit
Goldschmied (edles Metall): Schmelzpunkt, Härte, Reaktionsbeständigkeit

2 Mehl: Sieben des Mahlgutes, um die Spreu zu trennen
Salz: in Wasser lösen, kristallisieren
Zucker: in Wasser lösen, kristallisieren
Speiseöl: pressen, filtrieren
Eisen: glühen, schmieden
Rheinsand: sieben
Zement: glühen, sieben

3

Merkmal	Glas	Lehm	Mehl	dest. Wasser	Speiseöl	Essig
Aggregatzustand	fest, spröde	fest, pulvrig	fest, pulvrig	flüssig	dickflüssig	flüssig
Dichte g/cm³	2,5	1,0–2,5	0,5–0,7	1,0	0,93	1,05
Schmelztemperatur	850–1 000 °C	unklar, da Gemisch	200 °C	0 °C	ca. −14 °C	17 °C
Siedetemperatur	unklar	unklar	Zersetzung	100 °C	>210 °C	118 °C
Geruch	geruchlos	erdig	geruchlos	geruchlos	ölig	stechend
Wasserlöslichkeit	nicht	gering	nicht	sehr gut	nicht	sehr gut
Stromleitfähigkeit	nicht	nicht	nicht	nicht	nicht	sehr gut

4 a, b Die weiße Milch verteilt sich im Wasser, nachdem zunächst der größte Teil an den Boden des Gefäßes geflossen ist. Nach einiger Zeit bildet sich eine weiße Schicht an der Wasseroberfläche.
c Es ist keine chemische Reaktion, da weder eine Erwärmung/Abkühlung noch eine Farbänderung (neuer Stoff) zu erkennen sind. Das Absetzen eines Stoffs auf dem Wasser deutet auf eine Stofftrennung hin.

5 a Halogene sind Fluor (F), Chlor (Cl), Iod (I), Brom (Br), Astat (At).
b An der Siedetemperatur kann man ablesen, dass die Stoffe gasförmig sind.
Stickstoff (N, −196 °C), Sauerstoff (O, −183 °C), Fluor (F, −188 °C), Neon (Ne, −246 °C), Chlor (Cl, −35 °C), Argon (Ar, −186 °C)

6 a Das Stück Calcium-Metall sinkt ab. Nach kurzer Zeit steigen farblose Bläschen im Wasser auf und gehen in die Luft über. (Das Calcium ist nach einiger Zeit vollständig verschwunden. Das Becherglas erwärmt sich leicht.)
b Es hat sich mindestens ein neuer gasförmiger Stoff entwickelt. (Dabei entsteht Wärme.)
c

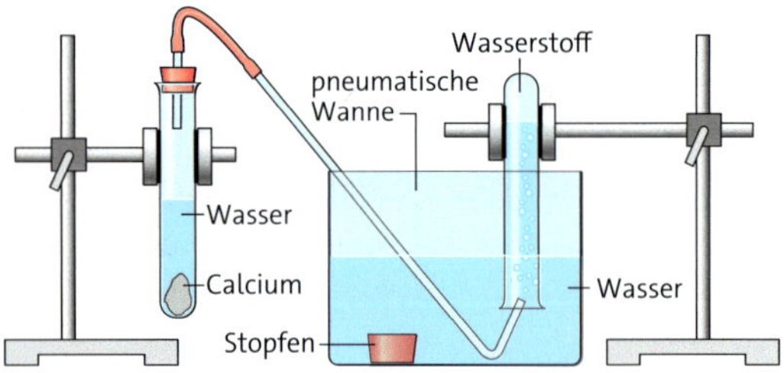

Das entstehende Gas ist Wasserstoffgas.
d Wasserstoffgas kann mit der Knallgasprobe nachgewiesen werden.

7 a Das Gemisch aus Zink und Schwefel ist ein graues Pulver. Nach dem Entzünden steigt ein weiß glühender Feuerball auf (sowie weiß-grauer Rauch und man hört ein brodelndes Geräusch). Nach Ende der Reaktion bleibt ein grau-weißer, pulvriger Stoff in der Metallschale. Der Rauch setzt sich als grauweißer Staub ab.
b Es handelt sich eindeutig um eine chemische Reaktion: Neuer Stoff entsteht, Energie wird als Wärme freigesetzt.
c Zink + Schwefel → Zinksulfid

Von der Saline zum Kochsalz

1 Kochsalz wird in Bergwerken abgebaut. Es kann auch dadurch aus der Erde geholt werden, dass Wasser ins Gestein gepumpt wird. Die entstehende Sole wird heraufgepumpt und erhitzt, bis das Wasser verdampft ist.
Im Mittelmeerraum wird Salz durch Verdunsten von Meerwasser in großen Becken gewonnen.

2 Steinsalz muss ebenso wie bei der Bildung der Sole in Wasser gelöst und filtriert werden. Danach wird das Wasser der Salzlösung verdampft – übrig bleibt reines Salz.

3 Salze haben hohe Schmelztemperaturen. Sie sind meist gut in Wasser löslich. Geschmolzen oder in Wasser gelöst leiten sie den elektrischen Strom. Salze bilden Kristalle. Kristalle sind sehr spröde.

4 Atome bestehen aus Protonen, Elektronen und Neutronen. Protonen und Neutronen bilden den Atomkern, die Elektronen bewegen sich in der Atomhülle.

5 Ein Natrium-Atom hat 11 Protonen, 11 Elektronen und 12 Neutronen.

6

Element	Ordnungszahl/Protonen/Elektronen	Atommasse	Neutronen
Bor	5	11	6
Neon	10	20	10
Brom	35	80	45
Blei	82	207	125

7 Das Atom gehört in die 3. Hauptgruppe und in die 3. Periode. Es handelt sich also um ein Aluminium-Atom.

8 a Kaliumiodid hat die Formel KI.
b Das Kalium-Ion hat drei gefüllte Elektronenschalen (mit zwei, acht und acht Elektronen). Es ist einfach positiv geladen, hat also die Formel K^+.

9 a Mg^{2+} = Magnesium-Ion; Ca^{2+} = Calcium-Ion; Na^+ = Natrium-Ion; K^+ = Kalium-Ion; Cl^- = Chlorid-Ion; Br^- = Bromid-Ion; F^- = Fluorid-Ion; I^- = Iodid-Ion
b Es könnten sich z. B. $MgCl_2$, $CaBr_2$ oder NaF bilden.
c Kaliumchlorid besteht wie alle Salze aus einem Gitter von Ionen, in denen sich positiv geladene und negativ geladene Ionen ganz regelmäßig abwechseln. Im Fall von Kaliumchlorid sind dies die positiv geladenen Kalium-Ionen und die negativ geladenen Chlorid-Ionen.

Heizen und antreiben

1 Ein Kilogramm Benzin liefert bei der Reaktion mit Sauerstoff viel weniger Energie, als Wasserstoff dies tut. Eine Rakete, die Benzin getankt hätte, käme also nicht weit oder müsste ein zu hohes Gewicht an Benzin mitnehmen.

2

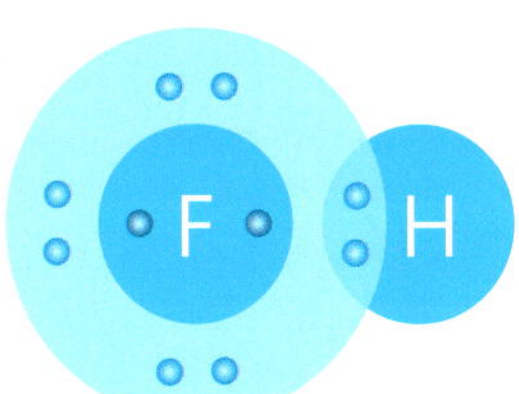

3 Bei der Reaktion von Erdgas mit Sauerstoff entstehen Kohlenstoffdioxid (CO_2) und Wasser (H_2O).

4 Vorteile:
- Autos, die mit Wasserstoff-Brennstoffzellen betrieben werden, erzeugen als einziges Abgas nur Wasserdampf. Dieser ist völlig ungefährlich und sowieso in großen Mengen in der Luft enthalten.
- Das Wasser, aus dem der Wasserstoff erzeugt wird, ist reichlich und für alle Zeiten vorhanden. Außerdem muss es nicht, wie z. B. Benzin, aus Krisenländern teuer importiert werden.

Nachteile:
- Die Erzeugung von Wasserstoff ist immer noch relativ teuer.
- Der Umgang mit dem explosiven Wasserstoff ist gefährlich und kompliziert.

5 Die Begriffe werden in folgender Reihenfolge eingesetzt:
Solarparks – Elektrolyseuren – Energieträger – Elektromotoren – Benzin.

6 Ammoniak hat die Formel NH_3.

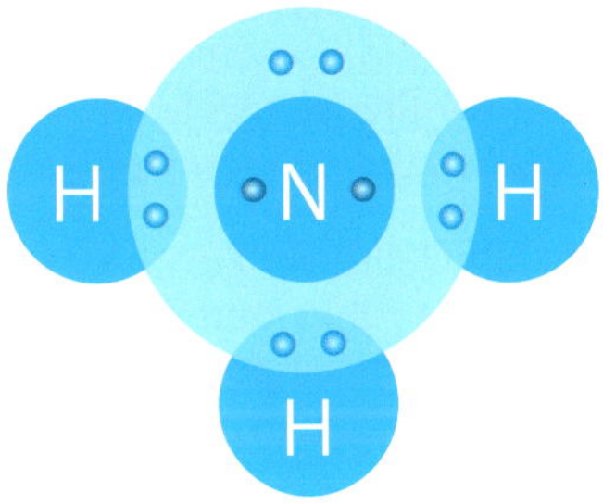

7

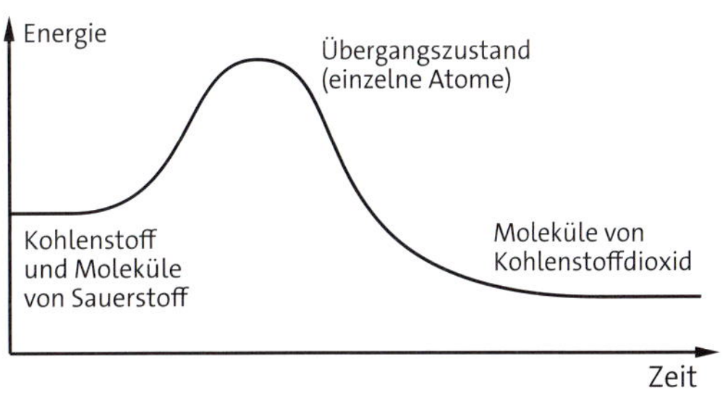

Bei der Verbrennung von Kohle entsteht Kohlenstoffdioxid.

8 Wenn man die Elektronen im Kohlenstoffmonooxidmolekül abzählt, stellt man Folgendes fest: Das Kohlenstoff-Atom hat auf der äußeren Schale nur 6 Elektronen. Es hat also die Edelgasregel noch nicht erfüllt. Deshalb ist es noch auf der Suche nach Reaktionspartnern.

Lösungen der Testaufgaben

Vom Erz zum Metall

1 Glas ist nicht biegbar, es leitet nicht den elektrischen Strom und auch nur schlecht die Wärme. Außerdem ist es durchsichtig, was bei keinem Metall der Fall ist.

2 Platin, Gold und Silber sind Edelmetalle. Im Gegensatz zu unedlen Metallen gehen sie praktisch keine chemischen Reaktionen ein, reagieren also auch z. B. nicht mit Sauerstoff. Daher bleiben sie meistens unverändert und verlieren auch nicht ihren metallischen Glanz. Man bezeichnet sie deshalb als edel.

3 Wenn ein Metall mit mindestens einem weiteren Stoff (meistens mit einem weiteren Metall) vermischt ist, spricht man von einer Legierung.
Ein Beispiel ist Bronze, eine Kupfer-Zinn-Legierung.

4 Magnesium und Aluminium haben eine viel geringere Dichte als viele andere Metalle. Ein Blech aus Aluminium ist also viel leichter als ein Blech aus Eisen. Daher nutzt man Aluminium z. B. im Flugzeugbau, wo es auf eine leichte Bauweise ankommt.

5 Metalle sind biegbar. Denn beim Verbiegen gleiten die Atome aneinander vorbei, ohne den Zusammenhalt zu verlieren: Die Atomrümpfe sind auch während und nach dem Verbiegen in das Elektronengas eingebettet.
Metalle haben durch die Metallbindung aber dennoch einen festen Zusammenhalt. Sie zerkrümeln nicht einfach zu Pulver und sie verdunsten auch nicht einfach zu einem Gas. Es gibt auch sehr harte Metalle (und Metalllegierungen), die z. B. als Schneidewerkzeuge benutzt werden.
Vielleicht kann man es am besten so zusammenfassen: Metalle sind eigentlich hart und starr, aber wenn eine genügend große Kraft einwirkt, verbiegen sie sich doch.

6 Wenn Metall-Atome mit Nichtmetall-Atomen reagieren, geben die Metall-Atome ihre Außenelektronen ab und werden zu Ionen. Die Nichtmetall-Atome nehmen diese Elektronen auf und werden ebenfalls zu Ionen. Die entstandenen Ionen ziehen sich gegenseitig kräftig an (Ionenbindung).
Wenn Nichtmetall-Atome miteinander reagieren, überlappen sich ihre äußeren Elektronenschalen. Das gemeinsame Elektronenpaar hält die Atome dann zusammen (Elektronenpaarbindung).
Wenn sich Metall-Atome zusammenlagern, können sich ihre Außenelektronen relativ frei zwischen den Atomrümpfen bewegen. Die positiv geladenen Atomrümpfe werden über das negativ geladene Elektronengas zusammengehalten (Metallbindung).

7 Bei der Reaktion geben Magnesium-Atome ihre Außenelektronen ab (Oxidation). Die Elektronen werden von Sauerstof-Atomen aufgenommen (Reduktion).

8 Zinn ist unedler als Kupfer. Es verbindet sich leichter mit Sauerstoff, als Kupfer dies tut.
Das Zinn „reißt" also den Sauerstoff aus dem Kupferoxid an sich. Es entstehen Zinnoxid und Kupfer.

9 Silberoxid hat hier zu Silber und Sauerstoff reagiert:
$2\,Ag_2O \rightarrow 4\,Ag + O_2$
Silber ist ein edles Metall. Es verbindet sich nur „ungern" mit Sauerstoff.
Silberoxid ist daher eine ziemlich instabile Verbindung. Sobald es erhitzt wird, sobald also genug Aktivierungenergie zur Verfügung steht, zerfällt diese Verbindung.

Sauber und schön

1 Namen der Kohlenwasserstoffe (von oben nach unten): Decan, Ethin, Buten, Hepten, Pentan, Hexin

Alkane	Alkene	Alkine
Decan	Hepten	Ethin
Pentan	Buten	Hexin

2 $C_{17}H_{36}$ $C_{35}H_{72}$ $C_{19}H_{40}$ $C_{68}H_{138}$

3

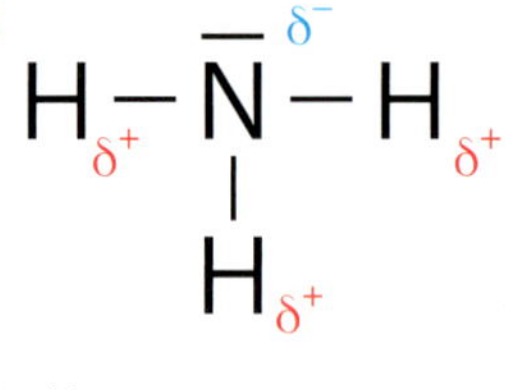

4 Alkene: C_nH_{2n}
Alkine: C_nH_{2n-2}

5

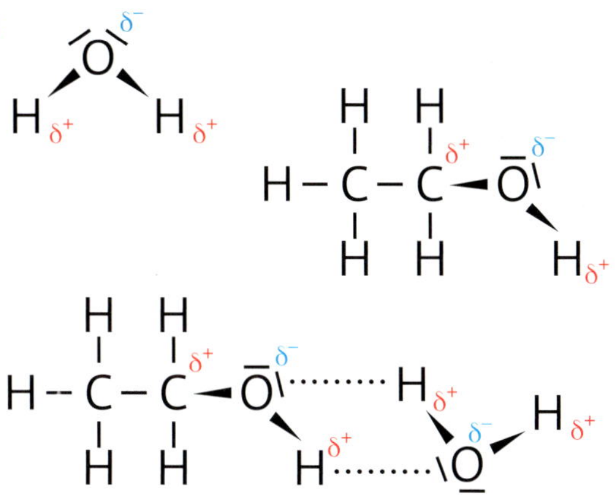

11

Name der Säure	Ionen in Lösung	Name der Salze
Salzsäure	H_3O^+ und Cl^-	Chloride
Schwefelsäure	H_3O^+ und SO_4^{2-}	Sulfate
Kohlensäure	H_3O^+ und HCO_3^-	Hydrogen-carbonate
Essigsäure	H_3O^+ und CH_3COO^-	Acetate
Schwefelsäure	H_3O^+ und HSO_4^-	Hydrogen-sulfate

12 Bei einer Neutralisation reagieren H_3O^+-Ionen der Säure und OH^--Ionen der Lauge zu neutralem Wasser. Das positiv geladene Ion der Lauge und das Säurerest-Ion bilden dabei ein Salz.

13 Bei der Neutralisation entstehen Wasser und ein Salz.

14 Dabei haben Natronlauge (Natriumlauge) und Schwefelsäure reagiert.

15 Das Flugzeug hat einen Stoff verteilt, der alkalisch reagiert und den sauren Regen neutralisiert.

16 Um sich zu verdünnen, greift die konz. Schwefelsäure die Haut an und zerstört sie. Dabei verdünnt sie sich mit dem entstehenden Wasser.

17 Kunstdünger, Waschmittel oder Farbstoffe werden mit Schwefelsäure produziert.

18 Die Formel bedeutet, dass im Ionengitter des Salzes Kupfersulfat pro Cu^{2+}-Ion und SO_4^{2-}-Ion fünf Wassermoleküle mit eingebaut sind.

19 In einer Flasche Salzsäure befinden sich H_3O^+-Ionen und Cl^--Ionen.

20 Ameisensäure, Essigsäure, Citronensäure, Weinsäure oder Äpfelsäure kommen in der Natur vor.

21 Dafür ist die Ameisensäure verantwortlich.

22 Säuren können aus Nichtmetalloxiden und Wasser hergestellt werden.

23 Wenn Nichtmetalloxide durch Verbrennung schwefelhaltigen Benzins oder schwefelhaltiger Kohle in die Luft gelangen und mit Wasser reagieren, entstehen verschiedene Säuren.

Säuren und Laugen

1 Säuren ...
- reagieren mit unedlen Metallen und Kalk.
- leiten den elektrischen Strom (enthalten also Ionen).
- schmecken sauer (kein Geschmackstest!).
- färben Universalindikator rot bis gelb.

2 Laugen ...
- wirken ätzend.
- leiten den elektrischen Strom (enthalten also Ionen).
- fühlen sich seifig an.
- färben Universalindikator blaugrün bis blau.

3 Für die gemeinsamen Eigenschaften der Säuren sind die H_3O^+-Ionen verantwortlich, für die gemeinsamen Eigenschaften der Laugen die OH^--Ionen.

4 Der pH-Wert gibt die Stärke von Säuren bzw. Laugen an.

5 Säuren: pH-Wert 0 bis fast 7
Laugen: pH-Wert über 7 bis 14

6 Bei pH 7 ist eine Lösung neutral.

7 Die Magensäure ist stärker als die Essigsäure.

8 Den pH-Wert einer Lösung kann man mit Indikatoren bestimmen.

9 A = Säuren, B = neutrale Lösung, C = Laugen

10 Das Säurerest-Ion ist der Rest eines Säuremoleküls, der bleibt, wenn ein H^+-Ion abgespaltet wird. Unterschiedliche Säuren haben verschiedene Säurerest-Ionen. Säurerest-Ionen sind negativ geladen.

24 Laugen entstehen aus:
- Metallen und Wasser
- Metalloxiden und Wasser
- Hydroxiden und Wasser

25 Natrium reagiert mit Wasser zu Natronlauge (alkalisch) und Wasserstoff.
$2\,Na + 2\,H_2O \rightarrow 2\,Na^+ + 2\,OH^- + H_2$

26 Ein Hydroxid besteht aus negativ geladenen OH^--Ionen und positiv geladenen (Metall-)Ionen, die in einem Gitter zusammenhalten. Hydroxide sind daher fest. Beim Lösen in Wasser bildet sich eine Lauge.

27 Kalkwasser kann aus Calciumoxid und Wasser hergestellt werden. Nach der Reaktion muss es noch filtriert werden, da es schwer löslich ist.

28 Abflussreiniger, Backofenspray, Abbeizmittel sind Anwendungen von Laugen.

Schöne neue Kunststoffwelt

1 Beispiele:

Verwendung	Eigenschaften
Verpackungsmaterial	geringe Dichte, haltbar, lösen sich nicht in Säuren und Laugen
Kleidung	dehnbar (z. B. Elastan), wasserabweisend, haltbar
Dämmmaterial	geringe Wärmeleitfähigkeit, geringe Dichte
Karosseriebau	elastisch, haltbar, stabil, geringe Dichte

2 Kunststoffe für Verpackungsmaterial: Polyethen PE (Plastiktüten, Folien), Polypropen PP (Becher, Folien), Polystyrol PS (Becher, Styroporschalen), Polyethylenterephthalat PET (Plastikflaschen). PET-Flaschen sind Pfandflaschen, sie werden gesammelt und recycelt. Verpackungsmaterial aus PE, PP und PS wird in der gelben Tonne gesondert gesammelt und entweder verbrannt oder recycelt.

3 Kunststoffe sind aus vielen („poly") einzelnen Molekülen (Monomeren) aufgebaut.

4 a Die Kunststoffe der drei Gruppen unterscheiden sich in ihren thermischen (Verhalten beim Erwärmen) und mechanischen Eigenschaften (Elastizität).

b Die Kunststoffproben werden vorsichtig erwärmt (z. B. mit einem Heißluftföhn). Wird der Kunststoff weich und lässt sich verformen, so ist es ein Thermoplast. Behält der Kunststoff seine Form, so ist es ein Duroplast.

c Thermoplaste bestehen aus langen Molekülketten, die nebeneinander liegen und nicht miteinander verbunden sind. Beim Erwärmen gleiten die Molekülketten aneinander vorbei. Der Kunststoff wird weich.
Duroplaste bestehen aus langen Ketten, die miteinander netzartig verbunden sind. Beim Erwärmen bleiben diese Netze erhalten. Der Kunststoff behält seine Form.

d Duroplaste sind nicht elektrisch leitfähig (gute Isolatoren) und stabil (hart). Sie werden beim Erwärmen nicht weich und halten hohe Temperaturen aus. Dadurch sind die elektrischen Bauteile sicher verpackt. Die Menschen sind vor den Wirkungen des elektrischen Stroms geschützt.

5 a

Gründe für die Nutzung von Plastiktüten	Gründe gegen die Nutzung von Plastiktüten
geringes Gewicht, stabil	nicht biologisch abbaubar
nicht in Wasser löslich	können ins Meer gelangen und schädigen Vögel und Meerestiere
billig	werden aus Erdöl hergestellt (Erdöl ist irgendwann aufgebraucht)
recycelbar	

b Möglichkeiten zur Abfallvermeidung durch Plastiktüten: beim Einkaufen auf Plastiktüten verzichten, stattdessen Einkaufstaschen aus Baumwolle oder Körbe benutzen.

c Gründe für ein Verbot: Auf Plastiktüten kann man gut verzichten, wenn man eine Einkaufstasche mitnimmt. Der größte Teil der Plastiktüten landet auf Mülldeponien und verrottet nicht. Plastiktüten gelangen ins Meer und sind eine Gefahr für Meerestiere und Vögel.
Gründe gegen eine Verbot: Plastiktüten sind praktisch.

6 a Polypropen-Kettenmolekül:

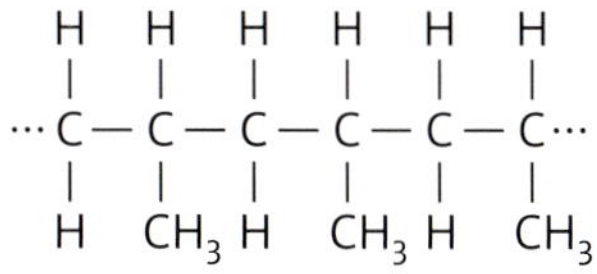

b Reaktionsgleichung von Propen zu Polypropen:

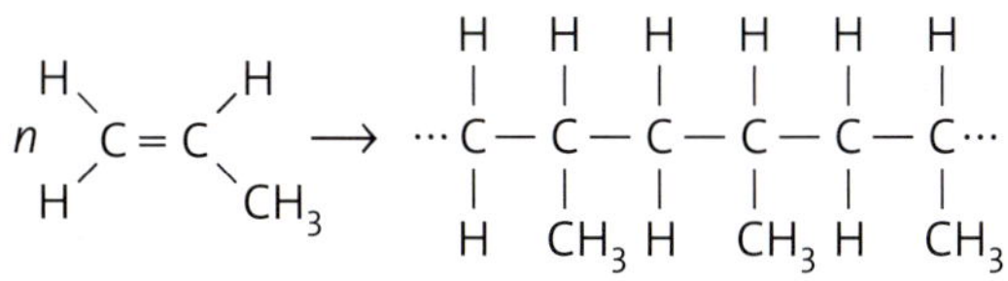

7 a Monomer für die Teflon-Herstellung:

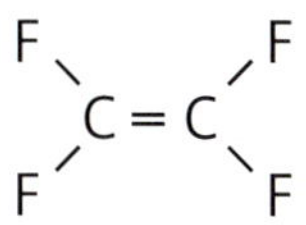

b Auf eine Teflonoberfläche (z. B. Bratpfanne) wird ein Tropfen Wasser aufgetropft. Behält der Wassertropfen seine kugelige Form, so ist die Oberfläche wasserabweisend. Verläuft der Wassertropfen, so ist sie wasserliebend.

c Teflon eignet sich gut zum Beschichten von Bratpfannen, weil es

- reaktionsträge ist, d. h., es reagiert nicht mit den Speisen.
- eine hohe Schmelztemperatur hat, d. h., man kann das Fett beim Braten sehr hoch erhitzen.
- sich in keinem Lösungsmittel löst, d. h., es löst sich beim Braten nicht in Fett oder Öl und die Pfannen lassen sich mit Spülmittel problemlos reinigen.
- nicht brennbar ist, d. h., das Öl oder Fett kann hoch erhitzt werden (allerdings nicht über 400 °C, da sich Teflon sonst zersetzt).

Vom Reagenzglas zum Reaktor

1 Von manchen Chemikalien werden viele Tausend Tonnen pro Tag benötigt. Da man solche Mengen nicht im normalen Labor herstellen kann, müssen sie industriell erzeugt werden.

2 Kurve A (schwarz) verläuft anfangs waagerecht und steigt dann sehr stark an, bis sie einen recht hohen Punkt erreicht hat. Anschließend fällt sie sehr steil ab und verläuft schließlich knapp über der *x*-Achse wieder parallel.
Kurve B (grün) verläuft anfangs ebenfalls waagerecht, steigt dann aber nur schwach an. Anschließend fällt sie ziemlich steil ab und verläuft schließlich knapp über der *x*-Achse wieder parallel.
Der erste Anstieg der Kurven ist bei Kurve A wesentlich stärker als bei Kurve B. Auch fällt Kurve A erst ab einem höheren Punkt wieder ab.
Kurve B zeigt die katalysierte Reaktion, da der erste Anstieg, der die Zufuhr der Aktivierungsenergie darstellt, wesentlich geringer ist als bei Kurve A ohne Katalysator.

3 Druck, Temperatur

4 Beim Haber-Bosch-Verfahren wird mithilfe eines Katalysators aus Stickstoff und Wasserstoff Ammoniak hergestellt. Diesen braucht man für die Herstellung von Kunstdünger, ohne den die wachsende Weltbevölkerung kaum ernährt werden könnte.

5 Vor 100 Jahren wurden viele Abfallstoffe noch ungefiltert in die Umwelt abgelassen. Das führte zu großen Umweltproblemen. Heutzutage müssen alle gefährlichen Abfallstoffe gefiltert oder recycelt werden.

6 Ein Schnellkochtopf kann luftdicht verschlossen werden. Dadurch entweichen beim Kochen keine Gase und ein Überdruck entsteht. Das Wasser kocht bei Überdruck erst bei über 100 °C. Deshalb kann man das Essen schneller garen. In der Industrie nutzt man dieses Prinzip, um Reaktionen in großen Druckgefäßen schneller ablaufen zu lassen.

7 Unter Ausbeute versteht man in der Chemie die Menge des bei einer Reaktion erzeugten Produkts.

8 Beim Gegenstromprinzip fließen zwei Stoffströme in entgegengesetzter Richtung aneinander vorbei. Dabei kann zwischen den Strömen Wärme ausgetauscht werden. In der chemischen Industrie kann mit diesem Prinzip Abwärme genutzt werden, um Ausgangsstoffe vorzuwärmen.

9 Bild 3 zeigt ein Beispiel für eine kontinuierliche Produktion, Bild 4 ein Beispiel für eine diskontinuierliche Produktion.
Bei der kontinuierlichen Produktion laufen die Vorgänge ohne Unterbrechung ab. Auf diese Weise kommt es zu keinen Pausen während der Produktion.
Bei der diskontinuierlichen Produktion läuft immer nur ein Vorgang zur selben Zeit ab. Erst wenn das Produkt erzeugt wurde, kann mit der Produktion des nächsten begonnen werden.

10 Die Ableitung von Abwärme in die Natur kann beispielsweise dann der Umwelt schaden, wenn warmes Abwasser in einen See geleitet wird. Da sich im warmen Wasser weniger Sauerstoff löst, kann dies zu einem Sauerstoffmangel im See führen.

Den Stoffen auf der Spur

1 Man will sehr genau wissen, was in der Nahrung enthalten ist. Beispielsweise möchte man aus gesundheitlichen Gründen wissen, wie viel Fett in Lebensmitteln enthalten ist. Allergiker müssen wissen, ob bestimmte Pflanzenstoffe enthalten sind. Daher müssen alle Lebensmittel analytisch untersucht werden.

2 Es handelt sich wahrscheinlich um Natrium.

3 Kupfer hat eine grüne Flammenfärbung.

4 Es handelt sich wahrscheinlich um Iodid-Ionen.

5 Eisen hat eine Molmasse von 55,9 g, Schwefel von 32,1 g. Somit beträgt die Molmasse von Eisensulfid 88,0 g. Von den 108 g Niederschlag entfallen 108 g · 55,9/88,0 = 68,6 g auf Eisen. Die Lösung enthielt also 68,6 g Eisen.

6 65° Oechsle entsprechen 15,5 % Massenanteil an Zucker.
100° Oechsle entsprechen 23,5 % Massenanteil an Zucker.
130° Oechsle entsprechen 30,0 % Massenanteil an Zucker.

7 Silber hat eine Atommasse von 107,9 g, Chlor von 35,5 g. Somit beträgt die Molmasse von Silberchlorid 143,4 g. Von den 8,2 g Niederschlag entfallen 8,2 g · 35,5/143,4 = 2,03 g auf Chlor.
Die 150 mL der Probe enthielten also 2,03 g Chlorid. 1 mL der Probe enthielt 2,03/150 = 0,0135 g Chlorid. Da die Molmasse von Natriumchlorid deutlich höher ist als die Molmasse von Chlorid, enthielt die Suppe mehr als 0,0135 g/mL an Kochsalz. Sie war also klar versalzen.

8 Kalium hat eine Atommasse von 39,1 u, Brom von 79,9 u. Die Molmasse von Kaliumbromid beträgt also 119,0 g. Die Stoffmengenkonzentration der Lösung beträgt somit 2 mol/L.

9 Die Molmasse von Natriumhydroxid (NaOH) beträgt 40,0 u. Die Maßlösung hat somit eine Konzentration von 100 g/L.
Lithiumiodid hat eine Molmasse von 133,8 g. Die Konzentration der Lösung beträgt 133,8 g/L.

Gefährliche Stoffe

1 Bei einer Vergiftung können beispielsweise Schmerzen, Übelkeit, Halluzinationen, Lähmungen oder Herzrhythmusstörungen auftreten, die unter Umständen zum Tod führen.

2 LD_{50} steht für die Dosis eines Stoffs, die bei 50 % der Lebewesen zum Tod geführt hat. Die Dosis wird in mg pro Kilogramm Körpergewicht angegeben. Bei Menschen mit einem Körpergewicht von 50 kg könnte die Aufnahme von 85 mg deshalb in der Hälfte der Fälle tödlich sein.

3 a Ein 75 kg schwerer Mann darf maximal 75 g zu sich nehmen.
b Der LD_{50}-Wert gibt die Menge eines Stoffs an, die bei 50 % der Lebewesen, die diese Menge verabreicht bekommen haben, zum Tod geführt hat. Der LD_{Lo}-Wert gibt die geringste bekannte Dosis an, bei deren Einnahme der Tod eingetreten ist. Der LD_{Lo}-Wert ist deswegen niedriger als der LD_{50}-Wert.
c Der LD_{Lo}-Wert ist keine hundertprozentig verlässliche Quelle. Entscheidend für die Wirkung eines Gifts sind auch andere Faktoren, z. B. der gesundheitliche Zustand eines Lebewesens beim Kontakt mit dem Gift. Der LD_{Lo}-Wert kann aber ebenso wie der LD_{50}-Wert als Richtwert dienen.

4 Umweltgifte können unter anderem aus Kunststoffen, Batterien und Medikamenten oder durch unsachgemäß entsorgte Chemikalien freigesetzt werden. Die Quellen der Umweltgifte können entweder ersetzt (Stoffbeutel statt Kunststofftasche), reduziert (Tupperdose statt Plastikfolie, wiederaufladbare statt Einmal-Batterien) oder wiederverwertet werden (möglichst sortenreines Entsorgen).

5 Da es auch Sprengstoffe gibt, die durch Erschütterungen aktiviert werden, könnte der Sprengstoffhund bei aktivem Verhalten wie Scharren eine Explosion auslösen.

6 Da Schwarzpulver ein Explosivstoff ist, wird er beim Zünden aktiviert werden. Als Folge werden aus einer kleinen Menge Schwarzpulver große Mengen heißer Gase entstehen. Der Druck, der dabei im Innern des Pappröhrchens entsteht, drückt dann die Sicherheitskappe an ihrem unteren Ende weg. Durch den Rückstoß wird die Rakete angetrieben. Das Schwarzpulver dient also als Antriebsmittel.

Stoffe im Fokus von Umwelt und Klima

1 Die Wärmestrahlung, die von der Erde kommt, wird von Stickstoff und Sauerstoff nicht aufgenommen (absorbiert). Wenn unsere Atmosphäre nur aus diesen beiden Gasen bestehen würde, wäre es auf der Erde erheblich kälter.

2 Bei der Fotosynthese wird Kohlenstoffdioxid aufgenommen und aus der Atmosphäre entfernt. Die Fotosynthese ist also eine Senke für Kohlenstoffdioxid.

3 Fahrrad oder öffentliche Verkehrsmittel statt Auto; wenig Flugreisen; heimische Produkte ohne lange Transportwege bevorzugen; Gebrauchsgegenstände reparieren und lange nutzen; im Winter warm anziehen und wenig heizen

4 Im Frühling und Sommer findet viel Fotosynthese statt. Dadurch sinkt der Kohlenstoffdioxidgehalt der Atmosphäre. Im Herbst und Winter überwiegen dagegen Vorgänge, bei denen Kohlenstoffdioxid freigesetzt wird, z. B. die Zellatmung. Wegen der industriellen Freisetzung von Kohlenstoffdioxid steigt die Kurve aber insgesamt im Lauf der Jahre an.

5 Das Kohlenstoffdioxid, das sich auch im Ozean ansammelt, ist eine schwache Säure. Kalk reagiert mit Säuren und wird dabei gelöst.

6 Der Kohlenstoffdioxidgehalt der Atmosphäre ist etwa 200-mal höher als der Gehalt an Methan. Daher wirkt sich das Kohlenstoffdioxid deutlich stärker auf das Klima aus.

7 Mit Energie, z. B. mit Solarenergie, kann man Wasser spalten und erhält so den Energieträger Wasserstoff. Durch Verbrennung von Wasserstoff kann man dann wieder Nutzenergie gewinnen, wobei auch wieder Wasser entsteht.
Vorteile: Wasser steht praktisch unbegrenzt zur Verfügung. Es würde daran nie Engpässe geben. Auch Sonnenenergie könnte in völlig ausreichenden Mengen zur Verfügung gestellt werden.
In Form von Wasserstoff hätte man dann einen speicher- und transportierbaren Energieträger, der zudem keine schädlichen Abgase freisetzt. Dies könnte eine ideale Energiewende sein.
Nachteile: Der Umgang mit dem explosiven Wasserstoff ist gefährlich und die Gewinnung von Wasserstoff, z. B. mithilfe von Sonnenenergie, noch relativ teuer.

Mobile Energieträger

1 2 Elektroden (z. B. Zink und Kupfer), Elektrolyt (z. B. Kalilauge), Trennschicht zwischen den Elektroden

2 Die eine Elektrode gibt Elektronen ab (Donator). Sie wandern zur anderen Elektrode. Dort werden sie von (Akzeptor-)Ionen aus dem Elektrolyten aufgenommen.

3 Zink + Sauerstoff → Zinkoxid
$2\,Zn + O_2 \rightarrow 2\,ZnO$
$2\,Zn \rightarrow 2\,Zn^{2+} + 4\,e^-$, $O_2 + 4\,e^- \rightarrow 2\,O^{2-}$

4 a Tritt Elektrolytflüssigkeit aus den Batterien aus, reagiert sie mit metallischen und elektronischen Teilen des Geräts.
b Möglichst leichte Elektroden, wenig Elektrolyte, leichte Gehäuse; Einsatz für medizinische Zwecke und Maschinen
c Damit eine hohe Spannung erzielt wird, sollten die Elemente in der Reaktivitätsreihe der Metalle möglichst weit auseinander liegen.
d Die Ionenwanderung innerhalb der galvanischen Zelle soll kontrolliert ablaufen und es darf keine schnelle Entladung stattfinden.
e Die chemische Reaktion in der galvanischen Zelle führt zur Umwandlung von chemischer in elektrische Energie. Beim Wiederaufladen soll das entstandene Reaktionsprodukt möglichst vollständig wieder in die Ausgangsstoffe zurückreagieren.
f Die Ionenwanderung im Elektrolyten ist Voraussetzung, dass der Ladungsausgleich von Elektrode zu Elektrode stattfindet.

5 In der Batterie sind mehrere Metalle enthalten, auch Schwermetalle, die als Umweltgifte gelten. Sie dürfen nicht in den Hausmüll gegeben werden. Die Metalle werden oft aus seltenen Rohstoffen hergestellt und sollen wiedergewonnen werden.

6 Höhere Energiedichte, längere Haltbarkeit, Kombination mit Sonnenenergie, keine Selbstentladung

7 Vorteile: netzunabhängig, kostensparend, mobil nutzbar. Nachteile: Lichtabhängigkeit, Nacht ohne Energieeintrag, Spannung begrenzt

8 Reihenfolge der einzusetzenden Wörter: Brennstoffzellen – Wasserstoff – elektrischen Strom – Brennstoffzellen – Wasserstoff – abgekühlt/verflüssigt

9 Vorteile: Keine Abgase, gute Energieausbeute, kaum Lärmbelästigung. Nachteile: Wasserstoff muss hergestellt werden, ist ein Gefahrgut.

Hinweis: Fett gedruckte Begriffe sind Lernwörter.

A

B

C

D

E

I

J

K

L

M

Bildquellenverzeichnis

Titelbild/oben: Fotolia/Jürgen Fälchle, m.r.: sofarobotnik, Augsburg, u.l.: Shutterstock/SUWIT NGAOK

action press: 238/2, EVERETT COLLECTION, INC.: 92/1, MEISSNER, PETER: 98/1 l., P. Baudon/ESAaction press: 88/1

Arghan, Z., Berlin: 267/5

bpk/Museum für Vor- und Frühgeschichte, SMB/Claudia Plamp: 131/2

Bridgemanimages. com: 114/1 l.

Clip Dealer/U. Gernhoefer: 169/2 r.

Corbis/Visuals Unlimited: 79/6, Visuals Unlimited/Richard Treptow: 51/3

Cornelsen Experimenta: 255/5

Döring, V., Hohen Neuendorf: 11/2 l., 12/2 l., 12/2 r., 17/5 l., 5 m., 5 r., 21/4, 22/2, 23/6, 38/1 m.l., 1 m.m.r., o.r., 1 u.r., 41/4.o.m.l, 47/5 l., 72/1, 74/2-3, 127/4, 152/3, 176/1, 192/1-3, 257/5

epd-bild: 106/1

Fotolia/by-studio: 197/3, amorando: 264/1, ANASTASIA PYRYEVA: 233/2 l., bofotolux: 50/1 r., contrastwerkstatt: 3/o.l., 8/, Dario Lo Presti: 47/5 r., dom65: 182/3, doncarlo: 52/2 r., Elena Milevska: 27/3 l., eyetronic: 203/6, fablok: 38/1 u. l., 41/4 o.m., fineart-collection: 87/r., 238/1, flas100: 188/1 r., Fontanis: 27/4, fotohansel: 267/4, Fotomay: 137/4, Gina Sanders: 216/1, gio_tto: 254/2 r., goldpix: 188/1 l., GreenOptix: 58/1 r., Junaoli: 264/2, kitti bowonphatnon: 27/2, Klaus Eppele: 262/1 r., kogge: 195/4, Liantho: 237/4 l., Lichtmaler: 38/1 o.m.l., 42/1 r., Light Impression: 237/4 r., Marcus: 41/4 u.l., mario beauregard: 211/r., mitifoto: 267/6, MP2: 193/8, nickolae: 254/2 l., Oleksiy Mark: 257/4, Olexandr: 20/2, olvius: 194/2, ondrej83: 185/5, Paulwip: 58/1 l., PetanelaART: 50/1 l., PhotoSG: 254/1, pixelrobot: 38/1 u.m.l., porfang: 229/r., Preechath: 27/3 r., Roman Samokhin: 41/4 u.m.l., singkham: 169/2 l., sumire8: 18/1, timages: 41/4 o.l., 42/1.m.l.l., Vidady: 27/3 l., VRD: 238/3, Xuejun li: 260/3

Glow Images: 55/r., SCIENCE PHOTO LIBRARY: 12/1, Westend61: 29/5

imago: 184/3, AFLO: 194/1

Interfoto/HERMANN HISTORICA: 52/2 l.

laif/Tobias Gerber: 227/4

Lauer, Christian, Rheinzabern: 96/1-2, 3 o., 3 u., 100/1, 101/4, 121/2

Mahler, H., Fotograf, Berlin: 161/4, 192/4-5, 192/5

mauritius images/Alamy: 42/1 m.r.r, 188/3, 195/3, Alamy/E.R. Degginger : 53/3, Alamy/Holger Burmeister: 154/1, Alamy/sciencephotos: 38/1 m.m.l., 38/1 o.l., 42/1 l., 171/7, Alamy/tomm: 266/1, imagebroker: 5/m.l., 59/2, Josefine Clasen: 29/4, Juice Images: 9/r., Phototake: 185/6, Science Source: 50/2, 148/1

Minkus, Volker, Isernhagen: 18/2, 4, 19/6, 21/5-6, 46/3, 51/4-5, 53/4 l., 4 m., 4 r., 63/3, 66/2, 90/2 l., 2 m.l., 2 m.r., 2 r., 104/1-3, 117/6, 123/7, 146/r., 168/1, 170/l., r., 172/l., 177/l., r., 180/1, 185/4, 191/4, 213/2, 215/6 l., 6 m.l., 6 m.r., 6 r., 219/3, 220/1, 221/3, 223/2

Neubacher-Riens, Th., Berlin: 172/r.

Okapia/NAS/Charles D. Winters: 82/1

Photoshot: 131/3, 233/3 r.

picture-alliance/dpa: 98/1 r., 99/3, 237/3, dpa/Südtiroler Archäologie-musuem/Foto Ochsenreiter: 114/2, ZB: 11/2 r.

Quantum Didaktik oHG: 145/6

Röhl, S., Berlin: 30/1-3, 31/4-5, 35/3, 32/2, 75/6, 77/5, 80/1, 129/4, 140/1, 141/2, 160/l., 160/r., 170/4, 174/1, 176/2, 178/2, 212/1, 216/2-3, 256/1

Ruhmke, D., Berlin: 255/4

Shutterstock/Africa Studio: 192/6, Albert Russ: 77/3, 77/4, 233/2 r., Alfredo Maiquez: 229/l., Alhovik: 37/3, Allocricetulus: 128/2, Alta Oosthuizen: 138/1, andras_csontos: 258/1, Andrey Burmakin: 193/7, Andrey N Bannov: 209/4, Anton Gvozdikov: 132/1, anyaivanova: 6/m.u.l., 210/1, Aquila: 183/5, Atelier_A: 29/6, Aykut Erdogdu: 6/o.l., 186/1, baloon111: 252/1, baloon112: 7/u.l., bigjom jom: 114/1 m., Bildagentur Zoonar GmbH: 234/1, bluesnote: 46/2, bondgrunge: 126/1, BrankoG: 118/1, carlo dapino: 74/4,102/1 r., Christopher Ewing: 66/1, Cylonphoto: 225/2, Designsstock: 92/2, Dmitrij Skorobogatov: 29/3, Dmitry Kalinovsky: 26/1, Dukes: 38/1 o m.r., 42/1 m.l., 92/3, Dusan Po: 169/3, Eldred Lim: 266/2, 269/5, Eremin Sergey: 25/r., Everett Historical: 4/u.l., 86/1, 90/1, Fablok: 41/4 o.m.r, 41/4 o.r, 42/1 m.r., 162/1, Fribus Mara: 122/3, Gajah: 241/r., gameanna: 159/r., Gayvoronskaya_Yana: 169/2 m., 174/2, Georgios Alexandris: 117/3, ggw1962: 9/l., Glovatskiy: 87/l., Gurov Vladimir: 133/2, Guryanov Andrey: 25/l., Henri Koskinen: 52/, 56/2, HomeStudio: 255/5 r., huyangshu: 199/r., Hywit Dimyadi: 199/l., Ilja Generalov: 122/1, Image Point Fr: 167/2, imagedb.com: 147/4, inacio pires: 4/o.l, inacio pires: 54/1, INSAGO: 102/1 l., InsectWorld: 236/2,isak55: 3/o.u., J and S Photography: 117/4, Jag_cz: 5/u.l., 158/1, Jan Kaliciak: 171/5, Jason Vandehey: 209/3, Jeremys78: 37/4 r., Jezper: 37/4 l., Jiri Vaclavek: 62/1 r., Joe Belanger: 253/l., Jorg Hackemann: 59/3, JPC-PROD: 139/l., K-Kwan Kwanchai: 20/1, KAMONRAT: 171/6, Karl Allgaeuer: 159/l., Kostsov: 235/4, kubais: 150/1, leungchopan: 6/m.o.l., 198/1, MarcelClemens: 122/2, Mark Oleksiy: 129/3, 253/r., Maxx-Studio: 28/2, meanmachine77: 38/1 u.m.r., Melica: 52/, 56/1, Menna: 234/2, michaeljung: 115/4, Monika Wisniewska: 239/5, motorolka: 211/l., Nataliya Hora: 41/4 u.r., Nejron Photo: 45/2, Nixx Photography: 33/4, Nneirda: 62/1 m., noppasit TH: 115/3, olavs: 45/3, Oleg Zabielin: 187/r., Oleksandr Kalinichenko: 142/1, p_ponomareva: 6/u.l., p_ponomareva: 228/1, patjo: 230/1, Patty Orly: 106/3, Paul_K: 204/1, Picsfive: 41/4 u.m., Pollux: 188/2, Polryaz: 15/5, Pressmaster: 14/1, Renata Sedmakova: 62/1 l., Richard Peterson: 24/, 61/2, Ruth Black: 236/1, Sandra van der Steen: 41/4 u.m.r., schankz: 46/1, Sergey Nivens: 187/l., Shahril KHMD: 214/1, Shaiith: 146/l., studioVin: 113/r., Sukharevskyy Dmytro: 44/1, Tadas Naujokaitis: 14/2, Tatiana Popov: 260/2, tcly: 113/l., Tibi Vesselenyi: 139/r., Tigergallery: 105/u.r., Tom Grundy: 191/5, TTstudio: 144/1, V. J. Matthew: 7/o.l., 240/1, Vadim Sadovski: 34/1, Vereshchagin Dmitry: 262/1 l., Viktor1: 61/3, vladimir salman: 128/1, WDG Photo: 246/1, wolfman57: 114/1 r., yalayama: 241/l., Yuangeng Zhang: 5/o.l., 112/1, 135/5

Süddeutsche Zeitung Photo/Werner Stuhler: 150/2

Topic Media/Angelika Antl: 55/l., Archiv: 93/6

Visum/Kai Remmers: 107/5

Wenschkewitz, Gerhard: 178/3

WILDLIFE/D.Harms: 233/3 l.

Periodensystem der Elemente

- Metall (blau)
- Halbmetall (grün)
- Nichtmetall (orange)

schwarz = Feststoff
weiß = Flüssigkeit
rot = Gas
hellblau = künstliches Element
* = radioaktives Element

Periode	1 I. Hauptgruppe	2 II. Hauptgruppe	3 III. Nebengruppe	4 IV. Nebengruppe	5 V. Nebengruppe	6 VI. Nebengruppe	7 VII. Nebengruppe	8 VIII. Nebengruppe	9 VIII. Nebengruppe
1	1 1,01 H Wasserstoff								
2	3 6,94 Li Lithium	4 9,01 Be Beryllium							
3	11 22,99 Na Natrium	12 24,31 Mg Magnesium							
4	19 39,10 K Kalium	20 40,08 Ca Calcium	21 44,96 Sc Scandium	22 47,88 Ti Titan	23 50,94 V Vanadium	24 52,00 Cr Chrom	25 54,94 Mn Mangan	26 55,85 Fe Eisen	27 58,9 Co Cobalt
5	37 85,47 Rb Rubidium	38 87,62 Sr Strontium	39 88,91 Y Yttrium	40 91,22 Zr Zirconium	41 92,91 Nb Niob	42 95,94 Mo Molybdän	43 [98] Tc* Technetium	44 101,07 Ru Ruthenium	45 102,9 Rh Rhodium
6	55 132,91 Cs Caesium	56 137,33 Ba Barium	57 138,91 La ● Lanthan	72 178,49 Hf Hafnium	73 180,95 Ta Tantal	74 183,84 W Wolfram	75 186,21 Re Rhenium	76 190,23 Os Osmium	77 192,2 Ir Iridium
7	87 [223] Fr* Francium	88 226,03 Ra* Radium	89 227,03 Ac* ●● Actinium	104 [261] Rf* Rutherfordium	105 [262] Db* Dubnium	106 [266] Sg* Seaborgium	107 [264] Bh* Bohrium	108 [277] Hs* Hassium	109 [268 Mt* Meitnerium

● Elemente der Lanthanreihe

Periode					
6	58 140,12 Ce Cer	59 140,91 Pr Praseodym	60 144,24 Nd Neodym	61 [145] Pm* Promethium	62 150,3 Sm Samarium

●● Elemente der Actiniumreihe

Periode					
7	90 232,04 Th* Thorium	91 231,04 Pa* Protactinium	92 238,03 U* Uran	93 [237] Np* Neptunium	94 [244 Pu* Plutonium

Ordnungszahl — 7
Atommasse in u — 14,01
Symbol — N
Name — Stickstoff